正混杂系统控制理论

张俊锋 著

北 京

内 容 简 介

混杂系统是指系统包含连续与离散两类运动模态，正系统是指状态为非负的系统。本书介绍了正混杂系统的基础知识、基本结论和研究的主要问题，然后结合作者的研究成果讲述了正混杂系统的一些新的控制方法，介绍了正混杂系统的非脆弱可靠控制、含有时滞和非线性的正混杂系统的鲁棒控制、正系统的预测控制等内容。

本书可以作为高等院校控制工程等相关专业研究生的教材，也可供从事控制理论研究的科研人员参考。

图书在版编目(CIP)数据

正混杂系统控制理论/张俊锋著. —北京：科学出版社，2020.10
ISBN 978-7-03-066345-0

I.①正… Ⅱ.①张… Ⅲ.①控制系统理-研究生-教材 Ⅳ.①O231

中国版本图书馆 CIP 数据核字(2020) 第 200146 号

责任编辑：王 哲／责任校对：王萌萌
责任印制：吴兆东／封面设计：迷底书装

科学出版社 出版

北京东黄城根北街 16 号
邮政编码：100717
http://www.sciencep.com

固安县铭成印刷有限公司 印刷
科学出版社发行 各地新华书店经销
＊
2020 年 10 月第 一 版 开本：720×1000 1/16
2021 年 3 月第二次印刷 印张：17 1/2
字数：345 000

定价：149.00 元
(如有印装质量问题，我社负责调换)

前　言

　　随着时代的发展和科学的进步，人们对于自然界的认识不断深化，研究的控制系统模型也越来越复杂、越来越具体。在现实世界中，许多系统存在这样的特点：不能用单一系统来描述；对于能单一建模的系统，用单一的控制器不能达到预期的控制目标。混杂系统恰恰为解决这些困难提供了可能性，过去的几十年，研究者投入大量的精力来研究混杂系统。在研究过程中，一类重要的混杂系统——正混杂系统引起了人们的注意，这类系统在许多领域都有成功的应用，例如，通信网络、交通系统、医疗系统等。控制领域对这类系统的研究起步较晚，还有许多问题尚未被解决。正混杂系统的研究是一项有意义的科学实践。作者在国家自然科学基金项目 (61503107、61873314)、浙江省自然科学基金项目 (LY16F030005、LY20F030008) 和浙江省省属高校基本业务费 (GK209907299001-007) 等资助下，通过对正混杂系统控制理论的研究，积累了一定的成果，成为了本书的基础。

　　本书从几个值得思考的问题出发，逐步形成了主要研究内容。

　　(1) 关于正系统。

　　对于正系统的研究可以追溯到对于正矩阵的研究。1907 年，Perron 第一个发表对于正矩阵研究的结论，他指出任何一个不可约的正矩阵都有一个正特征值和与它对应的正特征向量。Perron 关于正矩阵的研究具有开创性意义，而这个结论引起过爆炸性的轰动。有人说有什么样的矩阵就有什么样的控制系统，有周期矩阵，就有研究周期系统的，有正矩阵也就有研究正系统的。最早讨论正系统是在 20 世纪 90 年代，主要内容是线性正系统的稳定性、非齐次系统解的性质等。顺便指出，对于正系统的研究，"正"不是本质的，而凸锥才是本质要求。例如，探讨温度场，在取绝对温度之后，它就是一个"正"系统。正系统在 21 世纪才得到真正的关注。本书第 1 章介绍了一些正系统的实例。尽管这些实例尚且不足以确定它们是引发正系统再次被重视的原因，但是正系统研究的新问题提示，确实有可能研究是由这些实际需要引发的。

　　(2) 关于混杂系统。

　　混杂系统原先是指系统的状态由两部分组成，一部分用微分方程描述 (连续变量)，一部分用差分方程描述 (离散变量)，而这两类变量又耦合在一起。尽管这类系统非常具有应用的背景，但是有特色的研究成果并不多。本书考虑的混杂系

统实质是切换系统 (确定切换或随机切换), 这类系统的模型有的是连续的有的是离散的, 连续与离散的耦合出现在时间的交接点上。这类系统特色明显, 且非常具有应用前景, 特别是在计算机领域, 不少系统需要用这类混杂系统描述。大约在 20 世纪末, 比较多的研究者开始讨论一个系统在几个模型之间的切换, 而这种切换未必是可控的, 可以称为非主动切换。对于这类系统有很多新的内容可以讨论, 从本书的第 1 章和第 2 章可以略见端倪。

(3) 关于线性规划。

线性规划是运筹学的主要内容, 早在 20 世纪 60 年代就有很多的研究, 是一种非常成熟的优化方法, 其最大特点是简单易算, 并且有很多成熟的软件可以应用。大多数的最优控制问题会归结为解一个偏微分方程, 除了数值方法, 几乎是无从下手的; 即使是利用二次性能最优控制得到一个黎卡提方程, 或者二次矩阵方程, 也可能无法求解。然而将其归结到线性规划, 那么问题就已经解决了, 这是线性规划的优势。归结到线性规划是本书的特点之一。

这些思考都指向一个事实, 尽管本书讨论的正混杂系统不是新提出来的概念, 也不是完全由应用产生了问题而需要理论解决的, 但是新研究高潮确实已经来临, 表现在模型有了更新, 问题有了更新, 方法有了更新, 结论也有了更新。

本书共分为 6 章, 主要研究正混杂系统的控制问题, 各章的主要内容及研究结果概述如下。

第 1 章分为三个部分, 主要提出正混杂系统的研究意义及现有研究成果。首先, 阐述正混杂系统的研究意义。其次, 描述正混杂系统的一些研究成果。最后, 提供正系统、混杂系统的一些基础知识。

第 2 章分为三个部分, 主要研究正切换系统的控制问题。首先, 利用 ML-CLFs 和 LP 方法, 分别设计正切换系统的控制器, 解决系统在 ADT 和 MDADT 切换下的指数稳定和镇定问题。其次, 利用获得的方法研究正切换系统的有限时间镇定和有界控制。最后, 解决正切换系统的异步切换控制问题。

第 3 章分为四个部分, 主要提出几种改进的正切换系统控制方法。首先, 基于 Metzler 矩阵的性质, 利用对偶系统理论, 提出正切换系统改进的控制方法, 移除第 2 章中控制器增益矩阵秩的受限。其次, 借助矩阵分解方法, 将控制器增益矩阵分为非正和非负两部分的和, 进而, 时滞和扰动正系统的正性和稳定性条件可被转换为 LP 形式, 提出新的控制器设计方法。然后, 将提出的控制方法推广到正切换系统。最终, 考虑区间和多胞体不确定正切换系统的控制问题, 将控制器增益矩阵以元素为单元分解为多个矩阵和的形式, 解决不确定正切换系统的鲁棒控制问题。

　　第 4 章分为四个部分，主要研究正混杂系统的非脆弱可靠控制。首先，基于随机 LCLF 和 LP 方法，利用矩阵分解方法研究正马尔可夫跳变饱和系统的非脆弱控制。其次，针对正切换系统的执行器故障问题，提出可靠控制设计方法，进一步研究不确定正切换系统的鲁棒可靠控制问题。再次，结合前两部分的非脆弱可靠控制方法，提出正马尔可夫跳变系统的非脆弱可靠控制。最后，在获得结论的基础上，研究正切换系统在执行器饱和与故障下的非脆弱可靠控制。

　　第 5 章分为五个部分，主要针对正混杂时滞和非线性系统展开研究。首先，针对含时滞和扰动的正马尔可夫跳变系统，引入线性增益性能指标，解决系统的鲁棒增益性能镇定问题。然后，针对正切换系统，考虑非线性、时滞和扰动对系统的影响，基于非线性 Lyapunov 函数、MLCLFs 和线性 Lyapunov-Krasovskii 泛函方法，解决系统的绝对稳定和镇定问题。

　　第 6 章分为四个部分，主要研究正系统的模型预测控制。首先，考虑区间和多胞体正系统，在非正模型预测控制前提下，基于 LP 方法，解决正系统的模型预测控制问题。接着，构造少保守的参数依赖 LCLF，利用多步控制方法进一步改进正系统的模型预测控制方法。然后，考虑含有外扰输入的正系统，在线性增益性能指标下，解决正系统的模型预测控制问题。最终，移除前三部分控制律非正的限制，利用矩阵分解方法，降低获得结论的保守性。

　　本书的撰写得到上海交通大学韩正之教授的大力指导，硕士研究生李苗、邵宇、张素焕、邓宣金和刘来友在校对过程中做了很多工作，在此深表谢意！

　　由于作者水平有限，书中难免存在不妥之处，恳请广大读者批评指正。

作　者
2020 年 9 月

目　　录

第 1 章 绪 论

1.1 引 言

在自然界、社会系统和经济系统中，非负性是一大类变量的共同特征，例如，绝对温度、物质的密度、化学反应物的浓度、人口和虫口、经济指标等。正系统可以建模由非负变量组成的系统 [1,2]。最早对正系统开展研究的领域是物理、化学和生物学。20 世纪末正系统被正式引入自动控制领域。21 世纪以来，正系统逐渐成为自动控制领域的研究热点之一 [3,4]，主要原因有：第一，正系统可以直接刻画包含非负状态变量的实际系统，建模更准确，尤其在一些前沿科学领域，例如，通信 [5]、医疗 [6]、信息科学 [7] 等；第二，正系统与控制领域一些重要研究主题密切相关，例如，路由网络控制 [8]、光纤滤波器设计 [9]、区间观测器设计 [10] 等，正系统的相关理论为这些主题的研究提供了必要的理论支持；第三，正系统的基本理论和研究方法取得了新的进展 [1-4]，特别是：正系统的研究方法具有实现条件简单、运算效率高等优点，这有利于正系统的进一步研究。

在现代控制工程中，实际控制系统的结构越来越复杂，单模态结构的系统建模方法已经不能满足实际需求，混杂系统应运而生。混杂系统，也称混合系统或混成系统，是由连续 (或离散) 时间变量和离散事件变量组成的复杂系统，两类变量相互作用，相互影响。混杂系统在许多领域有重要的应用，例如，航空航天、电力电子、通信工程等领域 [11-15]。基于不同的研究对象，混杂系统形式也不同，切换系统、脉冲系统、随机跳变系统等均属于混杂系统。随着对正系统研究的逐步深入，研究者也开展了正切换系统、正马尔可夫跳变系统、正模糊系统等正混杂系统的系列研究。作为一类具有特殊性质的混杂系统，正混杂系统具有应用广、建模简单、设计算法易实现等特点。这类系统已经成为控制理论与应用领域研究的一个热点。

从理论意义来讲，正混杂系统的研究存在许多尚未解决的问题且具有挑战性。在过去几十年，自动控制领域研究者已经投入大量精力研究切换系统 [16-27] 和马尔可夫跳变系统 [28-31]，但对正切换系统和正马尔可夫跳变系统的研究仅仅在近十几年才开始，很多问题尚未解决。其次，不同于一般的混杂系统，当考虑正混杂系统镇定、观测等问题时，设计者不仅要保证系统的稳定性，还要保证系统的正性。这给正混杂系统的分析和综合带来诸多挑战。此外,传统的混杂系统研究方法和计算工具不能直接应用到正混杂系统,或直接应用会使问题复杂化。这就要求引入新的研究方法来解决正混杂系统问题。最后,正混杂系统的研究是建立在正系统的理论基础上,遗憾的是,正系统虽然已经有一些有价值的研究成果[32-35],但由于控制领域对正系统的研究起步较晚,很多理论还不成熟,这也增加了研究正混杂系统的难度。

从实际意义来讲,正混杂系统在实际中有着广泛的应用。2003 年,Shorten 等建立了第一个正切换系统模型[36]。自此,研究者用正切换系统建模了许多实际系统[5,6,37,38]。此外,随着对正系统研究的逐渐深入,许多实际系统的正系统模型已经被建立,例如,排队系统[1]、非负区域系统[39] 等。这些系统都与正混杂系统有着密切的关系,以排队系统为例,假定排队者可以选择的队列有多个,那么当某个队列发生拥堵时,为避免拥堵,排队者自然会选择没有拥堵的队。这就是一个典型的正切换系统。从建模角度讲,几乎所有的实际系统都不能用一个单系统来描述,实际建模中混杂系统无处不在。进而,实际正系统几乎都可以由正混杂系统来描述,这使得正混杂系统的研究具有非常重要的实际意义。

为进一步说明正系统的实际应用,下面提出几个实际系统的正系统建模过程。

水务系统 考虑水务管网某区域内蓄水池水量动态 (见图 1-1)。对于供水管网,蓄水池的水量主要涉及管网中流入蓄水池的水量、从蓄水池流出的水量;对于排水管网,蓄水池的水量还与降雨量有关。根据水务系统的质量平衡方程,可得供水管网蓄水池水量动态[40,41]:

$$v_n(k+1) = v_n(k) + \Delta t \left(\sum_j q_{\text{in}}^{jn}(k) - \sum_h q_{\text{out}}^{nh}(k) \right)$$

其中,$v_n(k)$ 表示第 n 个蓄水池在第 k 时刻的蓄水量,$q_{\text{in}}^{jn}(k)$ 是从第 j 个泵站或阀门流入第 n 个蓄水池的水量,$q_{\text{out}}^{nh}(k)$ 是从第 n 个蓄水池流出到第 h 个泵站、阀门或其他集水装置的水量。对排水管网蓄水池,水量动态需要考虑降雨的影响:

$$v_n(k+1) = v_n(k) + \Delta t \varphi_n S_n P_n(k) + \Delta t \left(\sum_j q_{\text{in}}^{jn}(k) - \sum_h q_{\text{out}}^{nh}(k) \right)$$

其中,S_n 是地表面积,φ_n 是地面吸收系数,$P_n(k)$ 是在采样时间段 Δt 内的雨水密度。考虑到水量的非负特性,上述水量动态系统均为正系统。从控制系统角度出发,结合水务系统动力学特点,可以将上述系统描述为离散控制系统:

$$x(k+1) = Ax(k) + Bu(k) + E\omega(k)$$

其中，$x(k)$ 是蓄水池水量，$u(k)$ 是可控制的阀门或泵站的水流量，$\omega(k)$ 表示用户端需水量或降雨量，A, B, E 是系统矩阵。

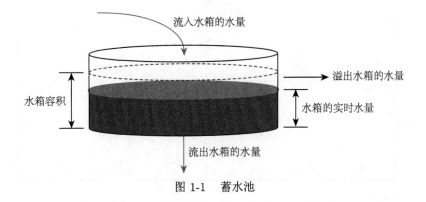

图 1-1 蓄水池

电路系统 考虑如图 1-2 所示的电路，利用基尔霍夫定律得电路动态方程：

$$
\begin{pmatrix} \dot{i}_1 \\ \dot{i}_2 \\ \dot{i}_3 \end{pmatrix} = \begin{pmatrix} -\dfrac{R+R_1}{L_1} & \dfrac{R_1}{L_1} & 0 \\ \dfrac{R_2}{L_2} & -\dfrac{R_1+R_2}{L_2} & \dfrac{R_3}{L_2} \\ 0 & \dfrac{R_2}{L_3} & -\dfrac{R_2+R_3}{L_3} \end{pmatrix} \begin{pmatrix} i_1 \\ i_2 \\ i_3 \end{pmatrix} + \begin{pmatrix} \dfrac{1}{L_1} & 0 & 0 \\ 0 & \dfrac{1}{L_2} & 0 \\ 0 & 0 & \dfrac{1}{L_3} \end{pmatrix} \begin{pmatrix} e_1 \\ e_2 \\ e_3 \end{pmatrix}
$$

其中，i_1, i_2, i_3 表示电流，e_1, e_2, e_3 表示电压，L_1, L_2, L_3 表示电感。该电路系统为一正电路系统 (可以参看 1.3 节引理 1-6)。同时，也可看出，多个这样电路的并联即组成正混杂 (切换) 电路 (正混杂系统)，如图 1-3 所示。

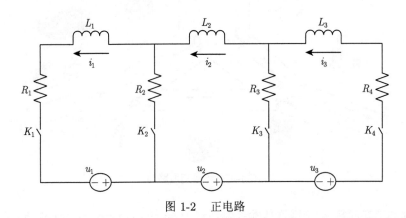

图 1-2 正电路

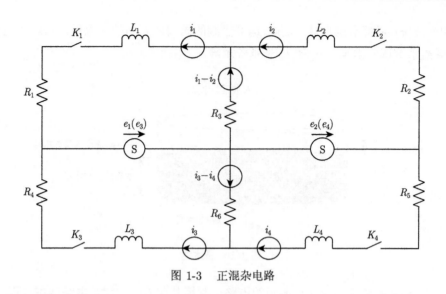

图 1-3 正混杂电路

交通系统 考虑如图 1-4 所示的环形路口交通图，其中，$x_1(t), x_2(t), x_3(t)$ 表示汇入路口的车流量，$u_1(t), u_2(t), u_3(t)$ 表示利用红绿灯交通信号达到车流量控制的控制输入。借助文献 [42] 的建模方法，可建立基于正切换系统的环形路口交通控制系统：

$$\dot{x}(t) = A_{\sigma(t)}x(t) + B_{\sigma(t)}u(t)$$

其中，$\sigma(t)$ 用来控制三个路口进入环形区域的车流量。

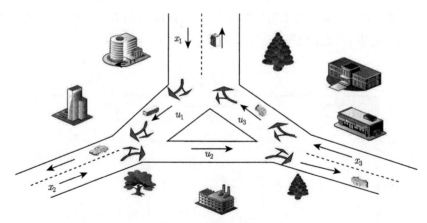

图 1-4 环形交通路口

网络拥塞问题 基于网络传输控制协议 (transfer control protocol，TCP) 的拥塞控制是应对网络拥塞的主要策略。发送方控制拥塞窗口 (control window，cwnd)

大小的原则是：网络没有拥塞时，拥塞窗口就在原来基础上增大，以便把更多的分组发送出去。拥塞窗口增大的规则依赖于：$\mathrm{cwnd}_i \to \mathrm{cwnd}_i + \alpha_i/\mathrm{cwnd}_i$，其中，$i = 1, 2, \cdots, n$ 表示网络中第 i 个加增乘减源，$\alpha_i > 0$。当网络发生拥塞时，拥塞窗口就在原来基础上减小，以减少注入到网络中的分组数，拥塞窗口减小的规则依赖于：$\mathrm{cwnd}_i \to \beta_i\mathrm{cwnd}_i$，其中，$0 < \beta_i < 1$。基于文献 [5] 和文献 [38] 的网络拥塞控制算法建模可得

$$w_i(k+1) = \beta_i w_i(k) + \frac{\alpha_i}{\displaystyle\sum_{i=1}^{n} \alpha_i}\left(\sum_{i=1}^{n}(1-\beta_i)w_i(k)\right)$$

记 $W(k) = (w_1(k), \cdots, w_n(k))^\top, g = (\alpha_1, \cdots, \alpha_n)^\top, h = (1-\beta_1, \cdots, \beta_n)^\top$，整个网络动态为

$$W(k+1) = AW(k)$$

其中，$A = \mathrm{diag}(\beta_1, \cdots, \beta_n) + \dfrac{1}{\displaystyle\sum_{i=1}^{n} \alpha_i}g^\top h$。易知，$A \succ 0$。进而，所建的网络为正的 (可参见 1.3 节引理 1-7)。文献 [43] 也针对含有三个节点的数字通信网络 (见图 1-5) 建立了正切换系统模型，该系统的两个模态分别为网络忙时和闲时，利用切换信号控制忙时和闲时状态的切换。

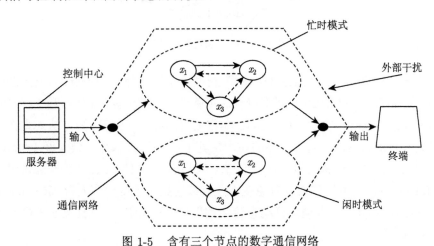

图 1-5 含有三个节点的数字通信网络

HIV 病毒演化过程 艾滋病是一种危害性极大的传染病，由感染人体免疫缺损病毒 (human immunodeficiency virus，HIV) 引起。目前仍缺乏根治 HIV 感

染的有效药物。现阶段治疗艾滋病的目标之一是：最大限度降低病毒载量，抑制
HIV 对人体细胞的攻击。HIV 病毒演化过程，也即细胞感染 HIV 动态过程，如
图 1-6 所示，其中，"Unfected" 表示未感染病毒的细胞数目，"Infected" 表示感
染病毒的细胞数目，"Virus" 表示病毒数目，"Nature deaths" 表示病毒导致的死
亡人数或感染细胞产生的病毒数目，可分别用 $U(t), I(t), V(t), N(t)$ 表示这四类
动态变量。对 HIV 病毒演化过程的建模可追溯到 20 世纪 90 年代，研究者构建
了如下动态模型 [44,45]：

$$\dot{U}(t) = I(t) - bU(t) - \beta U(t)V(t)$$
$$\dot{I}(t) = \beta U(t)V(t) - aI(t)$$
$$\dot{V}(t) = aN(t)I(t) - cV(t)$$

其中，a, b, c 分别是感染细胞、未感染细胞和病毒的死亡率，β 是病毒和未感染细
胞的感染率。考虑到病毒和细胞数目的非负性，所建的 HIV 动态系统为正系统。
Hernandez-Vargas 等利用正切换系统建立了 HIV 演化过程 [6]，并提出最优的抑
制病毒突变的方法。

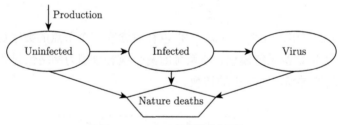

图 1-6   HIV 病毒演化过程

基于 SEIR 的 COVID-19 建模 新型冠状病毒肺炎 (corona virus disease
2019, COVID-19) 是指 2019 新型冠状病毒感染导致的肺炎。如何预测 COVID-19
的感染人数是预防和控制 COVID-19 非常关键的环节。SEIR 型方法一直在传染
病感染人数动态建模中起着重要的作用，其中，"S" 表示易感染人群 (Suscepti-
ble)，"E" 代表已经感染但无症状人群 (Exposed)，"I" 代表已经被确认感染人
群 (Infectious)，"R" 代表具有免疫力人群或感染后恢复健康人群 (Removed 或
Recovered)。图 1-7 是各类人群动态转化过程。基于 SEIR 方法建立了 COVID-19
动态系统 [46]：

$$S(k+1) = S(k) - b\frac{p_c I(k) + r(k)E(k)}{N}S(k)$$
$$E(k+1) = (1 - \sigma)E(k) + b\frac{p_c I(k) + r(k)E(k)}{N}S(k)$$

$$I(k+1) = (1-\chi)I(k) + \sigma E(k)$$

$$R(k+1) = R(k) + \chi I(k)$$

其中，N 代表某区域总人口，$0 < \chi < +\infty$ 表示死亡率或恢复健康率，$0 < b < +\infty$ 是易感染人群感染病毒的比率，$0 < \sigma < +\infty$ 是无症状人群转化为感染人群的比率，$0 < p_c < +\infty$ 是接触感染者的比率，$p_c \leqslant r(k) < +\infty$ 是接触无症状感染者的比率。清晰地，四类人群数量是非负的，因此，COVID-19 传播动态系统是一个正系统，其相应的人数预测以及控制方法应该采用正系统问题的处理方法。

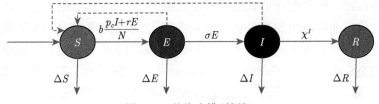

图 1-7　传染病模型框架

上述正系统实例可以分为三类：电路系统；水务、交通、通信系统；HIV 和 COVID-19 动态系统。第一类系统是电路系统中一类特别的系统，这类系统具有正系统特性。第二类系统以流量拥塞为建模对象。对于水务系统，考虑水流量动态；对于交通系统，考虑车流量动态；对于通信系统，以网络通道中的传输包为研究对象。这些问题均涉及拥塞问题。水务系统的拥塞会导致泵站、阀门供水故障和管网的爆管或渗漏。车流量和传输包的拥塞会导致交通拥堵和通信不畅。第三类系统涉及的 HIV 和 COVID-19 均属于传染病，这意味着正系统在传染病的预防和控制中起着重要的作用。通过对这三类系统的总结，不难发现与这三类系统性质类似的实际系统还有很多。现存文献中针对这些系统的研究大多采用非正系统的研究方法，所获结论必然存在各种保守性。这也预示着，在进一步的研究工作中，如何利用正系统刻画具有正性特点的实际系统，并利用正系统方法解决这些实际系统的分析和综合问题，是非常有意义的工作。

1.2　一些基本结论

本节从三类系统出发阐述正系统和正混杂系统的一些结论，针对现存的研究结论，总结正混杂系统的研究方法，指出正混杂系统研究的难点，提出几个拟开展研究的主题。

1.2.1　正系统

文献 [1] 和文献 [2] 对正系统的内正和外正定义、稳定性、可达性、可控性、可观性等做了全面研究，利用正系统建模了一些实际系统。在文献 [47] 中，基于正系统的正性特点，线性余正 Lyapunov 函数 (linear copositive Lyapunov function, LCLF) 被引入到正系统。Rami 等利用线性规划 (linear programming, LP) 设计了连续和离散时间正系统的状态反馈控制器 [48,49]。利用非负矩阵和 Metzler 矩阵的特点，Busłowicz 和 Kaczorek 建立了约束时滞正系统鲁棒稳定的充分条件 [50,51]。刘兴文等借助经典的 Lyapunov 稳定性方法，研究了正系统包含常时滞、有界时滞、时变时滞的稳定和镇定问题 [52-56]。这些结论证实：在有界时滞条件下，只要非时滞项加权系统矩阵与时滞项加权系统矩阵的和矩阵是 Hurwitz 的，原线性时滞正系统就是稳定的。朱淑倩等利用 LP 方法建立了时滞正系统指数稳定的充分条件 [57]。Haddad 和 Chellaboina 详细讨论了正系统的稳定性和耗散性 [39]。陈晓明等提出基于 1 范数的控制器设计方法 [58]。张友梅等给出了广义正系统正性和稳定性的充分条件 [59]。沈俊、李现伟等对正系统分解和稳定问题也做了相关研究 [60,61]。

1.2.2　正切换系统

1979 年，Luenberger 第一次引入了正系统的概念 [62]。2003 年，Shorten 等建立了第一个正切换系统模型 [36]，这是正切换系统研究的萌芽。他们把正切换系统应用到通信网络的拥塞控制问题中，得出了比传统算法更有效、更适合新一代网络的拥塞控制算法 [5,38]。与此同时，Jadbabaie 也成功应用正切换系统到智能体的编队飞行中 [37]。在这些文献中，研究者虽然建立了正切换系统的模型，但并没有给出正切换系统研究的具体方法，对正切换系统的本质属性涉及较少。

众所周知，对于一般线性系统的研究，最常用的方法是二次 Lyapunov 函数法，主要的运算方法是经典的线性矩阵不等式 (linear matrix inequalities, LMIs)。不可否认，利用传统的方法也可以解决正系统的一些问题 [34,35,63]。但由于正系统的独特性，这些方法可能不再是最优的选择，这种情况在研究正切换系统时也同样存在。因此，引进新的研究方法和运算工具显得十分重要。Rami 等利用 LP 算法解决了连续时间和离散时间正系统的控制器设计问题 [48,49]。相对于 LMIs，基于 LP 提出的条件更简单，运算的难度较小，处理大规模系统的相关问题更方便。和 LP 运算方法相应而生的是 LCLF 法，它较二次 Lyapunov 函数法能更有效地解决正系统问题。

正如控制领域对其他系统的研究一样，在对正切换系统的研究中，稳定分析也是许多学者最先关注的研究内容。2007 年，Mason 和 Shorten 给出了由两个子系统组成的正切换系统的共同线性余正 Lyapunov 函数存在的充要条件 [47]。文献 [64] 证实由一族二维 Metzler 矩阵构成的凸包是 Hurwitz 稳定的，等价于由这些矩阵组成的正切换系统是渐近稳定的，但对于高维正切换系统，这个结论是不正确的。文献 [65] 首先提出了高维连续时间正切换系统渐近稳定的充要条件和共同线性余正 Lyapunov 函数存在的充要条件。其次，它也给出了共同线性余正 Lyapunov 函数和共同二次余正 Lyapunov 函数的等价关系。文献 [66] 给出了离散时间正切换系统共同线性余正 Lyapunov 函数存在的充要条件以及共同线性余正 Lyapunov 函数和共同二次余正 Lyapunov 函数的等价关系。薛小平和李祝春利用图论提出了基于次随机矩阵描述的离散时间正切换系统绝对渐近稳定和一致渐近稳定的充分条件 [67]。利用不同的切换律，文献 [42] 分别解决了二维和高维正切换系统的指数镇定问题。文献 [68] 研究了三类正切换系统：连续时间系统、离散时间系统、混杂系统 (连续时间系统与离散时间系统结合的系统)，分别给出了所考虑系统含有可交换子系统时存在共同线性余正 Lyapunov 函数的条件。文献 [69]~文献 [72] 也进一步探讨了正切换系统的稳定问题。

对正切换系统的镇定研究是伴随着稳定性的研究开始的。Benzaouia 和 Tadeo 利用二次 Lyapunov 函数方法设计了正切换系统的输出反馈控制律 [73]，他们建立了正切换系统反馈控制律存在的充要条件 [74]，获得的结论也被应用到正 T-S 模糊系统 [75]。应该指出，在 Benzaouia 等的结论中，所有提出的条件都是基于二次 Lyapunov 函数和 LMIs 方法的。2012 年，赵旭东等第一次构造了正切换系统的多线性余正 Lyapunov 函数 (multiple linear copositive Lyapunov functions, MLCLFs) 标架，给出了系统稳定的充分条件 [76]。值得注意的是，该文献也第一次将平均驻留时间 (average dwell time，ADT) 切换方法 [77] 成功推广到了正切换系统。这为后面研究正切换系统提供了一个很好的工具。借助 MLCLFs 方法，赵旭东等也设计了正切换系统的状态反馈控制律 [78,79]。尽管新的 Lyapunov 函数被引进，但利用的算法仍然是 LMIs[76,78-80]。

时滞问题是另一个被研究者关注的问题。如前文所言，正切换系统的许多研究都是建立在正系统的基础之上。刘兴文等分别研究了连续时间和离散时间正切换时滞系统的稳定问题，给出了可以利用 LP 求解的条件 [56]。同时，在他们的结论中，时滞可以是无界的。赵旭东等推广 Lyapunov-Krasovskii 泛函到多余正型 Lyapunov-Krasovskii 泛函，解决了正切换时滞系统的稳定问题 [81]。文献 [80] 进一步设计正切换时滞系统的具有 L_1 增益的状态反馈控制器。文献 [82] 和文献 [83] 分别研究了正切换时滞系统的有限时间控制。更多正切换时滞系统结论，可参看

文献 [84]~文献 [86]。

Rami 等首先解决了离散正系统和连续正系统的观测器设计 [87,88]，同时证明，正系统是不能由基于正观测器的反馈来镇定的。随后，他们也给出了不确定正系统的区间观测器设计 [89]，提出的条件可以用 LP 来解。基于 LMIs 方法，文献 [90] 和文献 [91] 解决了不确定离散正系统和连续正系统的观测器设计。借助文献 [79] 中的方法，赵旭东等分别利用 MLCLFs 和共同线性余正 Lyapunov 函数第一次解决了正切换系统的观测器设计问题 [92]。文献 [93] 进一步研究了正切换时滞系统的观测器设计。

通过不懈努力，研究者已经找到了解决正切换系统问题的一些新方法，并在正切换系统的稳定分析、镇定设计、观测设计等方面取得了一定的进展。但由于研究工作刚刚起步，很多方法还不成熟，导致获得的结论存在一定的保守性，例如，鲁棒镇定、扰动抑制、随机控制等。因此，围绕正切换系统展开研究是一项富有时代性和挑战性的工作，具有重要的理论意义和应用价值。

1.2.3 正马尔可夫跳变系统

正马尔可夫跳变系统是另一类重要的正混杂系统。近些年，国内外学者在正马尔可夫跳变系统的分析与综合方面获得了一些有价值的成果。文献 [94] 引入了正马尔可夫跳变系统的均方稳定性概念，并且证明其等价于文献中常用的随机稳定概念。文献 [95] 提出了一种单输入饱和马尔可夫跳变系统镇定的 LP 方法，通过引入一个中间标量构造了特殊形式的控制器。李烁等引入一个等价的正连续时间线性系统，基于 LP 方法给出了马尔可夫跳变系统具有 L_∞ 增益稳定的条件，并在此基础上设计 L_∞ 增益控制器 [96]。齐文海等利用 LCLF 建立具有时变时滞和部分已知转移率的正马尔可夫跳变系统随机稳定的充分条件，设计状态反馈控制器保证闭环系统是正的、具有 L_1 增益性能 [97]。文献 [98] 基于系统的正性特点构建一个新的随机线性余正 Lyapunov 泛函，利用 LP 方法研究了正马尔可夫跳变系统的 L_1 随机稳定性。文献 [99] 借助 LCLF 和 ADT 方法提出具有切换转移概率的正马尔可夫跳变系统的均方稳定性条件。文献 [100] 研究了正时滞马尔可夫跳变系统的指数稳定性，并且借助区间不确定方法考虑了时变转移率下系统的稳定性。文献 [101] 基于 LP 方法建立了二维正马尔可夫跳变时滞系统时滞依赖指数均方稳定的充要条件。文献 [102] 借助 LP 方法设计了正离散时间马尔可夫跳变系统的 l_∞ 观测器，解决了一类含有时变时滞和不确定转移概率的状态估计问题。

值得注意的是，半马尔可夫跳变系统比马尔可夫跳变系统的建模能力更

强 [103-106]。半马尔可夫过程转移率是时变的，跳变过程转移率的逗留时间服从非指数分布而不是无记忆特性的指数分布。这种特性更符合实际系统的动态行为。文献 [107] 考虑与非指数分布相关的随机半马尔可夫过程，利用线性 Lyapunov-Krasovskii 泛函和 LP 方法建立正半马尔可夫跳变系统随机稳定性的充分条件。文献 [108] 借助系统矩阵的谱半径来表征正半马尔可夫跳变系统的均方稳定性。

到目前为止，正马尔可夫跳变系统，特别是正半马尔可夫跳变系统的研究尚处于初始阶段，还有很多问题没有解决。以上提及的文献也仅仅考虑了正半马尔可夫跳变线性系统的随机稳定与镇定问题，并没有考虑外部因素对系统性能造成的影响，例如，非线性、扰动、执行器故障、饱和等。在实际系统中，这些外部因素不仅会恶化系统性能，甚至可能直接破坏系统的稳定性。

1.3　基础知识

本节主要介绍与正系统和混杂系统有关的一些基本定义和常用引理，这些基础知识对后文正混杂系统的研究起着关键作用。

1.3.1　矩阵

矩阵是本书运用的核心工具之一。下面引入本书要用到的矩阵基础知识，更详细的矩阵知识可参考文献 [109]。

定义 1-1　对矩阵 A，如果它的特征值的最大实部是负的，即，$\varrho_{\max}(A) < 0$，则称 A 为 Hurwitz 矩阵。

定义 1-2　对矩阵 A，如果它的谱半径小于 1，则称 A 为 Schur 矩阵。

定义 1-3　对矩阵 $A \in \Re^{n \times n}$，如果它的所有非对角元素是非负的，即，$a_{ij} \geqslant 0, 1 \leqslant i, j \leqslant n, i \neq j$，则称 A 为 Metzler 矩阵。

引理 1-1 [47]　对一个 Metzler 矩阵 $A \in \Re^{n \times n}$，它是 Hurwitz 矩阵，当且仅当存在一个向量 $0 \prec v \in \Re^n$ 使得 $A^{\top}v \prec 0$ 成立。

引理 1-2 [87]　对矩阵 $A \succeq 0, A \in \Re^{n \times n}$，它是 Schur 矩阵，当且仅当存在一个向量 $0 \prec v \in \Re^n$ 使得 $(A - I)^{\top}v \prec 0$ 成立。

引理 1-3　对矩阵 $A_1, A_2, A_3 \in \Re^{n \times n}$，如果 A_1 是 Metzler 矩阵、A_3 是 Hurwitz 矩阵且 $A_1 \preceq A_2 \preceq A_3$，那么，$A_2$ 既是 Metzler 矩阵也是 Hurwitz 矩阵。

引理 1-4　对矩阵 $A_1, A_2 \in \Re^{n \times n}$，如果 $A_1 \succeq A_2 \succeq 0$ 且 A_1 是 Schur 矩阵，那么，A_2 是 Schur 矩阵。

引理 1-5　对矩阵 $A \in \Re^{n \times n}$，A 为 Metzler 矩阵，当且仅当存在一个常数 ς 使得 $A + \varsigma I \succeq 0$ 成立。

1.3.2 线性规划

线性规划 (LP) 是运筹学中研究较早、方法较成熟、应用广泛的一个重要分支，是研究线性约束条件下线性目标函数的极值问题的数学理论和方法，是辅助人们进行科学管理的一种数学方法，它广泛应用于军事、经济、工程技术等领域。LP 为合理利用有限的人力、物力、财力等资源做最优决策提供科学依据。自 MATLAB 与 SCILAB 等软件开发出 LP 工具箱之后，人们能够更加方便地利用计算机来处理和求解 LP 的问题。由于 LP 形式简单，处理大规模运算能力强，所以其在控制理论研究中有重要的应用。

本书主要用到如下形式的 LP：

$$\min z = cX \quad \text{s.t. } AX \preceq b$$

其中，X 为向量值决策变量，z 为目标函数，A 为已知矩阵，b 和 c 为向量。

定义 1-4 [110] (克罗内克积) 给定矩阵 $A \in \Re^{m \times n}, B \in \Re^{p \times q}$，$A$ 与 B 的克罗内克积 $A \otimes B$ 是一个 $mp \times nq$ 的分块矩阵：

$$A \otimes B = \begin{pmatrix} a_{11}B & \cdots & a_{1n}B \\ \vdots & & \vdots \\ a_{n1}B & \cdots & a_{nn}B \end{pmatrix}$$

其中，a_{ij}，$1 \leqslant i, j \leqslant n$ 是矩阵 A 的第 i 行第 j 列元素。

根据定义 1-4，可得 $\text{vec}(PYQ) = (Q^\top \otimes P)\text{vec}(Y)$，其中，$P, Y, Q$ 为具有可兼容维数的矩阵；vec 表示向量运算，它从左到右提取一个矩阵的列，然后依次累积组成一个新的向量。

1.3.3 正系统

本小节给出正系统的一些基础知识，详细结论可以参考文献 [1]、文献 [47]、文献 [64] 和文献 [65]。在本小节中，如果没有明确给出系统变量和矩阵的维数，默认它们具有可兼容的维数。

考虑连续时间系统：

$$\begin{aligned} \dot{x}(t) &= Ax(t) + Bu(t) + E\omega(t) \\ y(t) &= Cx(t) + F\omega(t) \end{aligned} \tag{1-1}$$

和离散时间系统：

$$\begin{aligned} x(k+1) &= Ax(k) + Bu(k) + E\omega(k) \\ y(k) &= Cx(k) + F\omega(k) \end{aligned} \tag{1-2}$$

其中, $x(t)$ $(x(k))$ 是系统状态变量, $u(t)$ $(u(k))$ 是控制输入, $\omega(t)$ $(\omega(k))$ 是扰动输入, $y(t)$ $(y(k))$ 是系统输出, A, B, C, E, F 为系统矩阵。

定义 1-5 [1]　如果对任意非负初始状态和非负输入 (控制输入和扰动输入), 一个系统的状态和输出在任何时刻都是非负的, 那么, 该系统为正系统。

引理1-6 [1]　系统 (1-1) 是正系统, 当且仅当 A 是 Metzler 矩阵且 $B \succeq 0, E \succeq 0,$ $C \succeq 0, F \succeq 0$。

引理 1-7 [1]　系统 (1-2) 是正系统, 当且仅当 $A \succeq 0, B \succeq 0, E \succeq 0, C \succeq 0,$ $F \succeq 0$。

引理 1-8 [1]　对正系统 (1-1) $(u(t) = 0, \omega(t) = 0)$, 下面条件等价:

① 系统是稳定的;

② 矩阵 A 是 Hurwitz 矩阵;

③ 存在一个向量 $v \succ 0$ 使得 $A^{\top} v \prec 0$ 成立。

称 $V(x(t)) = x^{\top}(t)v$ 为系统 (1-1) $(u(t) = 0, \omega(t) = 0)$ 的一个 LCLF。

引理 1-9 [1]　对正系统 (1-2) $(u(k) = 0, \omega(k) = 0)$, 下面条件等价:

① 系统是稳定的;

② 矩阵 $A \succeq 0$ 且是 Schur 矩阵;

③ 存在一个向量 $v \succ 0$ 使得 $(A - I)^{\top} v \prec 0$ 成立。

称 $V(x(k)) = x^{\top}(k)v$ 为系统 (1-2) $(u(k) = 0, \omega(k) = 0)$ 的一个 LCLF。

引理 1-10　考虑一个连续时间时滞系统:

$$\dot{x}(t) = A_1 x(t) + A_2 x(t - d) + Bu(t) + E\omega(t)$$
$$y(t) = C_1 x(t) + C_2 x(t - d) + F\omega(t)$$

其中, $x(t)$ 是系统状态, $u(t)$ 是控制输入, $\omega(t)$ 是扰动输入, d 代表常时滞, $y(t)$ 是系统输出。该系统是正的, 当且仅当 A_1 是 Metzler 矩阵, $A_2 \succeq 0, B \succeq 0, E \succeq 0,$ $C_1 \succeq 0, C_2 \succeq 0, F \succeq 0$; 考虑一个离散时间时滞系统:

$$x(k + 1) = A_1 x(k) + A_2 x(k - d) + Bu(k) + E\omega(k)$$
$$y(k) = C_1 x(k) + C_2 x(k - d) + F\omega(k)$$

其中, $x(k)$ 是系统状态, $u(k)$ 是控制输入, $\omega(k)$ 是扰动输入, d 代表常时滞, $y(k)$ 是系统输出。该系统是正的, 当且仅当 $A_1 \succeq 0, A_2 \succeq 0, B \succeq 0, E \succeq 0, C_1 \succeq 0, C_2 \succeq 0,$ $F \succeq 0$。

1.3.4　混杂系统

下面给出混杂系统的一些相关定义, 将在正混杂系统的分析和综合研究中用到。

定义 1-6 [18]   考虑连续时间切换系统:

$$\dot{x}(t) = A_{\sigma(t)}x(t) \tag{1-3}$$

和离散时间切换系统:

$$x(k+1) = A_{\sigma(k)}x(k) \tag{1-4}$$

如果对任意初始状态 $x(t_0)$ $(x(k_0))$ 和适当的切换信号 $\sigma(t)$ $(\sigma(k))$, 存在正实数 α 和 β $(0 < \eta < 1)$ 使得

$$\|x(t)\|_2 \leqslant \alpha e^{-\beta(t-t_0)}\|x(t_0)\|_2, \forall t \geqslant t_0 \ (\|x(k)\|_2 \leqslant \alpha \eta^{-\beta(k-k_0)}\|x(k_0)\|_2, \forall k \geqslant k_0)$$

那么, 系统是全局一致指数稳定的。

定义 1-7 [18]   如果切换系统的切换信号 $\sigma(t)$ 在任意两个连续切换时刻间的时间长度不小于一个正常数 τ, 那么, τ 被称为切换信号的驻留时间。

定义 1-8 [77]   如果对 $t \geqslant t_0 \geqslant 0$ 和 正常数 $N_0 > 0$ 有

$$N_\sigma(t, t_0) \leqslant N_0 + \frac{t - t_0}{\tau_a}$$

成立, 那么, τ_a 被称为切换信号 $\sigma(t)$ 的 ADT, 其中, $N_\sigma(t, t_0)$ 是切换系统在时间区间 (t_0, t) 内切换的次数, N_0 是切换信号的抖振界。

定义 1-9 [111]   如果对 $t \geqslant t_0 \geqslant 0$ 和 正常数 $N_{0p} > 0$ 有

$$N_{\sigma p}(t, t_0) \leqslant N_{0p} + \frac{T_p(t, t_0)}{\tau_{ap}}$$

成立, 那么, τ_{ap} 被称为切换信号 $\sigma(t)$ 的模型依赖平均驻留时间 (mode-dependent average dwell time, MDADT), 其中, $N_{\sigma p}(t, t_0)$ 是切换系统第 p 个子系统在 (t_0, t) 内被激活的次数, N_{0p} 是模型依赖抖振界, $T_p(t, t_0)$ 为第 p 个子系统在 (t_0, t) 内运行的总时间。

定义 1-10   如果正切换系统 (1-3) 满足

$$x^\top(t_0)\ell \leqslant c_1 \Longrightarrow x^\top(t)\ell \leqslant c_2, \forall t \in [t_0, t_f]$$

那么, 它是有限时间稳定的, 其中, t_0 为初始时刻, $t_f > t_0$, $0 < c_1 < c_2$, $\ell \succ 0$。

离散系统 (1-4) 的有限时间稳定概念与定义 1-10 类似。

考虑连续时间系统:

$$\begin{aligned} \dot{x}(t) &= Ax(t) + E\omega(t) \\ y(t) &= Cx(t) + F\omega(t) \end{aligned} \tag{1-5}$$

和离散时间系统:

$$x(k+1) = Ax(k) + E\omega(k)$$
$$y(k) = Cx(k) + F\omega(k)$$

(1-6)

定义 1-11 如果

① 系统 (1-5) (系统 (1-6)) 在 $\omega(t) = 0$ ($\omega(k) = 0$) 时是指数稳定的;

② 存在实数 $\gamma > 0$ 使得

$$\int_0^\infty \|y(t)\|_1 \mathrm{d}t \leqslant \gamma \int_0^\infty \|\omega(t)\|_1 \mathrm{d}t \left(\sum_{k=0}^\infty \|y(k)\|_1 \leqslant \gamma \sum_{k=0}^\infty \|\omega(k)\|_1 \right)$$

对于 $x(t_0) = 0$ ($x(k_0) = 0$) 成立, 那么, 系统 (1-5) (系统 (1-6)) 是 L_1 (ℓ_1) 增益稳定的。

考虑连续时间正切换系统:

$$\dot{x}(t) = A_{\sigma(t)}x(t) + E_{\sigma(t)}\omega(t)$$
$$y(t) = C_{\sigma(t)}x(t) + F_{\sigma(t)}\omega(t)$$

(1-7)

和离散时间正切换系统:

$$x(k+1) = A_{\sigma(k)}x(k) + E_{\sigma(t)}\omega(k)$$
$$y(k) = C_{\sigma(k)}x(k) + F_{\sigma(k)}\omega(k)$$

(1-8)

定义 1-12 如果下面条件成立:

① 系统 (1-7) (系统 (1-8)) 在 $\omega(t) = 0$ ($\omega(k) = 0$) 时是指数稳定的;

② 存在正常数 δ, η 和 γ 对非零 $\omega(t)$: $\int_0^\infty \|\omega(t)\|_1 \mathrm{d}t \leqslant \infty$ $\left(\sum_{k=0}^\infty \|\omega(k)\|_1 \leqslant \right.$

$\infty \Big)$ 都有

$$\delta \int_0^\infty \mathrm{e}^{-\eta t} \|y(t)\|_1 \mathrm{d}t \leqslant \gamma \int_0^\infty \|\omega(t)\|_1 \mathrm{d}t \left(\delta \sum_{k=0}^\infty \mathrm{e}^{-\eta k} \|y(k)\|_1 \leqslant \gamma \sum_{k=0}^\infty \|\omega(k)\|_1 \right)$$

那么, 系统 (1-7) (系统 (1-8)) 是具有加权的 L_1 (ℓ_1) 增益稳定的。

定义 1-13 给定 $t_f > 0, 0 < c_1 < c_2, \ell \succ 0$ 和一个切换信号 $\sigma(t)$, 如果对于任意的 $\omega(t)$: $\int_0^{t_f} \|\omega(t)\|_1 \mathrm{d}t \leqslant h, h > 0$ 有

$$x^\top(t_0)\ell \leqslant c_1 \Longrightarrow x^\top(t)\ell \leqslant c_2, \forall t \in [0, t_f]$$

成立, 那么, 正切换系统 (1-7) 是有限时间有界的。

定义 1-14　如果下面条件成立:

① 系统是关于参数 (c_1, c_2, t_f, ℓ, h) 有限时间有界的;

② 存在正常数 δ, η 和 γ, 对所有非零 $\omega(t): \int_0^{t_f} \|\omega(t)\|_1 \mathrm{d}t \leqslant h$ 都有

$$\delta \int_0^{t_f} \mathrm{e}^{-\eta t} \|y(t)\|_1 \mathrm{d}t \leqslant \gamma \int_0^{t_f} \|\omega(t)\|_1 \mathrm{d}t \tag{1-9}$$

那么, 系统 (1-7) 是具有加权的有限时间 L_1 增益稳定的。

　　注 1-1　不等式 (1-9) 是由加权的 L_2 增益定义推广而来。不同于一般系统, 正系统的研究方法主要借助 LCLF 和 LP 方法。相应地, 对于增益性能的描述也要利用 L_1 增益条件。

　　注 1-2　文献 [112] 也给出了有限时间稳定的概念, 它和渐近稳定性严格相关。它要求系统轨迹在有限时间内收敛到平衡状态, 而不考虑任何边界区域和时间间隔。因此, 定义 1-13 和定义 1-14 与文献 [112] 中的有限时间稳定概念不同。本书中有限时间稳定性概念关注的是在一定时间区间内状态的有界性, 它与渐近稳定性无关。

　　考虑连续时间马尔可夫跳变系统:

$$\begin{aligned} \dot{x}(t) &= A_{g(t)}x(t) + E_{g(t)}\omega(t) \\ y(t) &= C_{g(t)}x(t) + F_{g(t)}\omega(t) \end{aligned} \tag{1-10}$$

和离散时间马尔可夫跳变系统:

$$\begin{aligned} x(k+1) &= A_{g(k)}x(k) + E_{g(k)}\omega(k) \\ y(k) &= C_{g(k)}x(k) + F_{g(k)}\omega(k) \end{aligned} \tag{1-11}$$

其中, 函数 $g(t)$ $(t \geqslant 0)$ $(g(k)$ $(k \in \mathbb{N}))$ 代表马尔可夫跳变过程, 其在一个有限集 $S = \{1, 2, \cdots, N\}$ 内取值, $N \in \mathbb{N}^+$。

　　定义 1-15　如果对初始条件 x_0 和初始模态 $g(0) \in S$ 不等式:

$$\mathbf{E}\left\{\int_0^\infty \|x(t)\|_1 \mathrm{d}t \big| x_0, g(0)\right\} < \infty \quad \left(\mathbf{E}\left\{\sum_{k=0}^\infty \|x(k)\|_1 \big| x_0, g(0)\right\} < \infty\right)$$

成立, 那么, 系统 (1-10) $(\omega(t) = 0)$(系统 (1-11) $(\omega(k) = 0)$) 是随机稳定的。

　　定义 1-16　如果对跳变信号 $g(t)$ $(g(k))$ 下面条件满足:

① 系统 (1-10)(系统 (1-11)) 是随机稳定的;

② 在零初始状态下，下面不等式成立：

$$\mathbf{E}\left\{\int_{t=0}^{\infty}\|y(t)\|_1 \mathrm{d}t\right\}$$

$$\leqslant \gamma\mathbf{E}\left\{\int_{t=0}^{\infty}\|\omega(t)\|_1 \mathrm{d}t\right\} \left(\sum_{k=0}^{\infty}\mathbf{E}\{\|y(k)\|_1\} \leqslant \gamma\sum_{k=0}^{\infty}\mathbf{E}\{\{\|\omega(k)\|_1\}\right)$$

那么，系统 (1-10) ((1-11)) 是随机 L_1 (ℓ_1) 增益稳定的，其中，$\gamma > 0$。

引理 1-11 [113]　给定矩阵 $F \in \Re^{m\times n}$ 和 $H \in \Re^{m\times n}$，如果 $x(t) \in L(H_i) = \{x(t) : |H_i x(t)| \leqslant 1\}$，那么

$$\mathrm{sat}(Fx(t)) = \sum_{l=1}^{2^m} h_l(D_l F + D_l^- H)x(t)$$

其中，H_i 是 H 的第 i 行，$\mathrm{sat}(\cdot)$ 是饱和函数，$D_l, l = 1, 2, \cdots, 2^m$ 是元素为 0 或 1 的对角矩阵，$D_l^- = I - D_l$，$\sum_{l=1}^{2^m} h_l = 1, 0 \leqslant h_l \leqslant 1$。

第 2 章　正切换系统控制

本章分别介绍正切换系统的反馈控制、有限时间控制和异步控制，主要利用 LCLF 和 LP 方法提出正切换系统的控制方法。

2.1　正切换系统的反馈控制

迄今为止，对于正系统的稳定性研究有两种常用的方法：第一种是基于二次 Lyapunov 函数和 LMIs[34,63]，第二种是基于 LCLF 和 LP[87-89]。考虑到正系统的正性，第二种方法被认为是处理正系统问题更有效的方法。本节分别从正连续时间切换系统的反馈控制、正离散时间切换系统的反馈控制和正切换系统基于 MDADT 方法的控制三个方面提出正切换系统控制方法。

2.1.1　连续时间系统

为方便读者阅读，重新给定切换系统：

$$\dot{x}(t) = A_{\sigma(t)}x(t) + B_{\sigma(t)}u(t)$$
$$y(t) = C_{\sigma(t)}x(t) \tag{2-1}$$

其中，$x(t) \in \Re^n, u(t) \in \Re^m, y(t) \in \Re^r$；$\sigma(t)$ 是系统的切换信号，在一个有限集 $S = \{1, 2, \cdots, N\}$ 里取值，$N \in \mathbb{N}^+$。如果没有特别说明，假定对任意 $\sigma(t) = p \in S$，A_p 是 Metzler 矩阵，$B_p \succeq 0, C_p \succeq 0$。

2.1.1.1　输出反馈控制

为提出主要结论，首先给出几个重要的引理。

考虑系统：

$$\dot{x}(t) = Ax(t) + Bu(t)$$
$$y(t) = Cx(t) \tag{2-2}$$

其中，$x(t), u(t), y(t)$ 的定义和系统 (2-1) 相同。假定 A 是一个 Metzler 矩阵，$B \succeq 0, C \succeq 0$。进而，根据引理 1-6，系统 (2-2) 是一个正系统。

引理 2-1　如果存在实数 ς 和向量 $0 \prec v \in \Re^n$ 和 $z \in \Re^r$ 使得

$$A^{\top}v + C^{\top}z \prec 0 \tag{2-3a}$$

$$\bar{v}^\top B^\top v(\bar{v}^\top B^\top vA + B\bar{v}z^\top C + \varsigma I_n) \succeq 0 \tag{2-3b}$$

成立，其中，$0 \prec \bar{v} \in \Re^m$ 是给定的向量，那么，在输出反馈控制律

$$u(t) = Ky(t) = \frac{1}{\bar{v}^\top B^\top v}\bar{v}z^\top y(t) \tag{2-4}$$

下，闭环系统 (2-2) 是正的、渐近稳定的。

证明　首先，证明闭环系统 (2-2) 是正的。因为 $\bar{v} \succ 0, B \succeq 0$，所以 $\bar{v}^\top B^\top v$ 是一个正实数。根据条件 (2-3b) 得

$$A + \frac{1}{\bar{v}^\top B^\top v}B\bar{v}z^\top C + \frac{\varsigma}{\bar{v}^\top B^\top v}I_n \succeq 0$$

利用引理 1-5，$A + \dfrac{1}{\bar{v}^\top B^\top v}B\bar{v}z^\top C$ 是 Metzler 矩阵。借助控制律 (2-4)，$A + BK$ 是 Metzler 矩阵。由引理 1-6，闭环系统是正的。

下面证明闭环系统是稳定的。选择 LCLF：$V(t) = x^\top(t)v$。利用条件 (2-3a)，有

$$\dot{V}(t) = x^\top(t)\left(A^\top + \frac{1}{\bar{v}^\top B^\top v}C^\top z\bar{v}^\top B^\top\right)v = x^\top(t)(A^\top v + C^\top z)$$

因为闭环系统是正的，所以 $x^\top(t) \succeq 0$。结合条件 (2-3b) 可得 $\dot{V}(t) < 0$。进而，闭环系统 (2-2) 是稳定的。　　　　　　　　　　　　　　　　　　　　□

注 2-1　给定实数 ς 和向量 $\bar{v}$，条件 (2-3) 可变为 LP 问题：

$$\begin{aligned}
A^\top v + C^\top z &\prec 0 \\
v &\succ 0 \\
\bar{v}^\top B^\top v &> 0 \\
\bar{v}^\top B^\top vA + B\bar{v}z^\top C + \varsigma I_n &\succeq 0
\end{aligned} \tag{2-5}$$

或

$$\begin{aligned}
A^\top v + C^\top z &\prec 0 \\
v &\succ 0 \\
\bar{v}^\top B^\top v &< 0 \\
\bar{v}^\top B^\top vA + B\bar{v}z^\top C + \varsigma I_n &\preceq 0
\end{aligned} \tag{2-6}$$

引理 2-2　对于单输入正系统 (2-2)，如果存在实数 ς 和向量 $0 \prec v \in \Re^n, z \in \Re^r$ 使得

$$A^\top v + C^\top z \prec 0$$
$$B^\top v(B^\top vA + Bz^\top C + \varsigma I_n) \succeq 0$$

成立，那么在输出反馈控制律

$$u(t) = Ky(t) = \frac{1}{B^\top v} z^\top y(t)$$

下，闭环系统 (2-2) 是正的、渐近稳定的。

定理 2-1 如果存在实数 $\rho > 0, \lambda > 1, \varsigma$ 和向量 $0 \prec v^{(p)} \in \Re^n, z^{(p)} \in \Re^r$ 使得

$$(A_p^\top + \rho I_n) v^{(p)} + C_p^\top z^{(p)} \prec 0 \tag{2-7a}$$

$$\bar{v}^{(p)\top} B_p^\top v^{(p)} \left(\bar{v}^{(p)T} B_p^\top v^{(p)} A_p + B_p \bar{v}^{(p)} z^{(p)\top} C_p + \varsigma I_n \right) \succeq 0 \tag{2-7b}$$

$$v^{(p)} \preceq \lambda v^{(q)} \tag{2-7c}$$

对任意 $(p,q) \in S \times S$ 成立，其中，$\bar{v}^{(p)} \in \Re^m$ 是一个给定的非零向量，那么，在输出反馈控制律

$$u_p(t) = K_p y(t) = \frac{1}{\bar{v}^{(p)\top} B_p^\top v^{(p)}} \bar{v}^{(p)} z^{(p)\top} y(t) \tag{2-8}$$

和 ADT 满足

$$\tau_a \geqslant \frac{\ln \lambda}{\rho} \tag{2-9}$$

时，闭环系统 (2-1) 是指数稳定的。

证明 利用条件 (2-7b) 和引理 1-5，$A_p + \dfrac{1}{\bar{v}^{(p)\top} B_p^\top v^{(p)}} B_p \bar{v}^{(p)} z^{(p)\top} C_p$ 是一个 Metzler 矩阵。利用控制律 (2-8)，$A_p + B_p K_p C_p$ 对每一个 $p \in S$ 都是 Metzler 矩阵。那么，闭环系统 (2-1) 是正的。

给定一个切换序列 $0 \leqslant t_0 < t_1 < t_2 < \cdots$，假定 $t \in [t_k, t_{k+1}), k \in \mathbb{N}$。选择 MLCLFs：$V_i(x(t)) = x^\top(t) v^{(i)}, i \in S$。因此，$\dot{V}_{\sigma(t_k)}(x(t)) = x^\top(t) A_{\sigma(t_k)}^\top v^{(\sigma(t_k))} + u_{\sigma(t_k)}^\top B_{\sigma(t_k)}^\top v^{(\sigma(t_k))}$。根据控制律 (2-8)，$\dot{V}_{\sigma(t_k)}(x(t)) = x^\top(t)(A_{\sigma(t_k)}^\top v^{(\sigma(t_k))} + C_{\sigma(t_k)}^\top z^{(\sigma(t_k))})$。利用条件 (2-7a)，可得 $\dot{V}_{\sigma(t_k)}(x(t)) \leqslant -\rho x^\top(t) v^{(\sigma(t_k))} \leqslant -\rho V_{\sigma(t_k)}$。进而有 $V_{\sigma(t_k)}(x(t)) \leqslant \mathrm{e}^{-\rho(t-t_k)} V_{\sigma(t_k)}(x(t_k)), t \in [t_k, t_{k+1})$。利用条件 (2-7c) 和 $x(t) \succeq 0$，可推出 $x^\top(t_k) v^{(\sigma(t_k))} \leqslant \lambda x^\top(t_k) v^{(\sigma(t_{k-1}))}$。易得

$$V_{\sigma(t_k)}(x(t)) \leqslant \lambda \mathrm{e}^{-\rho(t-t_k)} V_{\sigma(t_{k-1})}(x(t_k))$$

重复上面的推导得到下面不等式：

$$V_{\sigma(t_k)}(x(t)) \leqslant \lambda \mathrm{e}^{-\rho(t-t_k)} V_{\sigma(t_{k-1})}(x(t_k)) \leqslant \cdots \leqslant \lambda^k \mathrm{e}^{-\rho(t-t_0)} V_{\sigma(t_0)}(x(t_0))$$

根据定义 1-8 和 $\lambda > 1$ 可得

$$V_{\sigma(t_k)}(x(t)) \leqslant \mathrm{e}^{\left(N_0 + \frac{t-t_0}{\tau}\right) \ln \lambda} \mathrm{e}^{-\rho(t-t_0)} V_{\sigma(t_0)}\left(x\left(t_0\right)\right) \leqslant \alpha' \mathrm{e}^{-\beta(t-t_0)} V_{\sigma(t_0)}\left(x\left(t_0\right)\right)$$

其中，$\alpha' = \mathrm{e}^{N_0 \ln \lambda}, \beta = \rho - \dfrac{\ln \lambda}{\tau_a}$。借助条件 (2-9) 知 $\beta > 0$。那么

$$x^\top(t) v^{(\sigma(t_k))} \leqslant \alpha' \mathrm{e}^{-\beta(t-t_0)} x^\top(t_0) v^{(\sigma(t_0))}$$

根据 $x(t) \succeq 0$ 有

$$x^\top(t) v^{(\sigma(t_k))} = \sum_{i=1}^n x_i(t) v_i^{(\sigma(t_k))} \geqslant \underline{\mu}_{\sigma(t_k)}(v^{(\sigma(t_k))}) \sum_{i=1}^n x_i(t) \geqslant \underline{\mu}_{\sigma(t_k)}(v^{(\sigma(t_k))}) \|x(t)\|_2$$

和

$$x^\top(t_0) v^{(\sigma(t_0))} = \sum_{i=1}^n x_i(t_0) v_i^{(\sigma(t_0))}$$
$$\leqslant \overline{\mu}_{\sigma(t_0)}(v^{(\sigma(t_0))}) \sum_{i=1}^n x_i(t_0) \leqslant \sqrt{n} \overline{\mu}_{\sigma(t_0)}(v^{(\sigma(t_0))}) \|x(t)\|_2$$

其中，$\underline{\mu}_i(v^{(i)})$ 和 $\overline{\mu}_i(v^{(i)})$ 是向量 $v^{(i)}$ 的最小和最大元素。结合上述两个不等式得：$\|x(t)\|_2 \leqslant \alpha \mathrm{e}^{-\beta(t-t_0)} \|x(t_0)\|_2$，其中，$\alpha = \dfrac{\sqrt{n}\overline{\mu}}{\underline{\mu}} \alpha', \underline{\mu} = \min_{i \in S}\{\underline{\mu}_i(v^{(i)})\}, \overline{\mu} = \min_{i \in S}\{\overline{\mu}_i(v^{(i)})\}$。进而，闭环系统 (2-1) 是正的、指数稳定的。　　　　□

　　定理 2-1 提出了多输入系统的输出反馈控制设计。为了方便计算，要求向量 $\overline{v}^{(p)}$ 是给定的。正如注 2-2 所述，给定 ρ, λ 和 ς，那么，条件 (2-7) 是一个 LP 问题。假定系统 (2-1) 不包含正性的系统矩阵约束条件，当条件 (2-7) 有可行解时，定理 2-1 仍然成立。这种情况可看成定理 2-1 的扩展结论，即，对于一个一般系统设计一个控制器使得闭环系统是正的、指数稳定的。应该指出，不是所有系统都可以设计一个反馈控制器使得其闭环系统是正的。

　　对于单输入系统 (2-1)，给出如下推论。它的证明可由引理 2-2 与定理 2-1 中的证明结合得到。

　　推论 2-1　如果存在实数 $\rho > 0, \lambda > 1, \varsigma$ 和向量 $0 \prec v^{(p)} \in \Re^n, v^{(q)} \in \Re^n, z^{(p)} \in \Re^r$ 使得

$$(A_p^\top + \rho I_n) v^{(p)} + C_p^\top z^{(p)} \prec 0$$
$$B_p^\top v^{(p)} \left(B_p^\top v^{(p)} A_p + B_p z^{(p)\top} C_p + \varsigma I_n\right) \succeq 0$$
$$v^{(p)} \preceq \lambda v^{(q)}$$

对任意 $(p,q) \in S \times S$ 成立，那么，在输出反馈控制律

$$u_p(t) = K_p y(t) = \frac{1}{B_p^\top v^{(p)}} z^{(p)\top} y(t)$$

和 ADT 满足条件 (2-9) 时，闭环系统 (2-1) 是正的、指数稳定的。

2.1.1.2　状态反馈控制

本小节考虑系统 (2-1) 的状态反馈控制设计。首先，给出两个引理。

引理 2-3　如果存在一个实数 ς 和向量 $0 \prec v \in \Re^n, z \in \Re^n$ 使得

$$A^\top v + z \prec 0$$
$$\bar{v}^\top B^\top v (\bar{v}^\top B^\top v A + B\bar{v}z^\top + \varsigma I_n) \succeq 0$$

成立，其中，$\bar{v} \in \Re^m$ 是一个给定的非零向量，那么，在状态反馈控制律

$$u(t) = Kx(t) = \frac{1}{\bar{v}^\top B^\top v} \bar{v}z^\top x(t)$$

下，闭环系统 (2-2) 是正的、渐近稳定的。

对于单输入系统 (2-2)，给出如下结论。

引理 2-4　如果存在一个实数 ς 和向量 $0 \prec v \in \Re^n, z \in \Re^n$ 使得

$$A^\top v + z \prec 0$$
$$B^\top v (B^\top v A + Bz^\top + \varsigma I_n) \succeq 0$$

成立，那么，在状态反馈控制律

$$u(t) = \frac{1}{B^\top v} z^\top x(t)$$

下，闭环系统 (2-2) 是正的、渐近稳定的。

引理 2-3 和引理 2-4 的证明可以分别用引理 2-1 和引理 2-2 中的方法直接得到，略。

定理 2-2　如果存在实数 $\rho > 0, \lambda > 1, \varsigma$ 和向量 $0 \prec v^{(p)} \in \Re^n, z^{(p)} \in \Re^n$ 使得

$$(A_p^\top + \rho I_n) v^{(p)} + z^{(p)} \prec 0$$
$$\bar{v}^{(p)\top} B_p^\top v^{(p)} (\bar{v}^{(p)\top} B_p^\top v^{(p)} A_p + B_p \bar{v}^{(p)} z^{(p)\top} + \varsigma I_n) \succeq 0 \qquad (2\text{-}10)$$
$$v^{(p)} \preceq \lambda v^{(q)}$$

对任意 $(p,q) \in S \times S$ 成立，其中，$\overline{v}^{(p)} \in \Re^m$ 是给定的非零向量，那么，在状态反馈控制律

$$u_p(t) = K_p x(t) = \frac{1}{\overline{v}^{(p)\top} B_p^\top v^{(p)}} \overline{v}^{(p)} z^{(p)\top} x(t) \tag{2-11}$$

和 ADT 满足条件 (2-9) 时，闭环系统 (2-1) 是正的、指数稳定的。

对于单输入系统 (2-1)，有如下结论。

推论 2-2　如果存在实数 $\rho > 0, \lambda > 1, \varsigma$ 和 $\Re^n$ 向量 $v^{(p)} \succ 0, z^{(p)}$ 使得

$$(A_p^\top + \rho I_n) v^{(p)} + z^{(p)} \prec 0$$
$$B_p^\top v^{(p)} (B_p^\top v^{(p)} A_p + B_p z^{(p)\top} + \varsigma I_n) \succeq 0 \tag{2-12}$$
$$v^{(p)} \preceq \lambda v^{(q)}$$

对任意 $(p,q) \in S \times S$ 成立，那么，在状态反馈控制律

$$u_p(t) = K_p x(t) = \frac{1}{B_p^\top v^{(p)}} z^{(p)\top} x(t) \tag{2-13}$$

和 ADT 满足条件 (2-9) 时，闭环系统 (2-1) 是正的、指数稳定的。

2.1.2　离散时间系统

考虑离散时间切换系统：

$$x(k+1) = A_{\sigma(k)} x(k) \tag{2-14}$$

和

$$x(k+1) = A_{\sigma(k)} x(k) + B_{\sigma(k)} u_{\sigma(k)}(k) \tag{2-15}$$

其中，$x(k) \in \Re^n$ 是系统的状态，$u_{\sigma(k)}(k) \in \Re^m$ 是控制输入，$\sigma(k)$ 在集合 S 中取值。给定切换序列 $0 \leqslant k_0 < k_1 < \cdots$。当 $k \in [k_i, k_{i+1}), i \in \mathbb{N}$ 时，第 $\sigma(k_i)$ 个子系统被激活。假定对于任意的 $p \in S$ 都有 $A_p \succeq 0, B_p \succeq 0$。

2.1.2.1　稳定分析

首先利用线性方法建立系统 (2-14) 的稳定条件。

引理 2-5　如果存在实数 $0 < \rho < 1, \lambda > 1$ 和向量 $0 \prec v^{(p)} \in \Re^n$ 使得

$$A_p^\top v^{(p)} - \rho v^{(p)} \prec 0 \tag{2-16a}$$

$$v^{(p)} \preceq \lambda v^{(q)} \tag{2-16b}$$

对于任意 $(p,q) \in S \times S$ 成立，那么，在 ADT 满足

$$\tau_a \geqslant -\frac{\ln \lambda}{\ln \rho} \tag{2-17}$$

时，系统 (2-14) 是正的、指数稳定的。

证明 系统 (2-14) 的正性可以直接根据引理 1-7 得到。选择 MLCLFs: $V_i(x(k)) = x^\top(k)v^{(i)}, i \in S$。给定一个切换序列为 $0 \leqslant k_0 < k_1 < \cdots$，假定 $k \in [k_m, k_{m+1}), m \in \mathbb{N}$。利用条件 (2-16a) 推出

$$V_{\sigma(k_m)}(x(k)) = x^\top(k-1)A_{\sigma(k_m)}^\top v^{(\sigma(k_m))} \leqslant \rho x^\top(k-1)v^{(\sigma(k_m))} = \rho V_{\sigma(k_m)}(x(k-1))$$

对于任意的 $k \in [k_m, k_{m+1})$ 有

$$V_{\sigma(k_m)}(x(k)) \leqslant \rho^2 V_{\sigma(k_m)}(x(k-2)) \leqslant \cdots \leqslant \rho^{k-k_m} V_{\sigma(k_m)}(x(k_m))$$

即，$x^\top(k)v^{(\sigma(k_m))} \leqslant \rho^{k-k_m}x^\top(k_m)v^{(\sigma(k_m))}$。根据条件 (2-16b) 有

$$x^\top(k)v^{(\sigma(k_m))} \leqslant \rho^{k-k_m}\lambda\rho x^\top(k_m-1)v^{(\sigma(k_{m-1}))}$$
$$\leqslant \cdots \leqslant \rho^{k-k_{m-1}}\lambda x^\top(k_{m-1})v^{(\sigma(k_{m-1}))}$$

进而有

$$x^\top(k)v^{(\sigma(k_m))} \leqslant \rho^{k-k_{m-1}}\lambda x^\top(k_{m-1})v^{(\sigma(k_{m-1}))} \leqslant \cdots \leqslant \rho^{k-k_0}\lambda^{N_{\sigma(k,k_0)}}x^\top(k_0)v^{(\sigma(k_0))}$$

利用定义 1-8 和 $\lambda > 1$ 得

$$x^\top(k)v^{(\sigma(k_m))} \leqslant \rho^{k-k_0}\lambda^{N_0+\frac{k-k_0}{\tau_a}}x^\top(k_0)v^{(\sigma(k_0))}$$
$$= e^{N_0\ln\lambda}e^{(\ln\rho+\frac{\ln\lambda}{\tau_a})(k-k_0)}x^\top(k_0)v^{(\sigma(k_0))}$$

进而可得 $\|x(k)\|_2 \leqslant \alpha\eta^{k-k_0}\|x(k_0)\|_2, \forall k \geqslant k_0$，其中，$\alpha = \frac{\sqrt{n\overline{\mu}}}{\underline{\mu}}e^{N_0\ln\lambda} > 0, \eta = e^{(\ln\rho+\frac{\ln\lambda}{\tau_a})}$。根据条件 (2-17) 有 $0 < \eta < 1$。证毕。 $\square$

给定 ρ 和 λ，不等式 (2-16) 可利用 LP 求解。对于参数 ρ 和 λ 的选择，可以利用线性搜索的方法选择。在后面部分，我们将提出相应的结论移除这两个参数对条件的影响。

2.1.2.2 状态反馈控制

本小节将设计状态反馈控制器使得系统 (2-15) 是正的、指数稳定的。

定理 2-3　如果存在实数 $0 < \rho < 1, \lambda > 1$ 和 $\Re^n$ 向量 $v^{(p)} \succ 0, z^{(p)}$ 使得

$$\tilde{v}^{(p)\top} B_p^\top v^{(p)} > 0 \tag{2-18a}$$

$$(A_p^\top - \rho I_n)v^{(p)} + z^{(p)} \prec 0 \tag{2-18b}$$

$$\tilde{v}^{(p)\top} B_p^\top v^{(p)} A_p + B_p \tilde{v}^{(p)} z^{(p)\top} \succeq 0 \tag{2-18c}$$

$$v^{(p)} \preceq \lambda v^{(q)} \tag{2-18d}$$

或

$$\begin{aligned} & \tilde{v}^{(p)\top} B_p^\top v^{(p)} < 0 \\ & (A_p^\top - \rho I_n)v^{(p)} + z^{(p)} \prec 0 \\ & \tilde{v}^{(p)\top} B_p^\top v^{(p)} A_p + B_p \tilde{v}^{(p)} z^{(p)\top} \preceq 0 \\ & v^{(p)} \preceq \lambda v^{(q)} \end{aligned} \tag{2-19}$$

对任意 $(p,q) \in S \times S$ 成立，其中，$\tilde{v}^{(p)} \in \Re^m$ 是给定的非零向量，那么，在状态反馈控制律

$$u_p(k) = K_p x(k) = \frac{1}{\tilde{v}^{(p)\top} B_p^\top v^{(p)}} \tilde{v}^{(p)} z^{(p)\top} x(k) \tag{2-20}$$

和 ADT 满足条件 (2-17) 时，系统 (2-15) 是正的、指数稳定的。

证明　这里仅给出条件 (2-18) 有可行解时结论的证明。条件 (2-19) 有可行解时的证明可以利用类似的方法证得，略。首先，证明系统 (2-15) 的正性。根据条件 (2-18a) 和条件 (2-18c)，可得 $A_p + \dfrac{1}{\tilde{v}^{(p)\top} B_p^\top v^{(p)}} B_p \tilde{v}^{(p)} z^{(p)\top} \succeq 0$。结合 (2-20) 推出 $A_p + B_p K_p \succeq 0$。根据引理 1-7，系统 (2-15) 是正的。

接着，证明在控制律 (2-20) 下，系统 (2-15) 的每一个子系统都是稳定的。对于第 p 个子系统，选择 LCLF：$V_p(x(k)) = x^\top(k)v^{(p)}$，其中，$p \in S$。那么

$$\Delta V_p = V_p(x(k)) - V_p(x(k-1)) = x^\top(k-1)(A_p^\top v^{(p)} + K_p^\top B_p^\top v^{(p)} - v^{(p)})$$

借助 $x^\top(k-1) \succeq 0$ 和控制律 (2-20) 推出 $\Delta V_p \leqslant x^\top(k-1)(A_p^\top v^{(p)} + z^{(p)} - v^{(p)})$。结合条件 (2-18c)，$\Delta V_p \leqslant -(1-\rho)x^\top(k-1)v^{(p)}$。因为 $0 < \rho < 1$，所以 $\Delta V_p < 0$，即，每一个子系统是稳定的。

最后，证明在 ADT 切换下系统 (2-15) 是指数稳定的。选择 MLCLFs：$V_i(x(k)) = x^\top(k)v^{(i)}, i \in S$。给定一个切换序列为 $0 \leqslant k_0 < k_1 < \cdots$，$k \in [k_m, k_{m+1}), m \in \mathbb{N}$。那么

$$V_{\sigma(k_m)}(x(k)) \leqslant \rho V_{\sigma(k_m)}(x(k-1)) \leqslant \cdots \leqslant \rho^{k-k_m} V_{\sigma(k_m)}(x(k_m))$$

即，$x^\top(k)v^{(\sigma(k_m))} \leqslant \rho^{k-k_m}x^\top(k_m)v^{(\sigma(k_m))}$。根据条件 (2-18d) 有

$$x^\top(k)v^{(\sigma(k_m))} \leqslant \rho^{k-k_m}\lambda x^\top(k_m)v^{(\sigma(k_{m-1}))}$$

进而有

$$x^\top(k)v^{(\sigma(t_m))} \leqslant \rho^{k-k_{m-1}}\lambda x^\top(k_{m-1})v^{(\sigma(k_{m-1}))} \leqslant \cdots \leqslant \rho^{k-k_0}\lambda^{N_{\sigma(k,k_0)}}x^\top(k_0)v^{(\sigma(k_0))}$$

剩余证明类似于引理 2-5，略。   □

定理 2-3 提出条件 (2-18) 和条件 (2-19)。定理 2-1 和定理 2-2 给出了控制器设计紧的形式。本质上，这两种方法是相同的。类似于定理 2-1 和定理 2-2，定理 2-3 不仅适用于正系统，而且也适用于一般系统。在系统矩阵不加任何限定的情况下，定理 2-3 成立意味着：对于一个开环非正系统，设计一个控制器使得闭环系统是正的、指数稳定的。这样设计的优点在于：系统状态保持在非负象限，便于实际应用。

在定理 2-3 中，向量 $\tilde{v}^{(p)}$ 要求是给定的。为了减少计算的复杂度，可以选择合适的向量满足 $\tilde{v}^{(p)\top}B_p^\top \succeq 0$ 或 $\tilde{v}^{(p)\top}B_p^\top \preceq 0$，进而，条件 (2-18a) 和条件 (2-19a) 可以被移除。例如，对于矩阵：

$$B_1^\top = \begin{pmatrix} 1 & 1 \\ 2 & 2 \end{pmatrix}, B_2^\top = \begin{pmatrix} -1 & -1 \\ -2 & -2 \end{pmatrix}, B_3^\top = \begin{pmatrix} -1 & -1 \\ 2 & 2 \end{pmatrix}, B_4^\top = \begin{pmatrix} 1 & 1 \\ -2 & -2 \end{pmatrix}$$

可以分别选择 $\tilde{v}^{(1)\top} = (1\ 1), \tilde{v}^{(2)\top} = (-1\ -1), \tilde{v}^{(3)\top} = (-1\ 1), \tilde{v}^{(4)\top} = (1\ -1)$。

注 2-2　对于开环非正系统，通过增加条件 $\tilde{v}^{(p)}z^{(p)\top} \succeq 0$ 和 $\tilde{v}^{(p)}z^{(p)\top} \preceq 0$ 使得条件 (2-18) 或者条件 (2-19) 有可行解，那么定理 2-3 成立。如果强加条件 $A_p \succeq 0, B_p \succeq 0, p \in S$ 于开环系统，即，开环系统是正的，那么，不存在一个非负反馈控制律使得定理 2-3 成立。文献 [48] 和文献 [49] 讨论了该问题，同时指出，在这种情况下，可以设计一非正反馈控制律，保证闭环系统的正性和稳定性。

注 2-3　众所周知，系统的稳定性与可控性密切相关。文献 [114] 给出了系统可控性的充要条件，讨论了可控性与稳定性的关系。文献 [115] 和文献 [116] 分别讨论了正离散系统和正切换系统的可控性问题。在本书中，如果 (A_p, B_p) 是可控的、条件 (2-18) 或者条件 (2-19) 有可行解，则存在控制律使得闭环系统是稳定的。与一般系统不同的是，正系统的可控性并不意味着其存在可行的控制律。因为对于正系统，不仅要考虑其稳定性，而且要保证其正性。当系统是可控时，可以设计控制器使闭环系统是稳定的，但不一定能保证系统的正性。这个问题有待进一步研究。

对于单输入系统，可得到下面的结论。

推论 2-3　如果存在实数 $0 < \rho < 1, \lambda > 1$ 和 $\Re^n$ 向量 $v^{(p)} \succ 0, z^{(p)}$ 使得

$$
\begin{aligned}
&B_p^\top v^{(p)} > 0 \\
&(A_p^\top - \rho I_n)v^{(p)} + z^{(p)} \prec 0 \\
&B_p^\top v^{(p)} A_p + B_p z^{(p)\top} \succeq 0 \\
&v^{(p)} \preceq \lambda v^{(q)}
\end{aligned} \tag{2-21}
$$

或

$$
\begin{aligned}
&B_p^\top v^{(p)} < 0 \\
&(A_p^\top - \rho I_n)v^{(p)} + z^{(p)} \prec 0 \\
&B_p^\top v^{(p)} A_p + B_p z^{(p)\top} \preceq 0 \\
&v^{(p)} \preceq \lambda v^{(q)}
\end{aligned} \tag{2-22}
$$

对任意 $(p, q) \in S \times S$ 成立，那么，在状态反馈控制律

$$
u_p(k) = K_p x(t) = \frac{1}{B_p^\top v^{(p)}} z^{(p)\top} x(k) \tag{2-23}
$$

和 ADT 满足条件 (2-17) 时，系统 (2-15) 是正的、指数稳定的。

2.1.2.3　输出反馈控制

本小节利用系统 (2-15) 的输出：

$$
y(k) = C_{\sigma(t)} x(k) \tag{2-24}
$$

设计系统 (2-15) 的输出反馈控制器，其中，$C_{\sigma(k)} \in \Re^{r \times n}, C_{\sigma(k)} \succeq 0$。

定理 2-4　如果存在常数 $0 < \rho < 1, \lambda > 1$ 和向量 $0 \prec v^{(p)} \in \Re^n, z^{(p)} \in \Re^r$ 使得

$$
\tilde{v}^{(p)\top} B_p^\top v^{(p)} > 0 \tag{2-25a}
$$

$$
(A_p^\top - \rho I_n)v^{(p)} + C_p^\top z^{(p)} \prec 0 \tag{2-25b}
$$

$$
\tilde{v}^{(p)\top} B_p^\top v^{(p)} A_p + B_p \tilde{v}^{(p)} z^{(p)\top} C_p \succeq 0 \tag{2-25c}
$$

$$
v^{(p)} \preceq \lambda v^{(q)} \tag{2-25d}
$$

或

$$
\begin{aligned}
&\tilde{v}^{(p)\top} B_p^\top v^{(p)} < 0 \\
&(A_p^\top - \rho I_n)v^{(p)} + C_p^\top z^{(p)} \prec 0 \\
&\tilde{v}^{(p)\top} B_p^\top v^{(p)} A_p + B_p \tilde{v}^{(p)} z^{(p)\top} C_p \preceq 0 \\
&v^{(p)} \preceq \lambda v^{(q)}
\end{aligned} \tag{2-26}
$$

对任意 $(p,q) \in S \times S$ 成立, 其中, $\tilde{v}^{(p)} \in \Re^m$ 是给定向量, 那么, 在输出反馈控制律

$$u_p(k) = K_p y(k) = \frac{1}{\tilde{v}^{(p)\top} B_p^\top v^{(p)}} \tilde{v}^{(p)} z^{(p)\top} y(k) \tag{2-27}$$

和 ADT 满足条件 (2-17) 时, 系统 (2-15) 是正的、指数稳定的.

证明　类似于定理 2-3 的证明, 这里仅给出一种情况的证明. 首先, 证明系统 (2-15) 的正性. 根据条件 (2-25a)、条件 (2-25c) 和条件 (2-27), 得到: 对任意 $p \in S$, $A_p + B_p K_p C_p \succeq 0$, 即, 系统 (2-15) 是正的.

选择 MLCLFs: $V_p(x(t)) = x^\top(t) v^{(p)}, p \in S$, 那么

$$\Delta V_p = x^\top(k-1)(A_p^\top + C_p^\top K_p^\top B_p^\top) v^{(p)} - x^\top(k-1) v^{(p)}$$

利用条件 (2-27) 和条件 (2-25b) 可得 $\Delta V_p = x^\top(k-1)(A_p^\top v^{(p)} + C_p^\top z_p) - x^\top(k-1) v^{(p)}$. 进而, $\Delta V_p \leqslant -(1-\rho) x^\top(k-1) v^{(p)} < 0$ 成立. 其余证明和定理 2-3 类似, 略. □

对于单输入系统 (2-15), 引入下面推论.

推论 2-4　如果存在实数 $0 < \rho < 1, \lambda > 1$ 和向量 $0 \prec v^{(p)} \in \Re^n, z^{(p)} \in \Re^r$ 使得

$$\begin{aligned}
B_p^\top v^{(p)} &> 0 \\
(A_p^\top - \rho I_n) v^{(p)} + C_p^\top z^{(p)} &\prec 0 \\
B_p^\top v^{(p)} A_p + B_p z^{(p)\top} C_p &\succeq 0 \\
v^{(p)} &\preceq \lambda v^{(q)}
\end{aligned} \tag{2-28}$$

或

$$\begin{aligned}
B_p^\top v^{(p)} &< 0 \\
(A_p^\top - \rho I_n) v^{(p)} + C_p^\top z^{(p)} &\prec 0 \\
B_p^\top v^{(p)} A_p + B_p z^{(p)\top} C_p &\preceq 0 \\
v^{(p)} &\preceq \lambda v^{(q)}
\end{aligned} \tag{2-29}$$

对任意 $(p,q) \in S \times S$ 成立, 其中, $\tilde{v}^{(p)} \in \Re^m$ 是给定向量, 那么, 在输出反馈控制律

$$u_p(k) = K_p y(k) = \frac{1}{B_p^\top v^{(p)}} z^{(p)\top} y(k) \tag{2-30}$$

和 ADT 满足条件 (2-17) 时, 系统 (2-15) 是正的、指数稳定的.

2.1.3　基于 MDADT 的稳定和镇定

众所周知，ADT 切换在切换系统的分析和控制中起着非常重要的作用。ADT 比驻留时间切换方法保守性小，ADT 的极限情况是任意切换，相关条件比任意切换的条件保守性小。文献 [111] 提出了 MDADT。ADT 切换律要求所有的模态共享一个驻留时间规则，而 MDADT 切换律是针对每一个子系统设计一个 ADT 切换律，每一个子系统有自己的 ADT，不同子系统间的 ADT 是相互独立的。在 ADT 切换方法下，切换系统的稳定性不考虑系统的瞬时动态。而 MDADT 充分考虑切换系统状态的瞬时动态。在 MDADT 切换下，系统的收敛速度更快，尤其在子系统状态波动较大、瞬态性能较差的情况下，MDADT 切换明显比 ADT 切换好。

2.1.3.1　基于 MDADT 的稳定分析

本小节首先给出系统 (2-1) $(u(t) = 0)$ 基于 MDADT 的稳定性分析。

定理 2-5　*假定 A_p 对每一个 $p \in S$ 是 Metzler 矩阵。如果存在实数 $\mu_p > 0, \lambda_p > 1$ 和向量 $0 \prec v^{(p)} \in \Re^n$ 使得*

$$A_p^\top v^{(p)} + \mu_p v^{(p)} \prec 0 \tag{2-31a}$$

$$v^{(p)} \preceq \lambda_p v^{(q)} \tag{2-31b}$$

对任意 $(p, q) \in S \times S$ 成立，那么，在 MDADT 满足

$$\tau_{ap} \geqslant \frac{\ln \lambda_p}{\mu_p} \tag{2-32}$$

时，系统 (2-1) 是正的、指数稳定的。

证明　因为 A_p 是 Metzler 矩阵，根据引理 1-6，系统 (2-1) 是正的。选择 MLCLFs：$V_p(x(t)) = x^\top(t) v^{(p)}, p \in S$。给定一个切换序列 $0 \leqslant t_0 < t_1 < \cdots$，假定 $t \in [t_m, t_{m+1}), m \in \mathbb{N}$。那么，$\dot{V}_{\sigma(t_m)}(x(t)) = x^\top(t) A_{\sigma(t_m)}^\top v^{(\sigma(t_m))} < -\mu_{\sigma(t_m)} V_{\sigma(t_m)}(x(t))$。利用条件 (2-31b) 推出

$$V_{\sigma(t_m)}(x(t)) < e^{-\mu_{\sigma(t_m)}(t - t_m)} \lambda_{\sigma(t_m)} V_{\sigma(t_{m-1})}(x(t_m))$$

进而可得

$$\begin{aligned}
V_{\sigma(t_m)}(x(t)) &< \lambda_{\sigma(t_m)} \cdots \lambda_{\sigma(t_1)} e^{-\mu_{\sigma(t_m)}(t - t_m)} e^{-\mu_{\sigma(t_{m-1})}(t_m - t_{m-1})} \ldots \\
&\quad \times e^{-\mu_{\sigma(t_0)}(t_1 - t_0)} V_{\sigma(t_0)}(x(t_0)) \\
&= \prod_{i=1}^{m} \lambda_{\sigma(t_i)} e^{-\sum\limits_{i=1}^{m} \mu_{\sigma(t_{i-1})}(t_i - t_{i-1}) - \mu_{\sigma(t_m)}(t - t_m)} V_{\sigma(t_0)}(x(t_0))
\end{aligned}$$

$$= \prod_{p=1}^{J} \lambda_p^{N_{\sigma p}} \mathrm{e}^{-\sum\limits_{p=1}^{J} \mu_p T_p} V_{\sigma(t_0)}(x(t_0))$$

利用定义 1-9 和 $\lambda_p > 1$ 得

$$V_{\sigma(t_m)}(x(t)) < \prod_{p=1}^{J} \lambda_p^{N_{\sigma 0} + \frac{T_p(t,t_0)}{\tau_{ap}}} \mathrm{e}^{-\sum\limits_{p=1}^{J} \mu_p T_p} V_{\sigma(t_0)}(x(t_0))$$

$$= \prod_{p=1}^{J} \lambda_p^{N_{\sigma 0}} \mathrm{e}^{-\sum\limits_{p=1}^{J} (\mu_p - \frac{\ln \lambda_p}{\tau_{ap}}) T_p} V_{\sigma(t_0)}(x(t_0))$$

由于条件 (2-32)，$\mu_p - \dfrac{\ln \lambda_p}{\tau_{ap}} > 0$。所以，$\sum\limits_{p=1}^{J} \left(\mu_p - \dfrac{\ln \lambda_p}{\tau_{ap}} \right) T_p > 0$。选择 $\alpha' = \prod\limits_{p=1}^{J} \lambda_p^{N_{\sigma 0}}$ 和 $\beta = \max_{p \in S} \left(\mu_p - \dfrac{\ln \lambda_p}{\tau_{ap}} \right)$。因此

$$V_{\sigma(t_m)}(x(t)) < \alpha' \mathrm{e}^{-\sum\limits_{p=1}^{J} \beta T_p} V_{\sigma(t_0)}(x(t_0)) = \alpha' \mathrm{e}^{-\beta(t-t_0)} V_{\sigma(t_0)}(x(t_0))$$

即，$x^{\top}(t) v^{(\sigma(t_m))} < \alpha' \mathrm{e}^{-\beta(t-t_0)} x^{\top}(t_0) v^{(\sigma(t_0))}$。此外，易知

$$x^{\top}(t) v^{(\sigma(t_m))} = \sum_{i=1}^{n} x_i(t) v_i^{(\sigma(t_m))} \geqslant \underline{\rho}_{v^{(\sigma(t_m))}} \sum_{i=1}^{n} x_i \geqslant \underline{\rho}_{v^{(\sigma(t_m))}} \|x(t)\|_2$$

和

$$x^{\top}(t_0) v^{(\sigma(t_0))} = \sum_{i=1}^{n} x_i(t_0) v_i^{(\sigma(t_0))} \leqslant \overline{\rho}_{v^{(\sigma(t_0))}} \sum_{i=1}^{n} x_i(t_0) \leqslant \sqrt{2} \overline{\rho}_{v^{(\sigma(t_0))}} \|x(t_0)\|_2$$

其中，$\underline{\rho}_{v^{(i)}}$ 和 $\overline{\rho}_{v^{(i)}}$ 是 $v^{(i)}$ 的最小和最大元素。那么，$\|x(t)\|_2 \leqslant \alpha \mathrm{e}^{-\beta(t-t_0)} \|x(t_0)\|_2$，$\forall t \geqslant t_0$，其中，$\alpha = \dfrac{\sqrt{2} \max_{i \in S} \overline{\rho}_{v^{(i)}}}{\min_{i \in S} \underline{\rho}_{v^{(i)}}} \alpha' > 0$。根据定义 1-6，系统 (2-1) 在 MDADT 下是全局一致指数稳定的。 □

注 2-4 定理 2-5 将文献 [111] 中的 MDADT 切换方法推广到了正切换系统。选择 $\mu_p = \mu$ 和 $\lambda_p = \lambda$，定理 2-5 等价于文献 [78] 中的定理 1。应该指出，定理 2-5 的条件可以用 LP 方法直接解决，而文献 [78] 中利用了 LMIs 方法。明显地，LP 方法更简单，也更适合正系统。

2.1.3.2　基于 MDADT 的控制综合

本小节将构造正切换系统基于 MDADT 的状态反馈控制器。

定理 2-6　如果存在实数 $\mu_p > 0, \lambda_p > 1, \varsigma_p > 0$ 和向量 $0 \prec v^{(p)} \in \Re^n, z^{(p)} \in \Re^n$ 使得

$$\tilde{v}^{(p)\top} B_p^\top v^{(p)} > 0 \tag{2-33a}$$

$$(A_p^\top + \mu_p I_n)v^{(p)} + z^{(p)} \prec 0 \tag{2-33b}$$

$$\tilde{v}^{(p)\top} B_p^\top v^{(p)} A_p^\top + z^{(p)}\tilde{v}^{(p)\top} B_p^\top + \varsigma_p \tilde{v}^{(p)\top} B_p^\top v^{(p)} I_n \succeq 0 \tag{2-33c}$$

$$v^{(p)} \preceq \lambda_p v^{(q)} \tag{2-33d}$$

或

$$\begin{aligned} &\tilde{v}^{(p)\top} B_p^\top v^{(p)} < 0 \\ &(A_p^\top + \mu_p I_n)v^{(p)} + z^{(p)} \prec 0 \\ &\tilde{v}^{(p)\top} B_p^\top v^{(p)} A_p^\top + z^{(p)}\tilde{v}^{(p)\top} B_p^\top + \varsigma_p \tilde{v}^{(p)\top} B_p^\top v^{(p)} I_n \preceq 0 \\ &v^{(p)} \preceq \lambda_p v^{(q)} \end{aligned} \tag{2-34}$$

对任意 $(p,q) \in S \times S$ 成立，其中，$\tilde{v}^{(p)} \in \Re^m$ 是一个给定的向量，那么，在状态反馈控制律

$$u_p(t) = K_p x(t) = \frac{1}{\tilde{v}^{(p)\top} B_p^\top v^{(p)}} \tilde{v}^{(p)} z^{(p)\top} x(t) \tag{2-35}$$

和 MDADT 满足条件 (2-32) 时，系统 (2-1) 是正的、指数稳定的。

证明　仅给出当条件 (2-33) 成立时，定理 2-6 成立的证明。首先，证明系统 (2-1) 的正性。根据条件 (2-33a) 和条件 (2-33c)，可以得到

$$A_p^\top + \frac{1}{\tilde{v}^{(p)\top} B_p^\top v^{(p)}} z^{(p)}\tilde{v}^{(p)\top} B_p^\top + \varsigma_p I_n \succeq 0$$

根据引理 1-5，$A_p^\top + \dfrac{1}{\tilde{v}^{(p)\top} B_p^\top v^{(p)}} z^{(p)}\tilde{v}^{(p)\top} B_p^\top$ 是 Metzler 矩阵。这意味着系统 (2-1) 是正的。

对每一个子系统，选择一个 LCLF：$V_p(x(t)) = x^\top(t)v^{(p)}, p \in S$，那么，$\dot{V}_p(x(t)) = x^\top(t)(A_p^\top + K_p^\top B_p^\top)v^{(p)}$。根据控制律 (2-35) 和条件 (2-33b)，$\dot{V}_p(x(t)) < -\mu_p x^\top(t)v^{(p)} = -\mu_p V_p(x(t)) < 0$。易知，每个子系统是稳定的。

类似于定理 2-5 的证明，可得系统 (2-1) 在 MDADT 条件 (2-32) 下是稳定的。　　　　　　　　　　　　　　　　　　　　　□

对于单输入系统 (2-1)，给出下面推论。

推论 2-5　如果存在实数 $\mu_p > 0, \lambda_p > 1, \varsigma_p > 0$ 和向量 $0 \prec v^{(p)} \in \Re^n, z^{(p)} \in \Re^n$ 使得

$$
\begin{aligned}
B_p^\top v^{(p)} &> 0 \\
(A_p^\top + \mu_p I_n)v^{(p)} + z^{(p)} &\prec 0 \\
B_p^\top v^{(p)} A_p^\top + z^{(p)} B_p^\top + \varsigma_p B_p^\top v^{(p)} I_n &\succeq 0 \\
v^{(p)} &\preceq \lambda_p v^{(q)}
\end{aligned}
\tag{2-36}
$$

或

$$
\begin{aligned}
B_p^\top v^{(p)} &< 0 \\
(A_p^\top + \mu_p I_n)v^{(p)} + z^{(p)} &\prec 0 \\
B_p^\top v^{(p)} A_p^\top + z^{(p)} B_p^\top + \varsigma_p B_p^\top v^{(p)} I_n &\preceq 0 \\
v^{(p)} &\preceq \lambda_p v^{(q)}
\end{aligned}
\tag{2-37}
$$

对任意 $(p,q) \in S \times S$ 成立，其中，$\tilde{v}^{(p)} \in \Re^m$ 是一个给定的向量，那么，在状态反馈控制律

$$
u_p(t) = K_p x(t) = \frac{1}{B_p^\top v^{(p)}} z^{(p)\top} x(t)
\tag{2-38}
$$

和 MDADT 满足条件 (2-32) 时，系统 (2-1) 是正的、指数稳定的。

2.1.3.3　离散时间系统

本小节将考虑离散时间切换系统 (2-14) 和系统 (2-15) 基于 MDADT 的稳定和镇定。

定理 2-7　假定 $A_p \succeq 0$ 对任意 $p \in S$ 成立。如果存在实数 $0 < \mu_p < 1, \lambda_p > 1$ 和向量 $0 \prec v^{(p)} \in \Re^n$ 使得

$$
\begin{aligned}
A_p^\top v^{(p)} - \mu_p v^{(p)} &\prec 0 \\
v^{(p)} &\preceq \lambda_p v^{(q)}
\end{aligned}
\tag{2-39}
$$

对任意 $(p,q) \in S \times S$ 成立，那么，在 MDADT 满足

$$
\tau_{ap} \geqslant -\frac{\ln \lambda_p}{\ln \mu_p}
\tag{2-40}
$$

时，系统 (2-14) 是正的、指数稳定的。

定理 2-7 的证明和定理 2-5 的证明类似，略。

为方便读者阅读，重写系统 (2-15) 为

$$
x(k+1) = A_{\sigma(k)} x(k) + B_{\sigma(k)} u_{\sigma(k)}(k), \ k \in \mathbb{N}
\tag{2-41}
$$

其中，相关参数与系统 (2-15) 类似。

定理 2-8　如果存在实数 $0 < \mu_p < 1, \lambda_p > 1$ 和向量 $0 \prec v^{(p)} \in \Re^n, z^{(p)} \in \Re^n$ 使得

$$\tilde{v}^{(p)\top} B_p^\top v^{(p)} > 0 \tag{2-42a}$$

$$(A_p^\top - \mu_p I_n)v^{(p)} + z^{(p)} \prec 0 \tag{2-42b}$$

$$\tilde{v}^{(p)\top} B_p^\top v^{(p)} A_p + B_p \tilde{v}^{(p)} z^{(p)\top} \succeq 0 \tag{2-42c}$$

$$v^{(p)} \preceq \lambda_p v^{(q)} \tag{2-42d}$$

或

$$\begin{aligned}
\tilde{v}^{(p)\top} B_p^\top v^{(p)} &< 0 \\
(A_p^\top - \mu_p I_n)v^{(p)} + z^{(p)} &\prec 0 \\
\tilde{v}^{(p)\top} B_p^\top v^{(p)} A_p + B_p \tilde{v}^{(p)} z^{(p)\top} &\preceq 0 \\
v^{(p)} &\preceq \lambda_p v^{(q)}
\end{aligned} \tag{2-43}$$

对任意 $(p,q) \in S \times S$ 成立，其中，$\tilde{v}^{(p)} \in \Re^m$ 是一个给定的向量，那么，在状态反馈控制律

$$u_p(k) = K_p x(k) = \frac{1}{\tilde{v}^{(p)\top} B_p^\top v^{(p)}} \tilde{v}^{(p)} z^{(p)\top} x(k) \tag{2-44}$$

和 MDADT 满足条件 (2-40) 时，系统 (2-41) 是正的、指数稳定的。

证明　首先，证明系统 (2-41) 的正性。根据条件 (2-42a) 和条件 (2-42c)，可以得到

$$A_p + \frac{1}{\tilde{v}^{(p)\top} B_p^\top v^{(p)}} B_p \tilde{v}^{(p)} z^{(p)\top} \succeq 0$$

结合控制律 (2-44)，得到 $A_p + B_p K_p \succeq 0$。根据引理 1-7，系统 (2-41) 是正的。

选择一个 LCLF：$V_p(x(k)) = x^\top(k) v^{(p)}, p \in S$。对于第 p 个子系统有

$$\Delta V_p = x^\top(k-1)(A_p^\top v^{(p)} + K_p^\top B_p^\top v^{(p)} - v^{(p)})$$

在控制律 (2-44) 和条件 (2-42c) 下，$\Delta V_p \leqslant -(1-\mu_p)x^\top(k-1)v^{(p)}$。因为 $0 < \mu_p < 1$，$\Delta V_p < 0$，即，每个子系统是稳定的。

给定一个切换序列 $0 \leqslant k_0 < k_1 < \cdots$，$k \in [k_m, k_{m+1}), m \in \mathbb{N}$。那么

$$V_{\sigma(k_m)}(x(k)) \leqslant \mu_{\sigma(k_m)} V_{\sigma(k_m)}(x(k-1)) \leqslant \cdots \leqslant \mu_{\sigma(k_m)}^{k-k_m} V_{\sigma(k_m)}(x(k_m))$$

即，$x^\top(k)v^{(\sigma(k_m))} \leqslant \mu_{\sigma(k_m)}^{k-k_m} x^\top(k_m)v^{(\sigma(k_m))}$。根据条件 (2-42d) 有

$$x^\top(k)v^{(\sigma(k_m))} \leqslant \mu_{\sigma(k_m)}^{k-k_m} \lambda_{\sigma(k_m)} x^\top(k_m)v^{(\sigma(k_{m-1}))}$$

进而，有

$$x^\top(k)v^{(\sigma(k_m))} \leqslant \mu_{\sigma(k_m)}^{k-k_m}\mu_{\sigma(k_{m-1})}^{k_m-k_{m-1}}\cdots\mu_{\sigma(k_0)}^{k_1-k_0}\lambda_{\sigma(k_m)}\cdots\lambda_{\sigma(k_1)}x^\top(k_0)v^{(\sigma(k_0))}$$

$$= \prod_{p=1}^J \lambda_p^{N_{\sigma p}}\mathrm{e}^{\sum\limits_{p=1}^J T_p\ln\mu_p}x^\top(k_0)v^{(\sigma(k_0))}$$

$$= \mathrm{e}^{\sum\limits_{p=1}^J N_{\sigma p}\ln\lambda_p}\mathrm{e}^{\sum\limits_{p=1}^J T_p\ln\mu_p}x^\top(k_0)v^{(\sigma(k_0))}$$

根据 MDADT 定义，有

$$x^\top(k)v^{(\sigma(k_m))} \leqslant \mathrm{e}^{\sum\limits_{p=1}^J N_{0p}\ln\lambda_p}\mathrm{e}^{\sum\limits_{p=1}^J T_p(\ln\mu_p+\frac{\ln\lambda_p}{\tau_{ap}})}x^\top(k_0)v^{(\sigma(k_0))}$$

$$\leqslant \mathrm{e}^{\sum\limits_{p=1}^J N_{0p}\ln\lambda_p}\mathrm{e}^{\eta'(k-k_0)}x^\top(k_0)v^{(\sigma(k_0))}$$

其中，$\eta' = \max_{p\in S}\left(\ln\mu_p + \dfrac{\ln\lambda_p}{\tau_{ap}}\right)$。进而，$\|x(t)\|_2 \leqslant \alpha\eta^{t-t_0}\|x(t_0)\|_2$，$\forall t\geqslant t_0$，

其中，$\alpha = \dfrac{\sqrt{2}\max_{i\in S}\overline{\rho}_{v^{(i)}}}{\min_{i\in S}\underline{\rho}_{v^{(i)}}}\mathrm{e}^{\sum\limits_{p=1}^J N_{0p}\ln\lambda_p} > 0$，$\eta = \mathrm{e}^{\eta'}$。根据条件 (2-40)，$\eta' < 0$，

即，$0 < \eta < 1$，可知系统 (2-41) 是指数稳定的。　　　　　　　　$\square$

对单输入系统 (2-41)，可得到以下推论。

推论 2-6　如果存在实数 $0 < \mu_p < 1, \lambda_p > 1$ 和向量 $0 \prec v^{(p)} \in \Re^n, z^{(p)} \in \Re^n$ 使得

$$\begin{aligned} B_p^\top v^{(p)} &> 0 \\ (A_p^\top - \mu_p I_n)v^{(p)} + z^{(p)} &\prec 0 \\ B_p^\top v^{(p)}A_p + B_p z^{(p)\top} &\succeq 0 \\ v^{(p)} &\preceq \lambda_p v^{(q)} \end{aligned} \tag{2-45}$$

或

$$\begin{aligned} v^{(p)} &\succ 0 \\ B_p^\top v^{(p)} &< 0 \\ (A_p^\top - \mu_p I_n)v^{(p)} + z^{(p)} &\prec 0 \\ B_p^\top v^{(p)}A_p + B_p z^{(p)\top} &\preceq 0 \\ v^{(p)} &\preceq \lambda_p v^{(q)} \end{aligned} \tag{2-46}$$

对任意 $(p,q) \in S \times S$ 成立，其中，$\tilde{v}^{(p)} \in \Re^m$ 是一个给定的向量，那么，在状态反馈控制律

$$u_p(k) = K_p x(k) = \frac{1}{B_p^\top v^{(p)}}z^{(p)\top}x(k) \tag{2-47}$$

和 MDADT 满足条件 (2-40) 时，系统 (2-41) 是正的、指数稳定的。

2.1.4　仿真例子

本节提供三个例子来证实提出设计的有效性。

例 2-1　考虑系统 (2-1)，其中

$$A_1 = \begin{pmatrix} -0.15 & 0.18 \\ 0.4 & -0.4 \end{pmatrix}, B_1 = \begin{pmatrix} 0.5 & 0.4 \\ 0.3 & 0.3 \end{pmatrix}, A_2 = \begin{pmatrix} -0.6 & 2 \\ 0.8 & -0.5 \end{pmatrix}$$

$$B_2 = \begin{pmatrix} 0.2 & 0.3 \\ 0.4 & 0.4 \end{pmatrix}, C_1 = \begin{pmatrix} 0.1 & 0 \\ 0 & 0.1 \end{pmatrix}, C_2 = \begin{pmatrix} 0.2 & 0 \\ 0 & 0.2 \end{pmatrix}$$

选取 $\bar{v}^{(1)} = \bar{v}^{(2)} = (1,1)^\top, \rho = 0.3, \lambda = 1.1, \varsigma = 3$。根据定理 2-1，得

$$K_1 = \begin{pmatrix} -6.1691 & -0.9273 \\ -6.1691 & -0.9273 \end{pmatrix}, K_2 = \begin{pmatrix} -3.9761 & -3.4358 \\ -3.9761 & -3.4358 \end{pmatrix}, \tau_a \geqslant 0.3177$$

闭环系统矩阵为

$$A_1 + B_1 K_1 C_1 = \begin{pmatrix} -0.7052 & 0.0965 \\ 0.0299 & -0.4556 \end{pmatrix}, A_2 + B_2 K_2 C_2 = \begin{pmatrix} -0.9976 & 1.6564 \\ 0.1638 & -1.0497 \end{pmatrix}$$

图 2-1 是状态在 ADT 切换下的仿真，其中，初始状态值 $x(0) = (3\ 2)^\top$。

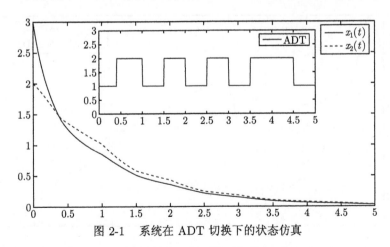

图 2-1　系统在 ADT 切换下的状态仿真

下面给出 MDADT 切换和 ADT 切换[111] 的对比例子。

例 2-2　考虑系统 (2-1)，其中

$$A_1 = \begin{pmatrix} -3.6 & 2.2 \\ 3.6 & -2.5 \end{pmatrix}, A_2 = \begin{pmatrix} -2.3 & 3.1 \\ 2.8 & -4 \end{pmatrix}, A_3 = \begin{pmatrix} -4.2 & 2.7 \\ 4.5 & -3.1 \end{pmatrix}$$

根据文献 [78] 中的定理 1，得到 $\lambda = 1.19$，$\mu = 0.08$，$\tau_a \geqslant 2.1484$。根据我们的设计，可以得到 $\mu_1 = 0.18$，$\mu_2 = 0.08$，$\mu_3 = 0.12$，$\lambda_1 = 1.19$，$\lambda_2 = 1.02$，$\lambda_3 = 1.12$。因此，$\tau_{a1} \geqslant 0.9644$，$\tau_{a2} \geqslant 0.2475$，$\tau_{a3} \geqslant 0.9444$。图 2-2 和图 2-3 分别给出了 ADT 和 MDADT 切换下状态的仿真对比。从仿真结果可以发现，在 MDADT 切换下，系统的状态收敛速度更快。

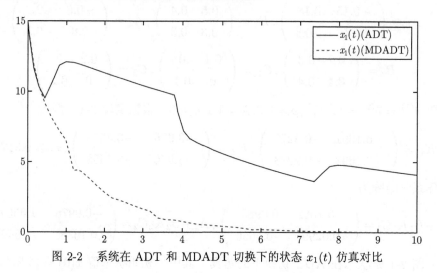

图 2-2　系统在 ADT 和 MDADT 切换下的状态 $x_1(t)$ 仿真对比

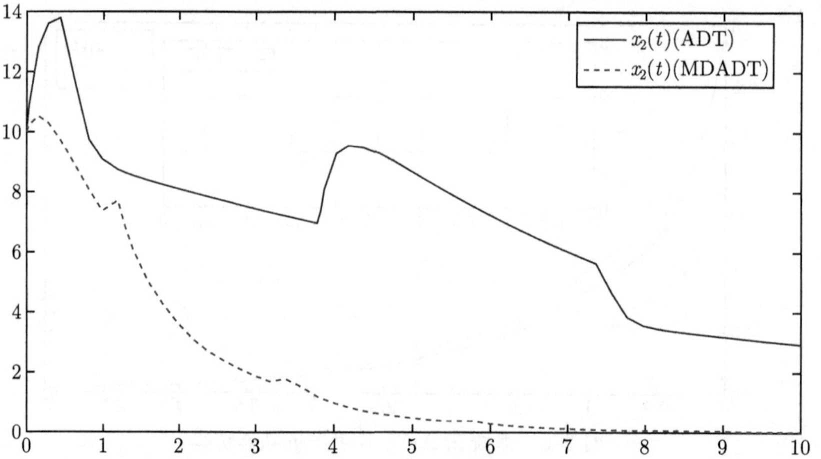

图 2-3　系统在 ADT 和 MDADT 切换下的状态 $x_2(t)$ 仿真对比

例 2-3　考虑系统 (2-1)，其中

$$A_1 = \begin{pmatrix} -0.15 & 1.8 \\ 0.4 & -0.4 \end{pmatrix}, B_1 = \begin{pmatrix} 0.5 & 0.4 \\ 0.3 & 0.3 \end{pmatrix}, A_2 = \begin{pmatrix} -0.6 & 2 \\ 0.8 & -0.5 \end{pmatrix}$$

$$B_2 = \begin{pmatrix} -0.2 & -0.3 \\ -0.4 & -0.4 \end{pmatrix}, A_3 = \begin{pmatrix} -0.6 & 1.4 \\ -0.6 & -0.9 \end{pmatrix}, B_3 = \begin{pmatrix} -0.1 & -0.2 \\ -0.4 & -0.3 \end{pmatrix}$$

选择 $\tilde{v}^{(1)} = (1,1)^\top, \tilde{v}^{(2)} = (-1,-2)^\top, \tilde{v}^{(3)} = (-1,-1)^\top, \mu_1 = \mu_2 = \mu_3 = 0.3, \lambda_1 = 1.5, \lambda_2 = 1.3, \lambda_3 = 1.25$。根据定理 2-6 得

$$K_1 = \begin{pmatrix} -0.6229 & -1.2696 \\ -0.6229 & -1.2696 \end{pmatrix}, K_2 = \begin{pmatrix} 0.4523 & 1.3121 \\ 0.9047 & 2.6242 \end{pmatrix}$$

$$K_3 = \begin{pmatrix} -0.8577 & 1.1811 \\ -0.8577 & 1.1811 \end{pmatrix}, \tau_{a1} \geqslant 1.3516, \tau_{a2} \geqslant 0.8745, \tau_{a3} \geqslant 0.7438$$

闭环系统矩阵为

$$A_1 + B_1 K_1 = \begin{pmatrix} -0.7106 & 0.2736 \\ 0.0263 & -1.4176 \end{pmatrix}, A_2 + B_2 K_2 = \begin{pmatrix} -0.9619 & 0.9503 \\ 0.2572 & -2.0745 \end{pmatrix}$$

$$A_3 + B_3 K_3 = \begin{pmatrix} -0.3427 & 1.0457 \\ 0.0004 & -1.7268 \end{pmatrix}$$

图 2-4 给出了状态的仿真结果。

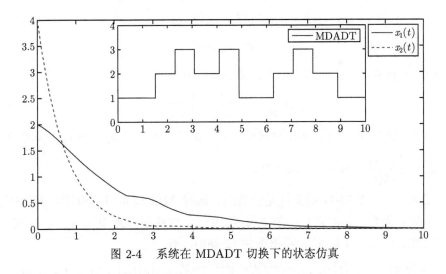

图 2-4 系统在 MDADT 切换下的状态仿真

2.2 正切换系统的有限时间控制

在控制领域，Lyapunov 稳定性是研究系统稳定的主要方法。在 Lyapunov 稳定下，系统状态在时间趋于无穷大时收敛到平衡点。可是，有一些实际系统需要

在有限时间内状态满足一定的要求，大多数实际控制系统很难满足无穷时域上的性能要求。例如，在航空航天中，需要将一个飞行器在有限时间发送到指定的轨道上；在化工过程中，反应物的温度、容器内的气压等需要在指定时间段保持一定的值；由于执行元件有限的执行能力等原因，很多系统在有限时间内受限于状态饱和。这些现象均涉及有限时间稳定问题。

已经有许多有意义的有限时间稳定的结论[117-120]。文献 [121] 首次将有限时间稳定性概念推广到切换系统，给出了有限时间稳定的充要条件。基于 ADT 切换方法，文献 [122] 建立了时滞切换系统有限时间 L_2 增益稳定的充分条件。文献 [43] 首次讨论了正切换系统的有限时间稳定性。

本节主要讨论正切换系统的有限时间稳定、有限时间有界和有限时间 L_1 增益稳定和镇定问题。

2.2.1 有限时间稳定

首先，考虑系统 (2-1) 的有限时间稳定性。

定理 2-9 如果存在实数 $\rho > 0, \mu > 1, \lambda_1 > 0, \lambda_2 > 0$ 和向量 $0 \prec v^{(i)} \in \Re^n$ 使得

$$\lambda_1 \mathbf{1}_n \preceq v^{(i)} \preceq \lambda_2 \mathbf{1}_n \tag{2-48a}$$

$$A_i^\top v^{(i)} - \rho v^{(i)} \prec 0 \tag{2-48b}$$

$$v^{(i)} \preceq \mu v^{(j)} \tag{2-48c}$$

对任意 $(i, j) \in S \times S$ 成立，那么，当 ADT 满足

$$\tau_a \geqslant \frac{t_f \ln \mu}{\ln c_2 - \ln c_1 - \ln c_0 - \rho t_f} \tag{2-49}$$

时，系统 (2-1) 是正的、有限时间稳定的，其中，$c_1 > 0, c_2 > 0, t_f > 0, 0 \prec \ell \in \Re^n, c_0 = \dfrac{\lambda_2 \overline{\lambda}(\ell)}{\lambda_1 \underline{\lambda}(\ell)}$，且 $c_2 > c_0 c_1 \mathrm{e}^{\rho t_f}$。

证明 系统 (2-1) 的正性是显然的。选择 MLCLFs：$V(x(t)) = V_i(x(t)) = x^\top(t) v^{(i)}$，其中，$i \in S, t \in [0, t_f]$。给定一个切换序列为 $0 \leqslant t_0 \leqslant t_1 \leqslant \cdots$，且 $t \in [t_m, t_{m+1}), m \in \mathbb{N}^+$。根据条件 (2-48b)，有

$$V(x(t)) = x^\top(t) A_{\sigma(t_m)}^\top v^{(\sigma(t_m))} \leqslant \mathrm{e}^{\rho(t-t_m)} V_{\sigma(t_m)}(x(t_m)), \ \forall t \in [t_m, t_{m+1})$$

利用条件 (2-48c)，有

$$V(x(t)) \leqslant \mathrm{e}^{\rho(t-t_m)} x^\top(t_m) v^{(\sigma(t_m))} \leqslant \mu \mathrm{e}^{\rho(t-t_m)} x^\top(t_m) v^{(\sigma(t_{m-1}))}$$

$$= \mu \mathrm{e}^{\rho(t-t_m)} V_{\sigma(t_{m-1})}(x(t_m^-))$$

进而，有

$$V(x(t)) \leqslant \mu e^{\rho(t-t_{m-1})} V_{\sigma(t_{m-1})}(x(t_{m-1})) \leqslant \cdots \leqslant \mu^{N_\sigma(t,t_0)} e^{\rho(t-t_0)} V_{\sigma(t_0)}(x(t_0))$$

结合定义 1-8、$\mu > 1$ 和 $t \leqslant t_f$ 推出

$$V(x(t)) \leqslant \mu^{\frac{t-t_0}{\tau_a}} e^{\rho(t-t_0)} V_{\sigma(t_0)}(x(t_0)) \leqslant \mu^{\frac{t_f}{\tau_a}} e^{\rho t_f} V_{\sigma(t_0)}(x(t_0))$$

此外，$V(x(t)) = x^\top(t) v^{(\sigma(t_m))} \geqslant \dfrac{\lambda_1}{\lambda(\ell)} x^\top(t) \ell$ 和 $V_{\sigma(t_0)}(x(t_0)) = x^\top(t_0) v^{(\sigma(t_0))} \leqslant$

$\dfrac{\lambda_2}{\lambda(\ell)} x^\top(t_0) \ell$。进而，$x^\top(t) \ell \leqslant c_0 \mu^{\frac{t_f}{\tau_a}} e^{\rho t_f} x^\top(t_0) \ell$。根据 $c_2 > c_0 c_1 e^{\rho t_f}$，$\ln c_2 - \ln c_1 -$

$\ln c_0 - \rho t_f > 0$。因此，$x^\top(t) \ell \leqslant \dfrac{c_2}{c_1} x^\top(t_0) \ell$。当 $x^\top(t_0) \ell \leqslant c_1$ 时，$x^\top(t) \ell \leqslant c_2$。所

以，系统 (2-1) 是有限时间稳定的。　　　　　　　　　　　　　　　　　　□

为了与文献 [43] 中的推论 1 进行比较，引入推论中的条件：

$$c_2 l \prec v^{(i)} \preceq c_1 v, \ 0 < c_1 < c_2 \tag{2-50a}$$

$$A_i^\top v^{(i)} - \rho v^{(i)} \prec 0 \tag{2-50b}$$

$$v^{(i)} \preceq \mu v^{(j)}, \ 1 \leqslant \mu \leqslant \frac{c_2}{c_1} e^{-\rho t_f} \tag{2-50c}$$

其中，$l \succ 0$，$v \succ 0$ 是给定的向量，c_1, c_2 是已知的常数。

注 2-5　条件 (2-50) 的可行解由条件 (2-50a)~条件 (2-50c) 直接确定。这三个条件中任何一个不满足，条件 (2-50) 将是不可行的。与条件 (2-50) 相比，条件 (2-48) 的情况完全不同。第一，μ 是变量，增加了自由度。第二，条件 (2-48b)和条件 (2-48c) 成立时，条件 (2-48a) 自然成立。引入条件 (2-48a) 仅仅是为了获得 λ_1 和 λ_2 的值。第三，条件 (2-48b) 成立时，很容易找到一个合适的 μ 使得条件 (2-48c) 是可行的。简言之，条件 (2-48) 只有一个限制性条件 (2-48b)。

注 2-6　定理 2-9 的条件通过三个步骤实现：

① 求解 LP (2-48)，得到 λ_1 和 λ_2；

② 确定 c_1 和 c_2 的值；

③ 获得 ADT 条件。

注 2-7　注意条件 $c_2 > c_0 c_1 e^{\rho t_f}$，这意味着 c_1 和 c_2 相互依赖。如果系统的初始条件是非受限的，可以任意选择 c_2。例如，给定 $c_2 = 0.01$，c_1 满足 $c_1 < \dfrac{0.01}{c_0 e^{\rho t_f}}$ 即可。有必要指出，选择一个足够小的 c_2 将缩小初始条件的选择范围。

2.2.2 有限时间有界性

考虑系统：

$$\dot{x}(t) = A_{\sigma(t)}x(t) + E_{\sigma(t)}\omega(t) \qquad (2\text{-}51)$$

其中，$x(t) \in \Re^n, \omega(t) \in \Re^r$；对每个 $\sigma(t) = i \in S$，假设 A_i 是一个 Metzler 矩阵且 $E_i \succeq 0$。

定理 2-10 *如果存在实数 $\rho > 0, \mu > 1, \lambda_1 > 0, \lambda_2 > 0, \lambda_3 > 0$ 和向量 $0 \prec v^{(i)} \in \Re^n$ 使得*

$$\lambda_1 \mathbf{1}_n \preceq v^{(i)} \preceq \lambda_2 \mathbf{1}_n \qquad (2\text{-}52\text{a})$$

$$A_i^\top v^{(i)} - \rho v^{(i)} \prec 0 \qquad (2\text{-}52\text{b})$$

$$E_i^\top v^{(i)} - \lambda_3 \mathbf{1}_r \prec 0 \qquad (2\text{-}52\text{c})$$

$$v^{(i)} \preceq \mu v^{(j)} \qquad (2\text{-}52\text{d})$$

对任意 $(i, j) \in S \times S$ 成立，那么，当 ADT 满足

$$\tau_a \geqslant \frac{t_f \ln \mu}{\ln \theta - \ln \zeta - \rho t_f} \qquad (2\text{-}53)$$

时，系统 (2-51) 是有限时间有界的，其中，$\theta = c_2\lambda_1/\overline{\lambda}(\ell)$，$\zeta = \lambda_2 c_1/\underline{\lambda}(\ell) + \lambda_3 h$，$0 \prec \ell \in \Re^n$，$0 < c_1 < c_2$ 且 $\theta > \zeta \mathrm{e}^{\rho t_f}$。

证明   正性可由引理 1-10 得到。选择 MLCLFs: $V(x(t)) = V_i(x(t)) = x^\top(t)v^{(i)}$，其中，$i \in S, t \in [0, t_f]$。给定一个切换序列 $0 \leqslant t_0 \leqslant t_1 \leqslant \cdots$ 和 $t \in [t_m, t_{m+1}), m \in \mathbb{N}^+$。那么

$$\dot{V}(x(t)) = x^\top(t)A_{\sigma(t_m)}^\top v^{(\sigma(t_m))} + \omega^\top(t)E_{\sigma(t_m)}^\top v^{(\sigma(t_m))}$$

利用条件 (2-52b) 和条件 (2-52c)，$\dot{V}(x(t)) \leqslant \rho V_{\sigma(t_m)}(x(t)) + \lambda_3 \|\omega(t)\|_1$，其中，$t \in [t_m, t_{m+1})$。因此，$V(x(t)) \leqslant \mathrm{e}^{\rho(t-t_m)}V_{\sigma(t_m)}(x(t_m)) + \lambda_3 \int_{t_m}^t \mathrm{e}^{\rho(t-s)}\|\omega(s)\|_1 \mathrm{d}s$。根据条件 (2-52d) 推出：$V(x(t)) \leqslant \mu\mathrm{e}^{\rho(t-t_m)}V_{\sigma(t_{m-1})}(x(t_m^-)) + \lambda_3 \int_{t_m}^t \mathrm{e}^{\rho(t-s)}\|\omega(s)\|_1 \mathrm{d}s$。进一步

$$V(x(t)) \leqslant \mu\mathrm{e}^{\rho(t-t_m)}\left(\mathrm{e}^{\rho(t_m-t_{m-1})}V_{\sigma(t_{m-1})}(x(t_{m-1})) + \lambda_3 \int_{t_{m-1}}^{t_m} \mathrm{e}^{\rho(t_m-s)}\|\omega(s)\|_1 \mathrm{d}s\right)$$

$$+ \lambda_3 \int_{t_m}^t \mathrm{e}^{\rho(t-s)}\|\omega(s)\|_1 \mathrm{d}s$$

$$= \mu e^{\rho(t-t_{m-1})}V_{\sigma(t_{m-1})}(x(t_{m-1})) + \mu\lambda_3\int_{t_{m-1}}^{t_m} e^{\rho(t-s)}\|\omega(s)\|_1 ds$$

$$+ \lambda_3\int_{t_m}^{t} e^{\rho(t-s)}\|\omega(s)\|_1 ds$$

通过迭代，得到

$$V(x(t)) \leqslant \mu^{N_\sigma(t,t_0)}e^{\rho(t-t_0)}V_{\sigma(t_0)}(x(t_0)) + \mu^{N_\sigma(t,t_0)}\lambda_3\int_{t_0}^{t_1} e^{\rho(t-s)}\|\omega(s)\|_1 ds$$

$$+ \mu^{N_\sigma(t,t_0)-1}\lambda_3\int_{t_1}^{t_2} e^{\rho(t-s)}\|\omega(s)\|_1 ds + \cdots$$

$$+ \mu\int_{t_{m-1}}^{t_m} e^{\rho(t-s)}\|\omega(s)\|_1 ds + \lambda_3\int_{t_m}^{t} e^{\rho(t-s)}\|\omega(s)\|_1 ds$$

$$= e^{\rho(t-t_0)+N_\sigma(t,t_0)\ln\mu}V_{\sigma(t_0)}(x(t_0)) + \lambda_3\int_{t_0}^{t} e^{\rho(t-s)+N_\sigma(t,s)\ln\mu}\|\omega(s)\|_1 ds$$

结合 $t \leqslant t_f$ 和 $\int_0^{t_f}\|\omega(s)\|_1 ds \leqslant h$ 得 $V(x(t)) \leqslant e^{\rho(t-t_0)+N_\sigma(t,t_0)\ln\mu}\big(V_{\sigma(t_0)}(x(t_0)) + \lambda_3 h\big)$。根据定义 1-8 可有　$V(x(t)) \leqslant e^{(\rho+\frac{\ln\mu}{\tau_a})t_f}\big(V_{\sigma(t_0)}(x(t_0)) + \lambda_3 h\big)$。由条件 (2-52a) 可知 $V(x(t)) = x^\top(t)v^{(\sigma(t_m))} \geqslant \dfrac{\lambda_1}{\overline{\lambda}(\ell)}x^\top(t)\ell$ 和 $V_{\sigma(t_0)}(x(t_0)) = x^\top(t_0)v^{(\sigma(t_0))} \leqslant \dfrac{\lambda_2}{\underline{\lambda}(\ell)}x^\top(t_0)\ell$。然后，得到　$x^\top(t)\ell \leqslant \dfrac{\overline{\lambda}(\ell)}{\lambda_1}e^{(\rho+\frac{\ln\mu}{\tau_a})t_f}\left(\dfrac{\lambda_2}{\underline{\lambda}(\ell)}x^\top(t_0)\ell + \lambda_3 h\right)$。当 $x^\top(t_0)\ell \leqslant c_1$ 时，有

$$x^\top(t)\ell \leqslant \frac{\overline{\lambda}(\ell)}{\lambda_1}\frac{\theta}{\zeta}\left(\frac{\lambda_2}{\underline{\lambda}(\ell)}x^\top(t_0)\ell + \lambda_3 h\right) \leqslant \frac{c_2}{\zeta}\left(\frac{\lambda_2}{\underline{\lambda}(\ell)}c_1 + \lambda_3 h\right) = c_2$$

证毕。　　　　　　　　　　　　　　　　　　　　　　　　　　　　□

注 2-8　定理 2-10 中的条件通过三步实现：

① 求解 LP (2-52)，得到 λ_1, λ_2 和 λ_3；

② 确定 θ 和 ζ 的值；

③ 获得 ADT 条件。

接下来，讨论下面系统的有限时间控制综合问题：

$$\dot{x}(t) = A_{\sigma(t)}x(t) + B_{\sigma(t)}u(t) + E_{\sigma(t)}\omega(t) \tag{2-54}$$

其中，$x(t)\in\Re^n, u(t)\in\Re^m, \omega(t)\in\Re^r, y(t)\in\Re^s$，对任意 $i\in S$ 有 $C_i \succeq 0, E_i \succeq 0, F_i \succeq 0$。

定理 2-11 如果存在实数 $\rho > 0, \mu > 1, \lambda_1 > 0, \lambda_2 > 0, \lambda_3 > 0, \varepsilon > 0$ 和 $\Re^n$ 向量 $v^{(i)} \succ 0, z^{(i)}$ 使得

$$
\begin{aligned}
&\lambda_1 \mathbf{1}_n \preceq v^{(i)} \preceq \lambda_2 \mathbf{1}_n \\
&\widetilde{v}^{(i)\top} B_i^\top v^{(i)} > 0 \\
&A_i^\top v^{(i)} + z^{(i)} - \rho v^{(i)} \prec 0 \\
&E_i^\top v^{(i)} - \lambda_3 \mathbf{1}_r \prec 0 \\
&\widetilde{v}^{(i)\top} B_i^\top v^{(i)} A_i + B_i \widetilde{v}^{(i)} z^{(i)\top} + \varepsilon I_n \succeq 0 \\
&v^{(i)} \preceq \mu v^{(j)}
\end{aligned}
\tag{2-55}
$$

对任意 $(i,j) \in S \times S$ 成立, 其中, $\widetilde{v}^{(i)} \in \Re^m$ 是给定的向量, 那么, 在状态反馈控制律

$$
u(t) = K_i x(t) = \frac{1}{\widetilde{v}^{(i)\top} B_i^\top v^{(i)}} \widetilde{v}^{(i)} z^{(i)\top} x(t) \tag{2-56}
$$

和 ADT 满足条件 (2-53) 时, 系统 (2-54) 是正的、有限时间有界的。

定理 2-11 的证明可以利用定理 2-10 和 2.1 节反馈控制设计的相关证明得到, 略。

2.2.3 有限时间增益分析和控制综合

本小节研究下面系统的有限时间有界和 L_1 增益控制:

$$
\begin{aligned}
\dot{x}(t) &= A_{\sigma(t)} x(t) + E_{\sigma(t)} \omega(t) \\
y(t) &= C_{\sigma(t)} x(t) + F_{\sigma(t)} \omega(t)
\end{aligned}
\tag{2-57}
$$

其中, $x(t) \in \Re^n, \omega(t) \in \Re^r, y(t) \in \Re^s$, 对任意 $i \in S$ 有 $C_i \succeq 0, E_i \succeq 0, F_i \succeq 0$。

定理 2-12 如果存在常数 $\rho > 0, \mu > 1, \lambda_1 > 0, \lambda_2 > 0, \gamma > 0$ 和向量 $0 \prec v^{(i)} \in \Re^n$ 使得

$$
\lambda_1 \mathbf{1}_n \preceq v^{(i)} \preceq \lambda_2 \mathbf{1}_n \tag{2-58a}
$$

$$
A_i^\top v^{(i)} + C_i^\top \mathbf{1}_s - \rho v^{(i)} \prec 0 \tag{2-58b}
$$

$$
E_i^\top v^{(i)} + F_i^\top \mathbf{1}_s - \gamma \mathbf{1}_r \prec 0 \tag{2-58c}
$$

$$
v^{(i)} \preceq \mu v^{(j)} \tag{2-58d}
$$

对任意 $(i,j) \in S \times S$ 成立, 那么, 在 ADT 满足

$$
\tau_a \geqslant \max \left\{ \frac{t_f \ln \mu}{\ln \theta - \ln \zeta - \rho t_f}, \frac{\ln \mu}{\rho} \right\} \tag{2-59}
$$

时, 系统 (2-57) 是正的、有限时间有界的且具有有限时间加权 L_1 增益 γ, 其中, $\theta = c_2 \lambda_1 / \overline{\lambda}(\ell), \zeta = \lambda_2 c_1 / \underline{\lambda}(\ell) + \gamma h, 0 \prec \ell \in \Re^n, 0 < c_1 < c_2, \theta > \zeta e^{\rho t_f}$。

证明　由于 $C_i \succeq 0$ 和 $F_i \succeq 0$，易推出 $A_i^\top v^{(i)} - \rho v^{(i)} \prec -C_i^\top \mathbf{1}_n \prec 0$ 和 $E_i^\top v^{(i)} - \gamma\mathbf{1}_n \prec -F_i^\top \mathbf{1}_n \prec 0$。因此，根据定理 2-10，系统 (2-57) 的正性和有限时间有界性可以得到。

接下来，证明系统 (2-57) 具有有限时间 L_1 增益稳定性。选择 MLCLFs：$V(x(t)) = V_i(x(t)) = x^\top(t)v^{(i)}$，其中，$i \in S, t \in [0, t_f)$。给定一个切换序列 $0 = t_0 \leqslant t_1 \leqslant \cdots, t \in [t_m, t_{m+1}), m \in \mathbb{N}^+$。那么，$\dot{V}(x(t)) = x^\top(t)A_{\sigma(t_m)}^\top v^{(\sigma(t_m))} + \omega^\top(t)E_{\sigma(t_m)}^\top v^{(\sigma(t_m))}$。根据条件 (2-58b) 和条件 (2-58c)，有

$$\dot{V}(x(t)) \leqslant \rho x^\top(t)v^{(\sigma(t_m))} + \gamma\omega^\top(t)\mathbf{1}_n - y^\top(t)\mathbf{1}_n = \rho V(x(t)) + \gamma\|\omega(t)\|_1 - \|y(t)\|_1$$

进而，$V(x(t)) \leqslant \mathrm{e}^{\rho(t-t_m)}V_{\sigma(t_m)}(x(t_m)) + \int_{t_m}^t \mathrm{e}^{\rho(t-s)}\Gamma(s)\mathrm{d}s$，其中，$\Gamma(s) = \gamma\|\omega(s)\|_1 - \|y(s)\|_1$。在条件 (2-58d) 下，$V(x(t)) \leqslant \mathrm{e}^{\rho(t-t_m)}\mu V_{\sigma(t_{m-1})}(x(t_m^-)) + \int_{t_m}^t \mathrm{e}^{\rho(t-s)}\Gamma(s)\mathrm{d}s$。通过递归推导，有

$$\begin{aligned}
V(x(t)) &\leqslant \mu^{N_\sigma(t,t_0)}\mathrm{e}^{\rho(t-t_0)}V_{\sigma(t_0)}(x(t_0)) + \mu^{N_\sigma(t,t_0)}\int_{t_0}^{t_1}\mathrm{e}^{\rho(t-s)}\Gamma(s)\mathrm{d}s \\
&\quad + \mu^{N_\sigma(t,t_0)-1}\int_{t_1}^{t_2}\mathrm{e}^{\rho(t-s)}\Gamma(s)\mathrm{d}s + \cdots \\
&\quad + \mu\int_{t_{m-1}}^{t_m}\mathrm{e}^{\rho(t-s)}\Gamma(s)\mathrm{d}s + \int_{t_m}^t\mathrm{e}^{\rho(t-s)}\Gamma(s)\mathrm{d}s \\
&= \mathrm{e}^{\rho(t-t_0)+N_\sigma(t,t_0)\ln\mu}V_{\sigma(t_0)}(x(t_0)) + \int_{t_0}^t\mathrm{e}^{\rho(t-s)+N_\sigma(t,s)\ln\mu}\Gamma(s)\mathrm{d}s
\end{aligned}$$

在零初始条件下，$0 \leqslant V(x(t)) \leqslant \int_0^t\mathrm{e}^{\rho(t-s)+N_\sigma(t,s)\ln\mu}\Gamma(s)\mathrm{d}s$。此外

$$\int_0^t\mathrm{e}^{\rho(t-s)+N_\sigma(t,s)\ln\mu}\|y(s)\|_1\mathrm{d}s \leqslant \gamma\int_0^t\mathrm{e}^{\rho(t-s)+N_\sigma(t,s)\ln\mu}\|\omega(s)\|_1\mathrm{d}s$$

上式两边乘以 $\mathrm{e}^{-N_\sigma(t,0)\ln\mu}$ 得到

$$\int_0^t\mathrm{e}^{\rho(t-s)-N_\sigma(s,0)\ln\mu}\|y(s)\|_1\mathrm{d}s \leqslant \gamma\int_0^t\mathrm{e}^{\rho(t-s)-N_\sigma(s,0)\ln\mu}\|\omega(s)\|_1\mathrm{d}s$$

根据定义 1-8，可以得到 $N_\sigma(s,0) \leqslant \dfrac{s}{\tau_a} \leqslant \dfrac{\rho s}{\ln\mu}$。然后，$\int_0^t\mathrm{e}^{\rho t-2\rho s}\|y(s)\|_1\mathrm{d}s \leqslant \gamma\int_0^t\mathrm{e}^{\rho(t-s)}\|\omega(s)\|_1\mathrm{d}s$。令 $t=t_f$，可推出 $\int_0^{t_f}\mathrm{e}^{-2\rho s}\|y(s)\|_1\mathrm{d}s \leqslant \gamma\int_0^{t_f}\mathrm{e}^{-\rho s}\|\omega(s)\|_1\mathrm{d}s \leqslant$

$$\gamma \int_0^{t_f} \|\omega(s)\|_1 \mathrm{d}s。 \qquad\qquad\qquad \Box$$

最后，考虑系统：

$$\dot{x}(t) = A_{\sigma(t)}x(t) + B_{\sigma(t)}u(t) + E_{\sigma(t)}\omega(t)$$
$$y(t) = C_{\sigma(t)}x(t) + F_{\sigma(t)}\omega(t) \tag{2-60}$$

的有限时间 L_1 控制综合，其中，$x(t) \in \Re^n, u(t) \in \Re^m, \omega(t) \in \Re^r, y(t) \in \Re^s$。

定理 2-13 如果存在实数 $\rho > 0, \mu > 1, \lambda_1 > 0, \lambda_2 > 0, \gamma > 0, \varepsilon > 0$ 和 $\Re^n$ 向量 $v^{(i)} \succ 0, z^{(i)}$ 使得

$$\lambda_1 \mathbf{1}_n \preceq v^{(i)} \preceq \lambda_2 \mathbf{1}_n$$
$$\tilde{v}^{(i)\top} B_i^\top v^{(i)} > 0$$
$$A_i^\top v^{(i)} + C_i^\top \mathbf{1}_n + z^{(i)} - \rho v^{(i)} \prec 0$$
$$E_i^\top v^{(i)} + F_i^\top \mathbf{1}_s - \gamma \mathbf{1}_r \prec 0 \tag{2-61}$$
$$\tilde{v}^{(i)\top} B_i^\top v^{(i)} A_i + B_i \tilde{v}^{(i)} z^{(i)\top} + \varepsilon I_n \succeq 0$$
$$v^{(i)} \preceq \mu v^{(j)}$$

对任意 $(i,j) \in S \times S$ 成立，其中，$\tilde{v}^{(i)} \in \Re^m$ 是一个给定的向量，那么，在状态反馈控制律

$$u(t) = K_i x(t) = \frac{1}{\tilde{v}^{(i)\top} B_i^\top v^{(i)}} \tilde{v}^{(i)} z^{(i)\top} x(t) \tag{2-62}$$

和 ADT 满足条件 (2-59) 时，系统 (2-60) 是正的、有限时间 L_1 增益稳定的。

结合定理 2-9 和定理 2-11 的证明，可以证明定理 2-13，略。

2.2.4 仿真例子

例 2-4 考虑正切换系统 (2-51)，假定系统包含两个子系统：

$$A_1 = \begin{pmatrix} 0 & 0.005 & 0.002 \\ 0.003 & 0 & 0.006 \\ 0.005 & 0.004 & 0 \end{pmatrix}, E_1 = \begin{pmatrix} 0.01 & 0.04 & 0.05 \\ 0.02 & 0.07 & 0.02 \\ 0.02 & 0.03 & 0.01 \end{pmatrix}$$

$$C_1 = \begin{pmatrix} 0.04 & 0.01 & 0.09 \\ 0.03 & 0.07 & 0.01 \\ 0.04 & 0.02 & 0.06 \end{pmatrix}, F_1 = \begin{pmatrix} 0.06 & 0.02 & 0.04 \\ 0.01 & 0.03 & 0.03 \\ 0.02 & 0.02 & 0.05 \end{pmatrix}$$

和

$$A_2 = \begin{pmatrix} 0 & 0.001 & 0.004 \\ 0.006 & 0 & 0.008 \\ 0.001 & 0.002 & 0 \end{pmatrix}, \ E_2 = \begin{pmatrix} 0.02 & 0.03 & 0.05 \\ 0.01 & 0.06 & 0.08 \\ 0.05 & 0.05 & 0.03 \end{pmatrix}$$

$$C_2 = \begin{pmatrix} 0.01 & 0.03 & 0.02 \\ 0.02 & 0.03 & 0.05 \\ 0.04 & 0.01 & 0.01 \end{pmatrix}, \ F_2 = \begin{pmatrix} 0.09 & 0.04 & 0.03 \\ 0.02 & 0.07 & 0.05 \\ 0.01 & 0.01 & 0.06 \end{pmatrix}$$

给定 $t_f = 10, \ell = (1\ 1\ 1)^\top$ 和 $\omega(t) = (\omega_1(t)\ \omega_2(t)\ \omega_3(t))^\top = (\mathrm{e}^{-t}\ \mathrm{e}^{-t}\ \mathrm{e}^{-t})^\top$，那么，$h = 3$。选择 $\rho = 0.1, \mu = 1.1$。根据定理 2-10 可得

$$v^{(1)} = \begin{pmatrix} 5.2894 \\ 5.4127 \\ 5.2783 \end{pmatrix}, \ v^{(2)} = \begin{pmatrix} 5.1293 \\ 5.1292 \\ 5.1744 \end{pmatrix}, \ \lambda_1 = 5.0193, \ \lambda_2 = 5.4824, \ \gamma = 0.9630$$

因此，有 $c_2 > \dfrac{5.4824c_1 + 7.7153}{5.0193}$。显然，可以选择 c_2 满足 $c_2 > 1.5371$。选择 $c_2 = 1.6$，可得 $c_1 = 0.0576$。根据条件 (2-59) 有 $\tau_a \geqslant 0.9531$。图 2-5 为 ADT 切换下的状态轨迹，图 2-6 为 $x^\top(t)\ell$ 的仿真图。

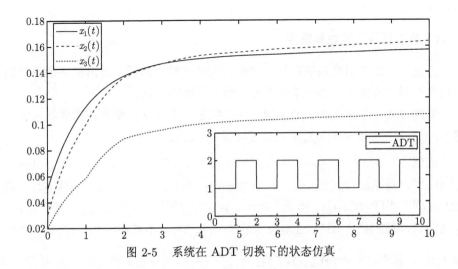

图 2-5　系统在 ADT 切换下的状态仿真

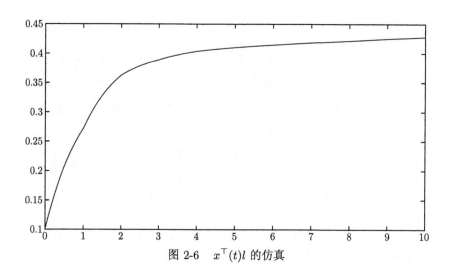

图 2-6 $x^\top(t)l$ 的仿真

2.3   异步切换控制

很多切换系统结论总是假定子系统的切换和相应控制器的切换是同步的。一般情况下，控制器的切换要滞后于子系统的切换。在子系统发生切换时，传感器需要一段时间判断激活的子系统信息，然后激活相应的控制器。这必然导致控制器切换的延迟。这预示着，在某个子系统运行的初始阶段，其控制器实际上是前一运行子系统的控制器。这种现象称为异步切换。在异步现象发生时，系统的稳定性可能被破坏。如果不采用合适的控制方法，异步切换会直接导致切换系统的不稳定。

2.3.1   异步切换稳定性和镇定

首先，考虑正切换系统在异步切换下的稳定性，然后，提出正切换系统的异步切换控制。为便于后面结论的推导，给出下面的引理。

引理 2-6   考虑系统 $\dot{x}(t) = Ax(t)$，假设 $\varrho(A) < \hbar$，那么存在常数 $\gamma > 0$ 使得 $\|x(t)\|_2 \leqslant \gamma \mathrm{e}^{\hbar(t-t_0)} \|_2 x(t_0)\|$ 对任意 $t \geqslant t_0$ 成立。

证明   令 $W = (w^{(1)}, \cdots, w^{(n)})$，其中，$w^{(1)}, \cdots, w^{(n)} \in \Re^n$，$Aw^{(i)} = \rho_i(A)w^{(i)}$。对系统做变换 $z(t) = W^{-1}x(t)$。那么，$\dot{z}(t) = W^{-1}AWz(t)$，则有 $z(t) = \mathrm{e}^{W^{-1}AW(t-t_0)}z(t_0)$。因此，$x(t) = W\mathrm{e}^{W^{-1}AW(t-t_0)}W^{-1}x(t_0)$。由于 $Aw^{(i)} = \rho_i(A)w^{(i)}$，可知 $W^{-1}AW = \mathrm{diag}(\rho_1(A), \cdots, \rho_n(A))$。不难得到 $\|x(t)\|_2 \leqslant \gamma \mathrm{e}^{\hbar(t-t_0)}$ $\|x(t_0)\|_2$，其中，$\gamma = \|W\|_2 \|W^{-1}\|_2 = \dfrac{\Im_{\max}(A)}{\Im_{\min}(A)}$，$\|W\|_2$ 和 $\|W^{-1}\|_2$ 是矩阵 W

和 W^{-1} 的 2 范数。 □

2.3.1.1　异步切换稳定性

为推导方便，引入一些符号。记 $\mathcal{T}(t_i, t_{i+1}), i \in \mathbb{N}$ 是第 $\sigma(t_i)$ 个子系统的运行时间段。符号 $\overline{\mathcal{T}}(t_i, t_{i+1})$ 和 $\underline{\mathcal{T}}(t_i, t_{i+1})$ 表示 Lyapunov 函数递增和递减的时间区间。符号 $\mathcal{T}(t_{i+1}-t_i), \overline{\mathcal{T}}(t_{i+1}-t_i)$ 和 $\underline{\mathcal{T}}(t_{i+1}-t_i)$ 分别表示 $\mathcal{T}(t_i, t_{i+1}), \overline{\mathcal{T}}(t_i, t_{i+1})$ 和 $\underline{\mathcal{T}}(t_i, t_{i+1})$ 的区间长度，易得 $\mathcal{T}(t_{i+1} - t_i) = \overline{\mathcal{T}}(t_{i+1} - t_i) + \underline{\mathcal{T}}(t_{i+1} - t_i)$。

定理 2-14　如果存在实数 $\overline{\mu} > 0, \underline{\mu} > 0, \lambda > 1$ 和向量 $0 \prec v^{(p)} \in \Re^n$ 使得

$$x^\top(t)A_p^\top v^{(p)} + \underline{\mu}x^\top(t)v^{(p)} \leqslant 0, \ t \in \underline{\mathcal{T}}(t_i, t_{i+1}) \tag{2-63a}$$

$$x^\top(t)A_p^\top v^{(p)} - \overline{\mu}x^\top(t)v^{(p)} \leqslant 0, \ t \in \overline{\mathcal{T}}(t_i, t_{i+1}) \tag{2-63b}$$

$$v^{(p)} \preceq \lambda v^{(q)} \tag{2-63c}$$

对任意 $(p,q) \in S \times S$ 成立，那么，当 ADT 满足

$$\tau_a \geqslant \frac{(\underline{\mu} + \overline{\mu})\overline{\mathcal{T}}_{\max} + \ln\lambda}{\underline{\mu}} \tag{2-64}$$

时，系统 (2-1) 是指数稳定的，其中，$\overline{\mathcal{T}}_{\max} = \max_i \overline{\mathcal{T}}(t_{i+1} - t_i), i \in \mathbb{N}$。

证明　给定一个切换序列 $0 \leqslant t_0 < t_1 < \cdots, t \in [t_k, t_{k+1}), k \in \mathbb{N}$。选择一个似 Lyapunov 函数 $V_p(x(t)) = x^\top(t)v^{(p)}, p \in S$，这里的似 Lyapunov 函数是指导数非单调的正定函数。那么，$\dot{V}_{\sigma(t_k)}(x(t)) = x^\top(t)A_{\sigma(t_k)}^\top v^{(\sigma(t_k))}$。结合 $x(t) \succeq 0$、条件 (2-63a) 和条件 (2-63b) 得到

$$\dot{V}_{\sigma(t_k)}(x(t)) \leqslant \begin{cases} -\underline{\mu}V_{\sigma(t_k)}(x(t)), \ t \in \underline{\mathcal{T}}(t_k, t_{k+1}) \\ \overline{\mu}V_{\sigma(t_k)}(x(t)), \ t \in \overline{\mathcal{T}}(t_k, t_{k+1}) \end{cases}$$

进而有

$$V_{\sigma(t_k)}(x(t)) \leqslant e^{-\underline{\mu}\underline{\mathcal{T}}(t-t_k) + \overline{\mu}\overline{\mathcal{T}}(t-t_k)}V_{\sigma(t_k)}(x(t_k)) \leqslant e^{-\underline{\mu}(t-t_k)}e^{(\overline{\mu}+\underline{\mu})\overline{\mathcal{T}}_{\max}}V_{\sigma(t_k)}(x(t_k))$$

根据条件 (2-63d)，$V_{\sigma(t_k)}(x(t)) \leqslant e^{-\underline{\mu}(t-t_k)}e^{(\overline{\mu}+\underline{\mu})\overline{\mathcal{T}}_{\max}}\lambda V_{\sigma(t_{k-1})}(x(t_k))$。通过递归推出

$$V_{\sigma(t_k)}(x(t)) \leqslant \lambda^2 e^{-\underline{\mu}(t-t_{k-2})}e^{3(\overline{\mu}+\underline{\mu})\overline{\mathcal{T}}_{\max}}V_{\sigma(t_{k-2})}(x(t_{k-2})) \leqslant \cdots$$
$$\leqslant \lambda^{N_\sigma(t,t_0)}e^{-\underline{\mu}(t-t_0)}e^{(N_\sigma(t,t_0)+1)(\overline{\mu}+\underline{\mu})\overline{\mathcal{T}}_{\max}}V_{\sigma(t_0)}(x(t_0))$$

根据定义 1-8 和 $\lambda > 1$ 可得 $V_{\sigma(t_k)}(x(t)) \leqslant \alpha' \mathrm{e}^{-\beta(t-t_0)} V_{\sigma(t_0)}(x(t_0))$，其中

$$\alpha' = \mathrm{e}^{(N_0+1)(\overline{\mu}+\underline{\mu})\overline{\mathcal{T}}_{\max}+N_0\ln\lambda}, \beta = \underline{\mu} - \frac{(\underline{\mu}+\overline{\mu})\overline{\mathcal{T}}_{\max}+\ln\lambda}{\tau_a}$$

根据条件 (2-64)，$\beta > 0$。此外，易得

$$V_{\sigma(t_k)}(x(t)) = \sum_{i=1}^{n} x_i(t) v_i^{(\sigma(t_k))} \geqslant \underline{\rho}_{v^{(\sigma(t_k))}} \|x(t)\|_2$$

$$V_{\sigma(t_0)}(x(t_0)) = \sum_{i=1}^{n} x_i(t_0) v_i^{(\sigma(t_0))} \leqslant \sqrt{n}\overline{\rho}_{v^{(\sigma(t_0))}} \|x(t_0)\|_2$$

然后，可以得到 $\|x(t)\|_2 \leqslant \alpha \mathrm{e}^{-\beta(t-t_0)} \|x(t_0)\|_2$，其中，$\alpha = \dfrac{\sqrt{n}\overline{\rho}_{v^{(\sigma(t_0))}}}{\underline{\rho}_{v^{(\sigma(t_k))}}} \alpha'$。根据定义 1-6，系统 (2-1) 是指数稳定的。 $\square$

注 2-9   给定 $\overline{\mu} > 0, \underline{\mu} > 0$ 和 $\lambda > 1$，条件 (2-63) 是 LP 问题，利用 MAT-LAB 中的 Linprog 工具箱可以求解。需要指出的是，即使通过求解条件 (2-63) 可以得到似 Lyapunov 函数，也很难求出 $\overline{\mathcal{T}}_{\max}$。一般情况下，假定 $\overline{\mathcal{T}}_{\max}$ 是已知的。

注 2-10   在定理 2-14，有可能遇到这样的情况：基于提出的条件得到了一个 Lyapunov 函数，而不是一个似 Lyapunov 函数。注意条件 (2-63c)，如果它成立，有可能存在一个常数 $\mu > 0$ 使得 $A_p^\top v^{(p)} \prec -\mu v^{(p)}$。这意味着利用条件 (2-63c) 得到的可能是 Lyapunov 函数而不是似 Lyapunov 函数。在这种特殊情况下，所讨论的问题变为 Lyapunov 函数意义下的系统稳定。为了避免这种情况，可以将条件 (2-63c) 替换成

$$\overline{\mu}' x^\top(t) v^{(p)} \leqslant x^\top(t) A_p^\top v^{(p)} \leqslant \overline{\mu} x^\top(t) v^{(p)}, \ t \in \overline{\mathcal{T}}(t_i, t_{i+1})$$

其中，$\overline{\mu}' > 0$。

定理 2-15   如果存在实数 $\overline{\mu} > 0, \underline{\mu} > 0, \lambda > 1$ 和向量 $0 \prec v^{(p)} \in \Re^n$ 使得

$$A_p v^{(p)} + \underline{\mu} v^{(p)} \preceq 0, \ p = 1, 2, \cdots, \ell \tag{2-65a}$$

$$A_q v^{(q)} - \overline{\mu} v^{(q)} \preceq 0, \ q = \ell+1, \ell+2, \cdots, J \tag{2-65b}$$

成立，那么，当

$$(\underline{\mu} + \overline{\mu})\overline{\mathcal{T}}(t-t_0)) \leqslant \mu^* \mathcal{T}(t-t_0) \tag{2-66}$$

和 ADT 满足

$$\tau_a \geqslant \frac{\ln \gamma}{\underline{\mu} - \mu^*} \tag{2-67}$$

时，系统 (2-1) 是指数稳定的，其中，$\mu^* \in (0, \underline{\mu})$ 和 γ 将在证明中给出。

证明　根据条件 (2-65b)，有 $(A_p + \underline{\mu} I_n)v^{(p)} \preceq 0$ 对于 $p = 1, 2, \cdots, \ell$ 成立。根据引理 1-8，$A_p + \underline{\mu} I_n$ 是 Hurwitz 矩阵。因此，对 $p = 1, 2, \cdots, \ell$，$\varrho(A_p) < -\underline{\mu}$ 成立。类似地，$\varrho(A_q) < \overline{\mu}$，其中，$q = \ell + 1, \ell + 2, \cdots, J$。

考虑子系统 $\dot{x}(t) = A_p x(t), p \in \{1, 2, \cdots, \ell\}$。根据引理 2-6，存在一个正的常数 γ_p 使得 $\|x(t)\|_2 \leqslant \gamma_p \mathrm{e}^{-\underline{\mu}(t-t_0)} \|x(t_0)\|_2$ 对每个 $p \in \{1, 2, \cdots, \ell\}$ 成立，其中，$\gamma_p = \|W_p\|_2 \|W_p^{-1}\|_2 = \dfrac{\Im_{\max}(A_p)}{\Im_{\min}(A_p)}$。考虑子系统 $\dot{x}(t) = A_q x(t), q \in \{\ell + 1, \ell + 2, \cdots, J\}$。同样地，存在一个正常数 γ_q 使得 $\|x(t)\|_2 \leqslant \gamma_q \mathrm{e}^{\overline{\mu}(t-t_0)} \|x(t_0)\|_2$ 对每个 $q \in \{\ell + 1, \ell + 2, \cdots, J\}$ 成立，其中，$\gamma_q = \|W_q\|_2 \|W_q^{-1}\|_2 = \dfrac{\Im_{\max}(A_q)}{\Im_{\min}(A_q)}$。

给定一个切换序列 $0 \leqslant t_0 < t_1 < \cdots, t \in [t_k, t_{k+1}), k \in \mathbb{N}$，那么有

$$x(t) = \mathrm{e}^{A_{\sigma(t_k)}(t-t_k)} x(t_k), x(t_k) = \mathrm{e}^{A_{\sigma(t_{k-1})}(t_k - t_{k-1})} x(t_{k-1}), \cdots$$

$$x(t_1) = \mathrm{e}^{A_{\sigma(t_0)}(t_1 - t_0)} x(t_0)$$

可知

$$\begin{aligned}
\|x(t)\|_2 &\leqslant \gamma_{\sigma(t_k)} \cdots \gamma_{\sigma(t_0)} \mathrm{e}^{-\underline{\mu}\mathcal{T}(t-t_0) + \overline{\mu}\overline{\mathcal{T}}(t-t_0)} \|x(t_0)\|_2 \\
&\leqslant \gamma^{N_\sigma(t,t_0)+1} \mathrm{e}^{-(\underline{\mu}-\mu^*)(t-t_0)} \|x(t_0)\|_2
\end{aligned}$$

其中，$\gamma = \max\limits_{p \in S} \gamma_p$。利用定义 1-8 得 $\|x(t)\|_2 \leqslant \alpha \mathrm{e}^{-\beta(t-t_0)} \|x(t_0)\|_2$，其中，$\alpha = \mathrm{e}^{(N_0+1)\ln\gamma}$，$\beta = \underline{\mu} - \mu^* - \dfrac{\ln\gamma}{\tau_a}$。根据条件 (2-67)，$\beta > 0$。　　　□

定理 2-15 考虑了具有稳定和不稳定子系统的正切换系统的稳定性。如果系统依次在稳定和不稳定子系统之间进行切换，则定理 2-15 等价于定理 2-14。定理 2-15 的优点在于两个方面，首先，与定理 2-14 相比，它降低了计算负担，因为不需要 $x(t)$ 的信息；其次，定理 2-15 不需要借助 Lyapunov 函数解决系统的稳定性问题。值得一提的是，当一个系统的 Lyapunov 函数难于构造时，如何判断系统的稳定性是一个富有挑战性的问题。定理 2-15 提供了一个判断方法，这一点也将在下一小节进一步讨论。

2.3.1.2　基于非 Lyapunov 函数方法的异步切换控制

本小节将利用根轨迹和 LP 方法，提出系统 (2-1) 在异步切换下的状态反馈控制律。

定理 2-16 如果存在实数 $\overline{\mu} > 0, \underline{\mu} > 0$ 和 $\lambda > 1$ 和向量 $0 \prec v^{(p)} \in \Re^n$，$z^{(pi)} \in \Re^m$ 使得

$$A_p v^{(p)} + B_p \sum_{i=1}^{n} z^{(pi)} + \underline{\mu} v^{(p)} \prec 0 \tag{2-68a}$$

$$A_p v^{(q)} + B_p \sum_{i=1}^{n} z^{(qi)} - \overline{\mu} v^{(q)} \prec 0 \tag{2-68b}$$

$$a_{pij} v_j^{(p)} + b^{(pi)} z^{(pj)} \succeq 0, \ 1 \leqslant i, j \leqslant n, i \neq j \tag{2-68c}$$

$$a_{pij} v_j^{(q)} + b^{(pi)} z^{(qj)} \succeq 0, \ 1 \leqslant i, j \leqslant n, i \neq j \tag{2-68d}$$

对任意 $(p, q) \in S \times S$ 成立，其中，$A_p = [a_{pij}], B_p^{\top} = [b^{(p1)\top} \cdots b^{(pn)\top}]$，那么，在状态反馈控制律

$$u(t) = K_p x(t) = \left(\frac{z^{(p1)}}{v_1^{(p)}}, \cdots, \frac{z^{(pn)}}{v_n^{(p)}} \right) x(t) \tag{2-69}$$

和 ADT 满足

$$\tau_a \geqslant \frac{(\underline{\mu} + \overline{\mu})\jmath + 2\ln\widehat{\gamma}}{\underline{\mu}} \tag{2-70}$$

时，系统 (2-1) 是正的、指数稳定的，其中，$\jmath$ 是控制器的延迟时间，$\widehat{\gamma}$ 将在证明中给出。

证明 给定一个切换序列 $0 \leqslant t_0 < t_1 < \cdots, t \in [t_k + \jmath, t_{k+1}), k \in \mathbb{N}$。表 2-1 显示系统 (2-1) 的运行规律，其中，$A_{00} = A_{\sigma(t_0)} + B_{\sigma(t_0)} K_{\sigma(t_0)}, A_{10} = A_{\sigma(t_1)} + B_{\sigma(t_1)} K_{\sigma(t_0)}, A_{11} = A_{\sigma(t_1)} + B_{\sigma(t_1)} K_{\sigma(t_1)}, A_{21} = A_{\sigma(t_2)} + B_{\sigma(t_2)} K_{\sigma(t_1)}, A_{22} = A_{\sigma(t_2)} + B_{\sigma(t_2)} K_{\sigma(t_1)}$。

表 2-1　系统的运行规则

时间	$[t_0, t_1)$	$[t_1, t_1 + \jmath)$	$[t_1 + \jmath, t_2)$	$[t_2, t_2 + \jmath)$	$[t_2 + \jmath, t_3)$	$\cdots$
模式	A_{00}	A_{10}	A_{11}	A_{21}	A_{22}	$\cdots$
异步的	否	是	否	是	否	$\cdots$
正的	是	是	是	是	是	$\cdots$
稳定	是	否	是	否	是	$\cdots$

根据条件 (2-68c)、条件 (2-68d) 和条件 (2-69) 得

$$a_{pij} + b^{(pi)} \frac{z^{(pj)}}{v_j^{(p)}} = (A_p + B_p K_p)_{ij} \succeq 0, \ i \neq j$$

$$a_{pij} + b^{(pi)} \frac{z^{(qj)}}{v_j^{(q)}} = (A_p + B_p K_q)_{ij} \succeq 0, \ i \neq j$$

根据定义 1-4, $A_p + B_p K_p$ 和 $A_p + B_p K_q$ 都是 Metzler 矩阵。因此, 系统 (2-1) 是正的。

再次借助控制律 (2-69) 得 $K_p v^{(p)} = \sum_{i=1}^{n} z^{(pi)}$ 和 $K_q v^{(q)} = \sum_{i=1}^{n} z^{(qi)}$。结合条件 (2-68a) 和条件 (2-68b) 得到

$$(A_p + B_p K_p + \underline{\mu} I_n) v^{(p)} \prec 0$$
$$(A_p + B_p K_q - \overline{\mu} I_n) v^{(q)} \prec 0, \ p \neq q$$

根据引理 1-1 有 $A_p + B_p K_p + \underline{\mu} I_n$ 和 $A_p + B_p K_q - \overline{\mu} I_n$ 是 Hurwitz 矩阵。进而, $\varrho(A_p + B_p K_p) < -\underline{\mu}, \varrho(A_p + B_p K_q) < \overline{\mu}$。为简单起见, 用 $\widehat{A}_{\sigma(t_i)}$ 和 $\widehat{A}_{\sigma(t_i, t_{i-1})}$ 分别表示 $A_{\sigma(t_i)} + B_{\sigma(t_i)} K_{\sigma(t_i)}$ 和 $A_{\sigma(t_i)} + B_{\sigma(t_i)} K_{\sigma(t_{i-1})}$。根据系统 (2-1), 有

$$x(t) = e^{\widehat{A}_{\sigma(t_k)}(t - t_k - \jmath)} x(t_k + \jmath), x(t_k + \jmath) = e^{\widehat{A}_{\sigma(t_k, t_{k-1})} \jmath} x(t_k)$$

$$\vdots$$

$$x(t_2) = e^{\widehat{A}_{\sigma(t_1)}(t_2 - t_1 - \jmath)} x(t_1 + \jmath), x(t_1 + \jmath) = e^{\widehat{A}_{\sigma(t_1, t_0)} \jmath} x(t_1)$$
$$x(t_1) = e^{\widehat{A}_{\sigma(t_1)}(t_1 - t_0)} x(t_0)$$

通过简单推导可得

$$\begin{aligned}
\|x(t)\|_2 &\leqslant \widehat{\gamma}_{\sigma(t_k)} \widehat{\gamma}_{\sigma(t_k, t_{k-1})} e^{-\underline{\mu}(t - t_k - \jmath)} e^{\overline{\mu} \jmath} \|x(t_k)\|_2 \leqslant \cdots \\
&\leqslant \left(\widehat{\gamma}_{\sigma(t_k)} \widehat{\gamma}_{\sigma(t_k, t_{k-1})} \cdots \widehat{\gamma}_{\sigma(t_2)} \widehat{\gamma}_{\sigma(t_2, t_1)} \widehat{\gamma}_{\sigma(t_1)} \right) \\
&\quad \cdot \left(e^{-\underline{\mu}(t - t_k - \jmath)} e^{\overline{\mu} \jmath} \cdots e^{-\underline{\mu}(t_2 - t_1 - \jmath)} e^{\overline{\mu} \jmath} \right) \|x(t_0)\|_2 \\
&\leqslant \widehat{\gamma}^{2N_\sigma(t, t_0) - 1} e^{-\underline{\mu}(t - t_0)} e^{(\underline{\mu} + \overline{\mu}) N_\sigma(t, t_0) \jmath} \|x(t_0)\|_2
\end{aligned}$$

其中, $\widehat{\gamma} = \max\limits_{p \in S} \{\widehat{\gamma}_p\}$。再次利用定义 1-8, $\|x(t)\|_2 \leqslant \alpha e^{-\beta(t - t_0)} \|x(t_0)\|_2$, 其中

$$\alpha = e^{(2N_0 + 1) \ln \widehat{\gamma} + (\underline{\mu} + \overline{\mu}) N_0 \jmath}, \beta = \underline{\mu} - \frac{2 \ln \gamma + (\underline{\mu} + \overline{\mu}) \jmath}{\tau_a}$$

根据条件 (2-70), $\beta > 0$。根据定义 1-7, 系统 (2-1) 是指数稳定的。 □

注 2-11 在定理 2-16 中, 条件 (2-68a) 和条件 (2-68c) 可以保证系统在没有异步切换的情况下的稳定性和正性, 条件 (2-68b) 和条件 (2-68d) 表明系统在异步切换情况下是正的, 但可能是不稳定的。如果 $\overline{\mathcal{T}}(t_i, t_{i+1}) = [t_i, t_i + \jmath]$ 且 $\underline{\mathcal{T}}(t_i, t_{i+1}) = [t_i + \jmath, t_{i+1})$, 在定理 2-16 中系统的运行规则与定理 2-14 相同。需要注意的是, 定理 2-16 主要采用了定理 2-15 中的方法, 即, 在不利用 Lyapunov 函数方法基础上研究系统的稳定性。

2.3.2 改进的异步切换控制方法

在定理 2-16 中，正切换系统的异步控制方法主要借助根轨迹方法和 LP 方法，没有利用 Lyapunov 函数方法。众所周知，Lyapunov 函数方法在研究控制系统的稳定和镇定问题中起着非常重要的作用。对于有些控制问题，如果不能建立系统的 Lyapunov 函数，这些问题很难解决，比如，带有外扰输入的系统控制。因此，有必要提出基于 LCLF 的正切换系统的异步控制标架。

为方便读者阅读，重新给出连续时间切换系统：

$$\dot{x}(t) = A_{\sigma(t)}x(t) + B_{\sigma(t)}u(t) \tag{2-71}$$

和离散时间切换系统：

$$x(k+1) = A_{\sigma(k)}x(k) + B_{\sigma(k)}u(k) \tag{2-72}$$

其中，$x(t) \in \Re^n, u(t) \in \Re^m$ $(x(k) \in \Re^n, u(k) \in \Re^m)$ 分别表示系统 (2-71) (系统 (2-72)) 的状态和控制输入。函数 $\sigma(t)$ $(\sigma(k))$ 为切换律，其在集 S 中取值。对于系统 (2-71)，矩阵 A 是 Metzler 矩阵且 $B \succeq 0$；对于系统 (2-72)，$A \succeq 0, B \succeq 0$。

2.3.2.1 连续时间系统

对于系统 (2-71)，异步控制器为 $u(t) = K_{\sigma(t-\Delta_l)}x(t), \forall t \in [t_l, t_{l+1})$，其中，$t_l$ 是切换时间点，$l = 0, 1, \cdots, \Delta_0 = 0, \Delta_l < t_{l+1} - t_l$ 表示控制器滞后系统模态的时间。进而可得

$$\dot{x}(t) = (A_p + B_pK_p)x(t), \ t \in [t_l + \Delta_l, t_{l+1}) \tag{2-73a}$$

$$\dot{x}(t) = (A_p + B_pK_q)x(t), \ t \in [t_l, t_l + \Delta_l) \tag{2-73b}$$

其中，$(p, q) \in S \times S, p \neq q$。

定理 2-17 如果存在实数 $\delta > 1, \hbar > 0, \mu_1 > 0, \mu_2 > 0, \lambda > 1, \varsigma_p > 0, \varrho_p > 0$ 和 $\Re^n$ 向量 $v^{(p)} \succ 0, v^{(p,q)} \succ 0, \xi^{(pi)} \prec 0, \xi^{(p)} \prec 0, \zeta^{(pi)} \succ 0, \zeta^{(p)} \succ 0$ 使得

$$A_p^\top v^{(p)} + \xi^{(p)} + \zeta^{(p)} + \mu_1 v^{(p)} \prec 0 \tag{2-74a}$$

$$A_p\delta\hbar + \delta B_p \sum_{i=1}^m \mathbf{1}_m^{(i)} \xi^{(pi)\top} + B_p \sum_{i=1}^m \mathbf{1}_m^{(i)} \zeta^{(pi)\top} + \varsigma_p I \succeq 0 \tag{2-74b}$$

$$A_p^\top v^{(p,q)} + \xi^{(q)} + \zeta^{(q)} - \mu_2 v^{(p,q)} \prec 0 \tag{2-74c}$$

$$A_p\delta\hbar + \delta B_p \sum_{i=1}^m \mathbf{1}_m^{(i)} \xi^{(qi)\top} + B_p \sum_{i=1}^m \mathbf{1}_m^{(i)} \zeta^{(qi)\top} + \varrho_p I \succeq 0 \tag{2-74d}$$

$$\hbar \leqslant \mathbf{1}_m^\top B_p^\top v^{(p)} \leqslant \delta\hbar, \ \hbar \leqslant \mathbf{1}_m^\top B_p^\top v^{(p,q)} \leqslant \delta\hbar \tag{2-74e}$$

$$\xi^{(pi)} \preceq \xi^{(p)}, \zeta^{(pi)} \preceq \zeta^{(p)}, \ i = 1, 2, \cdots, m \tag{2-74f}$$

$$v^{(p)} \preceq \lambda v^{(p,q)}, v^{(p)} \preceq \lambda v^{(q,p)}, v^{(p,q)} \preceq \lambda v^{(p)}, v^{(q,p)} \preceq \lambda v^{(p)} \tag{2-74g}$$

对任意 $(p,q) \in S \times S, p \neq q$ 成立, 那么, 在异步状态反馈控制律 $u(t) = K_p x(t) = (K_p^- + K_p^+) x(t)$ 下, 其中

$$K_p^- = \frac{\sum\limits_{i=1}^m \mathbf{1}_m^{(i)} \xi^{(pi)\top}}{\hbar}, K_p^+ = \frac{\sum\limits_{i=1}^m \mathbf{1}_m^{(i)} \zeta^{(pi)\top}}{\delta\hbar} \tag{2-75}$$

闭环系统 (2-71) 在 ADT 满足

$$\frac{\mathfrak{T}^-(t_0,t)}{\mathfrak{T}^+(t_0,t)} \geqslant \frac{\mu_2 + \mu_1^*}{\mu_1 - \mu_1^*}, \ \mu_1^* \in (0, \mu_1) \tag{2-76a}$$

$$\tau_a \geqslant \frac{2\ln\lambda}{\mu_1^*} \tag{2-76b}$$

时是正的、指数稳定的, 其中, $\mathfrak{T}^-(t_0,t)$ 和 $\mathfrak{T}^+(t_0,t)$ 分别表示子系统和关联控制器在时间 $[t_0,t)$ 内异步和同步的总时间。

证明　利用条件 (2-74b)、条件 (2-74d) 和条件 (2-75), 有

$$A_p + B_p K_p^- + B_p K_p^+ + \frac{\varsigma_p}{\delta\hbar} I = A_p + B_p K_p + \frac{\varsigma_p}{\delta\hbar} I \succeq 0$$

$$A_p + B_p K_q^- + B_p K_q^+ + \frac{\varrho_p}{\delta\hbar} I = A_p + B_p K_q + \frac{\varrho_p}{\delta\hbar} I \succeq 0$$

由引理 1-6 可知, 闭环系统 (2-71) 是正的。

选择 MLCLFs:

$$V(t) = \begin{cases} x^\top(t) v^{(p)}, \ t \in [t_{l-1} + \Delta_{l-1}, t_l) \\ x^\top(t) v^{(p,q)}, \ t \in [t_l, t_l + \Delta_l) \end{cases}$$

那么

$$\dot{V}(t) = \begin{cases} x^\top(t)(A_p^\top v^{(p)} + K_p^\top B_p^\top v^{(p)}), \ t \in [t_{l-1} + \Delta_{l-1}, t_l) \\ x^\top(t)(A_p^\top v^{(p,q)} + K_q^\top B_p^\top v^{(p,q)}), \ t \in [t_l, t_l + \Delta_l) \end{cases}$$

借助条件 (2-74e)、条件 (2-74f) 和条件 (2-75) 推出

$$K_p^\top B_p^\top v^{(p)} \preceq \frac{\sum\limits_{i=1}^m \xi^{(p)} \mathbf{1}_m^{(i)\top} B_p^\top v^{(p)}}{\hbar} + \frac{\sum\limits_{i=1}^m \zeta^{(p)} \mathbf{1}_m^{(i)\top} B_p^\top v^{(p)}}{\delta\hbar}$$

$$= \frac{\xi^{(p)} \mathbf{1}_m^\top B_p^\top v^{(p)}}{\hbar} + \frac{\zeta^{(p)} \mathbf{1}_m^\top B_p^\top v^{(p)}}{\delta\hbar} \preceq \xi^{(p)} + \zeta^{(p)}$$

和

$$K_q^\top B_p^\top v^{(p,q)} \preceq \frac{\sum\limits_{i=1}^m \xi^{(q)} \mathbf{1}_m^{(i)\top} B_p^\top v^{(p,q)}}{\hbar} + \frac{\sum\limits_{i=1}^m \zeta^{(q)} \mathbf{1}_m^{(i)\top} B_p^\top v^{(p,q)}}{\delta\hbar}$$

$$= \frac{\xi^{(q)} \mathbf{1}_m^\top B_p^\top v^{(p,q)}}{\hbar} + \frac{\zeta^{(q)} \mathbf{1}_m^\top B_p^\top v^{(p,q)}}{\delta\hbar} \preceq \xi^{(q)} + \zeta^{(q)}$$

结合条件 (2-74a) 和条件 (2-74c)，有

$$\dot{V}(t) \leqslant \begin{cases} -\mu_1 V(t), \ t \in [t_{l-1} + \Delta_{l-1}, t_l) \\ \mu_2 V(t), \ t \in [t_l, t_l + \Delta_l) \end{cases}$$

因此

$$V(t) \leqslant \begin{cases} \mathrm{e}^{-\mu_1(t-t_{l-1}-\Delta_{l-1})} V(t_{l-1} + \Delta_{l-1}), \ t \in [t_{l-1} + \Delta_{l-1}, t_l) \\ \mathrm{e}^{\mu_2(t-t_l)} V(t_l), \ t \in [t_l, t_l + \Delta_l) \end{cases}$$

根据条件 (2-74g) 得

$$V(t) \leqslant \begin{cases} \lambda \mathrm{e}^{-\mu_1(t-t_{l-1}-\Delta_{l-1})} V((t_{l-1} + \Delta_{l-1})^-), \ t \in [t_{l-1} + \Delta_{l-1}, t_l) \\ \lambda \mathrm{e}^{\mu_2(t-t_l)} V((t_l)^-), \ t \in [t_l, t_l + \Delta_l) \end{cases}$$

令 $T \in [t_{N_\sigma(T,0)} + \Delta_{N_\sigma(T,0)}, t_{N_\sigma(T,0)+1})$ 和 $N_{\sigma(T,0)} = \aleph$，那么

$$V(T) \leqslant \lambda \mathrm{e}^{-\mu_1(T-t_\aleph - \Delta_\aleph)} \mathrm{e}^{\mu_2 \Delta_\aleph} V(t_\aleph)$$

$$\leqslant \lambda^2 \mathrm{e}^{-\mu_1(T-t_\aleph - \Delta_\aleph)} \mathrm{e}^{\mu_2 \Delta_\aleph} V(t_\aleph^-) \leqslant \cdots$$

$$\leqslant \lambda^{2\aleph} \mathrm{e}^{-\mu_1(T-t_0 - \Delta_\aleph - \Delta_{\aleph-1} - \cdots - \Delta_1)} \mathrm{e}^{\mu_2(\Delta_\aleph + \Delta_{\aleph-1} + \cdots + \Delta_1)} V(t_0)$$

$$= \lambda^{2\aleph} \mathrm{e}^{-\mu_1(T-t_0)} \mathrm{e}^{(\mu_1+\mu_2)\mathfrak{T}^+(t_0,T)} V(t_0)$$

由条件 (2-76a) 得 $(\mu_1 + \mu_2)\mathfrak{T}^+(t_0, T) \leqslant (\mu_1 - \mu_1^*)(T - t_0)$。进而有

$$V(T) \leqslant \mathrm{e}^{2N_0 \ln \lambda} \mathrm{e}^{-(\mu_1^* - \frac{2\ln\lambda}{\tau_a})(T-t_0)} V(t_0)$$

易推出 $\|x(T)\|_1 \leqslant \dfrac{\rho_2 \mathrm{e}^{2N_0 \ln \lambda}}{\rho_1} \mathrm{e}^{-(\mu_1^* - \frac{2\ln\lambda}{\tau_a})(T-t_0)} \|x(t_0)\|_1$，其中，$\rho_1 = \min\limits_{p \in S, i=1,2,\cdots,n} v_i^{(p)}$

和 $\rho_2 = \max\limits_{p \in S, i=1,2,\cdots,n} v_i^{(p)}$，$v_i^{(p)}$ 表示向量 $v^{(p)}$ 的第 i 个分量。利用条件 (2-76b)，

$\mu_1^* - \dfrac{2\ln\lambda}{\tau_a} > 0$。证毕。 $\qquad\qquad\qquad\qquad\qquad\qquad\qquad\qquad\qquad\qquad\qquad\qquad$ $\square$

注 2-12　文献 [123] 和文献 [124] 利用根轨迹分析法解决了正切换系统的异步控制问题。文献 [123] 和文献 [124] 中的 ADT 参数 λ 取决于决策变量 $v^{(p)}$。可是，这种方法可能导致 λ 的值非常大。对于给定的 μ_1^*，较大的 λ 值会导致 ADT 条件的保守性。定理 2-17 移除了文献 [123] 和文献 [124] 中的限制。

注 2-13　在定理 2-17 中，同步子系统和异步子系统的决策变量 $v^{(p)}$ 和 $v^{(p,q)}$ 是不同的。而文献 [123] 和文献 [124] 对同步子系统和异步子系统选择同样的决策变量 $v^{(p)}$，这增加了结论的保守性。

注 2-14　利用定理 2-16 的条件，不能构造系统的 Lyapunov 函数。可是在大多数系统的稳定和镇定研究中，Lyapunov 函数起着非常重要的作用。定理 2-17 提出了一个基于 MLCLFs 的异步控制设计方法，这种方法更易应用到其他相关问题的研究中。

2.3.2.2　离散时间系统

对于系统 (2-72)，异步控制器为 $u(k) = K_{\sigma(k-\Delta_l)}, t \in [k_l, k_{l+1})$，其中，$k_l, l = 0, 1, \cdots$ 是切换时间点，$\Delta_0 = 0, \Delta_k < k_{l+1} - k_l, l = 1, 2, \cdots$ 表示控制器滞后系统模态的时间。闭环系统 (2-72) 为

$$
\begin{aligned}
x(k+1) &= (A_p + B_p K_p)x(k), \ k \in [k_l + \Delta_l, k_{l+1}) \\
x(k+1) &= (A_p + B_p K_q)x(k), \ k \in [k_l, k_l + \Delta_l)
\end{aligned}
\tag{2-77}
$$

其中，$(p, q) \in S \times S, p \neq q$。

定理 2-18　如果存在实数 $\delta > 1, \hbar > 0, 0 < \mu_1 < 1, \mu_2 > 1, \lambda > 1$ 和 $\Re^n$ 向量 $v^{(p)} \succ 0, v^{(p,q)} \succ 0, \xi^{(pi)} \prec 0, \xi^{(p)} \prec 0, \zeta^{(pi)} \succ 0, \zeta^{(p)} \succ 0$ 使得

$$
A_p^\top v^{(p)} + \xi^{(p)} + \zeta^{(p)} - \mu_1 v^{(p)} \prec 0
\tag{2-78a}
$$

$$
A_p \delta \hbar + \delta B_p \sum_{i=1}^m \mathbf{1}_m^{(i)} \xi^{(pi)\top} + B_p \sum_{i=1}^m \mathbf{1}_m^{(i)} \zeta^{(pi)\top} \succeq 0
\tag{2-78b}
$$

$$
A_p^\top v^{(p,q)} + \xi^{(q)} + \zeta^{(q)} - \mu_2 v^{(p,q)} \prec 0
\tag{2-78c}
$$

$$
A_p \delta \hbar + \delta B_p \sum_{i=1}^m \mathbf{1}_m^{(i)} \xi^{(qi)\top} + B_p \sum_{i=1}^m \mathbf{1}_m^{(i)} \zeta^{(qi)\top} \succeq 0
\tag{2-78d}
$$

$$
\hbar \leqslant \mathbf{1}_m^\top B_p^\top v^{(p)} \leqslant \delta \hbar, \hbar \leqslant \mathbf{1}_m^\top B_p^\top v^{(p,q)} \leqslant \delta \hbar
\tag{2-78e}
$$

$$
\xi^{(pi)} \preceq \xi^{(p)}, \zeta^{(pi)} \preceq \zeta^{(p)}, \ i = 1, 2, \cdots, m
\tag{2-78f}
$$

$$
v^{(p)} \preceq \lambda v^{(p,q)}, v^{(p)} \preceq \lambda v^{(q,p)}, v^{(p,q)} \preceq \lambda v^{(p)}, v^{(q,p)} \preceq \lambda v^{(p)}
\tag{2-78g}
$$

对任意 $(p,q) \in S \times S, p \neq q$ 成立，那么，在异步状态反馈控制律：$u(k) = K_p x(k) = K_p^- x(k) + K_p^+ x(k)$，其中

$$K_p^- = \frac{\sum\limits_{i=1}^{m} \mathbf{1}_m^{(i)} \xi^{(pi)\top}}{\hbar}, K_p^+ = \frac{\sum\limits_{i=1}^{m} \mathbf{1}_m^{(i)} \zeta^{(pi)\top}}{\delta\hbar} \tag{2-79}$$

和 ADT 满足

$$\frac{\mathfrak{T}^-(k_0, k)}{\mathfrak{T}^+(k_0, k)} \geqslant \frac{\ln \mu_2 - \ln \mu_1^*}{\ln \mu_1^* - \ln \mu_1}, \ \mu_1^* \in (\mu_1, 1) \tag{2-80a}$$

$$\tau_a \geqslant -\frac{2 \ln \lambda}{\ln \mu_1^*} \tag{2-80b}$$

时，闭环系统 (2-72) 是正的、指数稳定的，其中，$\mathfrak{T}^-(k_0, k)$ 和 $\mathfrak{T}^+(k_0, k)$ 分别表示系统和控制器在 $[k_0, k)$ 内异步和同步的总时间。

证明   利用条件 (2-78b)、条件 (2-78d) 和条件 (2-79) 得 $A_p + B_p K_p \succeq 0$ 和 $A_p + B_p K_q \succeq 0$。由引理 1-7 可知，系统 (2-72) 是正的。

选择 MLCLFs：

$$V(k) = \begin{cases} x^\top(k) v^{(p)}, \ k \in [k_{l-1} + \Delta_{l-1}, t_k) \\ x^\top(k) v^{(p,q)}, \ k \in [k_l, t_k + \Delta_l) \end{cases}$$

类似与定理 2-17 可得

$$V(k) \leqslant \begin{cases} \mu_1 V(k-1), \ \forall k \in [k_{l-1} + \Delta_{l-1}, k_l) \\ \mu_2 V(k-1), \ \forall k \in [k_l, k_l + \Delta_l) \end{cases}$$

因此

$$V(k) \leqslant \begin{cases} \mu_1^{k - k_{l-1} - \Delta_{l-1}} V(k_{l-1} + \Delta_{l-1}), \ k \in [k_{l-1} + \Delta_{l-1}, k_l) \\ \mu_2^{k - k_l} V(k_l), \ k \in [k_l, k_l + \Delta_l) \end{cases}$$

利用条件 (2-78g) 可以得到

$$V(k) \leqslant \begin{cases} \lambda \mu_1^{k - k_{l-1} - \Delta_{l-1}} V(k_{l-1} + \Delta_{l-1}), \ k \in [k_{l-1}, k_{l-1} + \Delta_{l-1}) \\ \lambda \mu_2^{k - k_l} V(k_l), \ k \in [k_{l-1} + \Delta_{l-1}, k_l) \end{cases}$$

进而可得

$$V(T) \leqslant \lambda \mu_1^{T - k_\aleph - \Delta_\aleph} \mu_2^{\Delta_\aleph} V(k_\aleph) \leqslant \lambda^2 \mu_1^{T - k_\aleph - \Delta_\aleph} \mu_2^{\Delta_\aleph} V(k_\aleph) \leqslant \cdots$$
$$\leqslant \lambda^{2\aleph} \mu_1^{T - k_1 - \Delta_\aleph - \Delta_{\aleph-1} - \cdots - \Delta_1} \mu_2^{\Delta_\aleph + \Delta_{\aleph-1} + \cdots + \Delta_1} V(k_1)$$
$$= \lambda^{2\aleph} \mu_1^{T - k_0 - \Delta_\aleph - \Delta_{\aleph-1} - \cdots - \Delta_1} \mu_2^{\Delta_\aleph + \Delta_{\aleph-1} + \cdots + \Delta_1} V(k_0)$$

由条件 (2-80a) 推出 $(\ln\mu_2 - \ln\mu_1)\mathfrak{T}^+(k_0, T) \leqslant (\ln\mu_1^* - \ln\mu_1)(T - k_0)$。进一步，有

$$V(T) \leqslant e^{2N_0 \ln\lambda} e^{(\ln\mu_1^* + \frac{2\ln\lambda}{\tau_a})(T - k_0)} V(k_0)$$

利用条件 (2-80b)，$\ln\mu_1^* + \dfrac{2\ln\lambda}{\tau_a} < 0$。证毕。 $\square$

2.3.2.3　结论扩展

本节将上面获得的异步控制设计方法扩展到正切换时滞系统的异步 L_1 控制。考虑切换时滞系统[125]：

$$\dot{x}(t) = A_{\sigma(t)}x(t) + G_{\sigma(t)}x(t - d(t)) + B_{\sigma(t)}u(t) + E_{\sigma(t)}\omega(t)$$
$$x(t_0 + \theta) = \varphi(\theta), \ \theta \in [-d_1, 0] \tag{2-81}$$
$$z(t) = C_{\sigma(t)}x(t) + D_{\sigma(t)}\omega(t)$$

其中，$x(t) \in \Re^n, u(t) \in \Re^m, z(t) \in \Re^r$ 分别表示系统状态、控制输入、被控输出；$\omega(t) \succeq 0, \omega(t) \in \Re^s$ 是 $L_1 : [t_0, \infty)$ 空间内的外扰输入；$\sigma(t)$ 是切换信号；$d(t)$ 表示时变时滞满足 $0 \leqslant d(t) \leqslant d_1$ 和 $\dot{d}(t) \leqslant d_2 \leqslant 1, d_1 > 0, d_2 > 0$；$\varphi(\theta)$ 是定义在 $[-d_1, 0]$ 上的初始条件；对每个 $p \in S$, $A_p \in \Re^{n\times n}$ 是 Metzler 矩阵，$B_p \succeq 0, G_p \succeq 0, E_p \succeq 0, C_p \succeq 0, D_p \succeq 0$。

定理 2-19　*如果存在实数* $\delta > 1, \hbar > 0, \mu_{1p} > 0, \mu_{2p} > 0, \lambda_{1p} > 1, \lambda_{2p} > 1, \gamma > 0$ *和* $\Re^n$ *向量* $v^{(p)} \succ 0, v^{(p,q)} \succ 0, \xi^{(pi)} \prec 0, \xi^{(p)} \prec 0, \zeta^{(pi)} \succ 0, \zeta^{(p)} \succ 0$ *使得*

$$A_p^\top v^{(p)} + \xi^{(p)} + \zeta^{(p)} + \mu_{1p}v^{(p)} + \nu^{(p)} + d_1\vartheta^{(p)} + C_p^\top \mathbf{1}_r \prec 0 \tag{2-82a}$$

$$A_p\delta\hbar + \delta B_p \sum_{i=1}^m \mathbf{1}_m^{(i)}\xi^{(pi)\top} + B_p \sum_{i=1}^m \mathbf{1}_m^{(i)}\zeta^{(pi)\top} \succeq 0 \tag{2-82b}$$

$$A_p^\top v^{(p,q)} + \xi^{(q)} + \zeta^{(q)} - \mu_{2p}v^{(p,q)} + \nu^{(p,q)} + d_1\vartheta^{(p,q)} + C_q^\top \mathbf{1}_r \prec 0 \tag{2-82c}$$

$$A_p\delta\hbar + \delta B_p \sum_{i=1}^m \mathbf{1}_m^{(i)}\xi^{(qi)\top} + B_p \sum_{i=1}^m \mathbf{1}_m^{(i)}\zeta^{(qi)\top} \succeq 0 \tag{2-82d}$$

$$G_p^\top v^{(p)} - (1 - d_2)e^{-\mu_1 d_1}\nu^{(p)} \prec 0 \tag{2-82e}$$

$$G_q^\top v^{(p,q)} - (1 - d_2)e^{-\mu_1 d_1}\nu^{(p,q)} \prec 0 \tag{2-82f}$$

$$E_p^\top v^{(p)} + D_p^\top \mathbf{1}_r - \gamma\mathbf{1}_s \prec 0 \tag{2-82g}$$

$$E_q^\top v^{(p,q)} + D_q^\top \mathbf{1}_r - \gamma\mathbf{1}_s \prec 0 \tag{2-82h}$$

$$\hbar \leqslant \mathbf{1}_m^\top B_p^\top v^{(p)} \leqslant \delta\hbar, \ \hbar \leqslant \mathbf{1}_m^\top B_p^\top v^{(p,q)} \leqslant \delta\hbar \tag{2-82i}$$

$$\xi^{(pi)} \preceq \xi^{(p)}, \ \zeta^{(pi)} \preceq \zeta^{(p)}, \ i = 1, 2, \cdots, m \tag{2-82j}$$

$$v^{(p)} \preceq \lambda_{1p} v^{(p,q)}, \ v^{(p,q)} \preceq \lambda_{2p} v^{(p)}, \nu^{(p)} \preceq \lambda_{1p} \nu^{(p,q)} \nu^{(p,q)} \preceq \lambda_{2p} \nu^{(p)}$$
$$\vartheta^{(p)} \preceq \lambda_{1p} \vartheta^{(p,q)}, \ \vartheta^{(p,q)} \preceq \lambda_{2p} \vartheta^{(p)} \tag{2-82k}$$

对任意 $(p,q) \in S \times S, p \neq q$ 成立，那么，在异步状态反馈控制律 $u(k) = K_p x(k) = K_p^- x(k) + K_p^+ x(k)$ 下，其中

$$K_p^- = \frac{\displaystyle\sum_{i=1}^m \mathbf{1}_m^{(i)} \xi^{(pi)\top}}{\hbar}, K_p^+ = \frac{\displaystyle\sum_{i=1}^m \mathbf{1}_m^{(i)} \zeta^{(pi)\top}}{\delta\hbar} \tag{2-83}$$

且 MDADT 满足

$$\tau_{ap} \geqslant \frac{\Delta_{mp}(\mu_{1p} + \mu_{2p}) + \ln(\lambda_{0p}\lambda_{1p}\lambda_{2p})}{\mu_{1p}} \tag{2-84}$$

时，闭环系统 (2-81) 是正的、指数稳定的，其中，Δ_{mp} 表示第 p 个子系统与关联控制器之间的最大时滞，$\lambda_{0p} = e^{d_1(\mu_{1p} + \mu_{2p})}$。

证明　利用条件 (2-82b)、条件 (2-82d) 和条件 (2-83) 可知闭环系统 (2-81) 是正的。选择多余正 Lyapunov-Krasovskii 泛函：

$$V(t) = \begin{cases} x^\top(t) v^{(p)} + \displaystyle\int_{t-d(t)}^t \mu_{1p}^{\mu_1(-t+s)} x^\top(s) \nu^{(p)} \mathrm{d}s \\[2mm] \quad + \displaystyle\int_{-d_1}^0 \int_{t+\theta}^t \mu_{1p}^{\mu_1(-t+s)} x^\top(s) \vartheta^{(p)} \mathrm{d}s \mathrm{d}\theta \\[4mm] x^\top(t) v^{(p,q)} + \displaystyle\int_{t-d(t)}^t \mu_{1p}^{\mu_1(-t+s)} x^\top(s) \nu^{(p,q)} \mathrm{d}s \\[2mm] \quad + \displaystyle\int_{-d_1}^0 \int_{t+\theta}^t \mu_{1p}^{\mu_1(-t+s)} x^\top(s) \vartheta^{(p,q)} \mathrm{d}s \mathrm{d}\theta \end{cases}$$

当 $\omega(t) = 0$ 时，根据条件 (2-82a)、条件 (2-82c)、条件 (2-82e) 和条件 (2-82f) 得到

$$\dot{V}(t) \leqslant \begin{cases} -\mu_{1p} V(t), \ \forall t \in [t_{l-1} + \Delta_{l-1}, t_l) \\ \mu_{2p} V(t), \ \forall t \in [t_l, t_l + \Delta_l) \end{cases}$$

其余证明可以用与文献 [125] 中定理 2 相似的方法给出，略。　　　　　　　□

注 2-15　文献 [125] 考虑了异步 L_1 控制，可是没有提出可靠的控制器增益矩阵 K_p 的设计方法，相关设计需要通过尝试才可得出。定理 2-19 提出了一种基于 LP 的控制器设计方法。从条件 (2-83)，控制器增益可以直接给出。因此，定理 2-19 改进了文献 [125] 中的控制器设计方法。此外，提出的控制器设计标架还可以扩展为异步有限时间控制[83] 和正切换系统的其他异步控制问题中。

2.3.3　仿真例子

例 2-5　考虑系统 (2-1)，其中

$$A_1 = \begin{pmatrix} -2 & 1.5 \\ 1.5 & -1 \end{pmatrix}, B_1 = \begin{pmatrix} 0.1 & 0.2 \\ 0.2 & 0.3 \end{pmatrix}$$

$$A_2 = \begin{pmatrix} -1.8 & 2 \\ 1 & -1 \end{pmatrix}, B_2 = \begin{pmatrix} 0.2 & 0.2 \\ 0.3 & 0.3 \end{pmatrix}$$

假设 $\jmath = 0.1$，选择 $\underline{\mu} = \overline{\mu} = 0.5$。利用定理 2-17 得到

$$K_1 = \begin{pmatrix} 7.4238 & 3.5525 \\ -5.0863 & -5.4822 \end{pmatrix}, K_2 = \begin{pmatrix} -4.6121 & -8.0693 \\ 5.0562 & 3.2194 \end{pmatrix}$$

进而有

$$A_1 + B_1K_1 = \begin{pmatrix} -2.2749 & 0.7588 \\ 1.4589 & -1.9342 \end{pmatrix}, A_1 + B_1K_2 = \begin{pmatrix} -1.4500 & 1.3369 \\ 2.0944 & -1.6480 \end{pmatrix}$$

$$A_2 + B_2K_1 = \begin{pmatrix} -1.3325 & 1.6141 \\ 1.7013 & -1.5789 \end{pmatrix}, A_2 + B_2K_2 = \begin{pmatrix} -1.7112 & 1.0300 \\ 1.1332 & -2.4550 \end{pmatrix}$$

最后，$\hat{\gamma} = 3.2553$ 和 $\tau_a \geqslant 4.9211$。图 2-7 给出了状态在异步切换信号下的仿真结果。

在文献 [124]，例 2 考虑离散时间系统：

$$A_1 = \begin{pmatrix} 0.2 & 1 \\ 1.8 & 0.8 \end{pmatrix}, \quad B_1 = \begin{pmatrix} 1 \\ 0.3 \end{pmatrix}$$

$$A_2 = \begin{pmatrix} 0.6 & 0.1 \\ 0.5 & 0.3 \end{pmatrix}, \quad B_2 = \begin{pmatrix} 0.1 \\ 0 \end{pmatrix}$$

利用文献 [124] 中的设计方法可得 ADT 条件：$\tau_a \geqslant 15.8034$。根据定理 2-18，可得 ADT 条件：$\tau_a \geqslant 5.4029$。定理 2-18 明显放松了 ADT 条件。

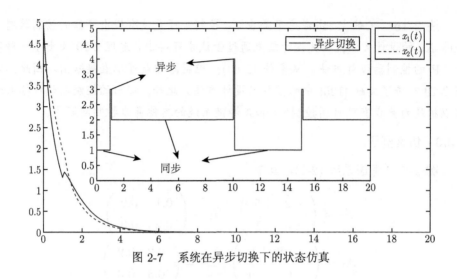

图 2-7   系统在异步切换下的状态仿真

2.4   本 章 小 结

本章从反馈控制、有限时间控制和异步控制三个方面系统研究了正切换系统的控制问题。首先，借助 MLCLFs 和 LP，分别提出了基于 ADT 和 MDADT 切换律下连续时间正切换系统的输出反馈和状态反馈控制设计方法。获得的设计方法也被推广到离散时间正切换系统的控制设计中。需要指出的是，所设计的控制器增益的秩都是 1，这增加了设计的保守性。存在一些控制系统，不能由控制器增益矩阵秩是 1 的控制律镇定。接着，研究了正切换系统的有限时间控制问题，主要利用 MLCLFs 和 LP 方法，分别建立了系统的有限时间稳定性和有界性的充分条件，设计了系统的控制器和 L_1 增益稳定的控制器。最后，提出了两种正切换系统的异步控制方法。第一种主要是基于根轨迹分析法，相关条件可利用 LP 求解。该方法不依赖于 Lyapunov 函数，提出了有别于 Lyapunov 函数方法的异步控制标架。第二种借助 MLCLFs 方法，建立了更一般、更易于求解、更易于扩展的异步控制方法。

本章建立了正切换系统的一个线性控制标架，该标架包含：线性 Lyapunov 函数、线性条件、LP 计算方法。该线性标架改进了现存正切换系统的控制方法，是一个新的、更适合正系统的标架，更重要的是，该标架易于应用到正切换系统的相关研究中。

第 3 章　改进的正切换系统控制方法

第 2 章主要采用 MLCLFs 和 LP 方法研究了正切换系统的反馈控制问题, 结论部分已经指出, 所设计的控制器增益矩阵的秩为 1, 这自然产生了一些问题: 是否所有正切换系统都可被秩为 1 的控制器镇定? 是否可以移除控制器秩的限制? 如果答案是肯定的, 如何提出新的正切换系统的控制方法? 这些问题促使我们开展了本章的工作。

本章从三方面提出改进的正切换系统控制方法, 第一是基于 Metzler 矩阵的性质, 第二是基于矩阵分解方法, 第三是基于对偶控制方法。

3.1　正切换系统基于 Metzler 矩阵性质的控制方法

为方便提出新的控制方法, 首先引入一些重要的引理。

引理 3-1 [1,2]　假定矩阵 A 是 Metzler 矩阵, 那么, 下述条件等价:

① A 是 Hurwitz 矩阵;

② $A^{-1} \prec 0$;

③ 存在一向量 $v \succ 0$ 使得 $Av \preceq 0$ 成立。

引理 3-2　设矩阵 A 既是 Metzler 矩阵又是 Hurwitz 矩阵, 那么, 存在一个向量 $w = A^{-\top} A v \succ 0$ 使得 $A^{\top} w \prec 0$, 其中, $Av \prec 0, v \succ 0$。

证明　根据引理 3-1, 存在一个向量 $v \succ 0$ 使得 $Av \prec 0$ 和 $A^{-1} \preceq 0$ 成立。易得: $A^{\top}$ 是 Metzler 和 Hurwitz 矩阵。进而, $A^{-\top} \preceq 0$。那么, $w = A^{-\top} Av \succeq 0$。不失一般性, 假设 w 中存在一个元素 $w_i = 0$, 其中, $i \in \mathbb{N}^+$。由于 $A^{-\top} \preceq 0$ 和 $Av \prec 0$, $A^{-\top}$ 中必然存在一全零行。这与 $A^{\top}$ 可逆矛盾。因此, $w \succ 0$。最后得到 $A^{\top} w = Av \prec 0$。　　　　□

注 3-1　利用引理 3-2 不难得出: 存在一个向量 $w = A^{-1} A^{\top} v \succ 0$ 使得 $Aw \prec 0$ 成立, 其中, $A^{\top} v \prec 0, v \succ 0$。

引理 3-3　假设 A 为非负 Schur 矩阵, 那么, $A - \varsigma I$ 既是 Metzler 矩阵又是 Hurwitz 矩阵, 其中, $\varsigma \geqslant 1$。

证明　因为矩阵 $A \succeq 0$, 那么, $A - \varsigma I$ 是 Metzler 矩阵。根据引理 1-2 可得, $(A - \varsigma I)v \prec (1 - \varsigma)v \prec 0$。因此, $A - \varsigma I$ 既是 Metzler 矩阵又是 Hurwitz

矩阵。   □

引理 3-4 假设 A 是 Metzler 且是 Hurwitz 矩阵，并且存在一个常数 $0 < \varsigma < 1$ 使得 $A + \varsigma I \succeq 0$，那么，$A + \varsigma I$ 是 Schur 矩阵。

证明 由引理 3-1 可得，存在一个向量 v 使得 $Av \prec 0$ 成立。那么，有 $(A + \varsigma I - I)v = Av + (\varsigma - 1)v \prec 0$，其中，$0 < \varsigma < 1$。又 $A + \varsigma I \succeq 0$，那么，$A + \varsigma I$ 是 Schur 矩阵。   □

引理 3-3 和引理 3-4 是基于 Perron-Frobenius 定理得出的结果。一方面，它们给出了 Metzler 且 Hurwitz 矩阵与非负 Schur 矩阵之间的关系。另一方面，它们也反映了连续时间正线性系统和离散时间正线性系统之间的关系。

引理 3-5 设 A 为非负矩阵，如果存在常量 $0 < \varsigma < 1$ 和向量 $v \succ 0$ 使得 $(A - \varsigma I)v \prec 0$ 成立，那么，存在 $w = (A - \varsigma I)^{-\top}(A - \varsigma I)v \succ 0$ 使得 $(A - \varsigma I)^{\top}w \prec 0$ 成立。

证明 显然，$A - \varsigma I$ 是 Metzler 矩阵。剩余证明可根据引理 3-2 得到。   □

3.1.1 连续系统

考虑连续时间切换系统：

$$\dot{x}(t) = A_{\sigma(t)}x(t) \tag{3-1}$$

和其对偶系统：

$$\dot{x}(t) = A_{\sigma(t)}^{\top}x(t) \tag{3-2}$$

其中，$x(t) \in \Re^n$，$\sigma(t)$ 是切换信号，在集 S 里取值。

引理 3-6 如果存在实数 $\mu > 0, \lambda_1 > 1$ 和向量 $0 \prec v_p \in \Re^n$ 使得

$$A_p v_p + \mu v_p \prec 0 \tag{3-3a}$$

$$v_p \preceq \lambda_1 v_q \tag{3-3b}$$

对任意的 $(p, q) \in S \times S$ 成立，那么，在 ADT 满足

$$\tau_a \geqslant \frac{\ln \lambda_2}{\mu} \tag{3-4}$$

时，系统 (3-1) 是正的、指数稳定的，其中，λ_2 将在证明中给出。

证明 证明过程分为两步。因为对于任意 $p \in S$ 有 A_p 为 Metzler 矩阵，那么，$A_p + \mu I$ 亦为 Metzler 矩阵。记 $w_p = (A_p + \mu I)^{-\top}(A_p + \mu I)v_p$。由条件 (3-3a)，根据引理 3-1 可得，$A_p + \mu I$ 是 Hurwitz 矩阵。那么，根据引理 3-2 有

$$\begin{aligned} w_p &\succ 0 \\ A_p^{\top}w_p + \mu w_p &\prec 0 \end{aligned} \tag{3-5}$$

因此，存在一个常数 λ_2 使得对于任意 $(p,q) \in S \times S, p \neq q$ 满足

$$w_p \preceq \lambda_2 w_q \tag{3-6}$$

其中，$w_p = (w_{p1}, \cdots, w_{pn})^\top \in \Re^n, w_q = (w_{q1}, \cdots, w_{qn})^\top \in \Re^n$。

$$\lambda_2 = \max_{p,q \in S} \left\{ \frac{w_{pi}}{w_{qi}}, i = 1, 2, \cdots, n \right\} \tag{3-7}$$

选取 MLCLFs：$V(t) = x^\top(t) w_{\sigma(t)}$，其中，$\sigma(t) \in S$。设 $0 \leqslant t_0 \leqslant t_1 \leqslant \cdots$ 为切换时间序列，$t \in [t_k, t_{k+1}), k \in \mathbb{N}$。因为对于任意 $p \in S$，有 A_p 是 Metzler 矩阵，所以根据引理 1-6 可得，系统 (3-1) 是正系统，即，对于任意 $t \geqslant 0$ 有 $x(t) \succeq 0$。由条件 (3-5) 和 $x(t) \succeq 0$ 可得：对 $t \in [t_k, t_{k+1})$ 有 $\dot{V}(t) \leqslant -\mu V(t)$。那么，$V(t) \leqslant \mathrm{e}^{-\mu(t-t_k)} V(t_k)$。结合条件 (3-6) 可得 $V(t) \leqslant \lambda_2 \mathrm{e}^{-\mu(t-t_k)} V(t_k^-)$。从而有

$$V(t) \leqslant \lambda_2^2 \mathrm{e}^{-\mu(t-t_{k-1})} V(t_{k-1}^-) \leqslant \cdots \leqslant \lambda_2^{N_\sigma(t,t_0)} \mathrm{e}^{-\mu(t-t_0)} V(t_0)$$

根据定义 1-8 和 $\lambda_2 > 1$，$V(t) \leqslant \mathrm{e}^{N_0 \ln \lambda_2} \mathrm{e}^{(\frac{\ln \lambda_2}{\tau_a} - \mu)(t-t_0)} V(t_0)$。此外，可得

$$V(t) = x^\top(t) w_{\sigma(t)} \geqslant \underline{\rho} \|x(t)\|_1 \geqslant \underline{\rho} \|x(t)\|_2$$
$$V(t_0) = x^\top(t_0) w_{\sigma(t_0)} \leqslant \overline{\rho} \|x(t_0)\|_1 \leqslant \overline{\rho} \sqrt{n} \|x(t_0)\|_2$$

其中，$\underline{\rho} = \min_{p \in S}\{\underline{\rho}(w_p)\}, \overline{\rho} = \max_{p \in S}\{\overline{\rho}(w_p)\}$。进而得 $\|x(t)\|_2 \leqslant \alpha \mathrm{e}^{-\beta(t-t_0)} \|x(t_0)\|_2$，$\alpha = \dfrac{\overline{\rho} \sqrt{n} \mathrm{e}^{N_0 \ln \lambda_2}}{\underline{\rho}} > 0, \beta = \mu - \dfrac{\ln \lambda_2}{\tau_a}$。由条件 (3-4) 可得 $\beta > 0$。因此，系统 (3-1) 是指数稳定的。　　　　　　　　　　　　　　　　　　　　　　　　　　$\square$

注 3-2　给定 μ, λ_1，利用 MATLAB 中的 Linprog 工具箱可以求得 v_p。通常，选取 $\mu > \max_{p \in S} \wp(A_p)$ 和 $\lambda_1 \geqslant 1$，其中，$\wp(A_p)$ 为 A_p 的特征值。

推论 3-1　如果存在实数 $\mu' > 0, \gamma_1 > 1$ 和向量 $0 \prec v'_p \in \Re^n$ 使得

$$A_p^\top v'_p + \mu' v'_p \prec 0 \tag{3-8a}$$

$$v'_p \preceq \gamma_1 v'_q \tag{3-8b}$$

对任意 $(p,q) \in S \times S$ 成立，那么，ADT 满足

$$\tau_a \geqslant \frac{\ln \gamma_1}{\mu'} \tag{3-9}$$

时，系统 (3-1) 是指数稳定的。

注 3-3   引理 3-6 不同于推论 3-1。在推论 3-1 中，系统 (3-1) 所选取的 MLCLFs 为 $V(t) = x^\top(t)v'_{\sigma(t)}$，这意味着，如果采用第 2 章中的结论，在条件 (3-3) 下系统 (3-1) 的 MLCLFs 无法直接选取。在引理 3-6 中，MLCLFs 被选为 $V(t) = x^\top(t)w_{\sigma(t)}$。从引理 3-6 的证明可知，$V(t) = x^\top(t)v_{\sigma(t)}, \sigma(t) \in S$ 是系统 (3-1) 的对偶系统 (3-2) 的 MLCLFs。简言之，系统 (3-1) 的 MLCLFs 的建立是通过借助其对偶系统 (3-2) 稳定性条件所得到。其次，用 $\lambda = \max\{\lambda_1, \lambda_2\}$ 代替 λ_2，那么，系统 (3-1) 及其对偶系统 (3-2) 是全局一致指数稳定的。所以，引理 3-6 是第 2 章稳定性结论的推广和改进。引理 3-6 的优势将在下面对正切换系统的控制中进一步体现。

注 3-4   到目前为止，关于原系统及其对偶系统的稳定性分析还很少，尤其是切换系统。因此，利用本书得到的方法可以进一步研究对偶系统的稳定性问题。

注 3-5   考虑条件 (3-8)，如果条件 (3-8a) 有解，那么，一定存在一个 γ_1 使得条件 (3-8b) 成立。若去掉条件 (3-8b)，则可能得不到合适的 γ_1（可能得到很大的 γ_1）。$\dfrac{\ln \gamma_1}{\mu'}$ 的值随 γ_1 增大而增大。这将使 ADT 条件更保守。条件 (3-8b) 可以保证 γ_1 保持在较小范围内。考虑条件 (3-3)，去掉条件 (3-3b)，引理 3-6 仍然成立。但可能得到不合适的 v_p 值，进而得不到合适的 w_p 值，最终影响 λ_2 值。这是引理 3-6 中加入条件 (3-3b) 的原因。

考虑切换系统:

$$\dot{x}(t) = A_{\sigma(t)} + B_{\sigma(t)}u(t) \tag{3-10}$$

相关参数定义见第 2 章，在控制律 $u(t) = K_p x(t), p \in S$ 下，闭环系统为

$$\dot{x}(t) = (A_{\sigma(t)} + B_{\sigma(t)}K_{\sigma(t)})x(t) \tag{3-11}$$

记 $\widehat{A}_p = A_p + B_p K_p$。根据引理 3-6，用 $\widehat{A}_p$ 替换引理 3-6 中的 A_p，有如下的结论。

定理 3-1   如果存在实数 $\mu > 0, \lambda_1 > 1$ 和向量 $0 \prec v_p \in \Re^n$ 使得

$$\widehat{A}_p v_p + \mu v_p \prec 0 \tag{3-12a}$$

$$\widehat{A}_{pij} \geqslant 0, \; i \neq j \tag{3-12b}$$

$$v_p \preceq \lambda_1 v_q \tag{3-12c}$$

对任意 $(p,q) \in S \times S$ 成立，那么，在 ADT 满足 (3-4) 时，系统 (3-10) 是正的、指数稳定的，其中，$\widehat{A}_{pij}$ 为 $\widehat{A}_p$ 的第 i 行第 j 列元素，λ_2 满足条件 (3-7)。

对于系统 (3-11)，定理 3-1 给出了一个新的镇定设计方法。给出一个关于计算控制律和 ADT 的算法。

算法 3-1

第 1 步：选取 $\mu > 0$ 和 $\lambda_1 > 1$。

第 2 步：应用 LP 工具箱 Linprog 求解下列条件：

$$v_p \succ 0 \tag{3-13a}$$

$$A_p v_p + B_p \sum_{i=1}^{n} z_{pi} + \mu v_p \prec 0 \tag{3-13b}$$

$$a_{pij} v_{pj} + b_{pi} z_{pj} \geqslant 0, \ i \neq j \tag{3-13c}$$

$$v_p \preceq \lambda_1 v_q \tag{3-13d}$$

其中，$v_p \in \Re^n, z_{pi} \in \Re^m, (p, q) \in S \times S, p \neq q$。

第 3 步：根据条件 (3-7) 求解 λ_2，并得出状态反馈控制律为

$$u(t) = K_p x(t) = \left(\frac{z_{p1}}{v_{p1}}, \cdots, \frac{z_{pn}}{v_{pn}} \right) x(t) \tag{3-14}$$

第 4 步：根据条件 (3-4) 求解 ADT。

为证实算法 3-1 的合理性，给出如下简单证明过程。从条件 (3-14) 可得 $K_p v_p = \sum_{i=1}^{n} z_{pi}$。那么，由条件 (3-13a) 和条件 (3-13c) 可得 $a_{pij} + b_{pi} \dfrac{z_j}{v_{pj}} = \widehat{A}_{pij} \geqslant 0, i \neq j$，其中，$\widehat{A}_p = A_p + B_p K_p$，$\widehat{A}_{pij}$ 是 $\widehat{A}_p$ 的第 i 行第 j 列元素。这意味着 $A_p + B_p K_p$ 是一个 Metzler 矩阵。因此，根据引理 3-6，所得的闭环系统为正系统。又根据条件 (3-13b) 可得 $\widehat{A}_p v_p + \mu v_p \prec 0$。其余证明过程可以参考引理 3-6。

注 3-6　首先，考虑系统 (3-10) 的某个子系统，在控制律 $u(t) = K x(t)$ 下闭环系统为 $\dot{x}(t) = (A + BK) x(t)$。文献 [48] 和文献 [49] 利用 LP 方法提出如下控制设计方法：

$$d \succ 0$$
$$(A + BK) d \prec 0 \tag{3-15}$$
$$(A + BK)_{ij} \geqslant 0, \ i \neq j$$

其中，$d \in \Re^n$。需要注意的是，文献 [48] 和文献 [49] 没有利用 Lyapunov 函数方法，且根据条件 (3-15) 不能选 $V(t) = x^{\top}(t) d$ 为系统的 Lyapunov 函数。若利用 Lyapunov 函数方法设计控制律，有

$$v \succ 0$$
$$(A + BK)^{\top} v \prec 0 \tag{3-16}$$
$$(A + BK)_{ij} \geqslant 0, \ i \neq j$$

其中, $v \in \Re^n$ 且 LCLF 可以选为 $V(t) = x^{\top}(t)v$。对于连续系统 (3-10), Lyapunov 函数常用来解决切换系统的控制问题。若将文献 [48] 和文献 [49] 的方法应用到系统 (3-10), 可以得到每个闭环子系统的正性和稳定性, 但切换系统 (3-10) 的稳定性不一定满足。利用引理 3-6, 我们提出了定理 3-1 中的控制设计方法。

注 3-7 从控制律 (3-14) 不难得出, 控制器增益矩阵的秩具有一般性, 即, 移除了第 2 章中控制器增益矩阵秩为 1 的限定, 这降低了第 2 章控制设计的保守性。此外, 对于系统 (3-10) 构造 MLCLFs 为 $V(t) = x^{\top}(t)w_{\sigma(t)}$, 其中, $w_{\sigma(t)} = (\widehat{A}_p + \mu I)^{-\top}(\widehat{A}_p + \mu I)v_p$ (v_p 在定理 3-1 中给出)。有趣的是, 系统 (3-10) 的稳定条件是由其对偶系统 (3-10) 的稳定条件得到。

3.1.2　离散时间系统

考虑离散切换系统:

$$x(k+1) = A_{\sigma(k)}x(k) \tag{3-17}$$

其中, 相应的变量和参数可见第 2 章。

引理 3-7 如果存在实数 $0 < \mu < 1, \lambda_1 > 1$ 和向量 $0 \prec v_p \in \Re^n$ 使得

$$A_p v_p - \mu v_p \prec 0 \tag{3-18a}$$

$$v_p \preceq \lambda_1 v_q \tag{3-18b}$$

对于 $(p,q) \in S \times S$ 成立, 那么, 在 ADT 满足

$$\tau_a \geqslant -\frac{\ln \lambda_2}{\ln \mu} \tag{3-19}$$

时, 系统 (3-17) 是正的、指数稳定的, 其中, λ_2 在证明中给出。

证明 令 $w_p = (A_p - \mu I)^{-\top}(A_p - \mu I)v_p$。根据条件 (3-18) 和引理 3-5 可得

$$w_p \succ 0$$
$$A_p^{\top} w_p - \mu w_p \prec 0 \tag{3-20}$$

记

$$\lambda_2 = \max_{p,q \in S} \left\{ \frac{w_{pi}}{w_{qi}}, i = 1, 2, \cdots, n \right\} \tag{3-21}$$

其中，$w_p = (w_{p1}, \cdots, w_{pn})^{\top}$。因此

$$w_p \preceq \lambda_2 w_q \tag{3-22}$$

对于任意 $(p, q) \in S \times S, p \neq q$ 成立。

选择 MLCLFs 为 $V(k) = x^{\top}(k) w_{\sigma(k)}, \sigma(k) \in S$。首先，根据条件 (3-20)，对于 $k \in [k_m, k_{m+1})$ 有 $\Delta V(k) = V(k+1) - V(k) = x^{\top}(k)(A_{\sigma(k_m)} - I)^{\top} w_{\sigma(k_m)} \leqslant -(1-\mu)V(k)$。那么，$V(k) \leqslant \mu V(k-1) \leqslant \cdots \leqslant \mu^{k-k_m} V(k_m)$，结合条件 (3-22) 有 $V(k) \leqslant \lambda_2 \mu^{k-k_m} x(k_m-1)^{\top} A_{\sigma(k_{m-1})}^{\top} w_{\sigma(k_{m-1})} \leqslant \lambda_2 \mu^{k-k_{m-1}} V(k_{m-1})$。重复上述步骤推出

$$V(k) \leqslant \lambda_2 \mu^{k-k_{m-1}} V(k_{m-1}) \leqslant \lambda_2^2 \mu^{k-k_{m-2}} V(k_{m-2}) \leqslant \cdots \leqslant \lambda_2^{N_\sigma(k, k_0)} \mu^{k-k_0} V(k_0)$$

根据定义 1-8 和 $\lambda_2 > 1$，$V(k) \leqslant \mathrm{e}^{N_0 \ln \lambda_2} \mathrm{e}^{(\frac{\ln \lambda_2}{\tau_a} + \ln \mu)(k-k_0)} V(k_0)$。参考引理 3-6 的证明，可得到 $\|x(k)\|_2 \leqslant \alpha \mathrm{e}^{-\beta(k-k_0)} \|x(k_0)\|_2$，其中，$\alpha = \dfrac{\overline{\rho} \sqrt{n} \mathrm{e}^{N_0 \ln \lambda_2}}{\underline{\rho}} > 0$，

$\beta = -\dfrac{\ln \lambda_2}{\tau_a} - \ln \mu$。因为 $\lambda_2 > 1, \beta > 0$，所以，系统 (3-17) 是指数稳定的。　□

考虑系统：

$$x(k+1) = A_{\sigma(k)} + B_{\sigma(k)} u(k) \tag{3-23}$$

在控制律 $u(k) = K_p x(k), p \in S$ 下，闭环系统为

$$x(k+1) = (A_{\sigma(k)} + B_{\sigma(k)} K_{\sigma(k)}) x(k) \tag{3-24}$$

记 $\widehat{A}_p = A_p + B_p K_p$，下面给出 $\widehat{A}_p$ 替代引理 3-7 中 A_p 所得到的相应结论。

定理 3-2　如果存在实数 $0 < \mu < 1, \lambda_1 > 1$ 和向量 $0 \prec v_p \in \Re^n, z_{pi} \in \Re^m$ 使得

$$\widehat{A}_p v_p - \mu v_p \prec 0 \tag{3-25a}$$

$$\widehat{A}_{pij} \geqslant 0, \ 1 \leqslant i, j \leqslant n \tag{3-25b}$$

$$v_p \preceq \lambda_1 v_q \tag{3-25c}$$

对于任意 $(p, q) \in S \times S$ 成立，那么，在 ADT 满足 (3-19) 时，闭环系统 (3-24) 是正的、指数稳定的，其中，$\widehat{A}_{pij}$ 为 $A_p + B_p K_p$ 的第 i 行第 j 列元素。

算法 3-2

第 1 步：选取 $0 < \mu < 1, \lambda_1 > 1$。

第 2 步：应用 LP 工具箱 Linprog 求解下列条件：

$$v_p \succ 0 \tag{3-26a}$$

$$A_p v_p + B_p \sum_{i=1}^{n} z_{pi} - \mu v_p \prec 0 \tag{3-26b}$$

$$a_{pij} v_{pj} + b_{pi} z_{pj} \geqslant 0, \ 1 \leqslant i, j \leqslant n \tag{3-26c}$$

$$v_p \preceq \lambda_1 v_q \tag{3-26d}$$

其中，$v_p \in \Re^n, v_q \in \Re^n, z_{pi} \in \Re^r, \forall (p,q) \in S \times S, p \neq q, v_p = (v_{p1}, \cdots, v_{pn})^\top$，$a_{pij}$ 是 A_p 的第 i 行第 j 列元素，b_{pi} 是 B_p 的第 i 行向量。

第 3 步：状态反馈控制律为

$$u(k) = K_p x(k) = \left(\frac{z_{p1}}{v_{p1}}, \cdots, \frac{z_{pn}}{v_{pn}} \right) x(k) \tag{3-27}$$

第 4 步：计算 $w_p = (w_{p1}, \cdots, w_{pn})^\top = (\widehat{A}_p - \mu I)^{-\top} (\widehat{A}_p - \mu I) v_p$。

第 5 步：根据条件 (3-19) 计算 ADT，其中，$\lambda_2 = \max\limits_{p,q \in S} \left\{ \dfrac{w_{pi}}{w_{qi}}, i = 1, 2, \cdots, n \right\}$。

为了说明算法 3-2 的合理性，下面给出其证明过程。根据式 (3-27) 可得 $K_p v_p = \sum\limits_{i=1}^{n} z_{pi}$，结合条件 (3-26c) 可得 $A_p + B_p K_p \succeq 0$。根据引理 3-1，可进一步得到闭环系统 (3-24) 是正系统。由条件 (3-26b)，可得

$$v_p \succ 0$$
$$\widehat{A}_p v_p - \mu v_p \prec 0 \tag{3-28}$$
$$v_p \preceq \lambda_1 v_q$$

对于任意 $(p,q) \in S \times S, p \neq q$ 成立，其中 $\widehat{A}_p = A_p + B_p K_p$。令

$$w_p = (w_{p1}, \cdots, w_{pn})^\top = (\widehat{A}_p - \mu I)^{-\top} (\widehat{A}_p - \mu I) v_p$$
$$\lambda_2 = \max_{p,q \in S} \left\{ \frac{w_{pi}}{w_{qi}}, i = 1, 2, \cdots, n \right\} \tag{3-29}$$

那么，由引理 3-5 可得

$$w_p \succ 0$$
$$\widehat{A_p^\top} w_p - \mu w_p \prec 0 \tag{3-30}$$
$$w_p \preceq \lambda_2 w_q$$

对于任意 $(p,q) \in S \times S$ 成立。剩余证明过程可参考引理 3-7。

注 3-8　如注 3-7 所述，一个更具一般性的控制律 (3-27) 被提出，其控制律增益矩阵的秩可以不为 1。同时，通过分析系统 (3-24) 的对偶系统的稳定性，构造了系统 (3-24) 的 MLCLFs。

3.1.3　结论扩展

本部分将上面提出的控制方法推广到带有区间不确定的正切换系统的控制器设计中。这里仅考虑连续时间系统，离散系统可以类似得到，不再重复。

考虑系统 (3-10) 为区间不确定系统，即，$\underline{A}_p \preceq A_p \preceq \overline{A}_p, \underline{B}_p \preceq B_p \preceq \overline{B}_p$，其中，对于任意 $p \in S$，$\underline{A}_p$ 是 Metzler 矩阵，且 $\underline{B}_p \succeq 0$。

推论 3-2　如果存在实数 $\mu > 0, \lambda_1$ 和向量 $0 \prec v_p \in \Re^n$ 使得

$$\overline{A}_p v_p + \mu v_p \prec 0 \tag{3-31a}$$

$$v_p \preceq \lambda_1 v_q \tag{3-31b}$$

对任意 $(p,q) \in S \times S$ 成立，那么，在 ADT 满足条件 (3-4) 时，系统 (3-10) 是正的、鲁棒指数稳定的，其中，λ_2 满足条件 (3-7)。

证明　因为对于任意 $p \in S$ 有 $\underline{A}_p$ 是 Metzler 矩阵，且 $\underline{A}_p \preceq A_p \preceq \overline{A}_p$。从而，有 A_p 是 Metzler 矩阵。根据引理 1-6 可得，系统 (3-10) 是正系统。令 $w_p = (\overline{A}_p + \mu I)^{-\top}(\overline{A}_p + \mu I)v_p$。由条件 (3-31b) 和引理 3-1 可得，$\overline{A}_p + \mu I$ 是 Hurwitz 矩阵。又根据引理 3-2 可得

$$w_p \succ 0$$
$$\overline{A}_p^\top w_p + \mu w_p \prec 0$$

那么，存在一个正数 λ_2 使得对于任意 $(p,q) \in S \times S$ 有 $w_p \preceq \lambda_2 w_q$ 成立，其中，λ_2 满足条件 (3-7)。进而有

$$w_p \succ 0$$
$$A_p^\top w_p + \mu w_p \prec 0$$

剩余的证明可参考引理 3-6。　　　　　　　　　　　　　　　　　　　　□

算法 3-3

第 1 步：选取 $\mu > 0$ 和 $\lambda_1 > 1$。

第 2 步：用 LP 工具箱 Linprog 求解条件 (3-31)。

第 3 步：根据条件 (3-4)、条件 (3-7) 和条件 (3-29)，分别计算 ADT、λ_2 和 w_p。

推论 3-3　如果存在实数 $\mu > 0, \lambda_1 > 1$ 和向量 $0 \prec v_p \in \Re^n, z_{pi} \in \Re^m$ 使得

$$z_{pi} \preceq 0, \ i = 1, 2, \cdots, n \tag{3-32a}$$

$$\overline{A}_p v_p + \underline{B}_p \sum_{i=1}^{n} z_{pi} + \mu v_p \prec 0 \tag{3-32b}$$

$$\underline{a}_{pij} v_{pj} + \overline{b}_{pi} z_{pj} \geqslant 0, \ i \neq j \tag{3-32c}$$

$$v_p \preceq \lambda_1 v_q \tag{3-32d}$$

对任意 $(p, q) \in S \times S$ 成立，那么，在 ADT 满足条件 (3-4) 和状态反馈控制律

$$u(t) = K_p x(t) = \left(\frac{z_{p1}}{v_{p1}}, \cdots, \frac{z_{pn}}{v_{pn}} \right) x(t) \tag{3-33}$$

下，闭环系统 (3-10) 是正的、鲁棒指数稳定的，其中，$v_p = (v_{p1}, \cdots, v_{pn})^\top, \underline{a}_{pij}$ 是 $\underline{A}_p$ 的第 i 行第 j 列的元素，$\overline{b}_{pi}$ 是 $\overline{B}_p$ 的第 i 行元素，λ_2 满足条件 (3-7)。

　　证明　根据条件 (3-32a) 可得 $K_p \preceq 0$。根据条件 (3-32c) 和条件 (3-33)，对于 $i \neq j$ 有 $(\underline{A}_p + \overline{B}_p K_p)_{ij} \succeq 0$。这意味着，对于 $p \in S$，$\underline{A}_p + \overline{B}_p K_p$ 是 Metzler 矩阵。由于 $K_p \preceq 0$，$\underline{A}_p \preceq A_p \preceq \overline{A}_p$ 和 $\underline{B}_p \preceq B_p \preceq \overline{B}_p$，从而有 $\underline{A}_p + \overline{B}_p K_p \preceq A_p + B_p K_p \preceq \overline{A}_p + \underline{B}_p K_p$。根据引理 1-6 可得，系统 (3-10) 是正系统。

　　从条件 (3-32b) 和条件 (3-33) 可得 $(\overline{A}_p + \underline{B}_p K_p) v_p + \mu v_p \prec 0$。令 $w_p = (\overline{A}_p + \underline{B}_p K_p + \mu I)^{-\top} (\overline{A}_p + \underline{B}_p K_p + \mu I) v_p$。根据引理 3-2 可得

$$w_p \succ 0$$
$$(\overline{A}_p + \underline{B}_p K_p)^\top w_p + \mu w_p \prec 0$$

剩余的证明可以参考推论 3-2。　　　　　　　　　　　　　　　　　　　□

　　算法 3-4

第 1 步：选取 $\mu > 0$ 和 $\lambda_1 > 1$。

第 2 步：用 LP 工具箱 Linprog 求解条件 (3-32)。

第 3 步：根据条件 (3-4)、条件 (3-7) 和条件 (3-29)，分别计算 ADT、λ_2 和 w_p。

3.1.4　仿真例子

　　本部分将给出两个例子以证实所设计控制律的有效性。

　　例 3-1　考虑包含两个子系统的连续系统 (3-10)，其中

$$A_1 = \begin{pmatrix} -0.16 & 0.28 \\ 0.43 & -0.35 \end{pmatrix}, B_1 = \begin{pmatrix} 0.4 & 0.2 \\ 0.1 & 0.3 \end{pmatrix}$$

$$A_2 = \begin{pmatrix} -0.53 & 1.42 \\ 0.61 & -0.64 \end{pmatrix}, B_2 = \begin{pmatrix} 0.3 & 0.5 \\ 0.4 & 0.1 \end{pmatrix}$$

取 $\mu = 0.5$ 和 $\lambda_1 = 1.5$，根据定理 3-1 可得

$$K_1 = \begin{pmatrix} -2.0255 & 0.0470 \\ -0.7551 & -1.1685 \end{pmatrix}, K_2 = \begin{pmatrix} -1.2585 & -0.7204 \\ -0.7327 & -1.5856 \end{pmatrix}$$

闭环系统矩阵为

$$A_1 + B_1 K_1 = \begin{pmatrix} -1.1212 & 0.0651 \\ 0.0009 & -0.6959 \end{pmatrix}, A_2 + B_2 K_2 = \begin{pmatrix} -1.2739 & 0.4111 \\ 0.0333 & -1.0867 \end{pmatrix}$$

因此，有

$$w_1 = \begin{pmatrix} 52.6689 \\ 105.3816 \end{pmatrix}, w_2 = \begin{pmatrix} 61.5978 \\ 124.0106 \end{pmatrix}$$

$\lambda_2 = 1.1768$ 和 $\tau_a \geqslant 0.3256$。图 3-1 是系统在切换信号下的状态仿真。

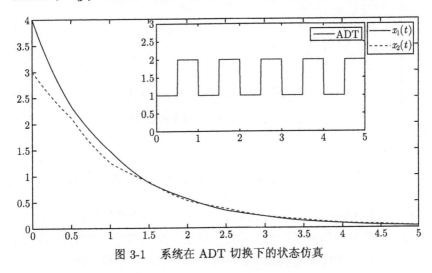

图 3-1　系统在 ADT 切换下的状态仿真

例 3-2　考虑包含两个子系统的离散系统 (3-23)，其中

$$A_1 = \begin{pmatrix} 1.33 & 2.46 \\ 1.08 & 1.35 \end{pmatrix}, B_1 = \begin{pmatrix} 1 & 3 \\ 2 & 2 \end{pmatrix}, A_2 = \begin{pmatrix} 2.56 & 3.25 \\ 1.48 & 2.61 \end{pmatrix}, B_2 = \begin{pmatrix} 3 & 5 \\ 2 & 4 \end{pmatrix}$$

选取 $\mu = 0.5$ 和 $\lambda_1 = 1.5$。根据定理 3-2 可得

$$K_1 = \begin{pmatrix} -0.0429 & 0.2735 \\ -0.3804 & -0.8698 \end{pmatrix}, K_2 = \begin{pmatrix} -1.0290 & -0.4028 \\ 0.1625 & -0.3984 \end{pmatrix}$$

闭环系统矩阵为

$$A_1 + B_1 K_1 = \begin{pmatrix} 0.1459 & 0.1241 \\ 0.2334 & 0.1574 \end{pmatrix}, A_2 + B_2 K_2 = \begin{pmatrix} 0.2855 & 0.0496 \\ 0.0020 & 0.2108 \end{pmatrix}$$

因此，有

$$w_1 = \begin{pmatrix} 122.6379 \\ 106.3299 \end{pmatrix}, w_2 = \begin{pmatrix} 97.5355 \\ 128.3524 \end{pmatrix}$$

$\lambda_2 = 1.2574$ 和 $\tau_a \geqslant 0.4581$。图 3-2 是系统在切换信号下的状态仿真。

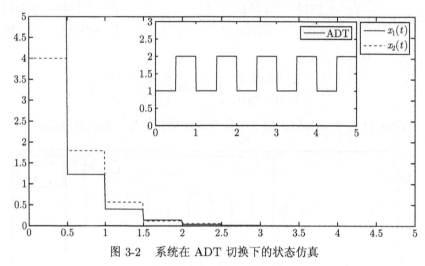

图 3-2   系统在 ADT 切换下的状态仿真

3.2   正系统基于矩阵分解的控制方法

3.1 节基于 Metlzer 矩阵性质提出了改进的正切换系统的控制方法。这种方法易于解决标称系统的控制问题。对于不确定系统特别是含有扰动的系统，难于求解闭环系统的逆矩阵和对偶系统。因此，其仍有一定的保守性。本节将进一步提出一种新的控制器设计方法，以克服 3.1 节中方法的保守性。

3.2.1   连续时间系统

首先考虑单系统的控制问题。考虑连续时间系统：

$$\begin{aligned} \dot{x}(t) &= Ax(t) + Bu(t) \\ y(t) &= Cx(t) \end{aligned} \tag{3-34}$$

其中，$A \in \Re^{n \times n}, B \in \Re^{n \times m}, C \in \Re^{r \times n}$。

定理 3-3 如果存在实数 $\varsigma > 0$ 和向量 $0 \prec v \in \Re^n, z_i \in \Re^r, z \in \Re^r$ 使得

$$A^\top v + C^\top z \prec 0 \tag{3-35a}$$

$$A\mathbf{1}_m^\top B^\top v + B\sum_{i=1}^m \mathbf{1}_m^{(i)} z_i^\top C + \varsigma I \succeq 0 \tag{3-35b}$$

$$z_i \preceq z \tag{3-35c}$$

成立，那么，在输出反馈控制律

$$u(t) = Ky(t) = \frac{\sum_{i=1}^m \mathbf{1}_m^{(i)} z_i^\top}{\mathbf{1}_m^\top B^\top v} y(t) \tag{3-36}$$

下，闭环系统 (3-34) 是正的、指数稳定的。

证明 由于 $\mathbf{1}_m \succ 0, B \succeq 0$ 和 $v \succ 0$，那么，可得 $\mathbf{1}_m^\top B^\top v > 0$。结合条件 (3-35a)，有 $A + B\dfrac{\sum_{i=1}^m \mathbf{1}_m^{(i)} z_i^\top}{\mathbf{1}_m^\top B^\top v} C + \dfrac{\varsigma}{\mathbf{1}_m^\top B^\top v} I \succeq 0$。利用条件 (3-36) 可得，$A + BKC + \dfrac{\varsigma}{\mathbf{1}_m^\top B^\top v} I \succeq 0$。根据引理 1-5，$A + BKC$ 是 Metzler 矩阵。再利用引理 1-6，系统 (3-34) 是正系统，即，对 $t \geqslant 0$ 有 $x(t) \succeq 0$。

选取 LCLF 为 $V(x(t)) = x^\top(t)v$，那么，$\dot{V}(x(t)) = x^\top(t)(A^\top v + C^\top K^\top B^\top v)$。利用条件 (3-35c) 有 $\mathbf{1}_m^{(i)} z_i^\top \preceq \mathbf{1}_m^{(i)} z^\top$，进而，$\sum_{i=1}^m \mathbf{1}_m^{(i)} z_i^\top \preceq \sum_{i=1}^m \mathbf{1}_m^{(i)} z^\top = \mathbf{1}_m z^\top$。因此，$K^\top B^\top v \preceq z$。又 $C \succeq 0$ 和 $x(t) \succeq 0$，故 $\dot{V}(x(t)) \leqslant x^\top(t)(A^\top v + C^\top z)$。根据条件 (3-35a) 得 $\dot{V}(x(t)) < 0$。 $\qquad\square$

注 3-9 定理 3-3 中主要利用矩阵分解方法，将控制器增益矩阵分解为多个矩阵和的形式：

$$K = \begin{pmatrix} k_{11} & k_{12} & \cdots & k_{1n} \\ 0 & 0 & \cdots & 0 \\ \vdots & \vdots & & \vdots \\ 0 & 0 & \cdots & 0 \end{pmatrix} + \begin{pmatrix} 0 & 0 & \cdots & 0 \\ k_{21} & k_{22} & \cdots & k_{2n} \\ 0 & 0 & \cdots & 0 \\ \vdots & \vdots & & \vdots \\ 0 & 0 & \cdots & 0 \end{pmatrix} + \cdots$$

$$+ \begin{pmatrix} 0 & 0 & \cdots & 0 \\ 0 & 0 & \cdots & 0 \\ \vdots & \vdots & & \vdots \\ k_{r1} & k_{r2} & \cdots & k_{rn} \end{pmatrix}$$

$$= \mathbf{1}_r^{(1)} \times (k_{11} \ k_{12} \ \cdots \ k_{1n}) + \mathbf{1}_r^{(1)} \times (k_{21} \ k_{22} \ \cdots \ k_{2n})$$
$$+ \cdots + \mathbf{1}_r^{(1)} \times (k_{r1} \ k_{r2} \ \cdots \ k_{rn})$$

进而，相应的稳定和正性条件可以被转换为 LP 求解。尽管该矩阵分解方法非常简单，但是，这种分解方法在解决正系统的控制问题时非常有效，很容易将相关条件转换为线性形式。同时，可以利用提出的条件构造系统的 Lyapunov 函数。这为正系统的其他相关研究提供了可能性。

注 3-10 文献 [126] 对于正系统提出了输出反馈控制器设计。为了将所提出的条件转化为 LP 形式，一个会导致控制器增益矩阵的秩为 1 的向量被引入。而文献 [127] 利用迭代凸优化算法解决了这种限制。定理 3-3 所构造的控制器没有秩的限制，是一种更容易实施的方法。在文献 [128] 中，一种基于 LMIs 的控制器设计方法被提出；为了保证系统的正性，一个迭代算法也被提出。定理 3-3 利用条件 (3-35b) 便可保证系统的正性，且不需要附加额外的算法。

推论 3-4 如果存在实数 $\varsigma > 0$ 和 $\Re^n$ 向量 $v \succ 0, z_i, z$ 使得

$$A^\top v + z \prec 0$$

$$A\mathbf{1}_m^\top B^\top v + B \sum_{i=1}^m \mathbf{1}_m^{(i)} z_i^\top + \varsigma I \succeq 0 \tag{3-37}$$

$$z_i \preceq z$$

成立，那么，在状态反馈控制律

$$u(t) = Kx(t) = \frac{\sum_{i=1}^m \mathbf{1}_m^{(i)} z_i^\top}{\mathbf{1}_m^\top B^\top v} x(t) \tag{3-38}$$

下，闭环系统 (3-34) 是正的、指数稳定的。

注 3-11 文献 [48] 首次利用 LP 算法解决正系统的镇定问题，并设计了状态反馈控制器。这种方法被广泛应用到正系统的控制综合中。条件 $a_{ij}d_j + b_i z_j \geqslant 0$，$i \neq j$ 用以保证系统的正性，其中，a_{ij} 是系统矩阵 A 的第 i 行第 j 列元素。不同于该条件，推论 3-4 提出了一个紧的可用 LP 求解的条件。此外，LCLF 可以通过条件 (3-38) 直接建立。众所周知，如何构造 LCLF 对控制设计起着至关重要的作用，本节所提出的设计方法可以有效解决上述问题。尤其是 Lyapunov 函数方法对一些混杂系统的综合问题研究起着重要的作用，例如，正切换系统、正随机系统等。

在定理 3-3 和推论 3-4 中，开环系统 (3-34) 被假定为正系统。下面考虑一般系统 (3-34) (开环非正系统) 的控制问题。

推论 3-5 如果存在实数 $\varsigma > 0$ 和 $\Re^n$ 向量 $v \succ 0, z_i, \underline{z}, \overline{z}$ 使得

$$A^\top v + \overline{z} \prec 0 \tag{3-39a}$$

$$A\mathbf{1}_m^\top B^\top v + B \sum_{i=1}^m \mathbf{1}_m^{(i)} z_i^\top + \varsigma I \succeq 0 \tag{3-39b}$$

$$\mathbf{1}_m^\top B^\top v > 0 \tag{3-39c}$$

$$\mathbf{1}_m^{(i)\top} B^\top v < 0, \ i = 1, 2, \cdots, j < m \tag{3-39d}$$

$$\mathbf{1}_m^{(i)\top} B^\top v > 0, \ i = j+1, j+2, \cdots, m \tag{3-39e}$$

$$\underline{z} \prec z_i \preceq \overline{z}, \ i = 1, 2, \cdots, m \tag{3-39f}$$

成立，那么，在状态反馈控制律 (3-38) 下，闭环系统 (3-34) 是正的、指数稳定的。

证明 利用条件 (3-39a) 和条件 (3-39c)~条件 (3-39f) 可得

$$
\begin{aligned}
A^\top v + K^\top B^\top v &\prec A^\top v + \frac{\underline{z} \sum_{i=1}^j \mathbf{1}_m^{(i)\top} B^\top v}{\mathbf{1}_m^\top B^\top v} + \frac{\overline{z} \sum_{i=j+1}^m \mathbf{1}_m^{(i)\top} B^\top v}{\mathbf{1}_m^\top B^\top v} \\
&= A^\top v + \underline{z} + (\overline{z} - \underline{z}) \frac{\sum_{i=j+1}^m \mathbf{1}_m^{(i)\top} B^\top v}{\mathbf{1}_m^\top B^\top v} \\
&\prec A^\top v + \overline{z} \\
&\prec 0
\end{aligned}
\tag{3-40}
$$

剩余的证明过程可以参考定理 3-3。 $\qquad\square$

3.2.2 离散时间系统

考虑离散系统：

$$
\begin{aligned}
x(k+1) &= Ax(k) + Bu(k) \\
y(k) &= Cx(k)
\end{aligned}
\tag{3-41}
$$

定理 3-4 如果存在向量 $0 \prec v \in \Re^n, z_i \in \Re^r, z \in \Re^r$ 使得

$$A^\top v + C^\top z - v \prec 0 \tag{3-42a}$$

$$A\mathbf{1}_m^\top B^\top v + B \sum_{i=1}^m \mathbf{1}_m^{(i)} z_i^\top C \succeq 0 \tag{3-42b}$$

$$z_i \preceq z \tag{3-42c}$$

成立, 那么, 在输出反馈控制律

$$u(k) = Ky(k) = \frac{\sum_{i=1}^{m} \mathbf{1}_m^{(i)} z_i^\top}{\mathbf{1}_m^\top B^\top v} y(k) \tag{3-43}$$

下, 闭环系统 (3-41) 是正的、指数稳定的。

证明 利用条件 (3-42b) 和条件 (3-43) 可得, $A + BKC \succeq 0$。由引理 1-7 得出, 系统 (3-41) 是正系统, 即, 对任意 $k \in \mathbb{N}$ 有 $x(k) \succeq 0$。

选取 LCLF 为 $V(x(k)) = x^\top(k)v$, 那么, $\Delta V = x^\top(k)(A^\top v + C^\top K^\top B^\top v - v)$。根据条件 (3-42c) 可得, $K^\top B^\top v \preceq z$。由于 $C \succeq 0$ 和 $x(k) \succeq 0$, 从而有 $\Delta V \leqslant x^\top(k)(A^\top v + z - v)$。根据条件 (3-42a) 有 $\Delta V < 0$, 结论得证。   □

推论 3-6 如果存在向量 $0 \prec v \in \Re^n, z_i \in \Re^n, z \in \Re^n$ 使得

$$A^\top v + z - v \prec 0$$

$$A\mathbf{1}_m^\top B^\top v + B \sum_{i=1}^{m} \mathbf{1}_m^{(i)} z_i^\top \succeq 0 \tag{3-44}$$

$$z_i \preceq z$$

成立, 那么, 在状态反馈控制律

$$u(k) = Kx(k) = \frac{\sum_{i=1}^{m} \mathbf{1}_m^{(i)} z_i^\top}{\mathbf{1}_m^\top B^\top v} x(k) \tag{3-45}$$

下, 闭环系统 (3-41) 是正的、指数稳定的。

注 3-12 文献 [49] 提出了离散正系统的控制器设计方法。如注 3-10 所述, 文献 [49] 中的条件较为复杂。定理 3-4 和推论 3-6 提出了 LCLF 方法, 所提出的条件简单易解。

3.2.3 含扰动输入系统

本小节将上面提出的控制方法应用到带有扰动输入的正系统。考虑连续时间系统:

$$\begin{aligned} \dot{x}(t) &= Ax(t) + Bu(t) + E\omega(t) \\ y(t) &= Cx(t) + Du(t) + F\omega(t) \end{aligned} \tag{3-46}$$

和离散时间系统:

$$\begin{aligned} x(k+1) &= Ax(k) + Bu(k) + E\omega(k) \\ y(k) &= Cx(k) + Du(k) + F\omega(k) \end{aligned} \tag{3-47}$$

其中，$x(t) \in \Re^n, u(t) \in \Re^m, \omega(t) \in \Re_+^r, y(t) \in \Re^s$ $(x(k) \in \Re^n, u(k) \in \Re^m, \omega(k) \in \Re_+^r, y(k) \in \Re^s)$。假定系统 (3-46) 矩阵满足：$A$ 是 Metzler 矩阵，$B \succeq 0, E \succeq 0, C \succeq 0, D \succeq 0, F \succeq 0$；系统 (3-47) 矩阵满足：$A \succeq 0, B \succeq 0, E \succeq 0, C \succeq 0, D \succeq 0, F \succeq 0$。

定理 3-5　如果存在实数 $\varsigma > 0$ 和 $\Re^n$ 向量 $v \succ 0, z_i, z \prec 0, z$ 使得

$$A^\top v + z + C^\top \mathbf{1}_s \prec 0 \tag{3-48a}$$

$$E^\top v + F^\top \mathbf{1}_s - \gamma \mathbf{1}_r \prec 0 \tag{3-48b}$$

$$A\mathbf{1}_m^\top B^\top v + B\sum_{i=1}^m \mathbf{1}_m^{(i)} z_i^\top + \varsigma I \succeq 0 \tag{3-48c}$$

$$C\mathbf{1}_m^\top B^\top v + D\sum_{i=1}^m \mathbf{1}_m^{(i)} z_i^\top \succeq 0 \tag{3-48d}$$

$$z_i \preceq z \tag{3-48e}$$

成立，那么，在状态反馈控制律

$$u(t) = Kx(t) = \frac{\sum_{i=1}^m \mathbf{1}_m^{(i)} z_i^\top}{\mathbf{1}_m^\top B^\top v} x(t) \tag{3-49}$$

下，闭环系统 (3-46) 是正的、具有 L_1 增益稳定的。

证明　由条件 (3-48c) 和条件 (3-48d) 可得

$$A + B\frac{\sum_{i=1}^m \mathbf{1}_m^{(i)} z_i^\top}{\mathbf{1}_m^\top B^\top v} + \frac{\varsigma}{\mathbf{1}_m^\top B^\top v} I \succeq 0$$

$$C + D\frac{\sum_{i=1}^m \mathbf{1}_m^{(i)} z_i^\top}{\mathbf{1}_m^\top B^\top v} \succeq 0$$

又由条件 (3-49) 知 $A + BK + \dfrac{\varsigma}{\mathbf{1}_m^\top B^\top v} I \succeq 0$ 和 $C + DK \succeq 0$。由引理 1-5 可得 $A + BK$ 是 Metzler 矩阵。从而，闭环系统 (3-46) 是正的，即，对于 $t \geqslant 0$ 有 $x(t) \succeq 0, y(t) \succeq 0$。

选取 LCLF 为 $V(x(t)) = x^\top(t)v$，那么

$$\dot{V}(x(t)) = x^\top(t)(A^\top v + K^\top B^\top v) + \omega^\top(t)E^\top v$$

根据条件 (3-48e) 和控制律 (3-49) 可得 $K = \dfrac{\sum_{i=1}^m \mathbf{1}_m^{(i)} z_i^\top}{\mathbf{1}_m^\top B^\top v} \preceq \dfrac{\sum_{i=1}^m \mathbf{1}_m^{(i)} z^\top}{\mathbf{1}_m^\top B^\top v} = \dfrac{\mathbf{1}_m z^\top}{\mathbf{1}_m^\top B^\top v}$。

因此,有 $K^\top B^\top v \preceq z$。根据条件 (3-48a) 可得,当 $\omega(t) = 0$ 时,有 $\dot{V}(x(t)) < 0$ 成立。这意味着,当 $\omega(t) = 0$ 时,闭环系统 (3-46) 是渐近稳定的。

令

$$
\begin{aligned}
J &= ||y(t)||_1 - \gamma||\omega(t)||_1 + \dot{V}(x(t)) - \dot{V}(x(t)) \\
&= y^\top(t)\mathbf{1}_r - \gamma\omega^\top(t)\mathbf{1}_q + \dot{V}(x(t)) - \dot{V}(x(t)) \\
&= x^\top(t)\big(A^\top v + K^\top B^\top v + C^\top\mathbf{1}_s + K^\top D^\top\mathbf{1}_r\big) \\
&\quad + \omega(t)^\top\big(E^\top v + F^\top\mathbf{1}_s - \gamma\mathbf{1}_r\big) - \dot{V}(x(t))
\end{aligned}
$$

注意

$$
K^\top B^\top v + K^\top D^\top\mathbf{1}_r \preceq \frac{z\mathbf{1}_m^\top(B^\top v + D^\top\mathbf{1}_r)}{\mathbf{1}_m^\top B^\top v}
$$

由于 $\mathbf{1}_m^\top(B^\top v + D^\top\mathbf{1}_r) \geqslant \mathbf{1}_m^\top B^\top v$ 和 $z \prec 0$,可得 $K^\top B^\top v + K^\top D^\top\mathbf{1}_r \preceq z$。进而有

$$
J \leqslant x^\top(t)\big(A^\top v + z + C^\top\mathbf{1}_s\big) + \omega^\top(t)\big(E^\top v + F^\top\mathbf{1}_r - \gamma\mathbf{1}_q\big) - \dot{V}(x(t))
$$

由条件 (3-48a) 和条件 (3-48b) 可得 $J \leqslant -\dot{V}(x(t))$,对其两边在 $[0, \infty)$ 上取积分有

$$
\int_0^\infty ||y(t)||_1 \mathrm{d}t - \gamma\int_0^\infty ||\omega(t)||_1 \mathrm{d}t \leqslant V(x(0)) - V(x(\infty)) \leqslant V(0)
$$

当 $x(0) = 0$ 时, $V(0) = 0$,那么, $\displaystyle\int_0^\infty ||y(t)||_1 \mathrm{d}t \leqslant \gamma\int_0^\infty ||\omega(t)||_1 \mathrm{d}t$,证毕。 □

定理 3-6　如果存在实数 $\gamma > 0$ 和向量 $0 \prec v \in \Re^n, z_i \in \Re^n, 0 \prec z \in \Re^n$ 使得

$$
A^\top v + z - v + C^\top\mathbf{1}_s \prec 0 \tag{3-50a}
$$

$$
E^\top v + F^\top\mathbf{1}_s - \gamma\mathbf{1}_q \prec 0 \tag{3-50b}
$$

$$
A\mathbf{1}_m^\top B^\top v + B\sum_{i=1}^m \mathbf{1}_m^{(i)}z_i^\top \succeq 0 \tag{3-50c}
$$

$$
C\mathbf{1}_m^\top B^\top v + D\sum_{i=1}^m \mathbf{1}_m^{(i)}z_i^\top \succeq 0 \tag{3-50d}
$$

$$
z_i \preceq z \tag{3-50e}
$$

成立，那么，在状态反馈控制律

$$u(k) = Kx(k) = \frac{\displaystyle\sum_{i=1}^{m} \mathbf{1}_m^{(i)} z_i^\top}{\mathbf{1}_m^\top B^\top v} x(k) \tag{3-51}$$

下，闭环系统 (3-47) 是正的、ℓ_1 增益稳定的。

证明 利用条件 (3-50c) 和条件 (3-50d) 有 $A + B\dfrac{\displaystyle\sum_{i=1}^{m} \mathbf{1}_m^{(i)} z_i^\top}{\mathbf{1}_m^\top B^\top v} \succeq 0$ 和 $C +$

$D\dfrac{\displaystyle\sum_{i=1}^{m} \mathbf{1}_m^{(i)} z_i^\top}{\mathbf{1}_m^\top B^\top v} \succeq 0$。由控制律 (3-51) 得

$$\begin{aligned} A + BK &\succeq 0 \\ C + DK &\succeq 0 \end{aligned} \tag{3-52}$$

再由引理 1-10 可得，系统 (3-47) 是正的，即，对于 $k \geqslant 0$ 有 $x(k) \succeq 0$ 和 $y(k) \succeq 0$。

选取 LCLF 为 $V(x(k)) = x^\top(k)v$，那么

$$\Delta V = V(x(k+1)) - V(x(k)) = x^\top(k)(A^\top v + K^\top B^\top v - v) + \omega^\top(k)E^\top v$$

注意事实 $K^\top B^\top v \preceq z$。借助条件 (3-50a)，当 $\omega(t) = 0$ 时，有 $\Delta V < 0$。这意味着，当 $\omega(t) = 0$ 时，闭环系统 (3-47) 是渐近稳定的。

令 $J = \|y(k)\|_1 - \gamma\|\omega(k)\|_1$，那么

$$J \leqslant x^\top(k)(A^\top v + z + C^\top \mathbf{1}_s - v) + \omega^\top(k)(E^\top v + F^\top \mathbf{1}_s - \gamma \mathbf{1}_q) - \Delta V$$

再由条件 (3-50a) 和条件 (3-50b) 得 $J \leqslant -\Delta V$，对其两边求和得

$$\sum_{k=0}^{\infty} \|y(k)\|_1 - \gamma \sum_{k=0}^{\infty} \|\omega(k)\|_1 \leqslant V(x(0)) - V(x(\infty)) \leqslant V(x(0))$$

考虑到当 $x(0) = 0$ 时，有 $V(0) = 0$，从而，$\displaystyle\sum_{k=0}^{\infty} \|y(k)\|_1 \leqslant \gamma \sum_{k=0}^{\infty} \|\omega(k)\|_1$，
证毕。 $\square$

注 3-13 文献 [58] 针对系统 (3-47) 提出了 ℓ_1 诱导控制器，并给出了计算控制器增益的迭代算法。在迭代算法的第 1 步，闭环系统的控制器增益 K_1 由下式

求得：

$$\begin{pmatrix} -P & AP + BQ \\ * & -P \end{pmatrix} < 0$$

$$a_{ij}p_j + \sum_{z=1}^{l} b_{iz}q_{zj} \geqslant 0$$

$$c_{hj}p_j + \sum_{z=1}^{l} d_{hz}q_{zj} \geqslant 0$$

其中，$A = [a_{ij}], B = [b_{iz}], C = [c_{hj}], D = [d_{hz}]$ 是系统矩阵，$P = \text{diag}[p_1, \cdots, p_n]$ 和 $Q = [q_{ij}]$ 是待求量，具体求法可参考文献 [58] 中的条件 (24) 和条件 (25)。定理 3-6 中的条件可以用 MATLAB 中的 Linprog 工具箱直接求解，不需要任何附加的迭代算法。此外，ℓ_1 增益值 γ 可通过下列优化问题求解：

$$\min_{v,z_i,z,\gamma} \quad \gamma \text{ 约束于条件 (3-50)}$$

3.2.4　时滞系统

上面提出的新的控制器设计方法，具有三个优点：① 针对正系统提出了少保守的控制器设计方法；② 镇定条件可以通过 LP 方法直接求解；③ 可以扩展到正系统的其他控制问题。对于前两个优点，上述主要结论部分已经具体给出，这里将对第三个优点进行探讨。

考虑系统：

$$\begin{aligned} \dot{x}(t) &= A_0 x(t) + A_1 x(t - \tau) + Bu(t), \ t \geqslant 0 \\ x(t) &= \varphi(t), \ t \in [-\tau, 0] \end{aligned} \tag{3-53}$$

其中，$x(t) \in \Re^n$ 和 $u(t) \in \Re^m$ 分别是系统状态和控制输入，τ 是时滞，$\varphi(t)$ 是初始值函数。假设 A_0 是 Metzler 矩阵，$A_1 \succeq 0, B \succeq 0$。本小节目的是设计状态反馈控制律 $u(t) = K_0 x(t) + K_1 x(t - \tau)$ 使闭环系统 (3-53) 是正的、稳定的。

定理 3-7　如果存在实数 $\lambda > 0$ 和 $\Re^n$ 向量 $v \succ 0, \mu \succ 0, \rho \succ 0, z_i, z \prec 0, \eta^{(i)}, \eta$ 使得

$$A_0^\top v + z + \mu + \tau\rho + \lambda v \prec 0 \tag{3-54a}$$

$$A_1^\top v + \eta - \mathrm{e}^{-\lambda\tau}\mu \prec 0 \tag{3-54b}$$

$$A_0 \mathbf{1}_m^\top B^\top v + B \sum_{i=1}^{m} \mathbf{1}_m^{(i)} z_i^\top + \varsigma I \succeq 0 \tag{3-54c}$$

$$A_1 \mathbf{1}_m^\top B^\top v + B \sum_{i=1}^m \mathbf{1}_m^{(i)} z_i^\top \succeq 0 \tag{3-54d}$$

$$z_i \preceq z \tag{3-54e}$$

$$\eta^{(i)} \preceq \eta \tag{3-54f}$$

成立, 那么, 在状态反馈控制律

$$u(t) = K_0 x(t) + K_1 x(t-\tau) = \frac{\sum_{i=1}^m \mathbf{1}_m^{(i)} z_i^\top}{\mathbf{1}_m^\top B^\top v} x(t) + \frac{\sum_{i=1}^m \mathbf{1}_m^{(i)} \eta^{(i)\top}}{\mathbf{1}_m^\top B^\top v} x(t-\tau) \tag{3-55}$$

下, 闭环系统 (3-53) 是正的、指数稳定的。

证明　由条件 (3-54c)、条件 (3-54d) 和控制律 (3-55) 可得, $A_0 + BK_0$ 是 Metzler 矩阵, 且 $A_1 + BK_1 \succeq 0$。因此, 所得的闭环系统为正系统。选取线性余正 Lyapunov 泛函为

$$V(x(t)) = x^\top(t)v + \int_{t-\tau}^t e^{\lambda(-t+s)} x^\top(s)\mu ds + \int_{-\tau}^0 \int_{t+\theta}^t e^{\lambda(-t+s)} x^\top(s)\rho ds d\theta$$

那么

$$\begin{aligned}
\dot{V}(x(t)) = &-\lambda V(x(t)) + x^\top(t)\big(A_0^\top v + K_0^\top B^\top v + \mu + \tau\rho + \lambda v\big) \\
&+ x^\top(t-\tau)\big(A_1^\top v + K_1^\top B^\top v - e^{-\lambda\tau}\mu\big) - \int_{t-\tau}^t e^{-\lambda\tau} x^\top(s)\rho ds
\end{aligned}$$

由条件 (3-54e)、条件 (3-54f) 和控制律 (3-55) 可得 $K_0^\top B^\top v \preceq z$ 和 $K_1^\top B^\top v \preceq \eta$。再结合条件 (3-54a) 和条件 (3-54b) 可得 $\dot{V}(x(t)) \leqslant -\lambda V(x(t))$, 进而, 系统 (3-53) 是稳定的。　□

注 3-14　文献 [53] 研究了时滞正系统的镇定问题。为了保证所得闭环系统的正性, 一个类似于文献 [48] 中的条件 $a_{ij}d_j + b_i z_j \geqslant 0, i \neq j$ 被提出, 这样的条件会增加计算负担, 特别是随着系统规模的增加, 计算负担会越来越重。定理 3-7 提供了一个紧的形式 (见条件 (3-54c) 和条件 (3-54d)), 且条件 (3-54) 中所有条件可以通过 LP 求解, 不受系统规模限制, 不增加系统的计算负担。此外, 定理 3-7 可扩展到带有时滞的离散正系统, 这里不再重复。

注 3-15　本节已经针对正系统提出了一个一致性控制设计标架。在设计控制器时, 可以选择控制器增益矩阵为 $K = \dfrac{\sum_{i=1}^m \mathbf{1}_m^{(i)} z_i^\top}{\mathbf{1}_m^\top B^\top v}$。在设计观测器时, 可选择

观测器增益矩阵与 K 类似的形式。近来，混杂正系统的控制问题日益引起人们的重视，正切换系统是一类典型且重要的混杂正系统。文献 [5]、文献 [6] 和文献 [37] 已经研究了正切换系统的建模问题，文献 [66]、文献 [76] 和文献 [129] 研究了正切换系统的稳定性，文献 [130] 和文献 [131] 分别讨论了线性和非线性切换正系统的镇定问题，文献 [81] 和文献 [93] 分别研究了带有时滞的正切换系统的稳定性和镇定。需要指出的是，文献 [93]、文献 [130] 和文献 [131] 中的算法存在一些约束和保守性，这些算法是为了求解控制器增益矩阵。本节提出的方法可以应用到文献 [93]、文献 [130] 和文献 [131] 中，并改进相关结论。

注 3-16　本节提出的镇定条件是充分条件，不是必要条件。对于一些系统，它们是可镇定的，但所给出的条件可能没有解。遗憾的是，目前，还没有可靠的方法找到这样一种系统。如何找到这种系统、如何通过所提出的控制器框架找到系统可镇定的充要条件是将来研究中非常有趣的问题。

3.2.5　仿真例子

本小节将给出三个例子以证实结论的有效性。第一个例子为证实所设计的控制器具有比文献 [126] 更加一般的形式；第二个例子显示 3.2 节的设计方法比文献 [48] 更容易实现；第三个例子与文献 [58] 的结论进行了对比。

例 3-3　考虑系统 (3-34)，其中

$$A = \begin{pmatrix} -0.5 & 0 & 0.4 \\ 0 & 0 & 0 \\ 0 & 0 & 0 \end{pmatrix}, B = \begin{pmatrix} 0 & 0 & 1 \\ 1 & 0 & 0 \\ 0 & 1 & 0 \end{pmatrix}, C = \begin{pmatrix} 0.5 & 0 & 0 \\ 0 & 1 & 0 \\ 0 & 0 & 0.2 \end{pmatrix}$$

选取秩为 1 的控制器增益矩阵：

$$K = \begin{pmatrix} k_{11} & k_{12} & k_{13} \\ \hbar_1 k_{11} & \hbar_1 k_{12} & \hbar_1 k_{13} \\ \hbar_2 k_{11} & \hbar_2 k_{12} & \hbar_3 k_{13} \end{pmatrix}$$

其中，k_{11}, k_{12}, k_{13} 和 $\hbar_1, \hbar_2$ 是常量。那么

$$A + BKC = \begin{pmatrix} -0.5 + 0.5\hbar_2 k_{11} & \hbar_2 k_{12} & 0.4 + 0.2\hbar_2 k_{13} \\ 0.5 k_{11} & k_{12} & 0.2 k_{13} \\ 0.5\hbar_2 k_{11} & \hbar_2 k_{12} & 0.2\hbar_3 k_{13} \end{pmatrix}$$

显然闭环系统是不稳定的, 且不能被秩为 1 的控制器镇定。这意味着, 文献 [126] 所提出的设计不能用来解决上述系统的镇定问题。采用定理 3-3 提出的设计方法, 有

$$v = \begin{pmatrix} 0.0000 \\ 96.0676 \\ 96.0676 \end{pmatrix}, \quad z = \begin{pmatrix} 0.0000 \\ 0.0000 \\ 0.0000 \end{pmatrix}$$

$$z_1 = \begin{pmatrix} 0.0000 \\ -91.1345 \\ 0.0000 \end{pmatrix}, \quad z_2 = \begin{pmatrix} 0.0000 \\ 0.0000 \\ -94.4864 \end{pmatrix}, \quad z_3 = \begin{pmatrix} -78.2419 \\ 0.0000 \\ -81.3213 \end{pmatrix}$$

和 $\varsigma = 206.7501$。那么, 控制器增益 K 和闭环系统矩阵 $A + BKC$ 分别为

$$K = \begin{pmatrix} 0.0000 & -0.4743 & 0.0000 \\ 0.0000 & 0.0000 & -0.4918 \\ -0.4072 & 0.0000 & -0.4233 \end{pmatrix}$$

和

$$A + BKC = \begin{pmatrix} -0.7036 & 0.0000 & 0.3153 \\ 0.0000 & -0.4743 & 0.0000 \\ 0.0000 & 0.0000 & -0.0984 \end{pmatrix}$$

注 3-17　有两点需要说明: ① 由定理 3-5 获得的解是可行的, 从闭环矩阵形式不难看出, 设计的控制器增益 K 确保了闭环系统的正性和稳定性; ② v 中元素 0.0000 实际上为 10^{-6} 的正数, 这保证变量 v 是正的。

例 3-4　考虑系统 (3-34), 其中

$$A = \begin{pmatrix} -0.15 & 0.8 \\ 0.4 & -0.4 \end{pmatrix}, \quad B = \begin{pmatrix} 0.4 & 0.3 \\ 0.1 & 0.2 \end{pmatrix}$$

由文献 [48] 中的定理 3.1 可得

$$d = \begin{pmatrix} 97.6458 \\ 92.0156 \end{pmatrix}, \quad z_1 = \begin{pmatrix} -101.5332 \\ -66.1549 \end{pmatrix}, \quad z_2 = \begin{pmatrix} -45.5435 \\ -64.3958 \end{pmatrix}$$

那么, 控制器增益 K 和闭环系统矩阵 $A + BK$ 分别为

$$K = \begin{pmatrix} -1.0398 & -0.4950 \\ -0.6775 & -0.6998 \end{pmatrix}, \quad A + BK = \begin{pmatrix} -0.7692 & 0.3921 \\ 0.1605 & -0.5895 \end{pmatrix}$$

且 $A + BK$ 的特征值为 -0.9458 和 -0.4128。

利用推论 3-4 可得控制器增益 K 和闭环系统矩阵 $A + BK$ 分别为

$$
K = \begin{pmatrix} -1.3607 & -0.1143 \\ -1.2698 & -0.1482 \end{pmatrix}, \ A + BK = \begin{pmatrix} -1.0752 & 0.7098 \\ 0.0100 & -0.4411 \end{pmatrix}
$$

且 $A + BK$ 的特征值为 -1.0862 和 -0.4301。

注 3-18　根据闭环系统矩阵的特征值, 可以得到闭环系统的收敛速度。根据注 3-17, 本节提出的设计方法不仅有效还容易计算。需要说明的是, 文献 [48] 中定理 3.1 的解是唯一的, 而推论 3-4 的解却不是唯一的。其原因在于, 在条件 (3-72) 中引入 λv, 从而使闭环系统收敛更快, 即, $A^\top v + z + \lambda v \prec 0$, 其中, $\lambda > 0$。

例 3-5　文献 [58] 基于 Leslie 模型, 描述一个害虫数量演化的动态过程。为了实现对比, 这里采用文献 [58] 的系统参数。考虑系统 (3-47), 其中

$$
A = \begin{pmatrix} 0.2 & 0.3 & 2 \\ 0.8 & 0 & 0 \\ 0 & 0.7 & 0 \end{pmatrix}, B = \begin{pmatrix} 0.5 \\ 0 \\ 0 \end{pmatrix}, E = \begin{pmatrix} 0.1 \\ 0.05 \\ 0.1 \end{pmatrix}
$$

$$
C = (1\ 1\ 1), D = 0.5, F = 0
$$

由定理 3-6 可得控制器增益矩阵 K 和闭环系统矩阵 $A + BK$ 分别为

$$
K = (-0.4000\ -0.6000\ -2.0000), \ A + BK = \begin{pmatrix} 0.0000 & 0.0000 & 1.0000 \\ 0.8000 & 0 & 0 \\ 0 & 0.7000 & 0 \end{pmatrix}
$$

注 3-19　例 3-5 中, 得到与文献 [58] 相同的控制器增益矩阵和闭环系统。基于文献 [58] 中定理 4 的严格证明, 得到的控制器增益矩阵也是最优的。定理 3-6 的设计不仅是有效的, 更关键在于易于求解。

3.3　正切换系统控制新方法

本小节旨在利用 LP 和 MLCLFs 方法将上一节提出的控制方法推广到正切换系统, 进而改进存在的正切换系统控制方法的不足。考虑连续时间系统:

$$
\begin{aligned}
\dot{x}(t) &= A_{\sigma(t)}x(t) + B_{\sigma(t)}u(t) \\
y(t) &= C_{\sigma(t)}x(t)
\end{aligned}
\tag{3-56}
$$

和离散时间系统:

$$
\begin{aligned}
x(k+1) &= A_{\sigma(k)}x(k) + B_{\sigma(k)}u(k) \\
y(k) &= C_{\sigma(k)}x(k)
\end{aligned}
\tag{3-57}
$$

其中, $x(t) \in \Re^n, u(t) \in \Re^m$ 和 $y(t) \in \Re^s$ ($x(k) \in \Re^n, u(k) \in \Re^m$ 和 $y(k) \in \Re^s$) 分别为系统状态、控制输入和系统输出;函数 $\sigma(t)$ ($\sigma(k)$) 为系统的切换信号且 $\sigma(t) \in S$ ($\sigma(k) \in S$), $S = \{1, 2, \cdots, N\}, N \in \mathbb{N}^+$。当 $t \in [t_i, t_{i+1})$ ($k \in [k_i, k_{i+1})$) 时,第 $\sigma(t_i)$ ($\sigma(k_i)$) 个子系统激活,其中, $i \in \mathbb{N}$, t_i 与 t_{i+1} (或, k_i 与 k_{i+1}) 是系统切换时间点。对于系统 (3-56),假定对于任意 $p \in S$ 有 A_p 是 Metzler 矩阵, $B_p \succeq 0, C_p \succeq 0$。对于系统 (3-57),假定对于任意 $p \in S$ 有 $A_p \succeq 0, B_p \succeq 0, C_p \succeq 0$。

3.3.1 连续时间系统

首先提出系统 (3-56) 的状态反馈控制设计。

定理 3-8 如果存在实数 $\mu > 0, \lambda > 1, \varsigma_p$ 和 $\Re^n$ 向量 $v^{(p)} \succ 0, z^{(pj)}, z^{(p)}$ 使得

$$
A_p^\top v^{(p)} + z^{(p)} + \mu v^{(p)} \prec 0
\tag{3-58a}
$$

$$
(\mathbf{1}_m^\top B_p^\top v^{(p)})A_p + B_p \sum_{j=1}^m \mathbf{1}_m^{(j)} z^{(pj)\top} + \varsigma_p I \succeq 0
\tag{3-58b}
$$

$$
z^{(pj)} \prec z^{(p)}, \ j = 1, 2, \cdots, m
\tag{3-58c}
$$

$$
v^{(p)} \prec \lambda v^{(q)}
\tag{3-58d}
$$

对任意 $(p, q) \in S \times S$ 成立,那么,在状态反馈控制律

$$
u(t) = K_p x(t) = \frac{\sum\limits_{j=1}^m \mathbf{1}_m^{(j)} z^{(pj)\top}}{\mathbf{1}_m^\top B_p^\top v^{(p)}} x(t)
\tag{3-59}
$$

下,当 ADT 满足

$$
\tau_a \geqslant \frac{\ln \lambda}{\mu}
\tag{3-60}
$$

时,闭环系统 (3-56) 是正的、指数稳定的。

证明 首先,易得 $\mathbf{1}_m^\top B_p^\top v^{(p)} > 0$。由条件 (3-58b) 和控制律 (3-59) 可得

$$
A_p + B_p \frac{\sum\limits_{j=1}^m \mathbf{1}_m^{(j)} z^{(pj)\top}}{\mathbf{1}_m^\top B_p^\top v^{(p)}} + \frac{\varsigma_p}{\mathbf{1}_m^\top B_p^\top v^{(p)}} I = A_p + B_p K_p + \frac{\varsigma_p}{\mathbf{1}_m^\top B_p^\top v^{(p)}} I \succeq 0
$$

那么，对于任意 $p \in S$ 有 $A_p + B_p K_p$ 是 Metzler 矩阵。根据引理 1-6，所得闭环系统的每个子系统都是正系统。因此，所得闭环系统 (3-56) 是正系统，即，对于 $t \geqslant 0$ 有 $x(t) \succeq 0$。

给定一切换序列为 $0 \leqslant t_0 < t_1 < \cdots$，选取 MLCLFs 为 $V(x(t)) = x^\top(t) v^{(\sigma(t))}$，那么

$$\dot{V}(x(t)) = x^\top(t) \big(A_{\sigma(t_i)}^\top v^{(\sigma(t_i))} + K_{\sigma(t_i)}^\top B_{\sigma(t_i)}^\top v^{(\sigma(t_i))} \big)$$

其中，$t \in [t_i, t_{i+1})$。由控制律 (3-59) 和条件 (3-58c) 可得

$$K_{\sigma(t_i)}^\top B_{\sigma(t_i)}^\top v^{(\sigma(t_i))} \preceq \frac{\sum_{j=1}^m z^{(\sigma(t_i))} \mathbf{1}_m^{(j)\top} B_{\sigma(t_i)}^\top v^{(\sigma(t_i))}}{\mathbf{1}_m^\top B_{\sigma(t_i)}^\top v^{(\sigma(t_i))}}$$

$$= \frac{z^{(\sigma(t_i))} \mathbf{1}_m^\top B_{\sigma(t_i)}^\top v^{(\sigma(t_i))}}{\mathbf{1}_m^\top B_{\sigma(t_i)}^\top v^{(\sigma(t_i))}} = z^{(\sigma(t_i))}$$

进而，$\dot{V}(x(t)) \leqslant x^\top(t) \big(A_{\sigma(t_i)}^\top v^{(\sigma(t_i))} + z^{(\sigma(t_i))} \big)$。结合 (3-58a)，对于 $t \in [t_i, t_{i+1})$ 有 $\dot{V}(x(t)) \leqslant -\mu V(x(t))$。那么，对于 $t \in [t_i, t_{i+1})$ 有 $V(x(t)) \leqslant \mathrm{e}^{-\mu(t-t_i)} V(x(t_i))$。由条件 (3-58d) 知 $V(x(t)) \leqslant \lambda \mathrm{e}^{-\mu(t-t_i)} V(x(t_i^-))$。递归推导得

$$V(x(t)) \leqslant \lambda^2 \mathrm{e}^{-\mu(t-t_{i-1})} V(x(t_{i-2})) \leqslant \cdots \leqslant \lambda^{N_{\sigma(t_0,t)}} \mathrm{e}^{-\mu(t-t_0)} V(x(t_0))$$

根据定义 1-8 和 $\lambda > 1$ 可得 $V(x(t)) \leqslant \lambda^{N_0} \mathrm{e}^{(\frac{\ln \lambda}{\tau_a} - \mu)(t-t_0)} V(x(t_0))$。那么

$$\|x(t)\|_1 \leqslant \frac{\varrho_2 \lambda^{N_0}}{\varrho_1} \mathrm{e}^{(\frac{\ln \lambda}{\tau_a} - \mu)(t-t_0)} \|x(t_0)\|_1$$

其中，$\varrho_1 = \min_{p \in S} \{ \underline{\varrho}(v^{(p)}) \}$，$\varrho_2 = \max_{p \in S} \{ \overline{\varrho}(v^{(p)}) \}$。一方面，$\frac{\varrho_2 \lambda^{N_0}}{\varrho_1} > 0$；另一方面，由条件 (3-60) 得到 $\frac{\ln \lambda}{\tau_a} - \mu < 0$。故所得到的闭环系统 (3-56) 是正的、指数稳定的。   □

注 3-20   文献 [130] 研究了正切换系统的镇定问题，为将镇定条件转化为 LP 形式，一组已知向量 $\bar{v}^{(p)}$ 被引入，这导致控制器的增益矩阵的秩是 1，类似的问题还存在于文献 [82]、文献 [83]、文献 [132] 和文献 [133] 中。利用定理 3-8 的方法，不需要引入已知向量，得到的控制器增益也没有秩的约束，上述文献中秩的保守性被克服。

注 3-21   给定 μ 和 λ，条件 (3-58) 可以利用 LP 方法求解。在文献 [93] 中，闭环系统矩阵 $A_p + B_p K_p$ 被假定为 Metzler 矩阵，这种假定降低了控制器设计的有

效性。下面将应用定理 3-8 所提出的方法到时滞的正切换系统，移除文献 [93] 中控制设计的限制。

注 3-22 应该指出，定理 3-8 提出的方法可以推广到正混杂系统的其他综合问题中，例如，基于 MDADT 的反馈控制设计、L_1 增益控制综合、随机镇定等。文献 [133] 提出了基于 MDADT 的反馈控制律设计，定理 3-8 的方法可以扩展到文献 [133] 并克服设计的保守性。文献 [111] 已经指出 MDADT 是比 ADT 更具一般性的切换律，在分析系统瞬时动态中具有明显优势。结合定理 3-8 和 MDADT 可对正切换系统设计少保守性的控制器。

注 3-23 考虑条件 (3-58d)，由条件 (3-60)，可得到 $\tau \in \left(\dfrac{\ln \lambda}{\mu}, +\infty \right)$。显然，$\tau$ 的下界依赖于 λ 和 μ。固定 μ，则区间 $\left(\dfrac{\ln \lambda}{\mu}, +\infty \right)$ 将随 λ 的增大而变小。此外，条件 (3-58a)~条件 (3-58c) 有解意味着：对于 $\lambda = \max\limits_{(p,q)\in S\times S, j\in\{1,2,\cdots,n\}}\{v_j^{(p)}/v_j^{(q)}\}$，条件 (3-58d) 必定成立，其中，$v_j^{(p)}$ 是 $v^{(p)}$ 的第 j 个元素。如果去掉条件 (3-58d)，λ 将依赖于 $v^{(p)}$。一旦 λ 很大，区间 $\left(\dfrac{\ln \lambda}{\mu}, +\infty \right)$ 将变得很小，从而，条件 (3-58d) 也起到降低 ADT 条件保守性的作用。

注 3-24 为将条件 (3-58) 转化为 LP，λ 和 μ 的值需要提前给定。如何选取 λ 和 μ 的值是求解条件 (3-58) 的关键。目前，还没有找到选取这两个常数的好方法，这也是切换系统领域尚未解决的难题之一。基于此，定理 3-8 仅部分改进了正切换系统控制器设计方法。关于条件 (3-60) 中 ADT 的改进还有很多工作需要完成。在仿真例子部分，会给出 λ 和 μ 取值的建议方法。

下面给出正切换系统的输出反馈控制器设计。

推论 3-7 如果存在实数 $\mu > 0, \lambda > 1, \varsigma_p$ 和向量 $0 \prec v^{(p)} \in \Re^n, z^{(pj)} \in \Re^r$, $z^{(p)} \in \Re^s$ 使得

$$
\begin{aligned}
& A_p^\top v^{(p)} + C_p^\top z^{(p)} + \mu v^{(p)} \prec 0 \\
& (\mathbf{1}_m^\top B_p^\top v^{(p)})A_p + B_p \sum_{j=1}^m \mathbf{1}_m^{(j)} z^{(pj)\top} C_p + \varsigma_p I \succeq 0 \\
& z^{(pj)} \prec z^{(p)}, \ j = 1, 2, \cdots, m \\
& v^{(p)} \prec \lambda v^{(q)}
\end{aligned}
\tag{3-61}
$$

对任意 $(p, q) \in S \times S$ 成立，那么，在输出反馈控制律

$$u(t) = K_p y(t) = \frac{\sum_{j=1}^{m} \mathbf{1}_m^{(j)} z^{(pj)\top}}{\mathbf{1}_m^\top B_p^\top v^{(p)}} y(t) \tag{3-62}$$

和 ADT 满足条件 (3-60) 时，闭环系统 (3-56) 是正的、指数稳定的。

3.3.2　离散时间系统

本小节考虑离散系统 (3-57) 的反馈控制设计问题。

定理 3-9　如果存在常数 $0 < \mu < 1, \lambda > 1$ 和 $\Re^n$ 向量 $v^{(p)} \succ 0, z^{(pj)}, z^{(p)}$ 使得

$$A_p^\top v^{(p)} + z^{(p)} - \mu v^{(p)} \prec 0 \tag{3-63a}$$

$$(\mathbf{1}_m^\top B_p^\top v^{(p)}) A_p + B_p \sum_{j=1}^{m} \mathbf{1}_m^{(j)} z^{(pj)\top} \succeq 0 \tag{3-63b}$$

$$z^{(pj)} \prec z^{(p)}, \ j = 1, 2, \cdots, m \tag{3-63c}$$

$$v^{(p)} \prec \lambda v^{(q)} \tag{3-63d}$$

对任意 $(p, q) \in S \times S$ 成立，那么，在状态反馈控制律

$$u(k) = K_p x(k) = \frac{\sum_{j=1}^{m} \mathbf{1}_m^{(j)} z^{(pj)\top}}{\mathbf{1}_m^\top B_p^\top v^{(p)}} x(k) \tag{3-64}$$

和 ADT 满足

$$\tau_a \geqslant -\frac{\ln \lambda}{\ln \mu} \tag{3-65}$$

时，闭环系统 (3-57) 是正的、指数稳定的。

证明　由条件 (3-63b) 和控制律 (3-64) 可得，$A_p + B_p \dfrac{\sum_{j=1}^{m} \mathbf{1}_m^{(j)} z^{(pj)\top}}{\mathbf{1}_m^\top B_p^\top v^{(p)}} = A_p + B_p K_p \succeq 0$。由引理 1-7 得，闭环系统 (3-57) 的每个子系统都是正系统，即，对于 $k \geqslant 0$ 有 $x(k) \succeq 0$。

给定一切换序列为 $0 \leqslant k_0 < k_1 < \cdots$，选取 MLCLFs 为 $V(x(k)) = V_{\sigma(k)}(x(k)) = x^\top(k) v^{(\sigma(k))}$，那么，对于 $k \in [k_i, k_{i+1})$ 和 $(k+1) \in [k_i, k_{i+1})$ 有

$$\Delta V(x(k)) = x^\top(k) \left(A_{\sigma(k_i)}^\top v^{(\sigma(k_i))} + K_{\sigma(k_i)}^\top B_{\sigma(k_i)}^\top v^{(\sigma(k_i))} - v^{(\sigma(k_i))} \right)$$

利用控制律 (3-64) 和条件 (3-63c) 可得

$$
\begin{aligned}
K_{\sigma(k_i)}^\top B_{\sigma(k_i)}^\top v^{(\sigma(k_i))} &\preceq \frac{\displaystyle\sum_{j=1}^m z^{(\sigma(k_i))} \mathbf{1}_m^{(j)\top} B_{\sigma(k_i)}^\top v^{(\sigma(k_i))}}{\mathbf{1}_m^\top B_{\sigma(k_i)}^\top v^{(\sigma(k_i))}} \\
&= \frac{z^{(\sigma(k_i))} \mathbf{1}_m^\top B_{\sigma(k_i)}^\top v^{(\sigma(k_i))}}{\mathbf{1}_m^\top B_{\sigma(k_i)}^\top v^{(\sigma(k_i))}} = z^{(\sigma(k_i))}
\end{aligned}
$$

又 $x(k) \succeq 0$，从而有 $\Delta V(x(k)) \leqslant x^\top(k)\left(A_{\sigma(k_i)}^\top v^{(\sigma(k_i))} + z^{(\sigma(k_i))} - v^{(\sigma(k_i))}\right)$。结合条件 (3-63a) 可得，对于 $k \in [k_i, k_{i+1})$ 和 $(k+1) \in [k_i, k_{i+1})$ 有 $V_{\sigma(k_i)}(x(k+1)) \leqslant \mu V_{\sigma(k_i)}(x(k))$。那么，$V_{\sigma(k_i)}(x(k)) \leqslant \mu^{k-k_i} V_{\sigma(k_i)}(x(k_i))$。再由条件 (3-63d)，$V_{\sigma(k_i)}(x(k)) \leqslant \lambda \mu^{k-k_i} V_{\sigma(k_{i-1})}(x(k_i))$。由递归推导可得

$$
V(x(k)) \leqslant \lambda^2 \mu^{k-k_{i-1}} V_{\sigma(k_{i-2})}(x(k_{i-1})) \leqslant \cdots \leqslant \lambda^{N_\sigma(k_0,k)} \mu^{k-k_0} V_{\sigma(k_0)}(x(k_0))
$$

再根据定义 1-8 可得 $V(x(k)) \leqslant \lambda^{N_0} e^{(\frac{\ln\lambda}{\tau_a} + \ln\mu)(k-k_0)} V(x(k_0))$。因此

$$
\|x(k)\|_1 \leqslant \frac{\varrho_2 \lambda^{N_0}}{\varrho_1} e^{(\frac{\ln\lambda}{\tau_a} + \ln\mu)(k-k_0)} \|x(k_0)\|_1
$$

其中，$\varrho_1 = \min\limits_{p \in S}\{\varrho(v^{(p)})\}$，$\varrho_2 = \max\limits_{p \in S}\{\overline{\varrho}(v^{(p)})\}$。由条件 (3-65) 可得，$\dfrac{\ln\lambda}{\tau_a} + \ln\mu < 0$，显然，$\dfrac{\varrho_2 \lambda^{N_0}}{\varrho_1} > 0$。因此，系统 (3-63) 是正的、指数稳定的。　　　□

推论 3-8　如果存在实数 $0 < \mu < 1, \lambda > 1$ 和向量 $0 \prec v^{(p)} \in \Re^n, z^{(pi)} \in \Re^s$，$z^{(p)} \in \Re^s$ 使得

$$
\begin{aligned}
& A_p^\top v^{(p)} + C_p^\top z^{(p)} - \mu v^{(p)} \prec 0 \\
& (\mathbf{1}_m^\top B_p^\top v^{(p)}) A_p + B_p \sum_{j=1}^m \mathbf{1}_m^{(j)} z^{(pj)\top} C_p \succeq 0 \\
& z^{(pj)} \prec z^{(p)}, \ j = 1, 2, \cdots, m \\
& v^{(p)} \prec \lambda v^{(q)}
\end{aligned} \tag{3-66}
$$

对于任意 $(p,q) \in S \times S$ 成立，那么，在输出反馈控制律

$$
u(k) = K_p y(k) = \frac{\displaystyle\sum_{j=1}^m \mathbf{1}_m^{(j)} z^{(pj)\top}}{\mathbf{1}_m^\top B_p^\top v^{(p)}} y(k) \tag{3-67}
$$

和 ADT 满足条件 (3-65) 时，系统 (3-63) 是正的、指数稳定的。

3.3.3　正切换时滞系统

本小节研究正切换时滞系统的状态反馈控制器和有限时间输出反馈控制器设计。

考虑系统：

$$
\begin{aligned}
&\dot{x}(t) = A_{\sigma(t)}x(t) + A_{d\sigma(t)}x(t-d(t)) + B_{\sigma(t)}u(t) + D_{\sigma(t)}\omega(t) \\
&x(t) = \phi(\theta),\ \theta \in [-h, 0] \\
&y(t) = C_{\sigma(t)}x(t) \\
&z(t) = E_{\sigma(t)}x(t) + F_{\sigma(t)}\omega(t)
\end{aligned}
\tag{3-68}
$$

其中，$x(t) \in \Re^n, u(t) \in \Re^m, \omega(t) \in \Re^r_+, y(t) \in \Re^s, z(t) \in \Re^s$ 分别是系统状态、控制输入、外部扰动输入、可测输出和受控输出；对于 $p \in S$ 有 $A_{dp} \succeq 0, D_p \succeq 0,$ $E_p \succeq 0, F_p \succeq 0$；$\phi(\theta)$ 是系统的初始条件且 $\theta \in [-h, 0], h > 0$；$d(t)$ 为连续可微函数，表示时滞，满足 $0 \leqslant d(t) \leqslant h$ 和 $\dot{d}(t) \leqslant \overline{h} \leqslant 1$；其他的参数定义类似于前面章节，不再重复。

3.3.3.1　状态反馈控制器

首先考虑无外扰输入的系统 (3-68)。

定理 3-10　如果存在实数 $\mu > 0, \lambda > 1, \varsigma_p$ 和 $\Re^n$ 向量 $v^{(p)} \succ 0, \delta^{(p)} \succ 0,$ $\zeta^{(p)} \succ 0, z^{(pj)}, z^{(p)}$ 使得

$$
A_p^\top v^{(p)} + z^{(p)} + \mu v^{(p)} + \delta^{(p)} + h\zeta^{(p)} \prec 0
\tag{3-69a}
$$

$$
(\mathbf{1}_m^\top B_p^\top v^{(p)})A_p + B_p \sum_{j=1}^m \mathbf{1}_m^{(j)} z^{(pj)\top} + \varsigma_p I \succeq 0
\tag{3-69b}
$$

$$
A_{dp}^\top v^{(p)} - (1-\overline{h})\mathrm{e}^{-\mu h}\delta^{(p)} \prec 0
\tag{3-69c}
$$

$$
z^{(pj)} \prec z^{(p)},\ j = 1, 2, \cdots, m
\tag{3-69d}
$$

$$
v^{(p)} \prec \lambda v^{(q)},\ \delta^{(p)} \prec \lambda\delta^{(q)},\ \zeta^{(p)} \prec \lambda\zeta^{(q)}
\tag{3-69e}
$$

对任意 $(p, q) \in S \times S$ 成立，那么，在输出反馈控制律 (3-62) 和 ADT 满足 (3-60) 时，闭环系统 (3-68) 是正的、指数稳定的。

证明　根据定理 3-8 的证明，由条件 (3-69b) 可得，对于 $p \in S$ 有 $A_p + B_pK_p$ 是 Metzler 矩阵。由引理 1-10，闭环系统 (3-68) 是正的，即，对于 $t \geqslant 0$, 由 $x(t) \succeq 0$。

选取线性余正 Lyapunov-Krasovskii 泛函：

$$V(x(t)) = x^\top(t)v^{(\sigma(t))} + \int_{t-d(t)}^t \mathrm{e}^{-\mu(t-s)}x(s)^\top \delta^{(\sigma(t))}\mathrm{d}s$$

$$+ \int_{-h}^0 \int_{t+\theta}^t \mathrm{e}^{-\mu(t-s)}x^\top(s)\zeta^{(\sigma(t))}\mathrm{d}s\mathrm{d}\theta$$

那么

$$\dot{V}(x(t)) = x^\top(t)\big(A_{\sigma(t)}^\top v^{(\sigma(t))} + K_{\sigma(t)}^\top B_{\sigma(t)}^\top v^{(\sigma(t))} + \mu v^{(\sigma(t))} + \delta^{(\sigma(t))} + h\zeta^{(\sigma(t))}\big)$$

$$+ x^\top(t-d(t))\big(A_{d\sigma(t)}^\top v^{(\sigma(t))} - (1-\dot{d}(t))\mathrm{e}^{-\mu d(t)}\delta^{(\sigma(t))}\big)$$

$$- \int_{-h}^0 \mathrm{e}^{\mu\theta}x^\top(s)\zeta^{(\sigma(t))}\mathrm{d}\theta - \mu V(x(t))$$

又由于 $d(t) \leqslant h$ 和 $\dot{d}(t) \leqslant \overline{h} \leqslant 1$，从而可得 $-(1-\dot{d}(t))\mathrm{e}^{-\mu d(t)} \leqslant -(1-\overline{h})\mathrm{e}^{-\mu h}$。考虑到 $x(t) \succeq 0$，于是有

$$\dot{V}(x(t)) \leqslant -\mu V(x(t)) + x^\top(t)\big(A_{\sigma(t)}^\top v^{(\sigma(t))} + K_{\sigma(t)}^\top B_{\sigma(t)}^\top v^{(\sigma(t))} + \mu v^{(\sigma(t))}$$

$$+ \delta^{(\sigma(t))} + h\zeta^{(\sigma(t))}\big) + x^\top(t-d(t))\big(A_{d\sigma(t)}^\top v^{(\sigma(t))} - (1-\overline{h})\mathrm{e}^{-\mu h}\delta^{(\sigma(t))}\big)$$

根据定理 3-8 证明中的 $K_{\sigma(t)}^\top B_{\sigma(t)}^\top v^{(\sigma(t))} \preceq z^{(\sigma(t))}$，那么

$$\dot{V}(x(t)) \leqslant -\mu V(x(t)) + x^\top(t)\big(A_{\sigma(t)}^\top v^{(\sigma(t))} + z^{(\sigma(t))} + \mu v^{(\sigma(t))} + \delta^{(\sigma(t))}$$

$$+ h\zeta^{(\sigma(t))}\big) + x^\top(t-d(t))\big(A_{d\sigma(t)}^\top v^{(\sigma(t))} - (1-\overline{h})\mathrm{e}^{-\mu h}\delta^{(\sigma(t))}\big)$$

由条件 (3-69a) 和条件 (3-69c) 可得 $\dot{V}(x(t)) \leqslant -\mu V(x(t))$。剩余的证明过程类似于定理 3-8 的证明，不再赘述。　　　　　　　　　　　　　　　□

下面的推论中，考虑系统 (3-68) 的具有 L_1 增益性能的镇定问题。

推论 3-9　如果存在实数 $\mu > 0, \lambda > 1, \varsigma_p, \gamma > 0$ 和 $\Re^n$ 向量 $v^{(p)} \succ 0, \delta^{(p)} \succ 0,$ $\zeta^{(p)} \succ 0, z^{(pj)}, z^{(p)}$ 使得

$$A_p^\top v^{(p)} + z^{(p)} + \mu v^{(p)} + \delta^{(p)} + h\zeta^{(p)} + E_p^\top \mathbf{1}_s \prec 0$$

$$(\mathbf{1}_m^\top B_p^T v^{(p)})A_p + B_p \sum_{j=1}^m \mathbf{1}_m^{(j)} z^{(pj)\top} + \varsigma_p I \succeq 0$$

$$A_{dp}^\top v^{(p)} - (1-\overline{h})\mathrm{e}^{-\mu h}\delta^{(p)} \prec 0 \tag{3-70}$$

$$D_p^\top v^{(p)} + F_p^\top \mathbf{1}_s - \gamma \mathbf{1}_s \prec 0$$

$$z^{(pj)} \prec z^{(p)}, \quad j = 1, 2, \cdots, m$$

$$v^{(p)} \prec \lambda v^{(q)}, \quad \delta^{(p)} \prec \lambda \delta^{(q)}, \quad \zeta^{(p)} \prec \lambda \zeta^{(q)}$$

对于 $(p,q) \in S \times S$ 成立，那么，在状态反馈控制律 (3-59) 和 ADT 满足条件 (3-60) 时，闭环系统 (3-68) 是正的、具有 L_1 增益稳定的。

3.3.3.2　有限时间输出反馈控制器设计

为了方便后面的研究，先引入一个定义。

定义 3-1 [82]　对于给定时间常数 T_f 和两向量 $l_1 \succ l_2 \succ 0$, 如果下列条件成立:

① $\sup\limits_{-h\leqslant t\leqslant 0}\{x^\top(t)l_1\}\leqslant 1$ 成立时, 始终有 $x^\top(t)l_2 < 1$, 其中, 外部输入满足

$$\int_0^{T_f} ||\omega(t)||_1\mathrm{d}t < \varpi, \ \varpi \geqslant 0$$

② 在零初始条件下, 下面不等式成立:

$$\int_0^{T_f} \mathrm{e}^{-\alpha t}||z(t)||_1\mathrm{d}t < \gamma \int_0^{T_f} ||\omega(t)||_1\mathrm{d}t$$

那么, 系统 (3-68) 是关于 $(l_1, l_2, T_f, \sigma(t))$ 有限时间 L_1 有界的, 其中, $\alpha > 0, \gamma > 0$。

定理 3-11　给定常数 T_f 和向量 $l_1 \succ l_2 \succ 0$。如果存在实数 $\alpha_p > 0, \varsigma_p, \lambda_p > 1, \gamma > 0, \varepsilon_1 > 0, \varepsilon_2 > 0, \varepsilon_3 > 0, \varepsilon_4 > 0$ 和 $\Re^n$ 向量 $v^{(p)} \succ 0, \delta^{(p)} \succ 0, \zeta^{(p)} \succ 0, z^{(pj)}, z^{(p)}$ 使得

$$A_p^\top v^{(p)} + C_p^\top z^{(p)} - \alpha_p v^{(p)} + \delta^{(p)} + h\zeta^{(p)} + E_p^\top \mathbf{1}_s \prec 0 \tag{3-71a}$$

$$(\mathbf{1}_m^\top B_p^\top v^{(p)})A_p + B_p \sum_{j=1}^m \mathbf{1}_m^{(j)} z^{(pj)\top} C_p + \varsigma_p I \succeq 0 \tag{3-71b}$$

$$A_{dp}^\top v^{(p)} - (1-\bar{h})\delta^{(p)} \prec 0 \tag{3-71c}$$

$$D_p^\top v^{(p)} + F_p^\top \mathbf{1}_s - \gamma\mathbf{1}_r \prec 0 \tag{3-71d}$$

$$z^{(pj)} \prec z^{(p)}, \ j = 1, 2, \cdots, m \tag{3-71e}$$

$$\varepsilon_1 l_2 \prec v^{(p)} \prec \varepsilon_2 l_1, \ \delta^{(p)} \prec \varepsilon_3 l_1, \ \zeta^{(p)} \prec \varepsilon_3 l_1 \tag{3-71f}$$

$$v^{(p)} \prec \lambda_p v^{(q)}, \ \delta^{(p)} \prec \lambda_p \delta^{(q)}, \ \zeta^{(p)} \prec \lambda_p \zeta^{(q)} \tag{3-71g}$$

$$\varepsilon_2 + h\varepsilon_3 + h^2\varepsilon_4 + \varpi\gamma < \varepsilon_1 \mathrm{e}^{-\rho T_f} \tag{3-71h}$$

$$\varepsilon_2 D_p^{(i)\top} l_1 < \gamma, \ i = 1, 2, \cdots, r \tag{3-71i}$$

对任意 $(p, q) \in S \times S$ 成立, 那么, 在输出反馈控制律 (3-67) 和 MDADT 满足

$$\tau_{ap} > \max\left\{\frac{T_f \ln\lambda_p}{\ln(\varepsilon_1\mathrm{e}^{-\alpha_p T_f}) - \ln(\varepsilon_2 + h\varepsilon_3 + h^2\varepsilon_4 + \varpi\gamma)}\frac{\ln\lambda_p}{\alpha}\right\} \tag{3-72}$$

时, 闭环系统 (3-68) 是正的、指数稳定的, 其中, $\alpha = \max\limits_{p\in S}\alpha_p, \rho = \max\limits_{p\in S}\left(\alpha_p + \dfrac{\ln\lambda_p}{\tau_{ap}}\right)$, $D_p^{(i)}$ 是 D_p 的第 i 列元素。

证明 由条件 (3-71b) 可得，对于任意 $p \in S$ 有 $A_p + B_p K_p C_p$ 是 Metzler 矩阵。由引理 1-6 可得，闭环系统 (3-68) 是正系统，即，对于任意 $t \geqslant 0$ 有 $x(t) \succeq 0$。

选取线性余正 Lyapunov–Krasovskii 泛函：

$$V_{\sigma(t)}(x(t)) = x^\top(t)v^{(\sigma(t))} + \int_{t-d(t)}^{t} x^\top(s)\delta^{(\sigma(t))}\mathrm{d}s + \int_{-h}^{0}\int_{t+\theta}^{t} x^\top(s)\zeta^{(\sigma(t))}\mathrm{d}s\mathrm{d}\theta$$

那么

$$\begin{aligned}
&\dot{V}_{\sigma(t)}(x(t)) - \alpha_p V_{\sigma(t)} + \|z(t)\|_1 - \gamma\|\omega(t)\|_1 \\
&\leqslant x^\top(t)(A_p^\top v^{(p)} + C_p^\top K_p B_p - \alpha_p v^{(p)} + \delta^{(p)} + h\zeta^{(p)} + E_p^\top \mathbf{1}_s) \\
&\quad + x^\top(t-\tau(t))[A_{dp}^\top v^{(p)} - (1-\bar{h})\delta^{(p)}] + \omega^\top(t)(D_p^\top v^{(p)} + F_p^\top \mathbf{1}_s - \gamma\mathbf{1}_r)
\end{aligned}$$

根据条件 (3-71b)~条件 (3-71d) 可得 $\dot{V}_{\sigma(t)}(x(t)) - \alpha_p V_{\sigma(t)} \leqslant -\|z(t)\|_1 + \gamma\|\omega(t)\|_1$。其余证明可参考文献 [82] 中定理 2 证明，不再赘述。 □

注 3-25 本节仅仅考虑了时滞正切换系统的控制设计。这种推广进一步证实前面章节所提出的基于矩阵分解方法的控制设计的有效性。这种方法还可应用到正切换系统的其他问题研究中，例如，鲁棒镇定、观测器设计等。因此，所提出的方法是正切换系统综合问题研究的一个一致性标架。

3.3.4 仿真例子

本小节将给出两个例子以证实所提出方法的有效性。

例 3-6 考虑系统 (3-56) 包含两个子系统：

$$A_1 = \begin{pmatrix} -0.7 & 0.1 & 0.5 \\ 0.6 & -0.6 & 0.4 \\ 0.5 & 0.5 & -0.4 \end{pmatrix}, \ B_1 = \begin{pmatrix} 0.3 & 0.1 \\ 0.1 & 0.2 \\ 0.2 & 0.1 \end{pmatrix}$$

和

$$A_2 = \begin{pmatrix} -0.5 & 0.4 & 0.5 \\ 0.4 & -0.6 & 0.6 \\ 0.7 & 0.3 & -0.5 \end{pmatrix}, \ B_2 = \begin{pmatrix} 0.2 & 0.4 & 0.9 \\ 0.6 & 0.3 & 0.1 \\ 0.5 & 0.1 & 0.7 \end{pmatrix}$$

取 $\mu = 0.3$，$\lambda = 1.1$，利用条件 (3-58a)~条件 (3-58d) 可得状态反馈控制器增益矩阵为

$$K_1 = \begin{pmatrix} -1.1535 & -0.1873 & -1.1633 \\ -1.2087 & -0.3555 & -1.2193 \end{pmatrix}, K_2 = \begin{pmatrix} -0.2931 & -0.2052 & -0.3522 \\ -0.3104 & -0.2469 & -0.3366 \\ -0.2961 & -0.1683 & -0.2970 \end{pmatrix}$$

进而，闭环系统矩阵为

$$\overline{A}_1 = \begin{pmatrix} -1.1669 & 0.0083 & 0.0291 \\ 0.2429 & -0.6898 & 0.1398 \\ 0.4484 & 0.3270 & -0.7546 \end{pmatrix}, \overline{A}_2 = \begin{pmatrix} -0.9493 & 0.1088 & 0.0276 \\ 0.1014 & -0.8140 & 0.2580 \\ 0.3151 & 0.0549 & -0.9177 \end{pmatrix}$$

其中，$\overline{A}_1 = A_1 + B_1 K_1, \overline{A}_2 = A_2 + B_2 K_2$。下面，去掉条件 (3-58d)，取 $\mu = 0.3$，条件 (3-58) 仍有解且

$$v^{(1)} = \begin{pmatrix} 212.1911 \\ 111.6029 \\ 74.8199 \end{pmatrix}, v^{(2)} = \begin{pmatrix} 118.7183 \\ 87.2800 \\ 106.9658 \end{pmatrix}$$

$\lambda = 1.7873$，ADT 满足 $\tau_a \geqslant 1.9357$。相比定理 3-10 含有条件 (3-58d) 的情形，获得的 ADT 条件更加保守。从控制器增益矩阵 K_1 和 K_2 的形式来看，其秩不为 1。所以，3.3 节提出的控制器设计方法更一般。假如利用文献 [93] 中的方法设计控制器，首先假定控制器增益矩阵 K_1 和 K_2 保证 $A_1 + B_1 K_1$ 和 $A_2 + B_2 K_2$ 是 Metzler 矩阵，这并不容易实现。简言之，文献 [93] 的定理 3 只是假定可存在一些矩阵满足系统的正性，但没有给出可行性方法。

给定初始条件 $(x_1(0)\ x_2(0)\ x_3(0))^\top = (8\ 6\ 4)^\top$，图 3-3 给出了 $x_1(t), x_2(t)$ 和 $x_3(t)$ 在满足 ADT 条件下的仿真结果。

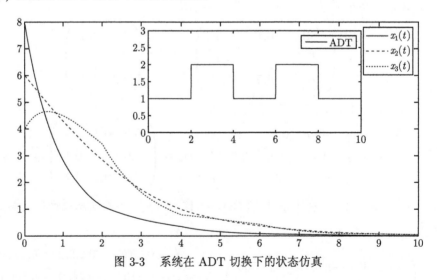

图 3-3   系统在 ADT 切换下的状态仿真

例 3-7   考虑由两个子系统组成的系统 (3-57)，其中

$$A_1 = \begin{pmatrix} 0.3 & 0.5 & 0.4 \\ 0.4 & 0.3 & 0.6 \\ 0.4 & 0.5 & 0.2 \end{pmatrix}, B_1 = \begin{pmatrix} 0.1 & 0.2 & 0.3 \\ 0.3 & 0.4 & 0.2 \\ 0.5 & 0.2 & 0.4 \end{pmatrix}$$

$$A_2 = \begin{pmatrix} 0.5 & 0.6 & 0.4 \\ 0.3 & 0.5 & 0.4 \\ 0.5 & 0.6 & 0.6 \end{pmatrix}, B_2 = \begin{pmatrix} 0.2 & 0.3 & 0.4 \\ 0.4 & 0.5 & 0.1 \\ 0.4 & 0.3 & 0.6 \end{pmatrix}$$

取 $\mu = 0.6$ 和 $\lambda = 1.1$，由定理 3-9 可得状态反馈控制器增益矩阵为

$$K_1 = \begin{pmatrix} -0.3248 & -0.3199 & -0.1539 \\ -0.3457 & -0.3114 & -0.2104 \\ -0.3291 & -0.3416 & -0.1640 \end{pmatrix}, K_2 = \begin{pmatrix} -0.2990 & -0.4052 & -0.3064 \\ -0.2926 & -0.4055 & -0.2954 \\ -0.3320 & -0.4055 & -0.3122 \end{pmatrix}$$

闭环系统矩阵为

$$A_1 + B_1K_1 = \begin{pmatrix} 0.0997 & 0.3032 & 0.2933 \\ 0.0985 & 0.0111 & 0.4368 \\ 0.0368 & 0.1411 & 0.0153 \end{pmatrix}$$

$$A_2 + B_2K_2 = \begin{pmatrix} 0.2196 & 0.2351 & 0.1252 \\ 0.0009 & 0.0946 & 0.0985 \\ 0.0934 & 0.0730 & 0.2015 \end{pmatrix}$$

显然，所设计的控制器增益矩阵没有秩的限制。给定初始条件 $(x_1(0)\ x_2(0)\ x_3(0))^\top$ $= (4\ 2\ 1)^\top$。图 3-4 给出了状态在满足 ADT 条件下的仿真结果。

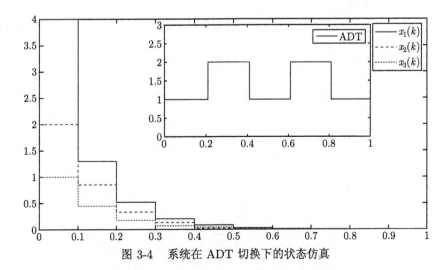

图 3-4　系统在 ADT 切换下的状态仿真

3.4　不确定正切换系统改进的控制方法

前面主要考虑了标称正切换系统的控制问题，建立了一个一致性控制标架。可是，这种控制标架不易直接应用到不确定正切换系统的综合问题研究中。基于此，非常有必要提出一种改进的线性控制标架解决相关控制问题。本节进一步提出一种新的不确定系统的控制标架。

考虑系统：

$$\delta x(t) = Ax(t) + Bu(t) \tag{3-73}$$

其中，$x(t) \in \Re^n$ 和 $u(t) \in \Re^m$ 分别是系统状态和控制输入，δ 可表示连续时间系统的导数算子 $(\delta x(t) = \dfrac{\mathrm{d}}{\mathrm{d}t}x(t), t \geqslant 0)$，也可表示离散时间系统的前向转换算子 $(\delta x(t) = x(t+1), t \in \mathbb{N})$。假定在连续时间系统 (3-73) 中，$A$ 是 Metzler 矩阵，$B \succeq 0$；离散时间系统 (3-73) 中，$A \succeq 0, B \succeq 0$。

3.4.1　连续时间系统

本小节将对区间不确定和多胞体不确定连续时间正系统提出控制器设计方法，并将这种设计方法应用到相应的不确定正切换系统的控制器设计中。

首先考虑没有不确定因素的连续正系统的控制器设计。为方便描述，将系统 (3-73) 重写为

$$\dot{x}(t) = Ax(t) + Bu(t) \tag{3-74}$$

定理 3-12　如果存在实数 $\varsigma > 0, \sigma_{ij}^+ > 0, \epsilon^+ > 0, \sigma_{ij}^- < 0, \epsilon^- < 0$ 和向量 $0 \prec v \in \Re^n$ 使得

$$A^\top v + \xi^+ + \xi^- \prec 0 \tag{3-75a}$$

$$A\mathbf{1}_m^\top B^\top v + B\sum_{i=1}^m \sum_{j=1}^n \mathbf{1}_m^{(i)}(\theta_{ij}^+ + \theta_{ij}^-)^\top + \varsigma I \succeq 0 \tag{3-75b}$$

$$\sigma_{ij}^+ < \epsilon^+, \ i = 1, \cdots, m, \ j = 1, \cdots, n \tag{3-75c}$$

$$\sigma_{ij}^- < \epsilon^-, \ i = 1, \cdots, m, \ j = 1, \cdots, n \tag{3-75d}$$

成立，其中，$\theta_{ij}^\pm = (\underbrace{0, \cdots, 0}_{j-1}, \sigma_{ij}^\pm, \underbrace{0, \cdots, 0}_{n-j})^\top \in \Re^n$，$\xi^\pm = (\epsilon^\pm, \cdots, \epsilon^\pm)^\top \in \Re^n$，那么，在状态反馈控制律

$$u(t) = Kx(t) = \frac{\displaystyle\sum_{i=1}^m \sum_{j=1}^n \mathbf{1}_m^{(i)}(\theta_{ij}^+ + \theta_{ij}^-)^\top}{\mathbf{1}_m^\top B^\top v} x(t) \tag{3-76}$$

下，闭环系统 (3-74) 是正的、稳定的。

证明　由于 $\mathbf{1}_m^\top B^\top v > 0$ 和条件 (3-75b) 可得

$$A + B\frac{\sum_{i=1}^{m}\sum_{j=1}^{n}\mathbf{1}_m^{(i)}(\theta_{ij}^+ + \theta_{ij}^-)^\top}{\mathbf{1}_m^\top B^\top v} + \frac{\varsigma}{\mathbf{1}_m^\top B^\top v}I \succeq 0$$

根据控制律 (3-76) 有 $A + BK + \dfrac{\varsigma}{\mathbf{1}_m^\top B^\top v}I \succeq 0$。基于引理 1-5 有 $A+BK$ 是 Metzler 矩阵。根据引理 1-6 可知，闭环系统 (3-74) 是正系统，即，对于任意 $t \geqslant 0$ 有 $x(t) \succeq 0$。

选取 LCLF 为 $V(x(t)) = x^\top(t)v$，那么，$\dot{V}(x(t)) = x^\top(t)(A^\top v + K^\top B^\top v)$。由条件 (3-75c) 和条件 (3-75d) 可得

$$\sum_{i=1}^{m}\sum_{j=1}^{n}\mathbf{1}_m^{(i)}(\theta_{ij}^+ + \theta_{ij}^-)^\top \preceq \sum_{i=1}^{m}\mathbf{1}_m^{(i)}(\xi^+ + \xi^-)^\top = \mathbf{1}_m(\xi^+ + \xi^-)^\top$$

而且，$K^\top B^\top v \preceq \dfrac{(\xi^+ + \xi^-)\mathbf{1}_m^\top B^\top v}{\mathbf{1}_m^\top B^\top v} = \xi^+ + \xi^-$。由于 $x(t) \succeq 0$，$\dot{V}(x(t)) \leqslant x^\top(t)(A^\top v + \xi^+ + \xi^-)$。由条件 (3-75a) 可得 $\dot{V}(x(t)) < 0$。　　　□

注 3-26　在定理 3-12 的控制器设计中，我们也采用了矩阵分解的方法。在 3.1 节 ~3.3 节中，控制器增益矩阵的分解主要是基于增益矩阵的行向量。定理 3-12 中的矩阵分解是针对控制器增益矩阵的每一个元素，这种控制器设计方法更易应用于不确定系统的控制问题。

考虑两类不确定，区间不确定：

$$\underline{A} \preceq A \preceq \overline{A},\ \underline{B} \preceq B \preceq \overline{B} \tag{3-77}$$

和多胞体不确定：

$$[A|B] = \mathrm{co}\{[A^{(1)}|B^{(1)}],\cdots,[A^{(l)}|B^{(l)}]\} \tag{3-78}$$

其中，$l \in \mathbb{N}^+$。假定条件 (3-77) 中的 $\underline{A}$ 是 Metzler 矩阵，$\underline{B} \succeq 0$；条件 (3-78) 中的 $A^{(i)}$ 是 Metzler 矩阵，$B^{(i)} \succeq 0$，$i \in \{1,2,\cdots,l\}$。

定理 3-13　(1) 如果存在实数 $\varsigma > 0, \sigma_{ij}^+ > 0, \alpha > 1, \epsilon^+ > 0, \sigma_{ij}^- < 0, \epsilon^- < 0$ 和 $\Re^n$ 向量 $v \succ 0$ 使得

$$\overline{A}^\top v + \xi^+ + \xi^- \prec 0 \tag{3-79a}$$

$$\alpha \underline{A}\mathbf{1}_m^\top \underline{B}^\top v + \underline{B}\sum_{i=1}^{m}\sum_{j=1}^{n}\mathbf{1}_m^{(i)}\theta_{ij}^{+\top} + \alpha\overline{B}\sum_{i=1}^{m}\sum_{j=1}^{n}\mathbf{1}_m^{(i)}\theta_{ij}^{-\top} + \varsigma I \succeq 0 \qquad (3\text{-}79\text{b})$$

$$\overline{B} \preceq \alpha\underline{B} \qquad (3\text{-}79\text{c})$$

$$\sigma_{ij}^{+} < \epsilon^{+},\ i = 1,\cdots,m,\ j = 1,\cdots,n \qquad (3\text{-}79\text{d})$$

$$\sigma_{ij}^{-} < \epsilon^{-},\ i = 1,\cdots,m,\ j = 1,\cdots,n \qquad (3\text{-}79\text{e})$$

成立, 那么, 在状态反馈控制律

$$u(t) = Kx(t) = (K^{+} + K^{-})x(t) \qquad (3\text{-}80)$$

下, 其中

$$K^{+} = \frac{\sum_{i=1}^{m}\sum_{j=1}^{n}\mathbf{1}_m^{(i)}\theta_{ij}^{+\top}}{\alpha\mathbf{1}_m^\top \underline{B}^\top v},\ K^{-} = \frac{\sum_{i=1}^{m}\sum_{j=1}^{n}\mathbf{1}_m^{(i)}\theta_{ij}^{-\top}}{\mathbf{1}_m^\top \underline{B}^\top v} \qquad (3\text{-}81)$$

且 $\theta_{ij}^{\pm} = (\underbrace{0,\cdots,0}_{j-1},\sigma_{ij}^{\pm},\underbrace{0,\cdots,0}_{n-j})^\top \in \Re^n$, $\xi^{\pm} = (\epsilon^{\pm},\cdots,\epsilon^{\pm})^\top \in \Re^n$, 闭环区间不确

定系统 (3-74) 是正的、鲁棒稳定的。

(2) 如果存在实数 $\varsigma > 0, \sigma_{ij}^{+} > 0, \alpha > 1, \epsilon^{+} > 0, \sigma_{ij}^{-} < 0, \epsilon^{-} < 0$ 和向

量 $0 \prec v \in \Re^n$ 使得

$$A^{(p)\top}v + \xi^{+} + \xi^{-} \prec 0 \qquad (3\text{-}82\text{a})$$

$$\alpha A^{(p)}\mathbf{1}_m^\top \widehat{B}^{(p)\top}v + B^{(p)}\sum_{i=1}^{m}\sum_{j=1}^{n}\mathbf{1}_m^{(i)}\theta_{ij}^{+\top} + \alpha B^{(p)}\sum_{i=1}^{m}\sum_{j=1}^{n}\mathbf{1}_m^{(i)}\theta_{ij}^{-\top} + \varsigma I \succeq 0 \qquad (3\text{-}82\text{b})$$

$$B^{(p)} \preceq \alpha\widehat{B} \qquad (3\text{-}82\text{c})$$

$$\sigma_{ij}^{+} < \epsilon^{+},\ i = 1,\cdots,m,\ j = 1,\cdots,n \qquad (3\text{-}82\text{d})$$

$$\sigma_{ij}^{-} < \epsilon^{-},\ i = 1,\cdots,m,\ j = 1,\cdots,n \qquad (3\text{-}82\text{e})$$

对于 $p = 1,\cdots,l$ 成立, 那么, 在状态反馈控制律

$$u(t) = Kx(t) = (K^{+} + K^{-})x(t) \qquad (3\text{-}83)$$

下, 其中

$$K^{+} = \frac{\sum_{i=1}^{m}\sum_{j=1}^{n}\mathbf{1}_m^{(i)}\theta_{ij}^{+\top}}{\alpha\mathbf{1}_m^\top \widehat{B}^\top v},\ K^{-} = \frac{\sum_{i=1}^{m}\sum_{j=1}^{n}\mathbf{1}_m^{(i)}\theta_{ij}^{-\top}}{\mathbf{1}_m^\top \widehat{B}^\top v} \qquad (3\text{-}84)$$

且 $\theta_{ij}^{\pm} = (\underbrace{0,\cdots,0}_{j-1}, \sigma_{ij}^{\pm}, \underbrace{0,\ldots,0}_{n-j})^{\top} \in \Re^{n}$, $\xi^{\pm} = (\epsilon^{\pm},\cdots,\epsilon^{\pm})^{\top} \in \Re^{n}$, $B^{(p)} = [b_{pij}]$,

$\widehat{B} = [\hat{b}_{ij}]$, $\hat{b}_{ij} = \min\limits_{p=1,2,\cdots,l} \{b_{pij}\}$, 闭环多胞体不确定系统 (3-74) 是正的、鲁棒稳定的。

证明　(1) 首先, 易知 $K^+ \succ 0$ 和 $K^- \prec 0$。结合条件 (3-79b) 可得

$$\underline{A} + \underline{B}\frac{\displaystyle\sum_{i=1}^{m}\sum_{j=1}^{n}\mathbf{1}_m^{(i)}\theta_{ij}^{+\top}}{\alpha\mathbf{1}_m^{\top}\underline{B}^{\top}v} + \overline{B}\frac{\displaystyle\sum_{i=1}^{m}\sum_{j=1}^{n}\mathbf{1}_m^{(i)}\theta_{ij}^{-\top}}{\mathbf{1}_m^{\top}\underline{B}^{\top}v} + \frac{\varsigma}{\alpha\mathbf{1}_m^{\top}\underline{B}^{\top}v}I \succeq 0$$

由条件 (3-81) 得 $\underline{A} + \underline{B}K^+ + \overline{B}K^- + \dfrac{\varsigma}{\alpha\mathbf{1}_m^{\top}\underline{B}^{\top}v}I \succeq 0$。那么, 根据引理 1-5 有,

$\underline{A} + \underline{B}K^+ + \overline{B}K^-$ 是 Metzler 矩阵。又由 $K^+ \succ 0$ 和 $K^- \prec 0$ 可得

$$\overline{A} + \overline{B}K^+ + \underline{B}K^- \succeq A + BK = A + BK^+ + BK^- \succeq \underline{A} + \underline{B}K^+ + \overline{B}K^-$$

这意味着 $A + BK$ 是 Metzler 矩阵。因此, 区间不确定系统 (3-74) 是正系统。

选取 LCLF 为 $V(x(t)) = x^{\top}(t)v$, 那么

$$\dot{V}(x(t)) = x^{\top}(t)(A^{\top} + K^{+\top}B^{\top} + K^{-\top}B^{\top})v \leqslant x^{\top}(t)(\overline{A}^{\top}v + K^{+\top}\overline{B}^{\top}v + K^{-\top}\underline{B}^{\top}v)$$

结合条件 (3-79c)~条件 (3-79d) 得

$$K^{+\top}\overline{B}^{\top}v \preceq \frac{\displaystyle\sum_{i=1}^{m}\xi^+\mathbf{1}_m^{(i)\top}\overline{B}^{\top}v}{\alpha\mathbf{1}_m^{\top}\underline{B}^{\top}v} = \frac{\xi^+\mathbf{1}_m^{\top}\overline{B}^{\top}v}{\alpha\mathbf{1}_m^{\top}\underline{B}^{\top}v} \preceq \xi^+$$

和

$$K^{-\top}\underline{B}^{\top}v \preceq \frac{\displaystyle\sum_{i=1}^{m}\xi^-\mathbf{1}_m^{(i)\top}\underline{B}^{\top}v}{\mathbf{1}_m^{\top}\underline{B}^{\top}v} = \frac{\xi^-\mathbf{1}_m^{\top}\underline{B}^{\top}v}{\mathbf{1}_m^{\top}\underline{B}^{\top}v} = \xi^-$$

进而, $\dot{V}(x(t)) \leqslant x^{\top}(t)(\overline{A}^{\top}v + \xi^+ + \xi^-)$。又由条件 (3-79a) 可得 $\dot{V}(x(t)) < 0$。

(2) 由条件 (3-82b) 推出

$$A^{(p)} + B^{(p)}\frac{\displaystyle\sum_{i=1}^{m}\sum_{j=1}^{n}\mathbf{1}_m^{(i)}\theta_{ij}^{+\top}}{\alpha\mathbf{1}_m^{\top}\widehat{B}^{(p)\top}v} + B^{(p)}\frac{\displaystyle\sum_{i=1}^{m}\sum_{j=1}^{n}\mathbf{1}_m^{(i)}\theta_{ij}^{-\top}}{\mathbf{1}_m^{\top}\widehat{B}^{(p)\top}v} + \frac{\varsigma}{\alpha\mathbf{1}_m^{\top}\widehat{B}^{(p)\top}v}I \succeq 0$$

结合条件 (3-84) 有 $A^{(p)} + B^{(p)}K^+ + B^{(p)}K^- + \dfrac{\varsigma}{\alpha\mathbf{1}_r^{\top}\widehat{B}^{(p)\top}v}I \succeq 0$。这意味着对

于 $p \in \{1, 2, \cdots, l\}$，$A^{(p)} + B^{(p)}K^+ + B^{(p)}K^-$ 是 Metzler 矩阵。从而有

$$A + BK = A + BK^+ + BK^- = \sum_{p=1}^{l} \gamma_p (A^{(p)} + B^{(p)}K^+ + B^{(p)}K^-)$$

是 Metzler 矩阵，其中，$\sum_{p=1}^{l} \gamma_p = 1, \gamma_p \geqslant 0$。根据条件 (3-82c)~条件 (3-82e) 可得 $K^{+\top}B^{(p)\top}v \preceq \xi^+$ 和 $K^{-\top}B^{(p)\top}v \preceq \xi^-$。选取与 (1) 相同的 LCLF，则由条件 (3-82a) 得

$$\dot{V}(x(t)) \leqslant x^\top(t) \sum_{p=1}^{l} \gamma_p (A^{(p)\top}v + \xi^+ + \xi^-) < 0$$

结论得证。 $\square$

注 3-27　给定 α 的值，条件 (3-79) 和条件 (3-82) 可用 LP 求解。而关于 α 的值，可以在条件 (3-79) 和条件 (3-82) 中取 $\alpha \geqslant \max\limits_{\substack{i=1,2,\cdots,r \\ j=1,2,\cdots,n}} \left\{ \dfrac{\overline{b}_{ij}}{\underline{b}_{ij}} \right\}$。定理 3-13 考虑了不确定正系统的状态反馈镇定，结论也可推广到相应的输出反馈镇定中，这里不展开叙述。

考虑切换系统：

$$\dot{x}(t) = A_{\sigma(t)}x(t) + B_{\sigma(t)}u(t) \tag{3-85}$$

假定系统矩阵分别满足区间不确定：

$$\underline{A}_s \preceq A_s \preceq \overline{A}_s, \underline{B}_s \preceq B_s \preceq \overline{B}_s \tag{3-86}$$

和多胞体不确定：

$$[A_s | B_s] = \mathrm{co}\{[A_s^{(1)} | B_s^{(1)}], \cdots, [A_s^{(l)} | B_s^{(l)}]\} \tag{3-87}$$

其中，$s \in S, l \in \mathbb{N}$。对于条件 (3-86)，$\underline{A}_s$ 是 Metzler 矩阵，$\underline{B}_s \succeq 0$；对于不确定条件 (3-87)，$A_s^{(p)}$ 是 Metzler 矩阵，$B_s^{(p)} \succeq 0, p \in \{1, 2, \cdots, l\}$。

定理 3-14　(1) 如果存在实数 $\mu > 0, \lambda > 1, \alpha_s > 1, \varsigma_s > 0, \sigma_{sij}^+ > 0, \epsilon_s^+ > 0, \sigma_{sij}^- < 0, \epsilon_s^- < 0$ 和向量 $0 \prec v_s \in \mathfrak{R}^n$ 使得

$$\overline{A}_s^\top v_s + \xi_s^+ + \xi_s^- + \mu v_s \prec 0 \tag{3-88a}$$

$$\alpha_s \underline{A}_s \mathbf{1}_m^\top \underline{B}_s^\top v_s + \underline{B}_s \sum_{i=1}^{m} \sum_{j=1}^{n} \mathbf{1}_m^{(i)} \theta_{sij}^{+\top} + \alpha_s \overline{B}_s \sum_{i=1}^{m} \sum_{j=1}^{n} \mathbf{1}_m^{(i)} \theta_{sij}^{-\top} + \varsigma_s I \succeq 0 \tag{3-88b}$$

$$\overline{B}_s \preceq \alpha_s \underline{B}_s \tag{3-88c}$$

$$\sigma_{sij}^+ < \epsilon_s^+, \ i = 1, \cdots, m, \ j = 1, \cdots, n \tag{3-88d}$$

$$\sigma_{sij}^- < \epsilon_s^-, \ i = 1, \cdots, m, \ j = 1, \cdots, n \tag{3-88e}$$

$$v_s \prec \lambda v_q \tag{3-88f}$$

对任意 $(s,q) \in S \times S$ 成立，那么，在状态反馈控制律

$$u(t) = K_s x(t) = (K_s^+ + K_s^-)x(t) \tag{3-89}$$

下，其中

$$K_s^+ = \frac{\sum\limits_{i=1}^{m}\sum\limits_{j=1}^{n} \mathbf{1}_m^{(i)}\theta_{sij}^+}{\alpha_s \mathbf{1}_m^\top \underline{B}_s^\top v_s}, K_s^- = \frac{\sum\limits_{i=1}^{m}\sum\limits_{j=1}^{n} \mathbf{1}_m^{(i)}\theta_{sij}^-}{\mathbf{1}_m^\top \underline{B}_s^\top v_s} \tag{3-90}$$

且 $\theta_{sij}^{\pm} = (\underbrace{0, \cdots, 0}_{j-1}, \sigma_{sij}^{\pm}, \underbrace{0, \cdots, 0}_{n-j})^\top \in \Re^n$, $\xi_s^{\pm} = (\epsilon_s^{\pm}, \cdots, \epsilon_s^{\pm})^\top \in \Re^n$, 当 ADT 满足

$$\tau_a \geqslant \frac{\ln \lambda}{\mu} \tag{3-91}$$

时，闭环系统 (3-85) 是正的、鲁棒稳定的。

(2) 如果存在实数 $\mu > 0, \lambda > 1, \alpha_s > 1, \varsigma_s > 0, \sigma_{sij}^+ > 0, \epsilon_s^+ > 0, \sigma_{sij}^- < 0, \epsilon_s^- < 0$ 和向量 $0 \prec v_s \in \Re^n$ 使得

$$A_s^{(p)\top} v_s + \xi_s^+ + \xi_s^- + \mu v_s \prec 0 \tag{3-92a}$$

$$\alpha_s A_s^{(p)} \mathbf{1}_r^\top \widehat{B}_s^\top v + B_s^{(p)} \sum\limits_{i=1}^{m}\sum\limits_{j=1}^{n} \mathbf{1}_m^{(i)}\theta_{sij}^{+\top} + \alpha_s B_s^{(p)} \sum\limits_{i=1}^{m}\sum\limits_{j=1}^{n} \mathbf{1}_m^{(i)}\theta_{sij}^{-\top} + \varsigma_s I \succeq 0 \tag{3-92b}$$

$$B_s^{(p)} \preceq \alpha_s \widehat{B}_s \tag{3-92c}$$

$$\sigma_{sij}^+ < \epsilon_s^+, \ i = 1, \cdots, m, \ j = 1, \cdots, n \tag{3-92d}$$

$$\sigma_{sij}^- < \epsilon_s^-, \ i = 1, \cdots, m, \ j = 1, \cdots, n \tag{3-92e}$$

$$v_s \prec \lambda v_q \tag{3-92f}$$

对任意 $(s,q) \in S \times S$ 和任意 $p \in \{1, \cdots, l\}$ 成立，那么，在状态反馈控制律

$$u(t) = K_s x(t) = (K_s^+ + K_s^-)x(t) \tag{3-93}$$

下, 其中

$$K_s^+ = \frac{\sum\limits_{i=1}^{m}\sum\limits_{j=1}^{n} \mathbf{1}_m^{(i)}\theta_{sij}^{+\top}}{\alpha\mathbf{1}_m^\top \widehat{B}_s^\top v}, K_s^- = \frac{\sum\limits_{i=1}^{m}\sum\limits_{j=1}^{n} \mathbf{1}_m^{(i)}\theta_{sij}^{-\top}}{\mathbf{1}_m^\top \widehat{B}_s^\top v} \tag{3-94}$$

且 $\theta_{sij}^\pm = (\underbrace{0,\cdots,0}_{j-1}, \sigma_{sij}^\pm, \underbrace{0,\cdots,0}_{n-j})^\top \in \Re^n$, $\xi_s^\pm = (\epsilon^\pm,\cdots,\epsilon_s^\pm)^\top \in \Re^n$, $B_s^{(p)} = [b_{spij}]$, $\widehat{B}_s = [\hat{b}_{sij}]$, $\hat{b}_{sij} = \min\limits_{p=1,2,\cdots,l}\{b_{spij}\}$, 当 ADT 满足条件 (3-91) 时, 闭环系统 (3-86) 是正的、鲁棒稳定的。

证明 (1) 由条件 (3-88b) 和条件 (3-89) 得, 对于 $s \in S$ 有 $\underline{A}_s + \underline{B}_s K_s^+ + \overline{B}_s K_s^-$ 是 Metzler 矩阵。进而可得 $A_s + B_s K_s \succeq \underline{A}_s + \underline{B}_s K_s^+ + \overline{B}_s K_s^-$。那么, $A_s + B_s K_s$ 是 Metzler 矩阵, 从而区间不确定系统 (3-87) 是正系统。选取 ML-CLFs 为 $V(x(t)) = x^\top(t)v_{\sigma(t)}$, 那么, 对于 $t \in [t_i, t_{i+1})$ 有

$$\dot{V}(x(t)) = x^\top(t)\big(A_{\sigma(t_i)}^\top v_{(\sigma(t_i))} + K_{\sigma(t_i)}^\top B_{\sigma(t_i)}^\top v_{(\sigma(t_i))}\big)$$

根据条件 (3-88d) 和条件 (3-88e) 得 $K_{\sigma(t_i)}^\top B_{\sigma(t_i)}^\top v_{(\sigma(t_i))} \preceq \xi_{\sigma(t_i)}^+ + \xi_{\sigma(t_i)}^-$。结合 $x(t) \succeq 0$ 有 $\dot{V}(x(t)) \leqslant x^\top(t)\big(\overline{A}_{\sigma(t_i)}^\top v_{(\sigma(t_i))} + \xi_{\sigma(t_i)}^+ + \xi_{\sigma(t_i)}^-\big)$。结合条件 (3-88a) 可知, 对于 $t \in [t_i, t_{i+1})$ 有 $\dot{V}(x(t)) \leqslant -\mu V(x(t))$。那么, $V(x(t)) \leqslant \mathrm{e}^{-\mu(t-t_i)}V(x(t_i))$。由条件 (3-88f) 推出 $V(x(t)) \leqslant \lambda \mathrm{e}^{-\mu(t-t_i)}V(x(t_i^-))$。利用递归推导可得到

$$V(x(t)) \leqslant \lambda^2 \mathrm{e}^{-\mu(t-t_{i-1})}V(x(t_{i-2})) \leqslant \cdots \leqslant \lambda^{N_{\sigma(t_0,t)}}\mathrm{e}^{-\mu(t-t_0)}V(x(t_0))$$

其中, $N_{\sigma(t_0,t)}$ 是 $[t_0, t]$ 内系统的切换次数。由于 $\lambda > 1$, 那么

$$V(x(t)) \leqslant \lambda^{N_0 + \frac{t-t_0}{\tau_a}}\mathrm{e}^{-\mu(t-t_0)}V(x(t_0)) = \lambda^{N_0}\mathrm{e}^{(\frac{\ln\lambda}{\tau_a}-\mu)(t-t_0)}V(x(t_0))$$

其中, N_0 是抖振界。从而, $\|x(t)\|_1 \leqslant \dfrac{\varrho_2\lambda^{N_0}}{\varrho_1}\mathrm{e}^{(\frac{\ln\lambda}{\tau_a}-\mu)(t-t_0)}\|x(t_0)\|_1$, 其中, ϱ_1 和 ϱ_2 分别是 v_s 的最小元素和最大元素, $s \in S$。又由条件 (3-91) 可得, $\dfrac{\ln\lambda}{\tau_a} - \mu < 0$, 显然, $\dfrac{\varrho_2\lambda^{N_0}}{\varrho_1} > 0$。因此, 所得到的闭环系统 (3-85) 是正的、鲁棒稳定的。

(2) 由条件 (3-92b) 和条件 (3-94) 可得: $A_s^{(p)} + B_s^{(p)}K_s$ 是 Metzler 矩阵, 其中, $s \in S$, $p \in \{1,2,\cdots,l\}$。利用条件 (3-88) 推出: 对于 $s \in S$, $A_s + B_s K_s = \sum\limits_{p=1}^{l}\gamma_p(A_s^{(p)} + B_s^{(p)}K_s)$ 是 Metzler 矩阵, 其中, $\sum\limits_{p=1}^{l}\gamma_p = 1$, $\gamma_p \geqslant 0$。选取与 (1) 中

相同的 Lyapunov 函数，可得

$$\dot{V}(x(t)) \leqslant x^\top(t) \sum_{p=1}^{l} \gamma_p (A_{\sigma(t_i)}^{(p)\top} v_{\sigma(t_i)} + K_{\sigma(t_i)}^{+\top} B_{\sigma(t_i)}^{(p)\top} v_{\sigma(t_i)} + K_{\sigma(t_i)}^{-\top} B_{\sigma(t_i)}^{(p)\top} v_{\sigma(t_i)})$$

$$\leqslant x^\top(t) \sum_{p=1}^{l} \gamma_p (A_{\sigma(t_i)}^{(p)\top} v_{\sigma(t_i)} + \xi_{\sigma(t_i)}^+ + \xi_{\sigma(t_i)}^-)$$

由条件 (3-92a) 得 $\dot{V}(x(t)) \leqslant x^\top(t) \sum_{p=1}^{l} \gamma_p v_{\sigma(t_i)} = -\mu V(x(t))$。剩余证明可参考 (1) 中的证明。 □

注 3-28 定理 3-14 改进了不确定正切换系统的控制设计方法。文献 [134] 也讨论了连续不确定正切换系统的状态反馈控制器设计问题，但所设计的控制器增益矩阵受到秩的限制且所得到的条件中包含多个难以选择的参数。而定理 3-14 所提出的设计方法移除了这些限制和约束。文献 [93] 考虑了时滞正系统的控制综合问题，文献 [132] 和文献 [135] 考虑正马尔可夫跳变系统的控制综合问题。定理 3-14 所提出的方法可以推广到文献 [93]、文献 [132] 和文献 [135] 中。

由定理 3-14 不难得出标称系统 (3-86) 的控制器设计，即，对于 $s \in S$，A_s 是 Metzler 矩阵，且 $B_s \succeq 0$。

推论 3-10 如果存在实数 $\mu > 0, \lambda > 1, \varsigma_s > 0, \sigma_{sij}^+ > 0, \epsilon_s^+ > 0, \sigma_{sij}^- < 0,$ $\epsilon_s^- < 0$ 和向量 $0 \prec v_s \in \Re^n$ 使得

$$A_s^\top v_s + \xi_s^+ + \xi_s^- + \mu v_s \prec 0$$

$$A_s \mathbf{1}_m^\top B_s^\top v_s + B_s \sum_{i=1}^{m} \sum_{j=1}^{n} \mathbf{1}_m^{(i)} (\theta_{sij}^+ + \theta_{sij}^-)^\top + \varsigma_s I \succeq 0$$

$$\sigma_{sij}^+ < \epsilon_s^+, \ i = 1, \cdots, m, \ j = 1, \cdots, n \tag{3-95}$$

$$\sigma_{sij}^- < \epsilon_s^-, \ i = 1, \cdots, m, \ j = 1, \cdots, n$$

$$v_s \prec \lambda v_q$$

对任意 $(s,q) \in S \times S$ 成立，那么，在状态反馈控制律

$$u(t) = K_s x(t) = \frac{\sum_{i=1}^{m} \sum_{j=1}^{m} \mathbf{1}_s^{(i)} (\theta_{sij}^+ + \theta_{sij}^-)^\top}{\mathbf{1}_m^\top B_s^\top v_s} x(t) \tag{3-96}$$

下，其中，$\theta_{sij}^\pm = (\underbrace{0, \cdots, 0}_{j-1}, \sigma_{sij}^\pm, \underbrace{0, \cdots, 0}_{n-j})^\top \in \Re^n$, $\xi_s^\pm = (\epsilon_s^\pm, \cdots, \epsilon_s^\pm)^\top \in \Re^n$,

当 ADT 满足条件 (3-91) 时，闭环系统 (3-86) 是正的、稳定的。

3.4.2　离散时间系统

首先考虑离散正系统的镇定问题。为方便，重写系统 (3-83) 为

$$x(k+1) = Ax(k) + Bu(k), \ k \in \mathbb{N} \tag{3-97}$$

定理 3-15　如果存在实数 $\sigma_{ij}^+ > 0, \epsilon^+ > 0, \sigma_{ij}^- < 0, \epsilon^- < 0$ 和向量 $0 \prec v \in \Re^n$ 使得

$$A^\top v - v + \xi^+ + \xi^- \prec 0 \tag{3-98a}$$

$$A\mathbf{1}_m^\top B^\top v + B\sum_{i=1}^m \sum_{j=1}^n \mathbf{1}_m^{(i)}(\theta_{ij}^+ + \theta_{ij}^-)^\top \succeq 0 \tag{3-98b}$$

$$\sigma_{ij}^+ < \epsilon^+, \ i = 1, \cdots, m, \ j = 1, \cdots, n \tag{3-98c}$$

$$\sigma_{ij}^- < \epsilon^-, \ i = 1, \cdots, m, \ j = 1, \cdots, n \tag{3-98d}$$

成立，那么，在状态反馈控制律

$$u(k) = Kx(k) = (K^+ + K^-)x(k) \tag{3-99}$$

下，其中

$$K^+ = \frac{\sum_{i=1}^m \sum_{j=1}^n \mathbf{1}_m^{(i)} \theta_{ij}^{+\top}}{\mathbf{1}_m^\top B^\top v}, K^- = \frac{\sum_{i=1}^m \sum_{j=1}^n \mathbf{1}_m^{(i)} \theta_{ij}^{-\top}}{\mathbf{1}_m^\top B^\top v} \tag{3-100}$$

且 $\theta_{ij}^\pm = (\underbrace{0, \cdots, 0}_{j-1}, \sigma_{ij}^\pm, \underbrace{0, \cdots, 0}_{n-j})^\top \in \Re^n, \xi^\pm = (\epsilon^\pm, \cdots, \epsilon^\pm)^\top \in \Re^n$，闭环系统 (3-97) 是正的、稳定的。

证明　由条件 (3-98b) 和条件 (3-100) 可得

$$A + B\frac{\sum_{i=1}^m \sum_{j=1}^n \mathbf{1}_m^{(i)}(\theta_{ij}^+ + \theta_{ij}^-)^\top}{\mathbf{1}_m^\top B^\top v} = A + BK \succeq 0$$

由引理 1-7 得，所得到的闭环系统 (3-97) 是正系统，即，对于任意 $k \in \mathbb{N}$ 有 $x(k) \succeq 0$。

选取 LCLF 为 $V(x(k)) = x^\top(k)v$，那么，$\Delta V \leqslant x^\top(k)(A^\top v - v + \xi^+ + \xi^-)$。又由条件 (3-98a) 可得 $\Delta V < 0$。　　　　　　　　　　　　　　　　□

考虑正系统 (3-97) 满足区间不确定：

$$\underline{A} \preceq A \preceq \overline{A}, \underline{B} \preceq B \preceq \overline{B} \tag{3-101}$$

和多胞体不确定：

$$[A|B] = \mathrm{co}\{[A^{(1)}|B^{(1)}], \cdots, [A^{(l)}|B^{(l)}]\} \tag{3-102}$$

其中，$l \in \mathbb{N}^+$。假定条件 (3-101) 中的 $\underline{A} \succeq 0$，$\underline{B} \succeq 0$；条件 (3-102) 中的 $A^{(i)} \succeq 0, B^{(i)} \succeq 0$，$i \in \{1, 2, \cdots, l\}$。

定理 3-16　(1) 如果存在实数 $\sigma_{ij}^+ > 0, \alpha > 1, \epsilon^+ > 0, \sigma_{ij}^- < 0, \epsilon^- < 0$ 和向量 $0 \prec v \in \Re^n$ 使得

$$\overline{A}^\top v - v + \xi^+ + \xi^- \prec 0 \tag{3-103a}$$

$$\alpha \underline{A} \mathbf{1}_m^\top \underline{B}^\top v + \underline{B} \sum_{i=1}^m \sum_{j=1}^n \mathbf{1}_m^{(i)} \theta_{ij}^{+\top} + \alpha \overline{B} \sum_{i=1}^m \sum_{j=1}^n \mathbf{1}_m^{(i)} \theta_{ij}^{-\top} \succeq 0 \tag{3-103b}$$

$$\overline{B} \preceq \alpha \underline{B} \tag{3-103c}$$

$$\sigma_{ij}^+ < \epsilon^+, \ i = 1, \cdots, m, \ j = 1, \cdots, n \tag{3-103d}$$

$$\sigma_{ij}^- < \epsilon^-, \ i = 1, \cdots, m, \ j = 1, \cdots, n \tag{3-103e}$$

成立，那么，在状态反馈控制律

$$u(k) = Kx(k) = (K^+ + K^-)x(k) \tag{3-104}$$

下，其中

$$K^+ = \frac{\sum_{i=1}^m \sum_{j=1}^n \mathbf{1}_m^{(i)} \theta_{ij}^{+\top}}{\alpha \mathbf{1}_m^\top \underline{B}^\top v}, K^- = \frac{\sum_{i=1}^m \sum_{j=1}^n \mathbf{1}_m^{(i)} \theta_{ij}^{-\top}}{\mathbf{1}_m^\top \underline{B}^\top v} \tag{3-105}$$

且 $\theta_{ij}^\pm = (\underbrace{0, \cdots, 0}_{j-1}, \sigma_{ij}^\pm, \underbrace{0, \cdots, 0}_{n-j})^\top \in \Re^n$，$\xi^\pm = (\epsilon^\pm, \cdots, \epsilon^\pm)^\top \in \Re^n$，闭环区间不确定系统 (3-97) 是正的、鲁棒稳定的。

(2) 如果存在实数 $\varsigma > 0, \sigma_{ij}^+ > 0, \alpha > 1, \epsilon^+ > 0, \sigma_{ij}^- < 0, \epsilon^- < 0$ 和向量 $0 \prec v \in \Re^n$ 使得

$$A^{(p)\top}v - v + \xi^+ + \xi^- \prec 0 \tag{3-106a}$$

$$\alpha A^{(p)} \mathbf{1}_m^\top \widehat{B}^{(p)\top} v + B^{(p)} \sum_{i=1}^m \sum_{j=1}^n \mathbf{1}_m^{(i)} \theta_{ij}^{+\top} + \alpha B^{(p)} \sum_{i=1}^m \sum_{j=1}^n \mathbf{1}_m^{(i)} \theta_{ij}^{-\top} + \varsigma I \succeq 0 \tag{3-106b}$$

$$B^{(p)} \preceq \alpha \widehat{B} \tag{3-106c}$$

$$\sigma_{ij}^+ < \epsilon^+, \ i = 1, \cdots, m, \ j = 1, \cdots, n \tag{3-106d}$$

$$\sigma_{ij}^- < \epsilon^-, \ i = 1, \cdots, m, \ j = 1, \cdots, n \tag{3-106e}$$

对于 $p = 1, \cdots, l$, 成立, 那么, 在状态反馈控制律

$$u(k) = Kx(k) = (K^+ + K^-)x(k) \tag{3-107}$$

下, 其中

$$K^+ = \frac{\sum_{i=1}^m \sum_{j=1}^n \mathbf{1}_m^{(i)} \theta_{ij}^{+\top}}{\alpha \mathbf{1}_m^\top \widehat{B}^\top v}, K^- = \frac{\sum_{i=1}^m \sum_{j=1}^n \mathbf{1}_m^{(i)} \theta_{ij}^{-\top}}{\mathbf{1}_m^\top \widehat{B}^\top v} \tag{3-108}$$

且 $\theta_{ij}^\pm = (\underbrace{0, \cdots, 0}_{j-1}, \sigma_{ij}^\pm, \underbrace{0, \cdots, 0}_{n-j})^\top \in \Re^n$, $\xi^\pm = (\epsilon^\pm, \cdots, \epsilon^\pm)^\top \in \Re^n$, $B^{(p)} = [b_{pij}]$, $\widehat{B} = [\hat{b}_{ij}]$, $\hat{b}_{ij} = \min_{p=1,2,\cdots,l}\{b_{pij}\}$, 闭环多胞体不确定系统 (3-97) 是正的、鲁棒稳定的。

证明　(1) 首先, 有 $K^+ \succ 0$ 和 $K^- \prec 0$, 则 $\underline{A} + \underline{B}K^+ + \overline{B}K^- \preceq A + BK \preceq \overline{A} + \overline{B}K^+ + \underline{B}K^-$。结合条件 (3-103b) 和条件 (3-105) 可得 $\underline{A} + \underline{B}K^+ + \overline{B}K^- \succeq 0$。根据引理 1-7 有, 所得的区间不确定闭环系统 (3-97) 是正的。

选取和定理 3-14 中相同的 LCLF, 则有 $\Delta V \leqslant x^\top(k)(\overline{A}^\top v - v + \xi^+ + \xi^-)$。再由条件 (3-103a) 可得 $\Delta V < 0$。

(2) 由条件 (3-106b) 和条件 (3-108) 可得: 对于 $p \in \{1, 2, \cdots, l\}$, $A^{(p)} + B^{(p)}K \succeq 0$。进而, $A + BK = \sum_{p=1}^l \gamma_p(A^{(p)} + B^{(p)}K) \succeq 0$, 其中, $\sum_{p=1}^l \gamma_p = 1, \gamma_p \geqslant 0$。由引理 1-7, 多胞体不确定闭环系统 (3-97) 是正系统。再由条件 (3-106a) 得 $\Delta V \leqslant x^\top(k)(\overline{A}^\top v - v + \xi^+ + \xi^-) < 0$。证毕。 □

为验证定理 3-16 中所提出的设计方法的有效性, 我们将这种方法应用到带有不确定的离散切换正系统的控制器设计中。考虑离散时间切换系统:

$$x(k+1) = A_{\sigma(k)}x(k) + B_{\sigma(k)}u(k), \ k \in \mathbb{N} \tag{3-109}$$

其中, 相关参数可参考上面几节中离散切换系统。假定系统矩阵分别满足区间不确定:

$$\underline{A}_s \preceq A_s \preceq \overline{A}_s, \quad \underline{B}_s \preceq B_s \preceq \overline{B}_s \tag{3-110}$$

和多胞体不确定：

$$[A_s|B_s] = \mathrm{co}\{[A_s^{(1)}|B_s^{(1)}], \cdots, [A_s^{(l)}|B_s^{(l)}]\} \tag{3-111}$$

其中, $l \in \mathrm{N}^+$。对于不确定条件 (3-110), $\underline{A} \succeq 0, \underline{B} \succeq 0$；对于条件 (3-111), $A^{(i)} \succeq 0$, $B^{(i)} \succeq 0$，其中, $i \in \{1, 2, \cdots, l\}$。

定理 3-17 (1) 如果存在实数 $0 < \mu < 1, \lambda > 1, \alpha_s > 1, \sigma_{sij}^+ > 0, \epsilon_s^+ > 0$, $\sigma_{sij}^- < 0, \epsilon_s^- < 0$ 和向量 $0 \prec v_s \in \Re^n$ 使得

$$\overline{A}_s^\top v_s + \xi_s^+ + \xi_s^- - \mu v_s \prec 0 \tag{3-112a}$$

$$\alpha_s \underline{A}_s \mathbf{1}_m^T \underline{B}_s^\top v_s + \underline{B}_s \sum_{i=1}^{m} \sum_{j=1}^{n} \mathbf{1}_m^{(i)} \theta_{sij}^{+\top} + \alpha_s \overline{B}_s \sum_{i=1}^{m} \sum_{j=1}^{n} \mathbf{1}_m^{(i)} \theta_{sij}^{-\top} \succeq 0 \tag{3-112b}$$

$$\overline{B}_s \preceq \alpha_s \underline{B}_s \tag{3-112c}$$

$$\sigma_{sij}^+ < \epsilon_s^+, \ i = 1, \cdots, m, \ j = 1, \cdots, n \tag{3-112d}$$

$$\sigma_{sij}^- < \epsilon_s^-, \ i = 1, \cdots, m, \ j = 1, \cdots, n \tag{3-112e}$$

$$v_s \prec \lambda v_q \tag{3-112f}$$

对任意 $(s, q) \in S \times S$ 成立，那么，在状态反馈控制律

$$u(k) = K_s x(k) = (K_s^+ + K_s^-) x(k) \tag{3-113}$$

下，其中

$$K_s^+ = \frac{\sum_{i=1}^{m} \sum_{j=1}^{n} \mathbf{1}_m^{(i)} \theta_{sij}^{+\top}}{\alpha_s \mathbf{1}_m^\top \underline{B}_s^\top v_s}, K_s^- = \frac{\sum_{i=1}^{m} \sum_{j=1}^{n} \mathbf{1}_m^{(i)} \theta_{sij}^{-\top}}{\mathbf{1}_m^\top \underline{B}_s^\top v_s} \tag{3-114}$$

且 $\theta_{sij}^\pm = (\underbrace{0, \cdots, 0}_{j-1}, \sigma_{sij}^\pm, \underbrace{0, \cdots, 0}_{n-j})^\top \in \Re^n$, $\xi_s^\pm = (\epsilon_s^\pm, \cdots, \epsilon_s^\pm)^\top \in \Re^n$, 当 ADT 满足

$$\tau_a \geqslant -\frac{\ln \lambda}{\ln \mu} \tag{3-115}$$

时，区间不确定闭环系统 (3-109) 是正的、鲁棒稳定的。

(2) 如果存在实数 $0 < \mu < 1, \lambda > 1, \alpha_s > 1, \sigma_{sij}^+ > 0, \epsilon_s^+ > 0, \sigma_{sij}^- < 0, \epsilon_s^- < 0$ 和向量 $0 \prec v_s \in \Re^n$ 使得

$$A_s^{(p)\top} v_s + \xi_s^+ + \xi_s^- - \mu v_s \prec 0 \tag{3-116a}$$

$$\alpha_s A_s^{(p)} \mathbf{1}_m^\top \widehat{B}_s^\top v + B_s^{(p)} \sum_{i=1}^{m} \sum_{j=1}^{n} \mathbf{1}_m^{(i)} \theta_{sij}^{+\top} + \alpha_s B_s^{(p)} \sum_{i=1}^{m} \sum_{j=1}^{n} \mathbf{1}_m^{(i)} \theta_{sij}^{-\top} \succeq 0 \tag{3-116b}$$

$$B_s^{(p)} \preceq \alpha_s \widehat{B}_s \qquad (3\text{-}116\text{c})$$

$$\sigma_{sij}^+ < \epsilon_s^+, \ i = 1, \cdots, m, \ j = 1, \cdots, n \qquad (3\text{-}116\text{d})$$

$$\sigma_{sij}^- < \epsilon_s^-, \ i = 1, \cdots, m, \ j = 1, \cdots, n \qquad (3\text{-}116\text{e})$$

$$v_s \prec \lambda v_q \qquad (3\text{-}116\text{f})$$

对于任意 $(s, q) \in S \times S$ 和任意 $p \in \{1, \cdots, l\}$ 成立，那么，在状态反馈控制律

$$u(t) = K_s x(t) = (K_s^+ + K_s^-) x(t) \qquad (3\text{-}117)$$

下，其中

$$K_s^+ = \frac{\sum_{i=1}^{r} \sum_{j=1}^{n} \mathbf{1}_m^{(i)} \theta_{sij}^{+\top}}{\alpha \mathbf{1}_m^\top \widehat{B}_s^\top v}, K_s^- = \frac{\sum_{i=1}^{m} \sum_{j=1}^{n} \mathbf{1}_m^{(i)} \theta_{sij}^{-\top}}{\mathbf{1}_m^\top \widehat{B}_s^\top v} \qquad (3\text{-}118)$$

且 $\theta_{sij}^\pm = (\underbrace{0, \cdots, 0}_{j-1}, \sigma_{sij}^\pm, \underbrace{0, \cdots, 0}_{n-j})^\top \in \Re^n$, $\xi_s^\pm = (\epsilon^\pm, \cdots, \epsilon_s^\pm)^\top \in \Re^n$, $B_s^{(p)} = [b_{spij}]$, $\widehat{B}_s = [\hat{b}_{sij}]$, $\hat{b}_{sij} = \min_{p=1,2,\cdots,l} \{b_{spij}\}$，当 ADT 满足条件 (3-115) 时，多胞体不确定闭环系统 (3-109) 是正的、鲁棒稳定的。

证明 （1）由定理 3-16(a) 中的证明可得：区间不确定切换系统 (3-109) 是正系统。选取 MLCLFs：$V(x(k)) = x^\top(k) v_{\sigma(t)}$，那么对于 $k \in [k_i, k_{i+1})$ 有

$$\Delta V = x^\top(k) \big(A_{\sigma(k_i)}^\top v_{(\sigma(k_i))} - v_{(\sigma(k_i))} + K_{\sigma(k_i)}^\top B_{\sigma(k_i)}^\top v_{(\sigma(k_i))} \big)$$

利用定理 3-16(a) 的证明方法可得 $K_{\sigma(k_i)}^\top B_{\sigma(k_i)}^\top v_{(\sigma(k_i))} \preceq \xi_{\sigma(k_i)}^+ + \xi_{\sigma(k_i)}^-$。再由条件 (3-116c)~条件 (3-116e) 和条件 (3-118) 可得 $\Delta V \leqslant x^\top(k) \big(A_{\sigma(k_i)}^\top v_{(\sigma(k_i))} - v_{(\sigma(k_i))} + \xi_{\sigma(k_i)}^+ + \xi_{\sigma(k_i)}^- \big)$。结合条件 (3-116a) 有 $V(x(k+1)) \leqslant \mu V(x(k))$，其中，$k \in [k_i, k_{i+1})$。那么，$V(x(k)) \leqslant \mu^{k-k_i} V(x(k_i))$, $k \in [k_i, k_{i+1})$。又根据条件 (3-116f) 可得 $V(x(k)) \leqslant \lambda \mu^{k-k_i} V(x(k_i^-))$。由递归推导得

$$V(x(k)) \leqslant \lambda^2 \mu^{k-k_{i-1}} V(x(k_{i-2})) \leqslant \cdots \leqslant \lambda^{N_{\sigma(k_0,k)}} \mu^{k-k_0} V(x(t_0))$$

其中，$N_{\sigma(k_0,k)}$ 是 $[k_0, k]$ 上的系统切换次数。此外，$V(x(k)) \leqslant \lambda^{N_0} e^{(\frac{\ln \lambda}{\tau_a} + \ln \mu)(k-k_0)} V(x(k_0))$, N_0 为抖振界。那么，$||x(k)||_1 \leqslant \frac{\varrho_2 \lambda^{N_0}}{\varrho_1} e^{(\frac{\ln \lambda}{\tau} + \ln \mu)(k-k_0)} ||x(k_0)||_1$, ϱ_1 和 ϱ_2 分别是对于任意 $s \in S$ 时 v_s 的最小元素和最大元素。根据条件 (3-115) 可得 $\frac{\ln \lambda}{\tau_a} + \ln \mu < 0$。因此，区间不确定闭环系统 (3-109) 是鲁棒稳定的。

(2) 由定理 3-16(b) 的证明可得 $A_s^{(p)} + B_s^{(p)}K_s \succeq 0$。进而推出 $A_s + B_s K_s = \sum\limits_{p=1}^{l} \gamma_p(A_s^{(p)} + B_s^{(p)}K_s) \succeq 0$，其中，$\sum\limits_{p=1}^{l} \gamma_p = 1, \gamma_p \geqslant 0$。那么，多胞体不确定闭环系统 (3-109) 是正系统。由条件 (3-116a) 和条件 (3-116c)~条件 (3-116f)，对于 $k \in [k_\iota, k_{\iota+1})$ 有

$$V(x(k+1)) - V(x(k)) \leqslant x^\top(k)\sum_{p=1}^{l}\gamma_p\big(A_{\sigma(k_\iota)}^{(p)\top}v_{(\sigma(k_\iota))} - v_{(\sigma(k_\iota))} + \xi_{\sigma(k_\iota)}^{+\top} + \xi_{\sigma(k_\iota)}^{+\top}\big)$$

$$\leqslant x^\top(k)\sum_{p=1}^{l}\gamma_p(\mu-1)v_{(\sigma(k_\iota))}$$

$$= (\mu-1)V(x(k))$$

即，$V(x(k+1)) \leqslant \mu V(x(k))$。剩余证明可参考定理 3-16(a) 的证明，不再赘述。 □

下面的推论是关于标称系统 (3-109) 的镇定问题，即，对于 $s \in S$ 满足 $A_s \succeq 0$，$B_s \succeq 0$。

推论 3-11　如果存在实数 $0 < \mu < 1, \lambda > 1, \sigma_{sij}^+ > 0, \epsilon_s^+ > 0, \sigma_{sij}^- < 0, \epsilon_p^- < 0$ 和向量 $0 \prec v_s \in \Re^n$ 使得

$$A_s^\top v_s + \xi_s^+ + \xi_s^- - \mu v_s \prec 0$$

$$A_s \mathbf{1}_m^\top B_s^\top v_s + B_s \sum_{i=1}^{m}\sum_{j=1}^{n}\mathbf{1}_m^{(i)}(\theta_{sij}^+ + \theta_{sij}^-)^\top \succeq 0$$

$$\sigma_{sij}^+ < \epsilon_s^+, \; i = 1, \cdots, m, \; j = 1, \cdots, n \qquad\qquad (3\text{-}119)$$

$$\sigma_{sij}^- < \epsilon_s^-, \; i = 1, \cdots, m, \; j = 1, \cdots, n$$

$$v_s \prec \lambda v_q$$

对任意 $(s, q) \in S \times S$ 成立，那么，在状态反馈控制律

$$u(k) = K_s x(k) = \frac{\displaystyle\sum_{i=1}^{m}\sum_{j=1}^{n}\mathbf{1}_m^{(i)}(\theta_{sij}^+ + \theta_{sij}^-)^\top}{\mathbf{1}_m^\top B_s^\top v_s}x(k) \qquad (3\text{-}120)$$

下，其中，$\theta_{sij}^\pm = (\underbrace{0, \cdots, 0}_{j-1}, \sigma_{sij}^\pm, \underbrace{0, \cdots, 0}_{n-j})^\top \in \Re^n$，$\xi_s^\pm = (\epsilon_s^\pm, \cdots, \epsilon_s^\pm)^\top \in \Re^n$，当 ADT 满足条件 (3-115) 时，闭环系统 (3-109) 是正的、稳定的。

3.4.3 仿真例子

本小节给出一个例子以证实所提出设计方法的有效性。

例 3-8 考虑区间不确定切换正系统 (3-85) 包含两个子系统:

$$\underline{A}_1 = \begin{pmatrix} -0.56 & 1.00 \\ 0.65 & -0.50 \end{pmatrix}, \underline{B}_1 = \begin{pmatrix} 0.02 & 0.03 \\ 0.05 & 0.06 \end{pmatrix}$$

$$\overline{A}_1 = \begin{pmatrix} -0.52 & 1.21 \\ 0.70 & -0.48 \end{pmatrix}, \overline{B}_1 = \begin{pmatrix} 0.03 & 0.04 \\ 0.06 & 0.08 \end{pmatrix}$$

$$\underline{A}_2 = \begin{pmatrix} -0.33 & 0.47 \\ 0.45 & -0.30 \end{pmatrix}, \underline{B}_2 = \begin{pmatrix} 0.01 & 0.02 \\ 0.03 & 0.03 \end{pmatrix}$$

$$\overline{A}_2 = \begin{pmatrix} -0.30 & 0.50 \\ 0.50 & -0.28 \end{pmatrix}, \overline{B}_2 = \begin{pmatrix} 0.02 & 0.02 \\ 0.03 & 0.04 \end{pmatrix}$$

取 $\mu = 0.3, \lambda = 1.5, \alpha_1 = 1.5, \alpha_2 = 2$,ADT 满足 $\tau_a > 1.3516$ 时,根据定理 3-14 可得

$$K_1^+ = \begin{pmatrix} 0.2419 & 0.1716 \\ 0.2519 & 0.1716 \end{pmatrix}, K_1^- = \begin{pmatrix} -4.7701 & -5.8684 \\ -4.7824 & -5.8783 \end{pmatrix}$$

$$K_2^+ = \begin{pmatrix} 0.3931 & 0.2906 \\ 0.3931 & 0.2861 \end{pmatrix}, K_2^- = \begin{pmatrix} -6.1087 & -8.0250 \\ -5.9500 & -8.0175 \end{pmatrix}$$

记 $x(k) = (x_1(k)\ x_2(k))^\top$ 是系统的状态,$x'(k) = (x_1'(k)\ x_2'(k))^\top$ 和 $x''(k) = (x_1''(k)\ x_2''(k))^\top$ 分别是系统状态的上界和下界。图 3-5 和图 3-6 是系统状态的仿真结果与 ADT 信号。

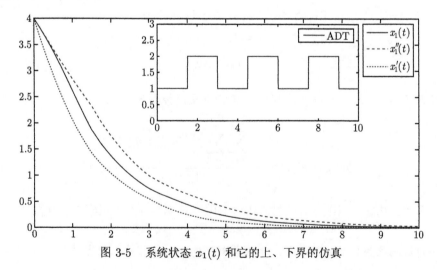

图 3-5 系统状态 $x_1(t)$ 和它的上、下界的仿真

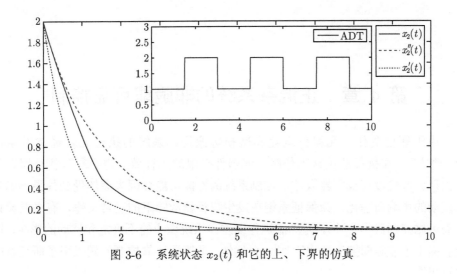

图 3-6　系统状态 $x_2(t)$ 和它的上、下界的仿真

3.5　本 章 小 结

本章从两个方面改进了正切换系统现存的控制方法。首先，基于 Metlzer 矩阵的基本性质和对偶系统理论，借助一个系统的对偶系统的稳定性条件，解决原系统的稳定和镇定问题。其次，基于矩阵分解方法，将控制器增益矩阵分解为多个矩阵和的形式，解决正切换系统和不确定正切换系统的控制问题。本章提出的两种方法分别克服了现存结论中控制器的保守性和 ADT 设计的保守性。所建立的标架可以作为正切换系统综合问题的一致性标架，在其他综合问题研究中也可以直接利用。

第 4 章　正混杂系统的非脆弱可靠控制

由于环境变化、元器件老化和磨损等原因，系统的执行元件经常发生故障 [136-139]。在执行器正常工作时，元器件有限的执行效力也会导致执行器误差的出现。即便没有执行器误差，控制系统的性能可能会因为突然受到外界不确定和扰动的影响而恶化。为保证系统在发生执行器故障下的正常工作，有必要设计一类可靠控制器 [140-145]。为降低执行误差和系统微小的不确定和扰动的影响，研究者提出了非脆弱控制器 [141-144]。自然地，非脆弱可靠控制问题吸引了研究者的注意 [146]。

需要指出的是，很少有文献涉及正混杂系统的非脆弱可靠控制问题。同时，一般系统 (非正系统) 的非脆弱可靠控制方法主要是借助二次型 Lyapunov 函数，建立可借助 LMIs 求解的条件来计算相关条件。这些方法不易直接应用到正系统。因此，如何处理正混杂系统在执行器故障和不确定性影响下的控制综合是正系统领域有意义的研究方向。

4.1　正马尔可夫跳变系统的非脆弱控制

本节针对连续时间和离散时间正马尔可夫跳变系统分别提出非脆弱控制器和相应的吸引域增益设计方法。

考虑如下的连续时间正马尔可夫跳变系统：

$$\dot{x}(t) = A_{g(t)}x(t) + B_{g(t)}\text{sat}(u(t)) \tag{4-1}$$

和离散时间正马尔可夫跳变系统：

$$x(k+1) = A_{g(k)}x(k) + B_{g(k)}\text{sat}(u(k)) \tag{4-2}$$

其中，$x(t) \in \Re^n$ ($x(k) \in \Re^n$) 是系统的状态，$u(t) \in \Re^m$ ($u(k) \in \Re^m$) 是系统的控制输入；$\text{sat}(\cdot)$ 代表饱和函数，$\text{sat}(u(\cdot)) = (\text{sat}(u_1)\ \text{sat}(u_2)\ \cdots \text{sat}(u_m))^\top$ 并且有 $\text{sat}(u_i) = \{\text{sgn}(u_i)\min\{1, |u_i|\}, i = 1, 2, \cdots, m\}$；跳变过程 $\{g(t), t \geqslant 0\}$ ($\{g(k), k \geqslant 0\}$) 在一个有限集合 $S = \{1, 2, \cdots, N\}$ 中取值，$N \in \mathbb{N}^+$。对于连续时间系

统，$\{g(t)\}$ 是一个连续时间、离散模态的齐次马尔可夫过程，其模态转移率为

$$\text{Prob}\{g(t+\Delta t) = j|g(t) = i\} = \begin{cases} \lambda_{ij}\Delta t + o(\Delta t), i \neq j \\ 1 + \lambda_{ii}\Delta t + o(\Delta t), i = j \end{cases}$$

其中，$\Delta t \geqslant 0$，$\lim\limits_{\Delta t \to 0}(o(\Delta t)/\Delta t) = 0$；$\lambda_{ij} \geqslant 0$ $(i, j \in S, i \neq j)$ 代表在 t 时刻从模态 i 到 $t + \Delta t$ 时刻模态 j 的跳变率，对于所有 $i \in S$ 有 $\lambda_{ii} = -\sum\limits_{j=1, i\neq j}^{N} \lambda_{ij}$。对于离散系统，$\{g(k)\}$ 描述了一个离散时间齐次马尔可夫链，其转移概率 $\text{Prob}\{g(k+1) = j|g(k) = i\} = \pi_{ij}$，对于任意 $i, j \in S$ 有 $0 \leqslant \pi_{ij} \leqslant 1$ 和 $\sum\limits_{j=1}^{N} \pi_{ij} = 1$。系统 (4-1) (系统 (4-2)) 的模态集 S 包含 N 个模，当 $g(t) = i$ $(g(k) = i \in S)$ 时，第 i 个子系统的系统矩阵定义为 (A_i, B_i)，这些矩阵都具有可兼容维数。对于系统 (4-1)，假设对于每个 $i \in S$，A_i 是 Metzler 矩阵并且 $B_i \succeq 0$。对于系统 (4-2)，假设对于每个 $i \in S$，$A_i \succeq 0, B_i \succeq 0$。假定转移率是部分已知的，转移率 $\Pi = [\lambda_{ij}]$ 和概率矩阵 $\Lambda = [\pi_{ij}]$ 分别定义为

$$\begin{pmatrix} ? & ? & \cdots & \lambda_{1N} \\ ? & \lambda_{22} & \cdots & \lambda_{2N} \\ ? & \vdots & & \vdots \\ \lambda_{N1} & ? & \cdots & ? \end{pmatrix}, \begin{pmatrix} ? & ? & \cdots & \pi_{1N} \\ \pi_{21} & ? & \cdots & ? \\ ? & \vdots & & \vdots \\ \pi_{N1} & ? & \cdots & \pi_{NN} \end{pmatrix}$$

其中，"?" 代表未知元素。为分析方便，对任意 $i, j \in S$，定义 $S = S_{j1}^i + S_{j2}^i$，其中

$$S_{j1}^i \overset{\text{def}}{=} \{j : \lambda_{ij}\ (\pi_{ij})\ \text{是已知的}\}, \quad S_{j2}^i \overset{\text{def}}{=} \{j : \lambda_{ij}\ (\pi_{ij})\ \text{是未知的}\}$$

将对系统 (4-1) 和系统 (4-2) 分别设计非脆弱控制器：

$$u(t) = (K_i + \Delta K_{it})x(t) \tag{4-3}$$

和

$$u(k) = (K_i + \Delta K_{ik})x(k) \tag{4-4}$$

控制器增益扰动定义为

$$\Delta K_{it} = \sum_{\iota=1}^{m} \mathbf{1}_m^{(\iota)} \xi_{\iota i t}^{\top} \tag{4-5}$$

和

$$\Delta K_{ik} = \sum_{\imath=1}^{m} \mathbf{1}_m^{(\imath)} \xi_{\imath ik}^{\top} \qquad (4\text{-}6)$$

其中,ΔK_{it} 和 ΔK_{ik} 代表控制器增益可能的扰动 (波动),$\sigma_{\imath i}\mathbf{1}_n \preceq \xi_{\imath it} \preceq \delta_{\imath i}\mathbf{1}_n$ $(\sigma_{\imath i}\mathbf{1}_n \preceq \xi_{\imath ik} \preceq \delta_{\imath i}\mathbf{1}_n)$, $-1 \leqslant \sigma_{\imath i} \leqslant 0 \leqslant \delta_{\imath i} \leqslant 1$。

注 4-1   少有文献考虑正系统的非脆弱控制问题。实际上, 当系统是临界稳定或控制器发生故障时, 非脆弱控制器比一般控制器有更好的控制效果。与文献 [141]~ 文献 [144] 不同,本节提出一种新的控制器 (4-3) 和 (4-4), 即,将 ΔK_{it} 或 (ΔK_{ik}) 分解为约束矩阵之和。基于这种形式,闭环系统的稳定性条件可以用 LP 方法处理。这与正系统的处理方法是一致的。

根据引理 1-11, 当 $x(t)$ $(x(k)) \in \varPsi(H_i)$ 时, 相应的闭环系统为

$$\dot{x}(t) = \sum_{\ell=1}^{2^m} \hbar_{i\ell}\big(A_i + B_i D_\ell (K_i + \Delta K_{it}) + B_i D_\ell^- H_i\big)x(t) \qquad (4\text{-}7)$$

和

$$x(k+1) = \sum_{\ell=1}^{2^m} \hbar_{i\ell}\big(A_i + B_i D_\ell (K_i + \Delta K_{ik}) + B_i D_\ell^- H_i\big)x(k) \qquad (4\text{-}8)$$

本节的目的是设计控制器增益矩阵 K_i 和吸引域增益 H_i, 保证系统 (4-7) 和系统 (4-8) 是正的且随机稳定的。

4.1.1 随机稳定

首先, 考虑转移率部分元素已知的连续时间系统 (4-7) 和离散时间系统 (4-8) 的非脆弱随机镇定。

定理 4-1(连续时间系统)   给定常数满足: $-1 \leqslant \sigma_{\imath i} \leqslant 0 \leqslant \delta_{\imath i} \leqslant 1$ 和 $\alpha_i > 0$, 如果存在正实数 γ 和 $\Re^n$ 向量 $v_i \succ 0, z_{\imath i}, z_i, \varepsilon_{\imath i}, \varepsilon_i, \omega_i$ 使得

$$\mathbf{1}_m^{\top} B_i^{\top} v_i A_i + B_i D_\ell \left(\sum_{\imath=1}^{m} \mathbf{1}_m^{(\imath)} z_{\imath i}^{\top} + \mathbf{1}_m^{\top} B_i^{\top} v_i \sum_{\imath=1}^{m} \mathbf{1}_m^{(\imath)} \sigma_{\imath i} \mathbf{1}_n^{\top}\right) \qquad (4\text{-}9\text{a})$$

$$+ B_i D_\ell^- \sum_{\imath=1}^{m} \mathbf{1}_m^{(\imath)} \varepsilon_{\imath i}^{\top} + \gamma I \succeq 0$$

$$A_i^{\top} v_i + z_i + \left(B_i D_\ell \sum_{\imath=1}^{m} \mathbf{1}_m^{(\imath)} \delta_{\imath i} \mathbf{1}_n^{\top}\right)^{\top} v_i + \sum_{j \in \mathcal{S}_{j1}^i} \lambda_{ij}(v_j - \omega_i) \prec 0 \qquad (4\text{-}9\text{b})$$

$$z_{\imath i} \preceq z_i, \ \varepsilon_{\imath i} \preceq \varepsilon_i, \ z_i \succeq \varepsilon_i \qquad (4\text{-}9\text{c})$$

$$v_j - \omega_i \succeq 0, \ \forall j \in S_{j2}^i, \ i = j \tag{4-9d}$$

$$v_j - \omega_i \preceq 0, \ \forall j \in S_{j2}^i, \ i \neq j \tag{4-9e}$$

$$\mathbf{1}_m^\top B_i^\top v_i \geqslant \alpha_i \tag{4-9f}$$

$$-\alpha_i v_i \preceq \varepsilon_{ii} \preceq \alpha_i v_i \tag{4-9g}$$

对任意 $(i,j) \in S \times S$, $\ell = 1, 2, \cdots, 2^m$, $\imath = 1, 2, \cdots, m$ 成立，那么，在非脆弱控制器 (4-4) 下，其中，控制器和吸引域增益为

$$K_i = \frac{\sum\limits_{\imath=1}^m \mathbf{1}_m^{(\imath)} z_{\imath\imath}^\top}{\mathbf{1}_m^\top B_i^\top v_i}, \ H_i = \frac{\sum\limits_{\imath=1}^m \mathbf{1}_m^{(\imath)} \varepsilon_{\imath\imath}^\top}{\mathbf{1}_m^\top B_i^\top v_i} \tag{4-10}$$

闭环系统 (4-7) 是正的且随机稳定的。此外，对于任意初始状态，系统状态都保持在锥集 $\bigcup\limits_{i=1}^N \eta(v_i, 1)$ 内。

证明　从条件 (4-9f) 和 $\alpha_i > 0$, 显然有 $\mathbf{1}_m^\top B_i^\top v_i > 0$。结合条件 (4-9a) 给出

$$A_i + B_i D_\ell \frac{\sum\limits_{\imath=1}^m \mathbf{1}_m^{(\imath)} z_{\imath\imath}^\top}{\mathbf{1}_m^\top B_i^\top v_i} + B_i D_\ell \left(\sum\limits_{\imath=1}^m \mathbf{1}_m^{(\imath)} \sigma_{\imath\imath} \mathbf{1}_n^\top \right) + B_i D_\ell^- \frac{\sum\limits_{\imath=1}^m \mathbf{1}_m^{(\imath)} \varepsilon_{\imath\imath}^\top}{\mathbf{1}_m^\top B_i^\top v_i} + \frac{\gamma I}{\mathbf{1}_m^\top B_i^\top v_i} \succeq 0.$$

根据条件 (4-10) 得到 $A_i + B_i D_\ell \left(K_i + \sum\limits_{\imath=1}^m \mathbf{1}_m^{(\imath)} \sigma_{\imath\imath} \mathbf{1}_n^\top \right) + B_i D_\ell^- H_i + \frac{\gamma I}{\mathbf{1}_m^\top B_i^\top v_i} \succeq 0.$

结合非脆弱控制器条件 (4-5) 有 $\Delta K_{it} = \sum\limits_{\imath=1}^m \mathbf{1}_m^{(\imath)} \xi_{\imath it}^\top \succeq \sum\limits_{\imath=1}^m \mathbf{1}_m^{(\imath)} \sigma_{\imath\imath} \mathbf{1}_n^\top.$ 这意味着，

$A_i + B_i D_\ell (K_i + \Delta K_{it}) + B_i D_\ell^- H_i + \frac{\gamma I}{\mathbf{1}_m^\top B_i^\top v_i} \succeq 0.$ 然后，由引理 1-5 可得，对于

每一个 $i \in S$, 矩阵 $A_i + B_i D_\ell (K_i + \Delta K_{it}) + B_i D_\ell^- H_i$ 是 Metzler 矩阵。根据引理 1-6 易得，闭环系统 (4-7) 是正的。

选取随机 LCLF: $V(x(t), g(t) = i) = x^\top(t) v_i$, 那么

$$\mathcal{A}V(x(t), g(t) = i) = \sum_{\ell=1}^{2^m} \hbar_{i\ell} x^\top(t) \left(A_i^\top v_i + (B_i D_\ell (K_i + \Delta K_{it}) \right.$$

$$\left. + B_i D_\ell^- H_i)^\top v_i + \sum_{j=1}^N \lambda_{ij} v_j \right)$$

$$= \sum_{\ell=1}^{2^m} \hbar_{i\ell} x^\top(t) (A_i^\top v_i + \rho_{it\ell} + \varrho_i)$$

其中，$\rho_{it\ell} = (B_i D_\ell (K_i + \Delta K_{it}) + B_i D_\ell^- H_i)^\top v_i$，$\varrho_i = \sum\limits_{j=1}^{N} \lambda_{ij} v_j$。结合条件 $0 \preceq D_\ell \preceq I$、条件 (4-9c) 和条件 (4-10) 推出

$$
\begin{aligned}
\rho_{it\ell} &\preceq \frac{z_i \mathbf{1}_m^\top D_\ell B_i^\top v_i + \varepsilon_i \mathbf{1}_m^\top (I - D_\ell) B_i^\top v_i}{\mathbf{1}_m^\top B_i^\top v_i} + \left(B_i D_\ell \sum_{i=1}^{m} \mathbf{1}_m^{(i)} \delta_{ii} \mathbf{1}_n^\top \right)^\top v_i \\
&= \frac{(z_i - \varepsilon_i) \mathbf{1}_m^\top D_\ell B_i^\top v_i}{\mathbf{1}_m^\top B_i^\top v_i} + \frac{\varepsilon_i \mathbf{1}_m^\top B_i^\top v_i}{\mathbf{1}_m^\top B_i^\top v_i} + \left(B_i D_\ell \sum_{i=1}^{m} \mathbf{1}_m^{(i)} \delta_{ii} \mathbf{1}_n^\top \right)^\top v_i \\
&\preceq z_i + \left(B_i D_\ell \sum_{i=1}^{m} \mathbf{1}_m^{(i)} \delta_{ii} \mathbf{1}_n^\top \right)^\top v_i
\end{aligned}
$$

注意到 $\sum\limits_{j=1}^{N} \lambda_{ij} = 0$，不难得出 $\sum\limits_{j=1}^{N} \lambda_{ij} \omega_i = 0$。因此

$$
\begin{aligned}
\varrho_i &= \sum_{j \in S_{j_1}^i} \lambda_{ij} v_j + \sum_{j \in S_{j_2}^i} \lambda_{ij} v_j - \sum_{j \in S_{j_1}^i} \lambda_{ij} \omega_i - \sum_{j \in S_{j_2}^i} \lambda_{ij} \omega_i \\
&= \sum_{j \in S_{j_2}^i, i=j} \lambda_{ii}(v_j - \omega_i) + \sum_{j \in S_{j_2}^i, i \neq j} \lambda_{ij}(v_j - \omega_i) + \sum_{j \in S_{j_1}^i} \lambda_{ij}(v_j - \omega_i)
\end{aligned}
$$

因为 $\lambda_{ii} = -\sum\limits_{j=1, i \neq j}^{N} \lambda_{ij} \leqslant 0$，利用条件 (4-9d) 和条件 (4-9e) 得

$$
\sum_{j \in S_{j_2}^i, i=j} \lambda_{ii}(v_j - \omega_i) + \sum_{j \in S_{j_2}^i, i \neq j} \lambda_{ij}(v_j - \omega_i) \preceq 0
$$

进而，根据条件 (4-9b) 得 $\mathcal{A}V(x(t), g(t) = i) < 0$。应用 Dynkin 公式推出

$$
\begin{aligned}
&\mathbf{E}\{V(x(t), g(t) = i)\} - V(x_0, i) \\
&= \mathbf{E}\left\{ \int_0^{t_f} \mathcal{A}V(x(t), g(t)) \mathrm{d}t \right\} \\
&\leqslant \mathbf{E}\left\{ \int_0^{t_f} x^\top(t) \sum_{\ell=1}^{2^m} \hbar_{i\ell} \left((B_i D_\ell \sum_{i=1}^{m} \delta_{ii} \mathbf{1}_n^\top)^\top v_i + A_i^\top v_i + z_i + \sum_{j \in S_{j_1}^i} \lambda_{ij}(v_j - \omega_i) \right) \mathrm{d}t \right\} \\
&\leqslant -\mu \mathbf{E}\left\{ \int_0^{t_f} \|x(t)\|_1 \mathrm{d}t \Big| x_0, g(0) \right\}
\end{aligned}
$$

其中，$\mu = \min\limits_{i \in S}\{\min\limits_{s=1,2,\cdots,n}[-\mu_i]_s\} \geqslant 0$，并且

$$\mu_i = \sum_{\ell=1}^{2^m} \hbar_{i\ell}\big(A_i^\top v_i + z_i + (B_i D_\ell \sum_{i=1}^{m} \delta_{ii}\mathbf{1}_n^\top)^\top v_i + \sum_{j \in S_{j1}^i} \lambda_{ij}(v_j - \omega_i)\big)$$

因为 $\mathbf{E}\{V(x(t), g(t) = i)\} > 0$，有 $\lim\limits_{t_f \to \infty} \mathbf{E}\{\int_0^{t_f}\|x(t)\|_1 \mathrm{d}t | x_0, g(0)\} \leqslant \dfrac{1}{\mu}V(x_0, i)$。因此，根据定义 1-15，系统 (4-7) 是随机稳定的。从条件 (4-9f) 和条件 (4-9g) 可得 $-(\mathbf{1}_m^\top B_i^\top v_i)v_i \preceq \varepsilon_{ii} \preceq (\mathbf{1}_m^\top B_i^\top v_i)v_i$。进而，$-v_i \preceq \dfrac{\varepsilon_{ii}}{\mathbf{1}_m^\top B_i^\top v_i} = H_{ip}^\top \preceq v_i$，$p = 1, 2, \cdots, m$，即有 $-1 \leqslant -x^\top(t)v_i \leqslant H_{ip}x(t) \leqslant x^\top(t)v_i \leqslant 1$。这意味着 $\eta(v_i, 1) \subseteq \Psi(H_i, 1)$。因此，对于初始条件 $x_0 \in \bigcup\limits_{i=1}^{N} \eta(v_i, 1)$，系统状态仍将保留在该区域内。证毕。 □

4.1.2　随机镇定

针对系统 (4-2) 的随机镇定问题，提出以下结论。

定理 4-2(离散时间系统)　给定 $\sigma_{ii}, \delta_{ii}, \sigma_{ii} \leqslant \delta_{ii}, \alpha_i > 0$，如果存在 $\Re^n$ 向量 $v_i \succ 0, \omega_i, z_{ii}, z_i, \varepsilon_{ii}, \varepsilon_i$ 使得

$$A_i \Xi_i + B_i D_\ell \sum_{i=1}^{m} \mathbf{1}_m^{(i)} z_{ii}^\top + B_i D_\ell \left(\sum_{i=1}^{m} \mathbf{1}_m^{(i)} \sigma_{ii} \mathbf{1}_n^\top\right)\Xi_i + B_i D_\ell^- \sum_{i=1}^{m} \mathbf{1}_m^{(i)} \varepsilon_{ii}^\top \succeq 0 \tag{4-11a}$$

$$z_{ii} \preceq z_i, \; \varepsilon_{ii} \preceq \varepsilon_i, \; z_i \succeq \varepsilon_i \tag{4-11b}$$

$$\sum_{j \in S_{j1}^i} \pi_{ij}(v_j - \omega_i) + \omega_i \succ 0 \tag{4-11c}$$

$$0 \preceq v_j - \omega_i \preceq \sum_{j \in S_{j1}^i} \pi_{ij}(v_j - \omega_i) + \omega_i, \; j \in S_{j2}^i \tag{4-11d}$$

$$\left(A_i^\top + \left(\sum_{i=1}^{m} \mathbf{1}_m^{(i)} \delta_{ii} \mathbf{1}_n^\top\right)^\top D_\ell B_i^\top\right)\left(\sum_{j \in S_{j1}^i} \pi_{ij}(v_j - \omega_i) + \omega_i\right) - v_i + z_i \prec 0 \tag{4-11e}$$

$$\left(A_i^\top + \left(B_i D_\ell \sum_{i=1}^{m} \mathbf{1}_m^{(i)} \delta_{ii} \mathbf{1}_n^\top\right)^\top\right)(v_j - \omega_i) + z_i \preceq 0, \; j \in S_{j2}^i \tag{4-11f}$$

$$\Xi_i \geqslant \alpha_i \tag{4-11g}$$

$$-\alpha_i v_i \preceq \varepsilon_{ii} \preceq \alpha_i v_i \tag{4-11h}$$

对任意 $(i,j) \in S \times S, \ell = 1,2,\cdots,2^m$，$\imath = 1,2,\cdots,m$ 成立，其中，$\Xi_i = \mathbf{1}_m^\top B_i^\top \left(\sum\limits_{j \in S_{j1}^i} \pi_{ij}(v_j - \omega_i) + \omega_i \right)$，那么，在非脆弱控制器 (4-4) 下，其中，控制器增益和吸引域增益为

$$K_i = \frac{\sum\limits_{\imath=1}^m \mathbf{1}_m^{(\imath)} z_{\imath\imath}^\top}{\Xi_i}, \ H_i = \frac{\sum\limits_{\imath=1}^m \mathbf{1}_m^{(\imath)} \varepsilon_{\imath\imath}^\top}{\Xi_i} \tag{4-12}$$

系统 (4-8) 是正的且随机稳定的。

证明 首先，证明系统 (4-8) 是正的。从条件 (4-11g) 得到 $\Xi_i > 0$。结合条件 (4-11a) 和条件 (4-12) 推出

$$A_i + B_i D_\ell K_i + B_i D_\ell \Delta K_{ik} + B_i D_\ell^- H_i$$

$$\succeq A_i + B_i D_\ell \frac{\sum\limits_{\imath=1}^m \mathbf{1}_m^{(\imath)} z_{\imath\imath}^\top}{\Xi_i} + B_i D_\ell \left(\sum\limits_{\imath=1}^m \mathbf{1}_m^{(\imath)} \sigma_{\imath\imath} \mathbf{1}_n^\top \right) + B_i D_\ell^- \frac{\sum\limits_{\imath=1}^m \mathbf{1}_m^{(\imath)} \varepsilon_{\imath\imath}^\top}{\Xi_i}$$

$$\succeq 0$$

根据引理 1-7，系统 (4-8) 是正的。

选择一个随机 LCLF：$V(x(k), g(k) = i) = x^\top(k) v_i$，则有

$$\Delta V(x(k), g(k) = i) = \sum_{\ell=1}^{2^m} \hbar_{i\ell} x^\top(k) \left(A_i^\top \sum_{j=1}^N \pi_{ij} v_j - v_i + (B_i D_\ell (K_i + \Delta K_{ik}) + B_i D_\ell^- H_i)^\top \sum_{j=1}^N \pi_{ij} v_j \right)$$

$$= \sum_{\ell=1}^{2^m} \hbar_{i\ell} x^\top(k) (\rho_i + \varrho_{ik\ell})$$

其中，$\rho_i = A_i^\top \sum\limits_{j=1}^N \pi_{ij} v_j - v_i, \varrho_{ik\ell} = (B_i D_\ell(K_i + \Delta K_{ik}) + B_i D_\ell^- H_i)^\top \sum\limits_{j=1}^N \pi_{ij} v_j$。由于 $\sum\limits_{j=1}^N \pi_{ij} = 1, 0 \leqslant \pi_{ij} \leqslant 1$，则

$$\sum_{j=1}^N \pi_{ij} v_j = \sum_{j \in S_{j1}^i} \pi_{ij} v_j + \sum_{j \in S_{j2}^i} \pi_{ij} v_j$$

$$
\begin{aligned}
&= \sum_{j \in S^i_{j1}} \pi_{ij} v_j + \sum_{j \in S^i_{j2}} \pi_{ij} v_j + \omega_i - \sum_{j \in S^i_{j1}} \pi_{ij} \omega_i - \sum_{j \in S^i_{j2}} \pi_{ij} \omega_i \\
&= \sum_{j \in S^i_{j1}} \pi_{ij}(v_j - \omega_i) + \sum_{j \in S^i_{j2}} \pi_{ij}(v_j - \omega_i) + \omega_i
\end{aligned}
$$

进一步，ρ_i 和 $\varrho_{ik\ell}$ 可以重写为

$$
\rho_i = A_i^\top \left(\sum_{j \in S^i_{j1}} \pi_{ij}(v_j - \omega_i) + \omega_i \right) - v_i + A_i^\top \sum_{j \in S^i_{j2}} \pi_{ij}(v_i - \omega_i)
$$

$$
\begin{aligned}
\varrho_{ik\ell} &= \left(B_i D_\ell (K_i + \Delta K_{ik}) + B_i D_\ell^- H_i \right)^\top \left(\sum_{j \in S^i_{j1}} \pi_{ij}(v_j - \omega_i) + \omega_i \right) \\
&\quad + \left(B_i D_\ell (K_i + \Delta K_{ik}) + B_i D_\ell^- H_i \right)^\top \sum_{j \in S^i_{j2}} \pi_{ij}(v_j - \omega_i)
\end{aligned}
$$

假设 π_{ij} 是已知的，得出

$$
\begin{aligned}
&\left(B_i D_\ell K_i + B_i D_\ell^- H_i \right)^\top \left(\sum_{j \in S^i_{j1}} \pi_{ij}(v_j - \omega_i) + \omega_i \right) \\[2mm]
&\preceq \frac{(z_i - \varepsilon_i) \mathbf{1}_m^\top D_\ell B_i^\top \left(\displaystyle\sum_{j \in S^i_{j1}} \pi_{ij}(v_j - \omega_i) + \omega_i \right)}{\mathbf{1}_m^\top B_i^\top \left(\displaystyle\sum_{j \in S^i_{j1}} \pi_{ij}(v_j - \omega_i) + \omega_i \right)} + \varepsilon_i \preceq z_i
\end{aligned}
$$

进而有

$$
\begin{aligned}
&(B_i D_\ell \Delta K_{ik})^\top \left(\sum_{j \in S^i_{j1}} \pi_{ij}(v_j - \omega_i) + \omega_i \right) \\[2mm]
&\preceq \left(\sum_{\imath=1}^m \mathbf{1}_m^{(\imath)} \delta_{\imath\imath} \mathbf{1}_n^\top \right)^\top D_\ell B_i^\top \left(\sum_{j \in S^i_{j1}} \pi_{ij}(v_j - \omega_i) + \omega_i \right)
\end{aligned}
$$

假设 π_{ij} 是未知的。根据条件 (4-11d) 和条件 (4-12) 可得

$$\left(B_i D_\ell (K_i + \Delta K_{ik}) + B_i D_\ell^- H_i\right)^\top \sum_{j \in S_{j2}^i} \pi_{ij}(v_j - \omega_i)$$

$$\preceq \sum_{j \in S_{j2}^i} \pi_{ij} \left(z_i + \left(B_i D_\ell \sum_{i=1}^m \mathbf{1}_m^{(i)} \delta_{ii} \mathbf{1}_n^\top\right)^\top (v_j - \omega_i)\right)$$

据条件 (4-11e) 和条件 (4-11f) 得出

$$\rho_i + \varrho_{ik\ell} \preceq \left(A_i^\top + \left(\sum_{i=1}^m \mathbf{1}_m^{(i)} \delta_{ii} \mathbf{1}_n^\top\right)^\top D_\ell B_i^\top\right) \left(\sum_{j \in S_{j1}^i} \pi_{ij}(v_j - \omega_i) + \omega_i\right)$$

$$- v_i + z_i + \sum_{j \in S_{j2}^i} \pi_{ij} \left(z_i + \left(A_i^\top + \left(B_i D_\ell \sum_{i=1}^m \mathbf{1}_m^{(i)} \delta_{ii} \mathbf{1}_n^\top\right)^\top\right)(v_j - \omega_i)\right) \preceq 0$$

因此, $\Delta V(x(k), i) < 0$。注意到 $\mathbf{E}\{V(x(k_f+1)), i\} - V(x_0, i) < -\mu \sum_{k=0}^{k_f} \mathbf{E}\{\|x(k)\|_1\}$,

其中, $\mu = \min_{i \in S} \{\min_{s=1,2,\cdots,n} [-\mu_i]_s\} \geqslant 0$, 且

$$\mu_i = \left(A_i^\top + \left(\sum_{i=1}^m \mathbf{1}_m^{(i)} \delta_{ii} \mathbf{1}_n^\top\right)^\top D_\ell B_i^\top\right) \left(\sum_{j \in S_{j1}^i} \pi_{ij}(v_j - \omega_i) + \omega_i\right) - v_i + z_i$$

从 $\mathbf{E}\{V(x(k_f+1)), i\} \geqslant 0$ 可得 $\lim_{k_f \to \infty} \sum_{k=0}^{k_f} \mathbf{E}\{\|x(k)\|_1 | x_0, g(0)\} \leqslant \frac{1}{\mu} V(x_0, i)$。因此, 由定义 1-15 可知, 系统 (4-8) 是随机稳定的。因为条件 (4-11g)、条件 (4-11h) 和条件 (4-12), 所以 $-v_i \Xi_i \preceq \varepsilon_{in} \preceq \Xi_i v_i$。进而, $-v_i \preceq \frac{\varepsilon_{in}}{\Xi_i} = H_{ip}^\top \preceq v_i$, $p = 1, 2, \cdots, m$。这意味着对任意的 $x^\top(k) v_i \leqslant 1$, 都有 $-1 \leqslant -x^\top(k) v_i \leqslant H_{ip}(k) \leqslant x^\top(k) v_i \leqslant 1$。这表明 $\eta(v_i, 1) \subseteq \Psi(H_i, 1)$。因此, 对任何满足 $x_0 \in \bigcup_{i=1}^N \eta(v_i, 1)$ 的初始条件, 系统状态都会保持在初始锥域内。 $\square$

注 4-2 文献 [147] 和文献 [148] 利用 LMIs 提出了具有执行器饱和的马尔可夫跳变系统的控制器设计。文献 [149] 考虑了正切换系统的执行器饱和问题。文献 [95] 利用 LP 解决了单输入饱和正马尔可夫跳变系统的镇定问题。本节将 LP 应用于正马尔可夫跳变系统, 提出了一种非脆弱控制器和相应的吸引域增益设计方法。与文献 [95] 和文献 [149] 相比, 本节不仅提出了新的非脆弱控制器设计方法, 同时也给出了吸引域增益 H_i 的设计方法。

注 4-3　文献 [150] 借助自由加权矩阵方法解决了跳变系统在部分已知转移概率下的随机镇定问题。本节引入自由加权矢量 ω_i 研究具有部分已知转移概率的系统 (4-7) 和系统 (4-8) 的稳定性，自由加权矢量增加了条件的灵活性和自由度。

4.1.3　仿真例子

本部分提供两个例子证实获得设计的有效性。

例 4-1　考虑系统 (4-7) 包含三个子系统：

$$A_1 = \begin{pmatrix} -1.3 & 1.8 \\ 2.4 & -1.1 \end{pmatrix}, A_2 = \begin{pmatrix} -1.5 & 2.0 \\ 2.0 & -0.8 \end{pmatrix}, A_3 = \begin{pmatrix} -1.0 & 1.9 \\ 1.9 & -1.1 \end{pmatrix}$$

$$B_1 = \begin{pmatrix} 0.2 & 0.1 \\ 0.2 & 0.3 \end{pmatrix}, B_2 = \begin{pmatrix} 0.4 & 0.2 \\ 0.4 & 0.5 \end{pmatrix}, B_3 = \begin{pmatrix} 0.3 & 0.2 \\ 0.4 & 0.3 \end{pmatrix}$$

其中，部分已知转移率矩阵是 $\Pi = \begin{pmatrix} -1.3 & ? & ? \\ ? & ? & 0.3 \\ 0.4 & ? & ? \end{pmatrix}$。假设 $\sigma_{1i} = -0.7, \sigma_{2i} = -0.6, \delta_{1i} = 0.7, \delta_{2i} = 0.8$。选择 $\alpha_1 = \alpha_2 = 1.7$ 以及 $\alpha_3 = 1.2$。根据定理 4-1 可得

$$K_1 = \begin{pmatrix} -2.422 & -2.382 \\ -4.559 & -4.524 \end{pmatrix}, K_2 = \begin{pmatrix} -1.247 & -1.226 \\ -2.247 & -2.329 \end{pmatrix}$$

$$K_3 = \begin{pmatrix} -1.135 & -1.116 \\ -2.136 & -2.119 \end{pmatrix}$$

$$H_1 = \begin{pmatrix} -2.114 & -2.076 \\ -2.114 & -2.075 \end{pmatrix}, H_2 = \begin{pmatrix} -1.088 & -1.068 \\ -1.088 & -1.069 \end{pmatrix}$$

$$H_3 = \begin{pmatrix} -0.991 & -0.973 \\ -0.990 & -0.973 \end{pmatrix}$$

进而，对每一个 $i \in S, \ell = 1, 2, 3, 4$，都有 $A_i + B_i D_\ell (K_i + \Delta K_{it}) + B_i D_\ell^- H_i$ 是 Metlzer 矩阵。图 4-1 和 图 4-2 给出了系统状态及其上、下界的仿真结果。图 4-3 给出了吸引域和状态响应。

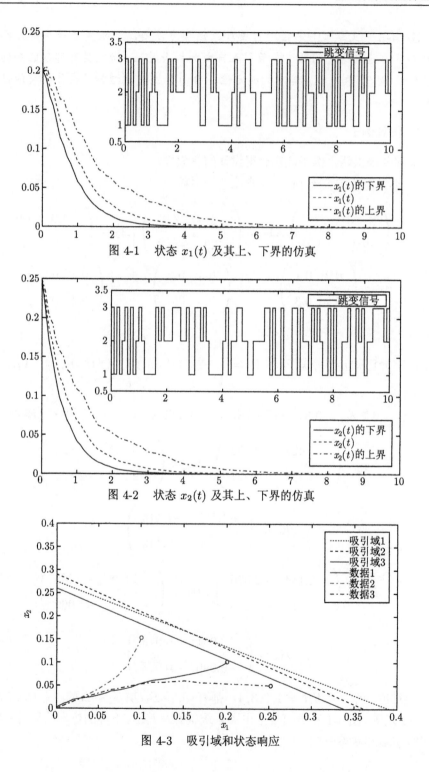

图 4-1   状态 $x_1(t)$ 及其上、下界的仿真

图 4-2   状态 $x_2(t)$ 及其上、下界的仿真

图 4-3   吸引域和状态响应

例 4-2　考虑系统 (4-8)，其中

$$A_1 = \begin{pmatrix} 0.7 & 0.8 \\ 0.6 & 0.8 \end{pmatrix}, A_2 = \begin{pmatrix} 0.8 & 0.7 \\ 0.5 & 0.8 \end{pmatrix}, A_3 = \begin{pmatrix} 0.6 & 0.9 \\ 0.8 & 0.7 \end{pmatrix}$$

$$B_1 = \begin{pmatrix} 0.1 & 0.4 \\ 0.5 & 0.5 \end{pmatrix}, B_2 = \begin{pmatrix} 0.3 & 0.3 \\ 0.4 & 0.7 \end{pmatrix}, B_3 = \begin{pmatrix} 0.2 & 0.2 \\ 0.3 & 0.1 \end{pmatrix}$$

假设 $\sigma_{1i} = -0.25, \sigma_{2i} = -0.3, \delta_{1i} = 0.25$ 和 $\delta_{2i} = 0.4$。由定理 4-2 可得

$$K_1 = \begin{pmatrix} -0.436 & -0.277 \\ -0.410 & -0.253 \end{pmatrix}, K_2 = \begin{pmatrix} -0.403 & -0.256 \\ -0.379 & -0.234 \end{pmatrix}$$

$$K_3 = \begin{pmatrix} -0.819 & -0.521 \\ -0.772 & -0.475 \end{pmatrix}$$

$$H_1 = \begin{pmatrix} -0.541 & -0.389 \\ -0.401 & -0.243 \end{pmatrix}, H_2 = \begin{pmatrix} -0.499 & -0.352 \\ -0.371 & -0.224 \end{pmatrix}$$

$$H_3 = \begin{pmatrix} -1.016 & -0.716 \\ -0.754 & -0.456 \end{pmatrix}$$

进而，对任意 $i \in \mathcal{S}, \ell \in \{1,2,3,4\}$，$A_i + B_i D_\ell (K_i + \Delta K_{ik}) + B_i D_\ell^- H_i \succeq 0$。
图 4-4 和 图 4-5 给出了系统状态及其上、下界的仿真结果，图 4-6 展示了吸引域
和状态响应。

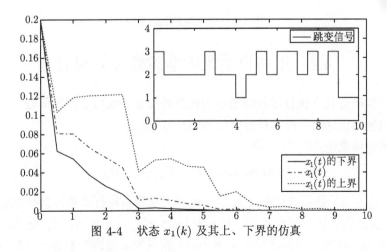

图 4-4　状态 $x_1(k)$ 及其上、下界的仿真

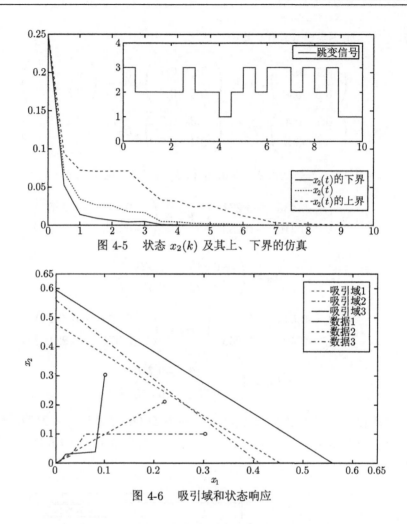

图 4-5　状态 $x_2(k)$ 及其上、下界的仿真

图 4-6　吸引域和状态响应

4.2　正切换系统的非脆弱可靠控制

本节将研究具有执行器故障的正切换系统的非脆弱可靠控制问题，在此基础上，提出区间正切换系统的执行器故障综合方法。

考虑切换系统：

$$\dot{x}(t) = A_{\sigma(t)}x(t) + B_{\sigma(t)}u^l_{\sigma(t)}(t) \tag{4-13}$$

其中，$x(t) \in \Re^n$ 是系统状态，$u^l_{\sigma(t)}(t) \in \Re^m$ 是带有执行器故障的控制输入；函数 $\sigma(t)$ 表示切换律，$\sigma(t) \in S$。假设对每个 $\sigma(t) = i \in S$，A_i 是 Metzler 矩阵，$B_i \succeq 0$。在本节，设计与控制器 (4-3) 相同的非脆弱控制器，$\Delta K_i = E_i H_i$，$K_i \in \Re^{m \times n}$ 是增益矩阵，ΔK_i 是控制器增益扰动矩阵，$H_i \in \Re^{m \times n}$ 是需要设计

的决策矩阵，$E_i \in \Re^{m \times m}$ 是已知的非负矩阵并且满足

$$\delta_1 I \preceq E_i \preceq \delta_2 I \tag{4-14}$$

其中，$0 < \delta_1 < \delta_2$。执行器故障描述为

$$u_i^l = L_i u_i(t) \tag{4-15}$$

其中，$L_i = \mathrm{diag}(l_{i1}, l_{i2}, \cdots, l_{im})$ 是故障矩阵，满足

$$0 \leqslant l_{dij} \leqslant l_{ij} \leqslant l_{uij}, \; l_{uij} \leqslant \gamma l_{dij}, \; l_{ij} \leqslant \varrho l_{dij} \tag{4-16}$$

其中，$l_{dij} \geqslant 0, l_{uij} \geqslant 0, \gamma \geqslant 0, \varrho \geqslant 0$。

根据条件 (4-3) 和条件 (4-15)，闭环切换系统为

$$\dot{x}(t) = \big(A_i + B_i L_i(K_i + E_i H_i)\big)x(t) \tag{4-17}$$

本节将设计 K_i 和 H_i 保证系统 (4-17) 的正性和稳定性。

4.2.1　非脆弱可靠控制

首先，基于增益矩阵分解方法，针对系统 (4-17) 设计非脆弱可靠控制器。

定理 4-3　如果存在实数 $\mu > 0, \lambda > 1, \gamma > 1, \varrho > 1, 0 < \delta_1 < \delta_2 < 1,$ ς_i 和 $\Re^n$ 向量 $v_i \succ 0, \xi_i^+ \succ 0, \xi_i^- \prec 0, z_i^+ \succ 0, z_i^- \prec 0, \xi_{\iota i}^+ \succ 0, \xi_{\iota i}^- \succ 0, z_{\iota i}^+ \succ 0,$ $z_{\iota i}^- \prec 0$ 使得

$$\xi_{\iota i}^+ \prec \xi_i^+, \xi_{\iota i}^- \prec \xi_i^- \tag{4-18a}$$

$$z_{\iota i}^+ \prec z_i^+, z_{\iota i}^- \prec z_i^- \tag{4-18b}$$

$$A_i^\top v_i + \varrho \xi_i^+ + \xi_i^- + \delta_2 \varrho z_i^+ + \delta_1 z_i^- + \mu v_i \prec 0 \tag{4-18c}$$

$$\begin{aligned}
&\mathbf{1}_m^\top L_{di}^T B_i^\top v_i A_i + B_i L_{di} \sum_{\iota=1}^{m} \mathbf{1}_m^{(\iota)} \xi_{\iota i}^{+\top} + \gamma B_i L_{di} \sum_{\iota=1}^{m} \mathbf{1}_m^{(\iota)} \xi_{\iota i}^{-\top} \\
&+ \delta_1 B_i L_{di} \sum_{\iota=1}^{m} \mathbf{1}_m^{(\iota)} z_{\iota i}^{+\top} + \delta_2 \gamma B_i L_{di} \sum_{\iota=1}^{m} \mathbf{1}_m^{(\iota)} z_{\iota i}^{-\top} + \varsigma_i I \succeq 0
\end{aligned} \tag{4-18d}$$

$$v_i \preceq \lambda v_j \tag{4-18e}$$

对任意 $(i,j) \in S \times S, \iota = 1, 2, \cdots, m$ 成立，那么，在非脆弱可靠控制律

$$u_\sigma^l(t) = L_i(K_i + \Delta K_i)x(t) \tag{4-19}$$

下，其中，$K_i = K_i^+ + K_i^-$，$\Delta K_i = E_i H_i^+ + E_i H_i^-$ 和

$$K_i^+ = \frac{\sum_{\iota=1}^{m} \mathbf{1}_m^{(\iota)} \xi_{\iota i}^{+\top}}{\mathbf{1}_m^\top L_{di}^\top B_i^\top \upsilon_i}, K_i^- = \frac{\sum_{\iota=1}^{m} \mathbf{1}_m^{(\iota)} \xi_{\iota i}^{-\top}}{\mathbf{1}_m^\top L_{di}^\top B_i^\top \upsilon_i} \tag{4-20a}$$

$$H_i^+ = \frac{\sum_{\iota=1}^{m} \mathbf{1}_m^{(\iota)} z_{\iota i}^{+\top}}{\mathbf{1}_m^\top L_{di}^\top B_i^\top \upsilon_i}, H_i^- = \frac{\sum_{\iota=1}^{m} \mathbf{1}_m^{(\iota)} z_{\iota i}^{-\top}}{\mathbf{1}_m^\top L_{di}^\top B_i^\top \upsilon_i} \tag{4-20b}$$

ADT 满足

$$\tau_a \geqslant \frac{\ln \lambda}{\mu} \tag{4-21}$$

时，闭环系统 (4-17) 是正的、指数稳定的。

证明　首先，易得 $\mathbf{1}_m^\top L_{di}^\top B_i^\top \upsilon_i > 0$。由 $\xi_{\iota i}^{+\top} \succ 0, \xi_{\iota i}^{-\top} \prec 0, z_{\iota i}^{+\top} \succ 0, z_{\iota i}^{-\top} \succ 0$ 得 $K_i^- \prec 0$ 和 $K_i^+ \succ 0$，则

$$L_{di} K_i^+ + L_{ui} K_i^- + L_{di} E_i H_i^+ + L_{ui} E_i H_i^-$$
$$\preceq L_i K_i^+ + L_i K_i^- + L_i E_i H_i^+ + L_i E_i H_i^-$$
$$\preceq L_{ui} K_i^+ + L_{di} K_i^- + L_{ui} E_i H_i^+ + L_{di} E_i H_i^-$$

进而有

$$A_i + B_i L_{di} K_i^+ + B_i L_{ui} K_i^- + B_i L_{di} E_i H_i^+ + B_i L_{ui} E_i H_i^-$$
$$\preceq A_i + B_i L_i K_i^+ + B_i L_i K_i^- + B_i L_i E_i H_i^+ + B_i L_i E_i H_i^-$$
$$\preceq A_i + B_i L_{ui} K_i^+ + B_i L_{di} K_i^- + B_i L_{ui} E_i H_i^+ + B_i L_{di} E_i H_i^-$$

结合条件 (4-20) 可得

$$A_i + B_i L_{di} K_i^+ + B_i L_{ui} K_i^- + B_i L_{di} E_i H_i^+ + B_i L_{ui} E_i H_i^-$$
$$\succeq A_i + \frac{B_i L_{di} \sum_{\iota=1}^{m} \mathbf{1}_m^{(\iota)} \xi_{\iota i}^{+\top}}{\mathbf{1}_m^\top L_{di}^\top B_i^\top \upsilon_i} + \frac{\gamma B_i L_{di} \sum_{\iota=1}^{m} \mathbf{1}_m^{(\iota)} \xi_{\iota i}^{-\top}}{\mathbf{1}_m^\top L_{di}^\top B_i^\top \upsilon_i}$$
$$+ \frac{\delta_1 B_i L_{di} \sum_{\iota=1}^{m} \mathbf{1}_m^{(\iota)} z_{\iota i}^{+\top}}{\mathbf{1}_m^\top L_{di}^\top B_i^\top \upsilon_i} + \frac{\delta_2 \gamma B_i L_{di} \sum_{\iota=1}^{m} \mathbf{1}_m^{(\iota)} z_{\iota i}^{-\top}}{\mathbf{1}_m^\top L_{di}^\top B_i^\top \upsilon_i}$$

根据条件 (4-18d) 得

$$
A_i + \frac{B_i L_{di} \sum_{\iota=1}^{m} \mathbf{1}_m^{(\iota)} \xi_{\iota i}^{+\top}}{\mathbf{1}_m^{\top} L_{di}^{\top} B_i^{\top} \upsilon_i} + \frac{\gamma B_i L_{di} \sum_{\iota=1}^{m} \mathbf{1}_m^{(\iota)} \xi_{\iota i}^{-\top}}{\mathbf{1}_m^{\top} L_{di}^{\top} B_i^{\top} \upsilon_i} + \frac{\delta_1 B_i L_{di} \sum_{\iota=1}^{m} \mathbf{1}_m^{(\iota)} z_{\iota i}^{+\top}}{\mathbf{1}_m^{\top} L_{di}^{\top} B_i^{\top} \upsilon_i}
$$

$$
+ \frac{\delta_2 \gamma B_i L_{di} \sum_{\iota=1}^{m} \mathbf{1}_m^{(\iota)} z_{\iota i}^{-\top}}{\mathbf{1}_m^{\top} L_{di}^{\top} B_i^{\top} \upsilon_i} + \frac{\varsigma_i}{\mathbf{1}_m^{\top} L_{di}^{\top} B_i^{\top} \upsilon_i} I \succeq 0
$$

因此

$$
A_i + B_i L_{di} K_i^+ + B_i L_{ui} K_i^- + B_i L_{di} E_i H_i^+ + B_i L_{ui} E_i H_i^- + \frac{\varsigma_i}{\mathbf{1}_m^{\top} L_{di}^{\top} B_i^{\top} \upsilon_i} I \succeq 0
$$

根据引理 1-5 可知，对任意 $i \in S$，$A_i + B_i L_{di} K_i^+ + B_i L_{ui} K_i^- + B_i L_{di} E_i H_i^+ +$ $B_i L_{ui} E_i H_i^-$ 是 Metzler 矩阵。这意味着对任意 $i \in S$，$A_i + B_i L_i K_i^+ + B_i L_i K_i^- +$ $B_i L_i E_i H_i^+ + B_i L_i E_i H_i^-$ 是 Metzler 矩阵。因此，闭环系统 (4-17) 是正的。

选择与定理 4-1 相同的 Lyapunov 函数，则

$$
\dot{V}_{\sigma(t)}(x(t))
$$
$$
= x^{\top}(t)(A_i^{\top} + K_i^{+\top} L_i^{\top} B_i^{\top} + K_i^{-\top} L_i^{\top} B_i^{\top} + H_i^{+\top} E_i^{\top} L_i^{\top} B_i^{\top} + H_i^{-\top} E_i^{\top} L_i^{\top} B_i^{\top}) \upsilon_i
$$

利用条件 (4-18a) 和条件 (4-20)，可得 $K_i^{+\top} L_i^{\top} B_i^{\top} \upsilon_i \preceq \varrho \xi_i^+$ 和 $K_i^{-\top} L_i^{\top} B_i^{\top} \upsilon_i \preceq \xi_i^-$。结合条件 (4-18b) 和条件 (4-20) 得 $H_i^{+\top} E_i^{\top} L_i^{\top} B_i^{\top} \upsilon_i \preceq \delta_2 \varrho z_i^+$ 和 $H_i^{-\top} E_i^{\top} L_i^{\top} B_i^{\top} \upsilon_i \preceq$ $\delta_1 z_i^-$。已知 $x(t) \succeq 0$，那么，$\dot{V}_{\sigma(t)}(x(t)) \leqslant x^{\top}(t)(A_i^{\top} \upsilon_i + \varrho \xi_i^+ + \xi_i^- + \delta_2 z_i^+ +$ $\delta_1 z_i^-)$。结合条件 (4-18c) 推出 $\dot{V}_{\sigma(t)}(x(t)) \leqslant -\mu V_{\sigma(t)}(x(t))$，其中，$t \in [t_k, t_{k+1})$。进而，$V_{\sigma(t)}(x(t)) \leqslant \mathrm{e}^{-\mu(t-t_k)} V_{\sigma(t_k)}(x(t_k))$。结合条件 (4-18e) 得 $V_{\sigma(t)}(x(t)) \leqslant$ $\lambda \mathrm{e}^{-\mu(t-t_k)} V_{\sigma(t_{k-1})}(x(t_k))$。最终有

$$
\|x(t)\|_1 \leqslant \frac{\rho_2 \lambda^{N_0}}{\rho_1} \mathrm{e}^{(\frac{\ln \lambda}{\tau_a} - \mu)(t-t_0)} \|x(t_0)\|_1
$$

其中，ρ_1 和 ρ_2 是 υ_i $(i \in S)$ 的最小和最大元素。根据条件 (4-21)，$\dfrac{\ln \lambda}{\tau_a} - \mu < 0$。另外，$\dfrac{\rho_2 \lambda^{N_0}}{\rho_1} > 0$。因此，闭环系统 (4-17) 是正的、指数稳定的。　　□

注 4-4　文献 [137]、文献 [139] 和文献 [151] 利用 LMIs 研究了具有执行器故障的一般切换系统的镇定问题。本节中，定理 4-3 利用 LP 方法首次尝试解决了具有执行器故障的正切换系统的非脆弱控制问题。文献 [80]、文献 [133] 和文

献 [152] 研究了正切换系统的镇定问题，这些文献假定执行器始终正常运行。当
执行器发生故障时，非脆弱可靠控制器比一般状态反馈控制器更有效。这就是定
理 4-3 提出非脆弱可靠控制设计的原因。

4.2.2 鲁棒非脆弱可靠控制

定理 4-3 考虑了标称系统的非脆弱可靠控制。接下来，考虑系统具有区间不
确定的情况：

$$\underline{A} \preceq A \preceq \overline{A}, \underline{B} \preceq B \preceq \overline{B} \tag{4-22}$$

其中，$\underline{A}$ 是 Metzler 矩阵，$\underline{B} \succeq 0$。

定理 4-4   如果存在实数 $\mu > 0, \lambda > 1, \gamma > 1, \varrho > 1, 0 < \delta_1 < \delta_2 < 1, \alpha > 1,$
ς_i 和 $\Re^n$ 向量 $\upsilon_i \succ 0, \xi_i^+ \succ 0, \xi_i^- \prec 0, z_i^+ \succ 0, z_i^- \prec 0, \xi_{\iota i}^+ \succ 0, \xi_{\iota i}^- \succ 0, z_{\iota i}^+ \succ 0,$
$z_{\iota i}^- \prec 0$ 使得

$$\overline{A}_i^\top \upsilon_i + \varrho\alpha\xi_i^+ + \xi_i^- + \delta_2\varrho\alpha z_i^+ + \delta_1 z_i^- + \mu\upsilon_i \prec 0 \tag{4-23a}$$

$$\mathbf{1}_m^\top L_{di}^\top \underline{B}_i^\top \upsilon_i \underline{A}_i + \underline{B}_i L_{di} \sum_{\iota=1}^m \mathbf{1}_m^{(\iota)} \xi_{\iota i}^{+\top} + \gamma \overline{B}_i L_{di} \sum_{\iota=1}^m \mathbf{1}_m^{(\iota)} \xi_{\iota i}^{-\top}$$

$$+\delta_1 \underline{B}_i L_{di} \sum_{\iota=1}^m \mathbf{1}_m^{(\iota)} z_{\iota i}^{+\top} + \delta_2\gamma \overline{B}_i L_{di} \sum_{\iota=1}^m \mathbf{1}_m^{(\iota)} z_{\iota i}^{-\top} + \varsigma_i I \succeq 0 \tag{4-23b}$$

$$\xi_{\iota i}^+ \prec \xi_i^+, \xi_{\iota i}^- \prec \xi_i^- \tag{4-23c}$$

$$z_{\iota i}^+ \prec z_i^+, z_{\iota i}^- \prec z_i^- \tag{4-23d}$$

$$\overline{B}_i \preceq \alpha\underline{B}_i \tag{4-23e}$$

$$\upsilon_i \preceq \lambda\upsilon_j \tag{4-23f}$$

对任意 $(i,j) \in S \times S, \iota = 1, 2, \cdots, n$ 成立，那么，在非脆弱可靠控制律 (4-19) 下，
其中

$$
\begin{aligned}
K_i^+ &= \frac{\sum\limits_{\iota=1}^m \mathbf{1}_m^{(\iota)} \xi_{\iota i}^{+\top}}{\mathbf{1}_m^\top L_{di}^\top \underline{B}_i^\top \upsilon_i}, K_i^- = \frac{\sum\limits_{\iota=1}^m \mathbf{1}_m^{(\iota)} \xi_{\iota i}^{-\top}}{\mathbf{1}_m^\top L_{di}^\top \underline{B}_i^\top \upsilon_i} \\
H_i^+ &= \frac{\sum\limits_{\iota=1}^m \mathbf{1}_m^{(\iota)} z_{\iota i}^{+\top}}{\mathbf{1}_m^\top L_{di}^\top \underline{B}_i^\top \upsilon_i}, H_i^- = \frac{\sum\limits_{\iota=1}^m \mathbf{1}_m^{(\iota)} z_{\iota i}^{-\top}}{\mathbf{1}_m^\top L_{di}^\top \underline{B}_i^\top \upsilon_i}
\end{aligned}
\tag{4-24}
$$

ADT 满足条件 (4-21) 时，闭环系统 (4-17) 是正的、指数稳定的。

证明　首先, 可得 $\mathbf{1}_m^\top L_{di}^\top \underline{B}_i^\top v_i > 0$。由 $\xi_{\iota i}^{+\top} \succ 0, \xi_{\iota i}^{-\top} \prec 0, z_{\iota i}^{+\top} \succ 0, z_{\iota i}^{-\top} \succ 0$, 则 $K_i^+ \succ 0, K_i^- \prec 0, H_i^+ \succ 0, H_i^- \prec 0$。根据条件 (4-22) 可得

$$\underline{A}_i + \underline{B}_i L_{di} K_i^+ + \overline{B}_i L_{ui} K_i^- + \underline{B}_i L_{di} E_i H_i^+ + \overline{B}_i L_{ui} E_i H_i^-$$
$$\preceq A_i + B_i L_i K_i^+ + B_i L_i K_i^- + B_i L_i E_i H_i^+ + B_i L_i E_i H_i^-$$
$$\preceq \overline{A}_i + \overline{B}_i L_{ui} K_i^+ + \underline{B}_i L_{di} K_i^- + \overline{B}_i L_{ui} E_i H_i^+ + \underline{B}_i L_{di} E_i H_i^-$$

利用条件 (4-24) 得

$$\underline{A}_i + \underline{B}_i L_{di} K_i^+ + \overline{B}_i L_{ui} K_i^- + \underline{B}_i L_{di} E_i H_i^+ + \overline{B}_i L_{ui} E_i H_i^-$$
$$\succeq \underline{A}_i + \frac{\underline{B}_i L_{di} \sum_{\iota=1}^m \mathbf{1}_m^{(\iota)} \xi_{\iota i}^{+\top}}{\mathbf{1}_m^\top L_{di}^\top \underline{B}_i^\top v_i} + \frac{\gamma \overline{B}_i L_{di} \sum_{\iota=1}^m \mathbf{1}_m^{(\iota)} \xi_{\iota i}^{-\top}}{\mathbf{1}_m^\top L_{di}^\top \underline{B}_i^\top v_i}$$
$$+ \frac{\delta_1 \underline{B}_i L_{di} \sum_{\iota=1}^m \mathbf{1}_m^{(\iota)} z_{\iota i}^{+\top}}{\mathbf{1}_m^\top L_{di}^\top \underline{B}_i^\top v_i} + \frac{\gamma \delta_2 \overline{B}_i L_{di} \sum_{\iota=1}^m \mathbf{1}_m^{(\iota)} z_{\iota i}^{-\top}}{\mathbf{1}_m^\top L_{di}^\top \underline{B}_i^\top v_i}$$

由条件 (4-23b) 可得

$$\underline{A}_i + \underline{B}_i L_{di} K_i^+ + \overline{B}_i L_{ui} K_i^- + \underline{B}_i L_{di} E_i H_i^+ + \overline{B}_i L_{ui} E_i H_i^- + \frac{\varsigma_i}{\mathbf{1}_m^\top L_{di}^\top \underline{B}_i^\top v_i} I \succeq 0$$

根据引理 1-5, 对任意 $i \in S$, $\underline{A}_i + \underline{B}_i L_{di} K_i^+ + \overline{B}_i L_{ui} K_i^- + \underline{B}_i L_{di} E_i H_i^+ + \overline{B}_i L_{ui} E_i H_i^-$ 是 Metzler 矩阵。这意味着对任意 $i \in S$, $A_i + B_i L_i K_i^+ + B_i L_i K_i^- + B_i L_i E_i H_i^+ + B_i L_i E_i H_i^-$ 是 Metzler 矩阵。因此, 闭环系统 (4-17) 是正的。

选择与定理 4-1 相同的 Lyapunov 函数, 则

$$\dot{V}_{\sigma(t)}(x(t))$$
$$\leqslant x^\top(t)(\overline{A}_i^\top + K_i^{+\top} L_i^\top \overline{B}_i^\top + K_i^{-\top} L_i^\top \underline{B}_i^\top + H_i^{+\top} E_i^\top L_i^\top \overline{B}_i^\top + H_i^{-\top} E_i^\top L_i^\top \underline{B}_i^\top) v_i$$

根据条件 (4-23c) 和条件 (4-24) 可得 $K_i^{+\top} L_i^\top \overline{B}_i^\top v_i \preceq \varrho \alpha \xi_i^+$ 和 $K_i^{-\top} L_i^\top \underline{B}_i^\top v_i \preceq \xi_i^-$。利用条件 (4-23d)、条件 (4-23e) 和条件 (4-24) 推出 $H_i^{+\top} E_i^\top L_i^\top \overline{B}_i^\top v_i \preceq \delta_2 \varrho \alpha z_i^+$ 和 $H_i^{-\top} E_i^\top L_i^\top \underline{B}_i^\top v_i \preceq \delta_1 z_i^-$。注意到 $x(t) \succeq 0$, $\dot{V}_{\sigma(t)}(x(t)) \leqslant x^\top(t)(\overline{A}_i^\top v_i + \varrho \alpha \xi_i^+ + \xi_i^- + \delta_2 \varrho \alpha z_i^+ + \delta_1 z_i^-)$。再结合条件 (4-23a) 可推出 $\dot{V}_{\sigma(t)}(x(t)) \leqslant -\mu V_{\sigma(t)}(x(t))$。 □

注 4-5　文献 [48] 利用 LP 方法解决了区间正系统的鲁棒镇定问题。定理 4-4 针对正切换系统提出一种新的非脆弱控制方法。该方法可以进一步扩展到正马尔可夫跳变系统、正 T-S 模糊系统等正混杂系统的非脆弱控制中。

4.2.3　仿真例子

例 4-3　考虑系统 (4-17) 包含两个子系统:

$$A_1 = \begin{pmatrix} -0.7 & 1.7 \\ 0.8 & -0.8 \end{pmatrix}, B_1 = \begin{pmatrix} 0.45 & 0.4 & 0.5 \\ 0.35 & 0.35 & 0.4 \end{pmatrix}$$

$$A_2 = \begin{pmatrix} -0.6 & 2 \\ 0.8 & -0.5 \end{pmatrix}, B_2 = \begin{pmatrix} 0.5 & 0.45 & 0.55 \\ 0.4 & 0.4 & 0.5 \end{pmatrix}$$

给定 $E_1 = \mathrm{diag}(0.3\ 0.3\ 0.3)$, $E_2 = \mathrm{diag}(0.9\ 0.9\ 0.9)$, $L_{d1} = \mathrm{diag}(0.35\ 0.25\ 0.15)$, $L_{d2} = \mathrm{diag}(0.42\ 0.3\ 0.2)$, $L_{u1} = \mathrm{diag}(0.42\ 0.29\ 0.15)$, $L_{u2} = \mathrm{diag}(0.48\ 0.35\ 0.24)$ 和 $\delta_1 = 0.3, \delta_2 = 0.9$。给定 $\mu = 0.1, \lambda = 1.1, \gamma = 1.5, \varrho = 1.2$。根据定理 4-3, 可得控制器增益和吸引域增益:

$$K_1^+ = \begin{pmatrix} 0.2540 & 0.2878 \\ 0.2370 & 0.2762 \\ 0.2215 & 0.2708 \end{pmatrix}, K_2^+ = \begin{pmatrix} 0.1616 & 0.1608 \\ 0.1547 & 0.1604 \\ 0.1512 & 0.1602 \end{pmatrix}$$

$$K_1^- = \begin{pmatrix} -1.6178 & -2.6261 \\ -1.6471 & -2.6762 \\ -1.6978 & -2.7075 \end{pmatrix}, K_2^- = \begin{pmatrix} -1.1492 & -1.9476 \\ -1.1668 & -1.9711 \\ -1.1800 & -1.9806 \end{pmatrix}$$

$$H_1^+ = \begin{pmatrix} 0.1797 & 0.2698 \\ 0.1743 & 0.2662 \\ 0.1699 & 0.2645 \end{pmatrix}, H_2^+ = \begin{pmatrix} 0.2560 & 0.1145 \\ 0.5740 & 0.1142 \\ 0.5554 & 0.1140 \end{pmatrix}$$

$$H_1^- = \begin{pmatrix} -0.2596 & -0.7881 \\ -0.3198 & -0.8509 \\ -0.4054 & -0.8865 \end{pmatrix}, H_2^- = \begin{pmatrix} -0.4453 & -0.9108 \\ -0.4720 & -0.9380 \\ -0.4902 & -0.9488 \end{pmatrix}$$

选择 $L_1 = \mathrm{diag}(0.4\ 0.27\ 0.15), L_2 = \mathrm{diag}(0.45\ 0.33\ 0.22)$。定义 $M_1 = A_1 + B_1 L_1 K_1^+ + B_1 L_1 K_1^- + B_1 L_1 E_1 H_1^+ + B_1 L_1 E_1 H_1^-$, $M_2 = A_2 + B_2 L_2 K_2^+ + B_2 L_2 K_2^- + B_2 L_2 E_2 H_2^+ + B_2 L_2 E_2 H_2^-$, 则

$$M_1 = \begin{pmatrix} -1.2228 & 0.7764 \\ 0.3755 & -1.5498 \end{pmatrix}, \quad M_2 = \begin{pmatrix} -1.1128 & 0.7466 \\ 0.3648 & -1.5704 \end{pmatrix}$$

在 ADT 切换下, 状态 $x_1(t)$ 和 $x_2(t)$ 的响应如图 4-7 所示。

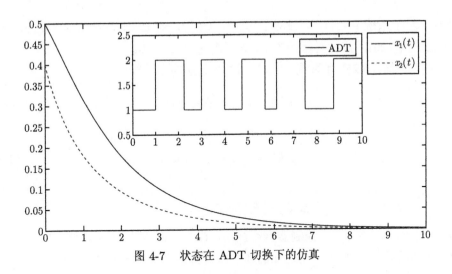

图 4-7   状态在 ADT 切换下的仿真

4.3 正马尔可夫跳变系统的非脆弱可靠控制

本节将采用 LCLF 和 LP 相结合的线性方法开展正马尔可夫跳变系统的执行器故障和不确定性问题的研究。

考虑连续系统：

$$\dot{x}(t) = A_{g(t)}x(t) + B_{g(t)}u^f(t) \tag{4-25}$$

和离散系统：

$$x(k+1) = A_{g(k)}x(k) + B_{g(k)}u^f(k) \tag{4-26}$$

其中，$x(t) \in \Re^n, u^f(t) \in \Re^m$ $(x(k) \in \Re^n, u^f(k) \in \Re^m)$；函数 $g(t)$ $(t \geqslant 0)$ $(g(k)$ $(k \in$ N)) 代表马尔可夫跳变过程，其在有限集 S 中取值。对于系统 (4-25)，马尔可夫跳变过程 $g(t)$ 是时间连续、模型离散的齐次马尔可夫过程，其转移率满足

$$\text{Prob}\{g(t+\Delta)=j|g(t)=i\} = \begin{cases} \lambda_{ij}\Delta + o(\Delta), & i \neq j \\ 1 + \lambda_{ii}\Delta + o(\Delta), & i = j \end{cases}$$

其中，$\Delta > 0, \lim\limits_{\Delta \to 0}(o(\Delta)/\Delta)=0, \lambda_{ij} \geqslant 0$，以及 $i,j \in S, j \neq i, \lambda_{ii} = -\sum\limits_{j=1,j\neq i}^{N}\lambda_{ij}$。对于系统 (4-26)，马尔可夫跳变 $g(k)$ 由离散时间齐次马尔可夫链描述，其转移概率满足 $\text{Prob}(g(k+1)=j|g(k)=i)=\pi_{ij}$，对于 $i,j \in S$ 有 $\pi_{ij} \geqslant 0$ 以及 $\sum\limits_{j=1}^{N}\pi_{ij}=1$。为方便，对于 $g(t)=i \in S$ $(g(k)=i \in S)$，第 i 个子系统的系统矩阵可定义为 A_i

和 B_i。对于系统 (4-25)，假设对于每一个 $i \in S$，A_i 是 Metzler 矩阵，且 $B_i \succeq 0$。对于系统 (4-26)，假设对每一个 $i \in S$，$A_i \succeq 0, B_i \succeq 0$。

针对系统 (4-25) 和系统 (4-26)，设计非脆弱控制器：

$$u(t) = (K_i + \Delta K_{it})x(t) \tag{4-27}$$

和

$$u(k) = (K_i + \Delta K_{ik})x(k) \tag{4-28}$$

且

$$\Delta K_{it} = F_i G_{it}, \Delta K_{ik} = F_i G_{ik} \tag{4-29}$$

其中，ΔK_{it} 和 ΔK_{ik} 是控制器增益扰动，$G_{it} \in \Re^{m \times n}$ 和 $G_{ik} \in \Re^{m \times n}$ 是待设计的决策矩阵，$F_i \in \Re^{m \times m}$ 是已知的非负矩阵并且对于 $0 < \sigma_1 < \sigma_2$ 满足

$$\sigma_1 I \preceq F_i \preceq \sigma_2 I \tag{4-30}$$

在控制器 (4-27) 和 (4-28) 中增加了 ΔK_{it} 和 ΔK_{ik} 两项，这和传统的状态反馈控制器 $u(t) = K_i x(t)$ 及 $u(k) = K_i x(k)$ 是不同的。

执行器故障描述为

$$u^f(t) = H_i u(t) \tag{4-31}$$

和

$$u^f(k) = H_i u(k) \tag{4-32}$$

矩阵 $H_i, i \in S$ 是未知不确定矩阵，满足 $H_i = \mathrm{diag}(h_{i1}, h_{i2}, \cdots, h_{im})$，且 $0 \leqslant \underline{h}_{ij} \leqslant h_{ij} \leqslant \overline{h}_{ij}, \overline{h}_{ij} \leqslant \rho \underline{h}_{ij}$，其中，$\underline{h}_{ij}$ 和 $\overline{h}_{ij}$ 是给定常数。记 $\underline{H}_i = \mathrm{diag}(\underline{h}_{i1}, \underline{h}_{i2}, \cdots, \underline{h}_{im})$ 以及 $\overline{H}_i = \mathrm{diag}(\overline{h}_{i1}, \overline{h}_{i2}, \cdots, \overline{h}_{im})$。

注 4-6 在一些控制设计中，经常提出非常精确的控制器形式。然而，执行器退化和控制输入的重新调整会导致控制器增益波动，控制器参数也会有一定程度的变化。这些控制器参数的微小波动可能会破坏系统的稳定性。为克服这些可能的波动，控制器必须能够容忍某种程度的控制器增益变化。因此，本节提出了非脆弱控制器标架 (4-27) 和 (4-28)。

根据执行器故障 (4-31) 和 (4-32)，闭环系统为

$$\dot{x}(t) = (A_i + B_i H_i (K_i + F_i G_{it}))x(t) \tag{4-33}$$

和

$$x(k+1) = (A_i + B_i H_i (K_i + F_i G_{ik}))x(k) \tag{4-34}$$

本节的目的就是设计控制器增益矩阵 K_i 和 G_i 以此保证系统 (4-33) 和系统 (4-34) 的正性和稳定性。

4.3.1　主要结论

本部分分别设计系统 (4-33) 和系统 (4-34) 的非脆弱状态反馈控制器。首先，考虑具有执行器不确定性的连续时间正马尔可夫跳变系统的非脆弱可靠控制。

定理 4-5　给定常数 $0 < \sigma_1 < \sigma_2 < 1$ 和 $\rho > 1$，如果存在实数 $\gamma > 0, \beta_i \succ 0$ 和 $\Re^n$ 向量 $v_i \succ 0, \varepsilon_{il}^+ \succ 0, \varepsilon_i^- \prec 0, z_{il}^+ \succ 0, z_i^- \prec 0$ 使得

$$A_i^\top v_i + \varepsilon_i^+ + \varepsilon_i^- + \sigma_2 z_i^+ + \sigma_1 z_i^- + \sum_{j=1}^M \lambda_{ij} v_j + \gamma \mathbf{1}_n \prec 0 \tag{4-35a}$$

$$\mathbf{1}_m^\top \underline{H}_i^\top B_i^\top v_i A_i + \frac{1}{\rho} B_i \underline{H}_i \sum_{l=1}^m \mathbf{1}_m^{(l)} \varepsilon_{il}^{+\top} + \rho B_i \underline{H}_i \sum_{l=1}^m \mathbf{1}_m^{(l)} \varepsilon_{il}^{-\top}$$
$$+ \frac{1}{\rho} B_i \underline{H}_i F_i \sum_{l=1}^m \mathbf{1}_m^{(l)} z_{il}^{+\top} + \rho B_i \underline{H}_i F_i \sum_{l=1}^m \mathbf{1}_m^{(l)} z_{il}^{-\top} + \beta_i I \succeq 0 \tag{4-35b}$$

$$\varepsilon_{il}^+ \prec \varepsilon_i^+, \ \varepsilon_{il}^- \prec \varepsilon_i^- \tag{4-35c}$$

$$z_{il}^+ \prec z_i^+, \ z_{il}^- \prec z_i^-, \ l = 1, 2, \cdots, m \tag{4-35d}$$

对任意 $i \in S$ 成立，那么，在非脆弱可靠控制器

$$u^f(t) = H_i(K_i + \Delta K_{it})x(t) \tag{4-36}$$

下，其中，$K_i = K_i^+ + K_i^-$，$\Delta K_{it} = F_i G_{it}^+ + F_i G_{it}^-$ 和

$$K_i^+ = \frac{\sum\limits_{l=1}^m \mathbf{1}_m^{(l)} \varepsilon_{il}^{+\top}}{\mathbf{1}_m^\top \overline{H}_i^\top B_i^\top v_i}, \ K_i^- = \frac{\sum\limits_{l=1}^m \mathbf{1}_m^{(l)} \varepsilon_{il}^{-\top}}{\mathbf{1}_m^\top \underline{H}_i^\top B_i^\top v_i}$$
$$G_{it}^+ = \frac{\sum\limits_{l=1}^m \mathbf{1}_m^{(l)} z_{il}^{+\top}}{\mathbf{1}_m^\top \overline{H}_i^\top B_i^\top v_i}, \ G_{it}^- = \frac{\sum\limits_{l=1}^m \mathbf{1}_m^{(l)} z_{il}^{-\top}}{\mathbf{1}_m^\top \underline{H}_i^\top B_i^\top v_i} \tag{4-37}$$

闭环系统 (4-33) 是正的且随机稳定的。

证明　首先，易知 $K_i^+ \succ 0, K_i^- \prec 0, G_{it}^+ \succ 0, G_{it}^- \prec 0$，那么

$$\underline{H}_i K_i^+ + \overline{H}_i K_i^- + \underline{H}_i F_i G_{it}^+ + \overline{H}_i F_i G_{it}^- \preceq H_i K_i^+ + H_i K_i^- + H_i F_i G_{it}^+ + H_i F_i G_{it}^-$$
$$\preceq \overline{H}_i K_i^+ + \underline{H}_i K_i^- + \overline{H}_i F_i G_{it}^+ + \underline{H}_i F_i G_{it}^-$$

进而有

$$A_i + B_i\underline{H}_iK_i^+ + B_i\overline{H}_iK_i^- + B_i\underline{H}_iF_iG_{it}^+ + B_i\overline{H}_iF_iG_{it}^-$$
$$\preceq A_i + B_iH_iK_i^+ + B_iH_iK_i^- + B_iH_iF_iG_{it}^+ + B_iH_iF_iG_{it}^-$$
$$\preceq A_i + B_i\overline{H}_iK_i^+ + B_i\underline{H}_iK_i^- + B_i\overline{H}_iF_iG_{it}^+ + B_i\underline{H}_iF_iG_{it}^-$$

结合条件 (4-37) 给出

$$A_i + B_i\underline{H}_iK_i^+ + B_i\overline{H}_iK_i^- + B_i\underline{H}_iF_iG_{it}^+ + B_i\overline{H}_iF_iG_{it}^-$$

$$\succeq A_i + \frac{B_i\underline{H}_i\sum_{l=1}^m \mathbf{1}_m^{(l)}\varepsilon_{il}^{+\top}}{\rho\mathbf{1}_m^\top\underline{H}_i^\top B_i^\top v_i} + \frac{\rho B_i\underline{H}_i\sum_{l=1}^m \mathbf{1}_m^{(l)}\varepsilon_{il}^{-\top}}{\mathbf{1}_m^\top\underline{H}_i^\top B_i^\top v_i}$$

$$+ \frac{B_i\underline{H}_iF_i\sum_{l=1}^m \mathbf{1}_m^{(l)}z_{il}^{+\top}}{\rho\mathbf{1}_m^\top\underline{H}_i^\top B_i^\top v_i} + \frac{\rho B_i\underline{H}_iF_i\sum_{l=1}^m \mathbf{1}_m^{(l)}z_{il}^{-\top}}{\mathbf{1}_m^\top\underline{H}_i^\top B_i^\top v_i}$$

根据条件 (4-35b) 得

$$A_i + \frac{1}{\rho}\frac{B_i\underline{H}_i\sum_{l=1}^m \mathbf{1}_m^{(l)}\varepsilon_{il}^{+\top}}{\mathbf{1}_m^\top\underline{H}_i^\top B_i^\top v_i} + \frac{\rho B_i\underline{H}_i\sum_{l=1}^m \mathbf{1}_m^{(l)}\varepsilon_{il}^{-\top}}{\mathbf{1}_m^\top\underline{H}_i^\top B_i^\top v_i} + \frac{1}{\rho}\frac{B_i\underline{H}_iF_i\sum_{l=1}^m \mathbf{1}_m^{(l)}z_{il}^{+\top}}{\mathbf{1}_m^\top\underline{H}_i^\top B_i^\top v_i}$$

$$+ \frac{\rho B_i\underline{H}_iF_i\sum_{l=1}^m \mathbf{1}_m^{(l)}z_{il}^{-\top}}{\mathbf{1}_m^\top\underline{H}_i^\top B_i^\top v_i} + \frac{\beta_i}{\mathbf{1}_m^\top\underline{H}_i^\top B_i^\top v_i}I \succeq 0$$

这意味着 $A_i + B_i\underline{H}_iK_i^+ + B_i\overline{H}_iK_i^- + B_i\underline{H}_iF_iG_{it}^+ + B_i\overline{H}_iF_iG_{it}^- + \frac{\beta_i}{\mathbf{1}_m^\top\underline{H}_i^\top B_i^\top v_i}I \succeq 0$。

那么根据引理 1-5, 对于每一个 $i \in S$, $A_i + B_i\underline{H}_iK_i^+ + B_i\overline{H}_iK_i^- + B_i\underline{H}_iF_iG_{it}^+ + B_i\overline{H}_iF_iG_{it}^-$ 是 Metzler 矩阵。再由引理 1-6 得, 闭环系统 (4-33) 是正的。

选择一个随机 LCLF: $V(x(t), g(t) = i) = x^\top(t)v_i$, 则其弱无穷小算子为

$$\mathcal{A}V(x(t), g(t) = i) = x^\top(t)\big(A_i^\top v_i + K_i^{+\top}H_i^\top B_i^\top v_i + K_i^{-\top}H_i^\top B_i^\top v_i$$

$$+ G_{it}^{+\top}F_i^\top H_i^\top B_i^\top v_i + G_{it}^{-\top}F_i^\top H_i^\top B_i^\top v_i + \sum_{j=1}^M \lambda_{ij}v_j\big)$$

根据条件 (4-35c) 和条件 (4-37) 可得 $K_i^{+\top}H_i^\top B_i^\top v_i \preceq \varepsilon_i^+$ 和 $K_i^{-\top}H_i^\top B_i^\top v_i \preceq \varepsilon_i^-$。由条件 (4-35d) 和条件 (4-37) 可得有 $G_{it}^{+\top}F_i^\top H_i^\top B_i^\top v_i \preceq \sigma_2 z_i^+$ 和 $G_{it}^{-\top}F_i^\top H_i^\top B_i^\top v_i \preceq$

$\sigma_1 z_i^-$。进而有

$$\mathcal{A}V(x(t), g(t) = i) \leqslant x^\top(t)(A_i^\top v_i + \varepsilon_i^+ + \varepsilon_i^- + \sigma_2 z_i^+ + \sigma_1 z_i^- + \sum_{j=1}^{N} \lambda_{ij} v_j)$$

令 $\Theta_i = A_i^\top v_i + \varepsilon_i^+ + \varepsilon_i^- + \sigma_2 z_i^+ + \sigma_1 z_i^- + \sum_{j=1}^{N} \lambda_{ij} v_j$。根据条件 (4-35b) 有

$$\mathcal{A}V(x(t), g(t) = i) = x^\top(t)\Theta_i \leqslant -\gamma \|x(t)\|_1 < 0$$

则 $\mathbf{E}\{V(x(t), g(t) = i)\} - V(x(0), g(0)) \leqslant -\gamma \mathbf{E}\left\{\int_0^t \|x(s)\|_1 \mathrm{d}s | x(0), g(0)\right\}$ 成

立。由于 $\mathbf{E}\{V(x(t), g(t) = i)\} > 0$，则有 $\lim\limits_{t \to \infty} \mathbf{E}\left\{\int_0^t \|x(s)\|\mathrm{d}s | x(0), g(0)\right\} \leqslant$

$\dfrac{1}{\gamma} V(x(0), g(0)) < \infty$。因此，据定义 1-15 知系统 (4-33) 是随机稳定的。证毕。　□

　　注 4-7　文献 [95]~文献 [98] 以及文献 [153]~文献 [157] 研究了正马尔可夫跳变系统的随机镇定问题。这些文献都假设控制器可以正常运行，不受外部因素的影响。定理 4-5 考虑了正马尔可夫跳变系统运行过程中的执行器不确定性现象。为了提高控制器的可靠性，将控制器增益分为正常控制器增益和增益扰动之和，分别设计了控制器增益和增益扰动矩阵。定理 4-5 中提出的方法可以推广到文献 [95]~文献 [98] 以及文献 [153]~文献 [157] 中相应的控制综合问题。

　　注 4-8　文献 [146] 和文献 [157] 研究了一般系统的非脆弱控制，即，控制器增益由控制器增益和增益扰动组成，且要求增益扰动项位于一定的范围内。本节给出增益扰动是未知的，并提出了一种增益扰动加权矩阵的计算方法，增加了增益扰动的自由度，改进了现有的结果。

　　注 4-9　在条件 (4-35) 中，不等式 (4-35b) 是为了保证闭环系统的正性。如果不考虑控制器的非脆弱性，$\dfrac{1}{\rho} B_i \underline{H}_i F_i \sum_{l=1}^{m} \mathbf{1}_m^{(l)} z_{il}^{+\top}$ 和 $\rho B_i \underline{H}_i F_i \sum_{l=1}^{m} \mathbf{1}_m^{(l)} z_{il}^{-\top}$ 可以从不等式 (4-35b) 中移除。在这种情况下，不等式 (4-35b) 简单易计算。为了提高控制器的可靠性，对连续和离散系统分别引入了增益扰动 $\Delta K_{it} = F_i G_{it}$ 和 $\Delta K_{ik} = F_i G_{ik}$。因此，不等式 (4-35b) 中的 $\dfrac{1}{\rho} B_i \underline{H}_i F_i \sum_{l=1}^{m} \mathbf{1}_m^{(l)} z_{il}^{+\top}$ 和 $\rho B_i \underline{H}_i F_i \sum_{l=1}^{m} \mathbf{1}_m^{(l)} z_{il}^{-\top}$ 对闭环系统的正性必不可少。

　　接下来，考虑系统 (4-34) 的非脆弱随机镇定问题。

定理 4-6   给定常数 $0 < \sigma_1 < \sigma_2 < 1$ 和 $\rho > 1$，如果存在实数 $\gamma > 0$ 和 $\mathfrak{R}^n$ 向量 $v_i \succ 0, \varepsilon_{il}^+ \succ 0, \varepsilon_i^- \prec 0, z_{il}^+ \succ 0, z_i^- \prec 0$ 使得

$$A_i^\top \sum_{j=1}^M \pi_{ij} v_j - v_i + \varepsilon_i^+ + \varepsilon_i^- + \sigma_2 z_i^+ + \sigma_1 z_i^- + \gamma \mathbf{1}_n \prec 0 \tag{4-38a}$$

$$A_i \Psi_i + \frac{1}{\rho} B_i \underline{H}_i \sum_{l=1}^m \mathbf{1}_m^{(l)} \varepsilon_{il}^{+\top} + \rho B_i \underline{H}_i \sum_{l=1}^m \mathbf{1}_m^{(l)} \varepsilon_{il}^{-\top}$$
$$+ \frac{1}{\rho} B_i \underline{H}_i F_i \sum_{l=1}^m \mathbf{1}_m^{(l)} z_{il}^{+\top} + \rho B_i \underline{H}_i F_i \sum_{l=1}^m \mathbf{1}_m^{(l)} z_{il}^{-\top} \succeq 0 \tag{4-38b}$$

$$\varepsilon_{il}^+ \prec \varepsilon_i^+, \ \varepsilon_{il}^- \prec \varepsilon_i^- \tag{4-38c}$$

$$z_{il}^+ \prec z_i^+, \ z_{il}^- \prec z_i^-, \ l = 1, 2, \cdots, m \tag{4-38d}$$

对任意 $i \in S$ 成立，那么，在非脆弱控制器

$$u^f(k) = H_i(K_i + \Delta K_{ik}) x(k) \tag{4-39}$$

下，且 $K_i = K_i^+ + K_i^-$，$\Delta K_{ik} = F_i(G_{ik}^+ + G_{ik}^-)$ 和

$$K_i^+ = \frac{\displaystyle\sum_{l=1}^m \mathbf{1}_m^{(l)} \varepsilon_{il}^{+\top}}{\Phi_i}, \ K_i^- = \frac{\displaystyle\sum_{l=1}^m \mathbf{1}_m^{(l)} \varepsilon_{il}^{-\top}}{\Psi_i}$$
$$G_{ik}^+ = \frac{\displaystyle\sum_{l=1}^m \mathbf{1}_m^{(l)} z_{il}^{+\top}}{\Phi_i}, \ G_{ik}^- = \frac{\displaystyle\sum_{l=1}^m \mathbf{1}_m^{(l)} z_{il}^{-\top}}{\Psi_i} \tag{4-40}$$

闭环系统 (4-34) 是正的且随机稳定的，其中

$$\Phi_i = \mathbf{1}_m^\top \overline{H}_i^\top B_i^\top \sum_{j=1}^N \pi_{ij} v_j, \Psi_i = \mathbf{1}_m^\top \underline{H}_i^\top B_i^\top \sum_{j=1}^N \pi_{ij} v_j$$

证明   首先，知 $\Phi_i \succ 0$ 和 $\Psi_i \succ 0$。根据条件 (4-38c) 和条件 (4-38d) 得 $K_i^+ \succ 0$，$K_i^- \prec 0, G_{ik}^+ \succ 0, G_{ik}^- \prec 0$，那么

$$A_i + B_i \underline{H}_i K_i^+ + B_i \overline{H}_i K_i^- + B_i \underline{H}_i F_i G_{ik}^+ + B_i \overline{H}_i F_i G_{ik}^-$$
$$\preceq A_i + B_i H_i K_i^+ + B_i H_i K_i^- + B_i H_i F_i G_{ik}^+ + B_i H_i F_i G_{ik}^-$$
$$\preceq A_i + B_i \overline{H}_i K_i^+ + B_i \underline{H}_i K_i^- + B_i \overline{H}_i F_i G_{ik}^+ + B_i \underline{H}_i F_i G_{ik}^-$$

利用条件 (4-40) 可给出

$$A_i + B_i \underline{H}_i K_i^+ + B_i \overline{H}_i K_i^- + B_i \underline{H}_i F_i G_{ik}^+ + B_i \overline{H}_i F_i G_{ik}^-$$

$$\succeq A_i + \frac{B_i \underline{H}_i \sum\limits_{l=1}^{m} \mathbf{1}_m^{(l)} \varepsilon_{il}^{+\top}}{\rho \Psi_i} + \frac{\rho B_i \underline{H}_i \sum\limits_{l=1}^{m} \mathbf{1}_m^{(l)} \varepsilon_{il}^{-\top}}{\Psi_i}$$

$$+ \frac{B_i \underline{H}_i F_i \sum\limits_{l=1}^{m} \mathbf{1}_m^{(l)} z_{il}^{+\top}}{\rho \Psi_i} + \frac{\rho B_i \underline{H}_i F_i \sum\limits_{l=1}^{m} \mathbf{1}_m^{(l)} z_{il}^{-\top}}{\Psi_i}$$

结合条件 (4-38b) 推出

$$A_i + \frac{1}{\rho} \frac{B_i \underline{H}_i \sum\limits_{l=1}^{m} \mathbf{1}_m^{(l)} \varepsilon_{il}^{+\top}}{\Psi_i} + \frac{\rho B_i \underline{H}_i \sum\limits_{l=1}^{m} \mathbf{1}_m^{(l)} \varepsilon_{il}^{-\top}}{\Psi_i}$$

$$+ \frac{1}{\rho} \frac{B_i \underline{H}_i F_i \sum\limits_{l=1}^{m} \mathbf{1}_m^{(l)} z_{il}^{+\top}}{\Psi_i} + \frac{\rho B_i \underline{H}_i F_i \sum\limits_{l=1}^{m} \mathbf{1}_m^{(l)} z_{il}^{-\top}}{\Psi_i} \succeq 0$$

则 $A_i + B_i \underline{H}_i K_i^+ + B_i \overline{H}_i K_i^- + B_i \underline{H}_i F_i G_{ik}^+ + B_i \overline{H}_i F_i G_{ik}^- \succeq 0$。因此，$A_i + B_i H_i K_i^+ + B_i H_i K_i^- + B_i H_i F_i G_{ik}^+ + B_i H_i F_i G_{ik}^- \succeq 0$。由引理 1-7 意味着系统 (4-34) 是正的。

选择一个随机 LCLF：$V(x(k), g(k) = i) = x^\top(k) v_i$，则

$$\Delta V(x(k), g(k) = i)$$
$$= \mathbf{E}\big\{ V(x(k+1), g(k+1)) \big| x(k), g(k) \big\} - V(x(k), g(k) = i)$$
$$= x^\top(k) \left(A_i^\top \sum_{j=1}^{N} \pi_{ij} v_j - v_i + \big(B_i H_i (K_i^+ + K_i^- + F_i G_{ik}^+ + F_i G_{ik}^-) \big)^\top \sum_{j=1}^{N} \pi_{ij} v_j \right)$$

从条件 (4-38c) 和条件 (4-40) 可有 $K_i^{+\top} H_i^\top B_i^\top \sum\limits_{j=1}^{N} \pi_{ij} v_j \preceq \varepsilon_i^+$ 和 $K_i^- H_i^\top B_i^\top$ $\sum\limits_{j=1}^{N} \pi_{ij} v_j \preceq \varepsilon_i^-$。根据条件 (4-38d) 和条件 (4-40) 可得 $G_{ik}^\top F_i^\top H_i^\top B_i^\top \sum\limits_{j=1}^{N} \pi_{ij} v_j \preceq$ $\sigma_2 z_i^+$ 和 $G_{ik}^\top F_i^\top H_i^\top B_i^\top \sum\limits_{j=1}^{N} \pi_{ij} v_j \preceq \sigma_1 z_i^-$。进而，$\Delta V(x(k), g(k)) \leqslant x^\top(k) \big(A_i^\top$ $\sum\limits_{j=1}^{N} \pi_{ij} v_j - v_i + \varepsilon_i^+ + \varepsilon_i^- + \sigma_2 z_i^+ + \sigma_1 z_i^- \big)$。由条件 (4-38a) 可导出 $\Delta V(x(k), g(k) = i)$

$\leqslant x^{\top}(k)\Xi_i \leqslant -\gamma x^{\top}(k)\mathbf{1}_n = -\gamma\|x(k)\|_1 \leqslant 0$，其中，$\Xi_i = A_i^{\top}\sum\limits_{j=1}^{N}\pi_{ij}v_j - v_i + \varepsilon_i^+ + \varepsilon_i^- + \sigma_2 z_i^+ + \sigma_1 z_i^-$。对上式两边从 0 到 k_f 求和得

$$\mathbf{E}\big\{V(x(k_f+1), g(k)=i)\big\} - V(x(0), g(0)) \leqslant -\gamma\sum_{k=0}^{k_f}\mathbf{E}\big\{\|x(k)\|_1\big\}$$

由于 $\mathbf{E}\big\{V(x(k_f+1)), g(k)=i\big\} \geqslant 0$，则 $\lim\limits_{k_f\to\infty}\sum\limits_{k=0}^{k_f}\mathbf{E}\big\{\|x(k)\|_1\big|x(0), g(0)\big\} \leqslant \dfrac{1}{\gamma}V(x(0), g(0)) < \infty$。根据定义 1-15，系统 (4-34) 是随机稳定的。证毕。   □

给定条件 (4-35) 和条件 (4-38) 中的参数 ρ，可以保证条件 (4-35) 和条件 (4-38) 的线性。如何选择 ρ 对条件的求解非常关键。我们提供求解条件 (4-35) 的算法如下，条件 (4-38) 的算法类似。

算法 4-1

第 1 步：令 $\rho \in [\underline{\rho}, \overline{\rho}]$，其中，$\underline{\rho}$ 和 $\overline{\rho}$ 是给定的正常数。设 $\rho_s = 1 + \epsilon_1 s$，其中，$s = 1, 2, \cdots$，$\epsilon_1 > 0$ 表示步长。

第 2 步：给定 $\rho = \rho_1$，解条件 (4-35)。若条件 (4-35) 无解，则令 $\rho = \rho_2$ 再解条件 (4-35)。直到第 i（$i \in \mathbb{N}^+$）步条件 (4-35) 有解为止。

第 3 步：用二分法在区间 $[\rho_{i-1}, \rho_i]$ 内求 $\underline{\rho}$。

第 4 步：假设 $\rho_s = \underline{\rho} + \epsilon_2 s$，其中，$s = n_0, n_0-1, \cdots, 1$，$n_0$ 是给定的，$\epsilon_2 > 0$ 是步长。

第 5 步：假设 $\rho = \rho_{n_0}$，解条件 (4-35)。若条件 (4-35) 无解，令 $\rho_{n_0-1} = \underline{\rho} + (n_0-1)\epsilon_2$，再解条件 (4-35)。直到第 j 步，$j = 1, 2, \cdots, n_0$，条件 (4-35) 有解为止。定义 $\rho = \overline{\rho}$ 时。然后，得到一组保证条件 (4-35) 有解的值 ρ，即，$\rho = \underline{\rho} + \epsilon_3 s$，$s = 0, 1, 2, \cdots$。

4.3.2   仿真例子

文献 [36]、文献 [158] 和文献 [159] 利用正切换系统建模了一类数字通信网络 (参看第 1 章提出的建模例子)。当通信网络繁忙时，忙时子系统运行，当网络空闲时，闲时子系统运行。忙时和闲时分别意味着网络中有大量的数据包和少量的数据包。实际上，区分通信网络系统的忙时和闲时状态是非常困难的。在实际应用中，通信网络系统的忙、闲切换具有随机性和不确定性。它更可能依赖于一定的概率。因此，马尔可夫随机过程更适合描述通信网络系统中的忙、闲切换。考

虑到这个原因, 我们利用系统 (4-33) 和系统 (4-34) 对通信网络系统进行建模, 分别给出两个例子来证实设计的有效性。

例 4-4　考虑系统 (4-33) 包含两个子系统:

$$A_1 = \begin{pmatrix} -1.1 & 0.8 & 1.2 \\ 0.9 & -1.5 & 0.7 \\ 0.7 & 2.1 & -2.4 \end{pmatrix}, \ B_1 = \begin{pmatrix} 0.6 & 0.4 \\ 0.3 & 0.5 \\ 0.4 & 0.2 \end{pmatrix}$$

和

$$A_2 = \begin{pmatrix} -0.9 & 0.8 & 1 \\ 1.1 & -1.6 & 0.8 \\ 0.9 & 1.8 & -2.2 \end{pmatrix}, \ B_2 = \begin{pmatrix} 0.5 & 0.6 \\ 0.4 & 0.4 \\ 0.5 & 0.3 \end{pmatrix}$$

其中, 转移概率矩阵是 $\Lambda = \begin{pmatrix} -0.3 & 0.3 \\ 0.5 & -0.5 \end{pmatrix}$。选择 $\sigma_1 = 0.59, \sigma_2 = 1.85$ 和 $\rho = 1.7$, 可得 $0.59 \leqslant \sigma_1 < \sigma_2 \leqslant 1.85$。如果 $\sigma_1 < 0.59$ 或 $\sigma_2 > 1.85$, 条件 (4-35) 无解。控制器增益扰动参数 ΔK_{it} 选为 $F_1 = \mathrm{diag}(0.7 \ 0.7)$ 和 $F_2 = \mathrm{diag}(1.1 \ 1.1)$。执行器不确定矩阵的上、下界分别为: $\underline{H}_1 = \mathrm{diag}(0.25 \ 0.15)$, $\overline{H}_1 = \mathrm{diag}(0.32 \ 0.22)$ 和 $\underline{H}_2 = \mathrm{diag}(0.30 \ 0.20)$, $\overline{H}_2 = \mathrm{diag}(0.37 \ 0.25)$。根据定理 4-5 可得控制器增益和扰动矩阵:

$$K_1^+ = \begin{pmatrix} 0.2178 & 0.3203 & 0.2499 \\ 0.2008 & 0.2805 & 0.2435 \end{pmatrix}, \quad K_1^- = \begin{pmatrix} -2.1415 & -1.2517 & -1.7432 \\ -2.3121 & -1.5344 & -1.8239 \end{pmatrix}$$

$$K_2^+ = \begin{pmatrix} 0.1555 & 0.1966 & 0.1774 \\ 0.1453 & 0.1934 & 0.1719 \end{pmatrix}, \quad K_2^- = \begin{pmatrix} -1.6948 & -1.0911 & -1.1784 \\ -1.8150 & -1.1174 & -1.2416 \end{pmatrix}$$

和

$$G_{1t}^+ = \begin{pmatrix} 0.0747 & 0.1171 & 0.0836 \\ 0.0724 & 0.1102 & 0.0844 \end{pmatrix}, \quad G_{1t}^- = \begin{pmatrix} -1.4698 & -1.0437 & -1.3764 \\ -1.6509 & -1.3425 & -1.4709 \end{pmatrix}$$

$$G_{2t}^+ = \begin{pmatrix} 0.0706 & 0.0846 & 0.0741 \\ 0.0686 & 0.0840 & 0.0734 \end{pmatrix}, \quad G_{2t}^- = \begin{pmatrix} -1.1067 & -0.8703 & -0.9367 \\ -1.2282 & -0.8997 & -1.0006 \end{pmatrix}$$

由于执行器不确定矩阵满足 $\underline{H}_i \prec H_i \prec \overline{H}_i$, 可以选择 $H_1 = \mathrm{diag}(0.29 \ 0.18)$, $H_2 = \mathrm{diag}(0.33 \ 0.23)$。分别令 $Y_1 = A_1 + B_1 H_1 K_1^+ + B_1 H_1 K_1^- + B_1 H_1 F_1 G_{1t}^+ + B_1 H_1 F_1 G_{1t}^-$ 和 $Y_2 = A_2 + B_2 H_2 K_2^+ + B_2 H_2 K_2^- + B_2 H_2 F_2 G_{2t}^+ + B_2 H_2 F_2 G_{2t}^-$, 则

$$Y_1 = \begin{pmatrix} -1.8362 & 0.3727 & 0.5990 \\ 0.3582 & -1.8279 & 0.2618 \\ 0.2478 & 1.8405 & -2.7700 \end{pmatrix}, \ Y_2 = \begin{pmatrix} -1.7485 & 0.2585 & 0.3899 \\ 0.4754 & -1.9997 & 0.3504 \\ 0.2547 & 1.3841 & -2.6659 \end{pmatrix}$$

图 4-8 表示在跳变信号 $g(t)$ 下，系统状态 $x(t)$ 的仿真结果，其中，初始条件为 $x_0 = (2\ 3\ 4)^\top$。仿真结果表明，该设计是有效的。

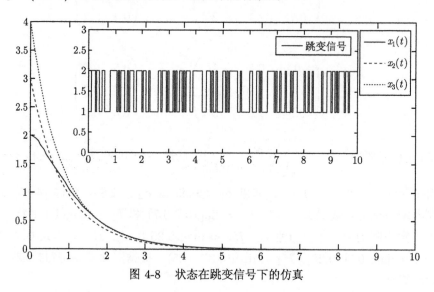

图 4-8   状态在跳变信号下的仿真

例 4-5   假设系统 (4-34) 有两个跳变子系统：

$$A_1 = \begin{pmatrix} 0.8 & 0.5 & 0.7 \\ 0.6 & 0.4 & 0.8 \\ 0.7 & 0.3 & 0.5 \end{pmatrix}, \ B_1 = \begin{pmatrix} 0.3 & 0.1 \\ 0.2 & 0.3 \\ 0.4 & 0.4 \end{pmatrix}$$

和

$$A_2 = \begin{pmatrix} 0.6 & 0.7 & 0.5 \\ 0.7 & 0.8 & 0.4 \\ 0.5 & 0.2 & 0.3 \end{pmatrix}, \ B_2 = \begin{pmatrix} 0.2 & 0.3 \\ 0.4 & 0.1 \\ 0.3 & 0.2 \end{pmatrix}$$

其中，转移概率矩阵是 $\Pi = \begin{pmatrix} 0.6 & 0.4 \\ 0.3 & 0.7 \end{pmatrix}$。选择 $\sigma_1 = 0.1$，$\sigma_2 = 0.54$ 和 $\rho = 1.4$。利用 LP 可得 $0.1 \leqslant \sigma_1 < \sigma_2 \leqslant 0.54$。如果 $\sigma_1 < 0.1$ 或 $\sigma_2 > 0.54$，则条件 (4-38) 无解。控制器 (4-39) 的增益扰动参数 ΔK_{ik} 选为 $F_1 = \mathrm{diag}(0.35\ 0.35)$ 和 $F_2 = \mathrm{diag}(0.50\ 0.50)$。执行器不确定矩阵的上、下界矩阵分别为：$\underline{H}_1 = \mathrm{diag}(0.47\ 0.35)$，

$\overline{H}_1 = \mathrm{diag}(0.56\ 0.42)$ 和 $\underline{H}_2 = \mathrm{diag}(0.36\ 0.28)$, $\overline{H}_2 = \mathrm{diag}(0.44\ 0.33)$。根据定理 4-6 可得控制器增益和扰动矩阵:

$$K_1^+ = \begin{pmatrix} 0.0294 & 0.0318 & 0.0724 \\ 0.0276 & 0.0300 & 0.0689 \end{pmatrix}, \ K_1^- = \begin{pmatrix} -1.5122 & -0.6345 & -1.0222 \\ -1.5169 & -0.6400 & -1.0359 \end{pmatrix}$$

$$K_2^+ = \begin{pmatrix} 0.0269 & 0.0209 & 0.0809 \\ 0.0257 & 0.0206 & 0.0716 \end{pmatrix}, \ K_2^- = \begin{pmatrix} -2.1685 & -0.8618 & -1.2354 \\ -2.1702 & -0.8555 & -1.2817 \end{pmatrix}$$

和

$$G_{1k}^+ = \begin{pmatrix} 0.0377 & 0.0436 & 0.0987 \\ 0.0360 & 0.0418 & 0.0956 \end{pmatrix}, \ G_{1k}^- = \begin{pmatrix} -0.0714 & -0.0924 & -0.2552 \\ -0.0859 & -0.1091 & -0.2838 \end{pmatrix}$$

$$G_{2k}^+ = \begin{pmatrix} 0.0358 & 0.0290 & 0.1175 \\ 0.0340 & 0.0267 & 0.1084 \end{pmatrix}, \ G_{2k}^- = \begin{pmatrix} -0.0608 & -0.0486 & -0.2975 \\ -0.0761 & -0.0744 & -0.3914 \end{pmatrix}$$

由于执行器不确定矩阵满足 $\underline{H}_i \prec H_i \prec \overline{H}_i$, 可以选择 $H_1 = \mathrm{diag}(0.51\ 0.38)$ 和 $H_2 = \mathrm{diag}(0.40\ 0.31)$。分别令 $Y_1 = A_1 + B_1 H_1 K_1^+ + B_1 H_1 K_1^- + B_1 H_1 F_1 G_{1k}^+ + B_1 H_1 F_1 G_{1k}^-$ 和 $Y_2 = A_2 + B_2 H_2 K_2^+ + B_2 H_2 K_2^- + B_2 H_2 F_2 G_{2k}^+ + B_2 H_2 F_2 G_{2k}^-$, 则

$$Y_1 = \begin{pmatrix} 0.5141 & 0.3811 & 0.5070 \\ 0.2758 & 0.2646 & 0.5798 \\ 0.1661 & 0.0773 & 0.1381 \end{pmatrix}, \ Y_2 = \begin{pmatrix} 0.1591 & 0.5255 & 0.2328 \\ 0.2882 & 0.6373 & 0.1590 \\ 0.1072 & 0.0447 & 0.0669 \end{pmatrix}$$

图 4-9 表示在跳变信号 $g(k)$ 下, 系统 (4-34) 的状态响应, 其中, 初始条件为 $x_0 = (3\ 2\ 1)^{\top}$。

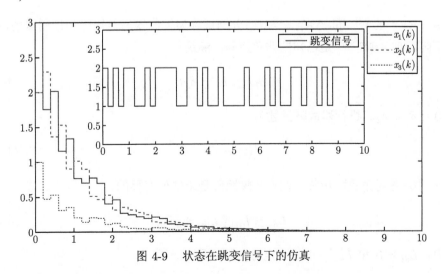

图 4-9　状态在跳变信号下的仿真

4.4 带有执行器饱和的正切换系统的非脆弱可靠控制

本节进一步提出带有执行器饱和的正切换系统的非脆弱可靠控制。

考虑一类切换系统:

$$
\begin{aligned}
\dot{x}(t) &= A_{\sigma(t)}x(t) + B_{\sigma(t)}\mathrm{sat}(u^l_{\sigma(t)}(t)) + D_{\sigma(t)}\omega(t) \\
y(t) &= C_{\sigma(t)}x(t)
\end{aligned}
\tag{4-41}
$$

其中, $x(t) \in \Re^n$ 是系统状态, $u^l_{\sigma(t)}(t) \in \Re^m$ 是带有执行器故障的控制输入, $\omega(t) \in \Re^r_+$ 是可测干扰输入, $y(t) \in \Re^q$ 是系统输出。假设对于每一个 $i \in S$, A_i 是 Metzler 矩阵, $B_i \succeq 0, C_i \succeq 0, D_i \succeq 0$。

首先讨论系统 (4-41) 解的存在性。当 $\omega(t) = 0$, 则 $\dot{x}(t) = A_{\sigma(t)}x(t) + B_{\sigma(t)}\mathrm{sat}(u^l_{\sigma(t)}(t))$。由于 $A_{\sigma(t)}x(t)$ 是线性的且 $\mathrm{sat}(u^l_{\sigma(t)}(t))$ 是连续的, 则 $A_{\sigma(t)}x(t) + B_{\sigma(t)}\mathrm{sat}(u^l_{\sigma(t)}(t))$ 是 Lipschitz。在区间 $[0,t]$ 内定义切换序列 $0 \leqslant t_0 < t_1 < \cdots < t_k < t$, 其中, $k \in \mathrm{N}^+, t_i, i = 0, 1, \cdots, k$ 是切换时刻。注意到函数 $\sigma(t)$ 是右连续的且在有限集内取值, 系统 (4-41) 在每个间隔 $[t_{i-1}, t_i), i = 1, \cdots, k$ 内存在唯一解。进而, 在 $\bigcup[t_{i-1}, t_i]$ 内, $\dot{x}(t) = A_{\sigma(t)}x(t) + B_{\sigma(t)}\mathrm{sat}(u^l_{\sigma(t)}(t))$ 的解存在且唯一, 因此, 系统在区间 $[t_0, t]$ 内的解存在且唯一。最后, 当 $\omega(t)$ 是非零可测函数时, 系统 (4-41) 的解唯一。

针对系统 (4-41) 设计一个非脆弱控制器:

$$
u_i(t) = (K_i + \Delta K_i)x(t)
\tag{4-42}
$$

其中, $K_i \in \Re^{m \times n}$ 和 $\Delta K_i = E_i H_i$ 分别被称为控制器增益矩阵和控制器增益扰动矩阵, $E_i \in \Re^{m \times m}$ 是已知的非负矩阵, 满足

$$
\delta_1 I \preceq E_i \preceq \delta_2 I
\tag{4-43}
$$

且 $0 < \delta_1 < \delta_2$。执行器故障描述为

$$
u^l_i(t) = L_i u_i(t)
\tag{4-44}
$$

其中, L_i 是对角故障矩阵。假设故障矩阵是未知但有界的:

$$
L_{di} \preceq L_i \preceq L_{ui} \preceq \varrho L_{di}
\tag{4-45}
$$

其中, $L_{di} \succeq 0$ 和 $L_{ui} \succeq 0$ 是给定对角矩阵且 $\varrho \geqslant 1$。

从引理 1-11 可以看出，存在常数 $0 \leqslant \eta_s \leqslant 1, \sum\limits_{s=1}^{2^m} \eta_s = 1$ 使得

$$\text{sat}(u) = \sum_{s=1}^{2^m} \eta_s(G_s u + G_s^- v) \tag{4-46}$$

一个锥域 $\Omega(v_i, c)$ 定义为 $\Omega(v_i, c) = \{x \in \Re_+^n | x^\top v_i \leqslant c\}$，其中，$c > 0, v_i \succ 0$。假设 $F_i \prec 0, F_i \in \Re^{m \times n}, F_{is}$ 是 F_i 的第 s 行。引入多面体 $J(F_i) := \{x \in \Re_+^n | |F_{is}x| \leqslant 1, s = 1, \cdots, m\}$。利用控制器 (4-42)、故障 (4-44) 和式 (4-46)，闭环系统变为

$$\dot{x}(t) = \sum_{s=1}^{2^m} \eta_s\big(A_i + B_i G_s L_i(K_i + E_i H_i) + B_i G_s^- F_i\big)x(t) + D_i \omega(t) \tag{4-47}$$

4.4.1　主要结论

本节将提出切换系统 (4-41) 的非脆弱可靠控制器。然后，考虑切换系统 (4-41) 的 L_1 增益稳定。

定理 4-7　如果存在实数 $\varrho \geqslant 1, \varsigma_i$ 和 $\Re^n$ 向量 $v_i \succ 0, \xi_{\iota i}^+ \succ 0, \xi_{\iota i}^- \succ 0, z_{\iota i}^+ \succ 0, z_{\iota i}^- \prec 0$ 使得

$$\begin{aligned}
&\varphi_{is} A_i + \Theta_{is1} \sum_{\iota=1}^m \mathbf{1}_m^{(\iota)} \xi_{\iota i}^{+\top} + \Theta_{is2} \sum_{\iota=1}^m \mathbf{1}_m^{(\iota)} \xi_{\iota i}^{-\top} + \Theta_{is3} \sum_{\iota=1}^m \mathbf{1}_m^{(\iota)} z_{\iota i}^{+\top} \\
&+ \Theta_{is4} \sum_{\iota=1}^m \mathbf{1}_m^{(\iota)} z_{\iota i}^{-\top} + \varphi_{is} \Theta_{is5} + \varsigma_i I \succeq 0
\end{aligned} \tag{4-48}$$

对任意 $i \in S, s = 1, \cdots, m, \iota = 1, \cdots, m$ 成立，其中，$\varphi_{is} = \mathbf{1}_m^\top L_{di}^\top G_s^\top B_i^\top v_i, \Theta_{is1} = \dfrac{1}{\varrho} B_i G_s L_{di}, \Theta_{is2} = \varrho B_i G_s L_{di}, \Theta_{is3} = \dfrac{1}{\varrho} B_i G_s L_{di} E_i, \Theta_{is4} = \varrho B_i G_s L_{di} E_i$ 和 $\Theta_{is5} = B_i G_s^- F_i$，那么，在非脆弱可靠控制律

$$u_\sigma^l(t) = L_i(K_i + \Delta K_i)x(t) \tag{4-49}$$

下，且 $K_i = K_i^+ + K_i^-, H_i = H_i^+ + H_i^-$，以及

$$K_i^+ = \frac{\sum\limits_{\iota=1}^m \mathbf{1}_m^{(\iota)} \xi_{\iota i}^{+\top}}{\mathbf{1}_m^\top L_{ui}^\top G_s^\top B_i^\top v_i}, \quad K_i^- = \frac{\sum\limits_{\iota=1}^m \mathbf{1}_m^{(\iota)} \xi_{\iota i}^{-\top}}{\mathbf{1}_m^\top L_{di}^\top G_s^\top B_i^\top v_i}$$

$$H_i^+ = \frac{\sum\limits_{\iota=1}^m \mathbf{1}_m^{(\iota)} z_{\iota i}^{+\top}}{\mathbf{1}_m^\top L_{ui}^\top G_s^\top B_i^\top v_i}, \quad H_i^- = \frac{\sum\limits_{\iota=1}^m \mathbf{1}_m^{(\iota)} z_{\iota i}^{-\top}}{\mathbf{1}_m^\top L_{di}^\top G_s^\top B_i^\top v_i} \tag{4-50}$$

闭环系统 (4-41) $(\omega(t) = 0)$ 是正的。

证明　由 $\xi_{\iota i}^{+\top} \succ 0, \xi_{\iota i}^{-\top} \prec 0, z_{\iota i}^{+\top} \succ 0, z_{\iota i}^{-\top} \succ 0$ 推出

$$L_{di}K_i^+ + L_{ui}K_i^- + L_{di}E_iH_i^+ + L_{ui}E_iH_i^-$$
$$\preceq L_iK_i^+ + L_iK_i^- + L_iE_iH_i^+ + L_iE_iH_i^-$$
$$\preceq L_{ui}K_i^+ + L_{di}K_i^- + L_{ui}E_iH_i^+ + L_{di}E_iH_i^-$$

然后有

$$A_i + B_iG_sL_{di}K_i^+ + B_iG_sL_{ui}K_i^- + B_iG_sL_{di}E_iH_i^+ + B_iG_sL_{ui}E_iH_i^-$$
$$\preceq A_i + B_iG_sL_iK_i^+ + B_iG_sL_iK_i^- + B_iG_sL_iE_iH_i^+ + B_iG_sL_iE_iH_i^-$$
$$\preceq A_i + B_iG_sL_{ui}K_i^+ + B_iG_sL_{di}K_i^- + B_iG_sL_{ui}E_iH_i^+ + B_iL_{di}E_iH_i^-$$

根据条件 (4-50) 得

$$A_i + B_iG_sL_{di}K_i^+ + B_iG_sL_{ui}K_i^- + B_iG_sL_{di}E_iH_i^+ + B_iG_sL_{ui}E_iH_i^-$$
$$\succeq A_i + \frac{1}{\varrho}\frac{B_iG_sL_{di}\sum_{\iota=1}^{m}\mathbf{1}_m^{(\iota)}\xi_{\iota i}^{+\top}}{\mathbf{1}_m^\top L_{di}^\top G_s^\top B_i^\top \upsilon_i} + \varrho\frac{B_iG_sL_{di}\sum_{\iota=1}^{m}\mathbf{1}_m^{(\iota)}\xi_{\iota i}^{-\top}}{\mathbf{1}_m^\top L_{di}^\top G_s^\top B_i^\top \upsilon_i}$$
$$+ \frac{1}{\varrho}\frac{B_iG_sL_{di}E_i\sum_{\iota=1}^{m}\mathbf{1}_m^{(\iota)}z_{\iota i}^{+\top}}{\mathbf{1}_m^\top L_{di}^\top G_s^\top B_i^\top \upsilon_i} + \varrho\frac{B_iG_sL_{di}E_i\sum_{\iota=1}^{m}\mathbf{1}_m^{(\iota)}z_{\iota i}^{-\top}}{\mathbf{1}_m^\top L_{di}^\top G_s^\top B_i^\top \upsilon_i}$$

根据条件 (4-48) 有

$$A_i + \frac{\Theta_{is1}\sum_{\iota=1}^{m}\mathbf{1}_m^{(\iota)}\xi_{\iota i}^{+\top}}{\varphi_{is}} + \frac{\Theta_{is2}\sum_{\iota=1}^{m}\mathbf{1}_m^{(\iota)}\xi_{\iota i}^{-\top}}{\varphi_{is}} + \frac{\Theta_{is3}\sum_{\iota=1}^{m}\mathbf{1}_m^{(\iota)}z_{\iota i}^{+\top}}{\varphi_{is}}$$
$$+ \frac{\Theta_{is4}\sum_{\iota=1}^{m}\mathbf{1}_m^{(\iota)}z_{\iota i}^{-\top}}{\varphi_{is}} + \Theta_{is5} + \frac{\varsigma_i}{\varphi_{is}}I$$
$$= A_i + \frac{1}{\varrho}\frac{B_iG_sL_{di}\sum_{\iota=1}^{m}\mathbf{1}_m^{(\iota)}\xi_{\iota i}^{+\top}}{\mathbf{1}_m^\top L_{di}^\top G_s^\top B_i^\top \upsilon_i} + \varrho\frac{B_iG_sL_{di}\sum_{\iota=1}^{m}\mathbf{1}_m^{(\iota)}\xi_{\iota i}^{-\top}}{\mathbf{1}_m^\top L_{di}^\top G_s^\top B_i^\top \upsilon_i} + \frac{1}{\varrho}\frac{B_iG_sL_{di}E_i\sum_{\iota=1}^{m}\mathbf{1}_m^{(\iota)}z_{\iota i}^{+\top}}{\mathbf{1}_m^\top L_{di}^\top G_s^\top B_i^\top \upsilon_i}$$
$$+ \varrho\frac{B_iG_sL_{di}E_i\sum_{\iota=1}^{m}\mathbf{1}_m^{(\iota)}z_{\iota i}^{-\top}}{\mathbf{1}_m^\top L_{di}^\top G_s^\top B_i^\top \upsilon_i} + B_iG_s^-F_i + \frac{\varsigma_i}{\mathbf{1}_m^\top L_{di}^\top G_s^\top B_i^\top \upsilon_i}I \succeq 0$$

因此

$$A_i + B_i G_s L_{di} K_i^+ + B_i G_s L_{ui} K_i^- + B_i G_s L_{di} E_i H_i^+ + B_i G_s L_{ui} E_i H_i^-$$
$$+ B_i G_s^- F_i + \frac{\varsigma_i}{\mathbf{1}_m^\top L_{di}^\top G_s^\top B_i^\top \upsilon_i} I \succeq 0$$

借助引理 1-5, $A_i + B_i G_s L_{di} K_i^+ + B_i G_s L_{ui} K_i^- + B_i G_s L_{di} E_i H_i^+ + B_i G_s L_{ui} E_i H_i^- + B_i G_s^- F_i$ 是 Metzler 矩阵。这意味着 $A_i + B_i G_s L_i K_i^+ + B_i G_s L_i K_i^- + B_i G_s L_i E_i H_i^+ + B_i G_s L_i E_i H_i^- + B_i G_s^- F_i$ 对每一个 $i \in S$ 是 Metzler 矩阵。根据引理 1-6, 闭环系统 (4-41) 是正的。 □

注 4-10 定理 4-7 首先定义常数 φ_{is} 和矩阵 $\Theta_{is1}, \Theta_{is2}, \Theta_{is3}, \Theta_{is4}, \Theta_{is5}$。这些参数是已知的且不会增加相应条件的计算负担。如果不考虑系统的执行器故障和饱和特性，条件 (4-48) 简化为 $\mathbf{1}_m^\top B_i^\top \upsilon_i A_i + B_i \sum_{\iota=1}^m \mathbf{1}_m^{(\iota)} \xi_{\iota i}^{+\top} + B_i \sum_{\iota=1}^m \mathbf{1}_m^{(\iota)} \xi_{\iota i}^{-\top} + \varsigma_i I \succeq 0$。此时，条件 (4-48) 非常简单。定理 4-7 考虑了执行器故障和执行器饱和问题。因此，$\Theta_{is3} \sum_{\iota=1}^m \mathbf{1}_m^{(\iota)} z_{\iota i}^{+\top}, \Theta_{is4} \sum_{\iota=1}^m \mathbf{1}_m^{(\iota)} z_{\iota i}^{-\top}$ 和 $\varphi_{is} \Theta_{is5}$ 被添加到条件 (4-48)。这些项对系统正性证明是必不可少的。

定理 4-7 已经考虑了系统 (4-41) 的正性。下面讨论系统 (4-41) 的稳定性。

定理 4-8 如果存在实数 $\mu > 0, \lambda > 1$ 和 $\Re^n$ 向量 $\xi_i^+ \succ 0, \xi_i^- \prec 0, z_i^+ \succ 0, z_i^- \prec 0$ 使得条件 (4-48) 和

$$A_i^\top \upsilon_i + F_i^\top G_s^{-\top} B_i^\top \upsilon_i + \xi_i^+ + \xi_i^- + \delta_2 z_i^+ + \delta_1 z_i^- + \mu \upsilon_i \prec 0 \tag{4-51a}$$

$$\xi_{\iota i}^+ \prec \xi_i^+, \xi_{\iota i}^- \prec \xi_i^- \tag{4-51b}$$

$$z_{\iota i}^+ \prec z_i^+, z_{\iota i}^- \prec z_i^- \tag{4-51c}$$

$$\upsilon_i + F_{is}^\top \succeq 0 \tag{4-51d}$$

$$\upsilon_i \preceq \lambda \upsilon_j \tag{4-51e}$$

对任意 $(i, j) \in S \times S, s = 1, \cdots, m, \iota = 1, \cdots, m$ 成立，那么，在控制律 (4-49) 和 (4-50) 下，当 ADT 满足

$$\tau_a \geqslant \frac{\ln \lambda}{\mu} \tag{4-52}$$

时，闭环系统 (4-41) ($\omega(t) = 0$) 是正的、指数稳定的。进一步，初始状态满足 $x(t) \in \Omega(\upsilon_i, 1)$ 时，系统状态始终保持在 $\bigcup_i^N \Omega(\upsilon_i, 1)$ 内。

证明 根据定理 4-7 可得系统 (4-41) 是正的。选择 MLCLFs：$V_i(x(t)) = x^\top(t)v_i$，则

$$\dot{V}_{\sigma(t)}(x(t)) = x^\top(t)(A_i^\top + K_i^{+\top}L_i^\top G_s^\top B_i^\top + K_i^{-\top}L_i^\top G_s^\top B_i^\top$$
$$+ H_i^{+\top}E_i^\top L_i^\top G_s^\top B_i^\top + H_i^{-\top}E_i^\top L_i^\top G_s^\top B_i^\top + F_i^\top G_s^{-\top}B_i^\top)v_i$$

利用条件 (4-50) 和条件 (4-51b) 可得

$$K_i^{+\top}L_i^\top G_s^\top B_i^\top v_i \preceq \frac{\sum_{\iota=1}^{m} \xi_i^+ \mathbf{1}_m^{(\iota)\top} L_i^\top G_s^\top B_i^\top v_i}{\mathbf{1}_m^\top L_{ui}^\top G_s^\top B_i^\top v_i} = \frac{\xi_i^+ \mathbf{1}_m^\top L_i^\top G_s^\top B_i^\top v_i}{\mathbf{1}_m^\top L_{ui}^\top G_s^\top B_i^\top v_i} \prec \xi_i^+$$

$$K_i^{-\top}L_i^\top G_s^\top B_i^\top v_i \preceq \frac{\sum_{\iota=1}^{m} \xi_i^- \mathbf{1}_m^{(\iota)\top} L_i^\top G_s^\top B_i^\top v_i}{\mathbf{1}_m^\top L_{di}^\top G_s^\top B_i^\top v_i} = \frac{\xi_i^- \mathbf{1}_m^\top L_i^\top G_s^\top B_i^\top v_i}{\mathbf{1}_m^\top L_{di}^\top G_s^\top B_i^\top v_i} \prec \xi_i^-$$

根据条件 (4-51c) 和条件 (4-50) 得

$$H_i^{+\top}E_i^\top L_i^\top G_s^\top B_i^\top v_i \preceq \frac{\sum_{\iota=1}^{m} z_i^+ \mathbf{1}_m^{(\iota)\top} E_i^\top L_i^\top G_s^\top B_i^\top v_i}{\mathbf{1}_m^\top L_{ui}^\top G_s^\top B_i^\top v_i} = \frac{z_i^+ \mathbf{1}_m^\top E_i^\top L_i^\top G_s^\top B_i^\top v_i}{\mathbf{1}_m^\top L_{ui}^\top G_s^\top B_i^\top v_i} \prec \delta_2 z_i^+$$

$$H_i^{-\top}E_i^\top L_i^\top G_s^\top B_i^\top v_i \preceq \frac{\sum_{\iota=1}^{m} z_i^- \mathbf{1}_m^{(\iota)\top} E_i^\top L_i^\top G_s^\top B_i^\top v_i}{\mathbf{1}_m^\top L_{di}^\top G_s^\top B_i^\top v_i} = \frac{z_i^- \mathbf{1}_m^\top E_i^\top L_i^\top G_s^\top B_i^\top v_i}{\mathbf{1}_m^\top L_{di}^\top G_s^\top B_i^\top v_i} \prec \delta_1 z_i^-$$

利用定理 4-7 推出 $x(t) \succeq 0$。进而有

$$\dot{V}_{\sigma(t)}(x(t)) \leqslant x^\top(t)(A_i^\top v_i + F_i^\top G_s^{-\top}B_i^\top v_i + \xi_i^+ + \xi_i^- + \delta_2 z_i^+ + \delta_1 z_i^-)$$

结合条件 (4-51a) 可得 $\dot{V}_{\sigma(t)}(x(t)) \leqslant -\mu V_{\sigma(t)}(x(t))$。注意条件 (4-51e)，对于 $t \in [t_k, t_{k+1})$ 有 $V_{\sigma(t)}(x(t)) \leqslant \lambda e^{-\mu(t-t_k)} V_{\sigma(t_{k-1})}(x(t_k))$。因此

$$V_{\sigma(t)}(x(t)) \leqslant \lambda^2 e^{-\mu(t-t_{k-1})} V_{\sigma(t_{k-2})}(x(t_{k-1})) \leqslant \cdots \leqslant \lambda^k e^{-\mu(t-t_0)} V_{\sigma(t_0)}(x(t_0))$$

注意条件 $\lambda > 1$

$$V_{\sigma(t)}(x(t)) \leqslant \lambda^{\frac{t-t_0}{\tau_a}} e^{-\mu(t-t_0)} V_{\sigma(t_0)}(x(t_0)) = e^{(\frac{\ln\lambda}{\tau_a}-\mu)(t-t_0)} V_{\sigma(t_0)}(x(t_0))$$

进而，$\|x(t)\|_1 \leqslant \frac{\rho_2}{\rho_1} e^{(\frac{\ln\lambda}{\tau_a}-\mu)(t-t_0)} \|x(t_0)\|_1$，其中，$\rho_1$ 和 ρ_2 分别是 v_i 的最小和最大元素。根据条件 (4-52)，$\frac{\ln\lambda}{\tau_a} - \mu < 0$。另外，易得 $\frac{\rho_2}{\rho_1} > 0$。因此，闭环系

统 (4-41) 是指数稳定的。

最后，证明集合 $\bigcup_i^N \Omega(v_i, 1)$ 是吸引域。对任何 $x(t_0) \in \Omega(v_i, 1)$，可以推出

$V_{\sigma(t)}(x(t)) \leqslant V_{\sigma(t)}(x(t_0)) = x^\top(t_0)v_{\sigma(t)} \leqslant 1$，即，状态将会保持在集合 $\bigcup_i^N \Omega(v_i, 1)$ 内。

从条件 (4-51d) 得 $\Omega(v_i, 1) \subseteq J(F_i)$。这表明 $\bigcup_i^N \Omega(v_i, 1)$ 是吸引域。　　　　$\square$

注 4-11　文献 [80]、文献 [82]、文献 [83]、文献 [130] 和文献 [160] 研究了正切换系统的控制综合问题，可是忽略了执行器故障和饱和对系统性能的影响。文献 [113] 利用 LMIs 研究了一般系统 (非正) 的执行器饱和问题。文献 [149] 考虑了正切换系统的执行器饱和问题。齐文海等[161] 解决了执行器饱和的正马尔可夫跳变系统的镇定问题。这些文献没有考虑系统的执行器故障问题。在一些情况下，执行器饱和可能直接导致执行器故障。定理 4-8 提出了一种具有执行器故障和饱和的正切换系统的非脆弱控制方法，这种方法比现存结论更具实用性和一般性。

定理 4-7 和定理 4-8 提出了无扰动输入的正切换系统的非脆弱可靠控制。接下来，尝试将所提出的设计扩展到具有外部干扰的非脆弱可靠控制中。

定理 4-9　如果存在实数 $\mu > 0, \lambda > 1$ 和 $\Re^n$ 向量 $\xi_i^+ \succ 0, \xi_i^- \prec 0, z_i^+ \succ 0$，$z_i^- \prec 0$ 使得条件 (4-51) 和

$$A_i^\top v_i + F_i^\top G_s^{-\top} B_i^\top v_i + \xi_i^+ + \xi_i^- + \delta_2 z_i^+ + \delta_1 z_i^- + C_i^\top \mathbf{1}_q + \mu v_i \prec 0 \qquad (4\text{-}53\text{a})$$

$$\xi_{\iota i}^+ \prec \xi_i^+, \xi_{\iota i}^- \prec \xi_i^- \qquad (4\text{-}53\text{b})$$

$$z_{\iota i}^+ \prec z_i^+, z_{\iota i}^- \prec z_i^- \qquad (4\text{-}53\text{c})$$

$$D_i^\top v_i - \gamma \mathbf{1}_r \prec 0 \qquad (4\text{-}53\text{d})$$

$$v_i + \gamma \overline{\omega} F_{is}^\top \succeq 0 \qquad (4\text{-}53\text{e})$$

$$v_i \preceq \lambda v_j \qquad (4\text{-}53\text{f})$$

对任意 $(i, j) \in S \times S, s = 1, \cdots, m$ 和 $\iota = 1, \cdots, m$ 成立，那么，在控制律 (4-49) 和 ADT 满足

$$\tau_a \geqslant \frac{\ln \lambda}{\mu_0} \qquad (4\text{-}54)$$

时，闭环系统 (4-41) 是正的且 L_1 增益稳定的，其中，$0 < \mu_0 < \mu$。进一步，在初始条件满足 $x(t) \in \Omega(v_i, 1)$ 时，系统状态将保持在 $\bigcup_i^N \Omega(v_i, \gamma \overline{\omega})$ 内。

证明　定理 4-7 中证明了系统 (4-41) 是正的、当 $\omega(t) \neq 0$ 时是指数稳定的。定义 $\Xi(t) = \|y(t)\|_1 - \gamma \|\omega(t)\|_1$。选择与定理 4-7 相同的 Lyapunov 函数，则

$$\dot{V}_{\sigma(t)}(x(t)) + \varXi^\top(t)$$
$$= x^\top(t)(A_i^\top + K_i^{+\top} L_i^\top G_s^\top B_i^\top + K_i^{-\top} L_i^\top G_s^\top B_i^\top + H_i^{+\top} E_i^\top L_i^\top G_s^\top B_i^\top$$
$$+ H_i^{-\top} E_i^\top L_i^\top G_s^\top B_i^\top + F_i^\top G_s^{-\top} B_i^\top)v_i + D_i^\top \omega^\top(t)v_i + C_i^\top x^\top(t) - \gamma \omega^\top(t)$$

那么

$$\dot{V}_{\sigma(t)}(x(t)) + \varXi^\top(t) \leqslant x^\top(t)(A_i^\top v_i + \xi_i^+ + \xi_i^- + \delta_2 z_i^+ + \delta_1 z_i^- + F_i^\top G_s^{-\top} B_i^\top v_i$$
$$+ C_i^\top \mathbf{1}_q) + \omega^\top(t)(D_i^\top v_i - \gamma \mathbf{1}_r)$$

结合条件 (4-53a)、条件 (4-53d) 和条件 (4-53f) 可得

$$V_{\sigma(t_k)}(x(t)) \leqslant \lambda V_{\sigma(t_{k-1})}(x(t_k^-)) \mathrm{e}^{-\mu(t-t_k)} - \int_{t_k}^t \mathrm{e}^{-\mu(t-s)}(y^\top(s)\mathbf{1}_q - \gamma \omega^\top(s)\mathbf{1}_r)\mathrm{d}s$$

其中，$t \in [t, t_k)$。通过递归推导可得

$$V_{\sigma(t_k)}(x(t)) \leqslant \lambda V_{\sigma(t_{k-1})}(x(t_{k-1})) \mathrm{e}^{-\mu(t_k-t_{k-1})} - \int_{t_{k-1}}^{t_k} \mathrm{e}^{-\mu(t-s)}(y^\top(s)\mathbf{1}_q$$
$$- \gamma \omega^\top(s)\mathbf{1}_r)\mathrm{d}s) - \int_{t_k}^t \mathrm{e}^{-\mu(t-s)}(y^\top(s)\mathbf{1}_q - \gamma \omega^\top(s)\mathbf{1}_r)\mathrm{d}s$$

那么

$$V_{\sigma(t_k)}(x(t)) \leqslant \lambda V_{\sigma(t_{k-1})}(x(t_k^-)) \mathrm{e}^{-\mu(t-t_k)} - \int_{t_k}^t \mathrm{e}^{-\mu(t-s)}(y^\top(s)\mathbf{1}_q - \gamma \omega^\top(s)\mathbf{1}_r)\mathrm{d}s$$
$$\leqslant \cdots \leqslant \lambda^{N_\sigma(t_0,t)} \mathrm{e}^{-\mu(t-t_0)} V_{\sigma(t_0)}(x(t_0))$$
$$- \lambda^{N_\sigma(t_0,t)} \int_{t_0}^{t_1} \mathrm{e}^{-\mu(t-s)}(y^\top(s)\mathbf{1}_q - \gamma \omega^\top(s)\mathbf{1}_r)\mathrm{d}s$$
$$- \lambda^{N_\sigma(t_0,t)-1} \int_{t_1}^{t_2} \mathrm{e}^{-\mu(t-s)}(y^\top(s)\mathbf{1}_q - \gamma \omega^\top(s)\mathbf{1}_r)\mathrm{d}s$$
$$- \cdots - \int_{t_k}^t \mathrm{e}^{-\mu(t-s)}(y^\top(s)\mathbf{1}_q - \gamma \omega^\top(s)\mathbf{1}_r)\mathrm{d}s$$
$$= \mathrm{e}^{-\mu(t-t_0)+N_\sigma(t_0,t)\ln\lambda} V_{\sigma(t_0)}(x(t_0))$$
$$- \int_{t_0}^t \mathrm{e}^{-\mu(t-s)+N_\sigma(s,t)\ln\lambda}(y^\top(s)\mathbf{1}_q - \gamma \omega^\top(s)\mathbf{1}_r)\mathrm{d}s$$

将上式的两边乘以 $\mathrm{e}^{-N_\sigma(t_0,t)\ln\lambda}$ 推出

$$\mathrm{e}^{-N_\sigma(t_0,t)\ln\lambda} V_{\sigma(t_k)}(x(t)) \leqslant \mathrm{e}^{-\mu(t-t_0)} V_{\sigma(t_0)}(x(t_0)) - \int_{t_0}^t \mathrm{e}^{-\mu(t-s)-N_\sigma(t_0,t)\ln\lambda}$$
$$\times (y^\top(s)\mathbf{1}_q - \gamma \omega^\top(s)\mathbf{1}_r)\mathrm{d}s$$

根据定义 1-8, 可得 $N_\sigma(t_0, s) \leqslant N_0 + \dfrac{s - t_0}{\tau_a}$。结合条件 (4-54) 可得 $N_\sigma(t_0, s) \leqslant$

$\dfrac{\mu_0(s - t_0)}{\ln \lambda}$。接着

$$\int_{t_0}^t e^{-\mu(t-s)-\mu_0(s-t_0)} y^\top(s) \mathbf{1}_q ds \leqslant e^{-\mu(t-t_0)} V_{\sigma(t_0)}(x(t_0)) + \gamma \int_{t_0}^t e^{-\mu(t-s)} \omega^\top(s) \mathbf{1}_r ds$$

对上式两边从 0 到 ∞ 进行积分, 得到 $\displaystyle\int_0^\infty e^{-\mu_0 s} y^\top(s) \mathbf{1}_n ds \leqslant V_{\sigma(t_0)}(x(t_0)) +$

$\gamma \displaystyle\int_0^\infty \omega^\top(s) \mathbf{1}_n ds$, 也即

$$\varepsilon \int_0^\infty e^{-\eta t} \|y(t)\|_1 dt \leqslant V_{\sigma(t_0)}(x(t_0)) + \gamma \int_0^\infty \|\omega(t)\|_1 \mathbf{1}_n dt \tag{4-55}$$

其中, $\varepsilon = 1$, $\eta = \mu_0$。根据定义 1-12, 闭环系统 (4-41) 是正的、L_1 增益稳定的。

接下来, 证明所有状态将会保持在 $\bigcup_i^N \Omega(v_i, \gamma\overline{\omega})$ 的内部。首先易得

$$\begin{aligned}
V_{\sigma(t)}(x(t)) &\leqslant e^{-\mu(t-t_0)+\mu_0(t-t_0)} V_{\sigma(t_0)}(x(t_0)) + \gamma \int_{t_0}^t e^{-\mu(t-s)+\mu_0(t-s)} \omega^\top(s) \mathbf{1}_r ds \\
&\quad - \int_{t_0}^t e^{-\mu(t-s)+\mu_0(t-s)} y^\top(s) \mathbf{1}_q ds \\
&\leqslant e^{-\mu(t-t_0)+\mu_0(t-t_0)} V_{\sigma(t_0)}(x(t_0)) + \gamma \int_{t_0}^t e^{-\mu(t-s)+\mu_0(t-s)} \omega^\top(s) \mathbf{1}_r ds
\end{aligned}$$

当 $t \to \infty$ 时, 可得 $V_{\sigma(\infty)}(x(\infty)) \leqslant \gamma \displaystyle\int_{t_0}^\infty \omega^\top(s) \mathbf{1}_r ds \leqslant \gamma\overline{\omega}$。对于任意 $x(t) \in$ $\Omega(v_i, \gamma\overline{\omega})$, 从条件 (4-53e) 可以推出 $\gamma\overline{\omega}|F_{is}x(t)|^\top \leqslant x^\top(t)v_i \leqslant \gamma\overline{\omega}$, 也即, $|F_{is}x(t)| \leqslant$ 1。因此, 可得 $x(t) \in \Omega(v_i, \gamma\overline{\omega}) \subseteq J(F_i)$。 $\qquad\square$

这里提供一种估计吸引域的方法。首先, 给出一个已知的参考锥集 $\Omega'(\varrho_i, \gamma\overline{\omega}) = \{x \in \Re_+^n | x^\top \varrho_i \leqslant \gamma\overline{\omega}, \varrho_i \succ 0, \varrho_i \in \Re^n\}$, 其中, ϱ_i 为已知的。对于集合 $\Gamma \subset \Re^n$, 定义 $\Upsilon(\Gamma) = \sup\{\Upsilon > 0 | \Upsilon\Omega'(\varrho_i, \gamma\overline{\omega}) \subseteq \Gamma\}$。设计的目的是获得最大可能的吸引域 $\Omega(v_i, \gamma\overline{\omega})$。显然, $\Upsilon\Omega'(\varrho_i, \gamma\overline{\omega}) \subseteq \Omega(v_i, \gamma\overline{\omega})$ 等价于 $v_i \preceq \dfrac{1}{\Upsilon}\varrho_i$, 其中, $\Upsilon' = \dfrac{1}{\Upsilon}$。最后, 最大吸引域的估计问题可以通过以下最优化求解:

$$\min \quad \Upsilon' \quad \text{约束于条件 (4-48)、条件 (4-53) 和条件 } v_i \preceq \Upsilon'\varrho_i$$

4.4.2 仿真例子

在 Shorten 等 [5]、Zhang 等 [159] 以及 Chen 等 [158] 的工作中，利用正切换系统建立了具有三个节点的通信网络，详细建模见第 1 章。控制中心通过通信网络向终端发送一个大数据包。通信网络在运行中遵循一定的交换规则：空闲时间模型和繁忙时间模型之间的切换。在这里，我们继续通过引入执行器故障与饱和来研究数据通信网络。下面给出了两个例子，第一个例子是关于无干扰输入的系统 (4-41) 的，第二个例子与文献 [159] 的工作进行了比较。

例 4-6 假设系统 (4-41) 有两个子系统：

$$A_1 = \begin{pmatrix} -1.9 & 1.8 & 1.5 \\ 2 & -1.7 & 2 \\ 1.3 & 1.3 & -2.5 \end{pmatrix}, A_2 = \begin{pmatrix} -1.5 & 2 & 1 \\ 2.5 & -1.8 & 1.5 \\ 1.3 & 1.4 & -2.1 \end{pmatrix}$$

$$B_1 = \begin{pmatrix} 0.15 & 0.25 \\ 0.25 & 0.15 \\ 0.15 & 0.35 \end{pmatrix}, B_2 = \begin{pmatrix} 0.15 & 0.25 \\ 0.45 & 0.15 \\ 0.15 & 0.25 \end{pmatrix}, C_1 = C_2 = D_1 = D_2 = 0$$

给定

$$E_1 = \text{diag}(0.3\ 0.3), E_2 = \text{diag}(0.7\ 0.7), F_1 = \begin{pmatrix} -0.04 & -0.05 & -0.03 \\ -0.06 & -0.05 & -0.04 \end{pmatrix}$$

$$F_2 = \begin{pmatrix} -0.05 & -0.04 & -0.03 \\ -0.04 & -0.06 & -0.04 \end{pmatrix}, L_{d1} = \text{diag}(0.33\ 0.24), L_{d2} = \text{diag}(0.42\ 0.32)$$

$$L_{u1} = \text{diag}(0.33\ 0.27), L_{u2} = \text{diag}(0.44\ 0.37)$$

那么，$\delta_1 = 0.3, \delta_2 = 0.7$。选择 $\mu = 0.1, \lambda = 1.1$ 和 $\varrho = 1.1$。根据条件 (4-42) 和条件 (4-43) 可得

$$K_1^+ = \begin{pmatrix} 0.4335 & 0.2923 & 0.7788 \\ 0.6227 & 0.3418 & 0.7616 \end{pmatrix}, K_2^+ = \begin{pmatrix} 0.2049 & 0.2208 & 0.4949 \\ 0.3144 & 0.3455 & 0.4616 \end{pmatrix}$$

$$K_1^- = \begin{pmatrix} -8.1715 & -8.0966 & -10.9167 \\ -7.5157 & -7.5288 & -11.0000 \end{pmatrix}$$

$$K_2^- = \begin{pmatrix} -7.2925 & -7.8183 & -4.5655 \\ -7.1795 & -7.4516 & -4.6933 \end{pmatrix}$$

$$H_1^+ = \begin{pmatrix} 0.5476 & 0.3178 & 0.9234 \\ 0.6574 & 0.3526 & 0.9152 \end{pmatrix}, \quad H_2^+ = \begin{pmatrix} 0.2982 & 0.3195 & 0.6049 \\ 0.4119 & 0.4444 & 0.5746 \end{pmatrix}$$

$$H_1^- = \begin{pmatrix} -4.5503 & -4.1864 & -4.5401 \\ -3.2130 & -2.8310 & -4.6087 \end{pmatrix}$$

$$H_2^- = \begin{pmatrix} -1.9265 & -2.3255 & -1.8199 \\ -0.8493 & -0.9782 & -2.0223 \end{pmatrix}$$

选择 $L_1 = \mathrm{diag}(0.35\ 0.25), L_2 = \mathrm{diag}(0.43\ 0.33)$，并定义

$$M_1 = A_1 + B_1 G_s L_1 K_1^+ + B_1 G_s L_1 K_1^- + B_1 G_s L_1 E_1 H_1^+$$
$$+ B_1 G_s L_1 E_1 H_1^- + B_1 G_s^- F_1$$
$$M_2 = A_2 + B_2 G_s L_2 K_2^+ + B_2 G_s L_2 K_2^- + B_2 G_s L_2 E_2 H_2^+$$
$$+ B_2 G_s L_2 E_2 H_2^- + B_2 G_s^- F_2$$

则闭环系统矩阵为

$$M_1 = \begin{pmatrix} -2.3938 & 1.2979 & 0.8331 \\ 1.4447 & -2.2617 & 1.2781 \\ 0.7059 & 0.6947 & -3.3131 \end{pmatrix}, \quad M_2 = \begin{pmatrix} -2.0593 & 1.4037 & 0.6325 \\ 1.5375 & -2.8384 & 0.9073 \\ 0.7407 & 0.8037 & -2.4675 \end{pmatrix}$$

图 4-10 展示了初始条件为 $x(t_0) = (5\ 3\ 2)^\top$ 时，状态 $x_1(t), x_2(t)$ 和 $x_3(t)$ 的响应。

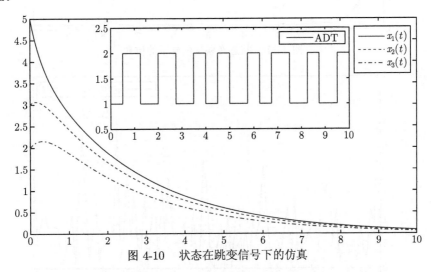

图 4-10　状态在跳变信号下的仿真

例 4-7　文献 [159] 利用正切换系统建立了一个数据通信网络，其中

$$A_1 = \begin{pmatrix} -2.1 & 1.6 & 1 \\ 4 & -1.2 & 2 \\ 2 & 1.5 & -2 \end{pmatrix}, \ A_2 = \begin{pmatrix} -2.2 & 6 & 5.9 \\ 6.5 & -3 & 6 \\ 5 & 4.2 & -4 \end{pmatrix}, B_1 = \begin{pmatrix} 0.35 & 0.25 \\ 0.25 & 0.35 \\ 0.15 & 0.25 \end{pmatrix}$$

$$B_2 = \begin{pmatrix} 0.35 & 0.25 \\ 0.45 & 0.55 \\ 0.15 & 0.25 \end{pmatrix}, C_1 = \begin{pmatrix} 0.02 & 0.05 & 0.04 \\ 0.03 & 0.05 & 0.02 \\ 0.02 & 0.03 & 0.05 \end{pmatrix}, C_2 = \begin{pmatrix} 0.02 & 0.05 & 0.03 \\ 0.01 & 0.02 & 0.03 \\ 0.05 & 0.04 & 0.01 \end{pmatrix}$$

$$D_1 = \begin{pmatrix} 0.22 & 0.21 & 0.20 \\ 0.23 & 0.19 & 0.21 \\ 0.21 & 0.24 & 0.19 \end{pmatrix}, \ D_2 = \begin{pmatrix} 0.19 & 0.22 & 0.21 \\ 0.23 & 0.21 & 0.20 \\ 0.25 & 0.23 & 0.19 \end{pmatrix}$$

借助文献 [159] 中定理 2 的设计方法，图 4-11 显示了状态 $x_1(t), x_2(t)$ 和 $x_3(t)$ 的仿真，其中，初始条件 $x(t_0) = (12\,10\,6)^\top$，图 4-12 是外部输入信号：$\omega_1(t), \omega_2(t), \omega_3(t)$。

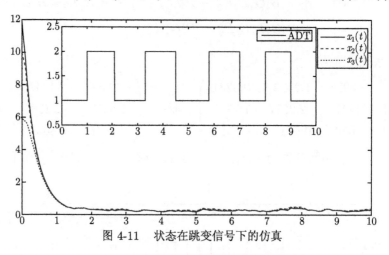

图 4-11　状态在跳变信号下的仿真

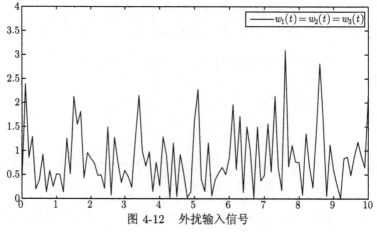

图 4-12　外扰输入信号

假设所考虑系统的执行器发生故障，故障矩阵为 $L_1' = \mathrm{diag}(0.35\ 0.23\ 0.30)$，$L_2' = \mathrm{diag}(0.36\ 0.29\ 0.30)$。图 4-13 给出状态的仿真。显然当系统受到执行器故障的影响时，系统是不稳定的。这证实文献 [159] 中的设计方法在执行器发生故障时是无效的。

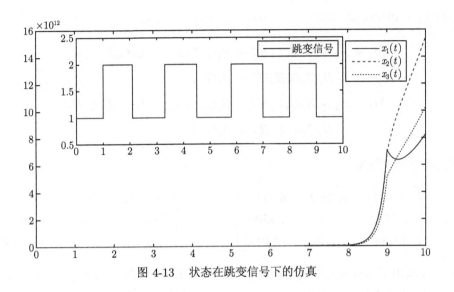

图 4-13　状态在跳变信号下的仿真

考虑文献 [159] 中给出的系统 (4-41) 的系统矩阵 A_i, B_i, C_i, D_i 以及

$$E_1 = \mathrm{diag}(0.3\ 0.3),\ E_2 = \mathrm{diag}(0.6\ 0.6), F_1 = \begin{pmatrix} -0.02 & -0.03 & -0.04 \\ -0.05 & -0.06 & -0.03 \end{pmatrix}$$

$$F_2 = \begin{pmatrix} -0.06 & -0.05 & -0.03 \\ -0.04 & -0.07 & -0.06 \end{pmatrix}, L_{d1} = \mathrm{diag}(0.33\ 0.22), L_{d2} = \mathrm{diag}(0.35\ 0.28)$$

$$L_{u1} = \mathrm{diag}(0.36\ 0.24), L_{u2} = \mathrm{diag}(0.38\ 0.30), \overline{\omega} = 0.5$$

则 $\delta_1 = 0.3$ 和 $\delta_2 = 0.6$。选择 $\mu_0 = 0.5, \mu = 0.8, \gamma = 0.7, \lambda = 1.2, \varrho = 1.1$。通过解条件 (4-48) 和条件 (4-53) 可得控制器增益和吸引域增益：

$$K_1^+ = \begin{pmatrix} 8.1257 & 0.0068 & 0.0068 \\ 10.0412 & 0.0068 & 0.0068 \end{pmatrix},\ K_1^- = \begin{pmatrix} -17.0394 & -4.4291 & -2.9100 \\ -14.0730 & -6.1715 & -4.0901 \end{pmatrix}$$

$$K_2^+ = \begin{pmatrix} 0.0047 & 6.9888 & 0.0047 \\ 0.0047 & 7.4825 & 0.0047 \end{pmatrix},\ K_2^- = \begin{pmatrix} -24.2970 & -47.6227 & -24.5713 \\ -24.2970 & -47.0199 & -23.1883 \end{pmatrix}$$

$$H_1^+ = \begin{pmatrix} 1.7032 & 0.0068 & 0.0068 \\ 2.7470 & 0.0068 & 0.0068 \end{pmatrix}, \ H_1^- = \begin{pmatrix} -73.0387 & -25.5595 & -15.4868 \\ -63.0372 & -31.6269 & -19.5206 \end{pmatrix}$$

$$H_2^+ = \begin{pmatrix} 0.0047 & 11.8410 & 0.0047 \\ 0.0047 & 12.6508 & 0.0047 \end{pmatrix}, \ H_2^- = \begin{pmatrix} -7.2678 & -4.4593 & -4.2920 \\ -0.0101 & -2.8101 & -0.0101 \end{pmatrix}$$

选择 $L_1 = \mathrm{diag}(0.35\ 0.23)$, $L_2 = \mathrm{diag}(0.38\ 0.30)$，定义

$$\begin{aligned} M_1 &= A_1 + B_1 G_s L_1 K_1^+ + B_1 G_s L_1 K_1^- + B_1 G_s L_1 E_1 H_1^+ \\ &\quad + B_1 G_s L_1 E_1 H_1^- + B_1 G_s^- F_1 \\ M_2 &= A_2 + B_2 G_s L_2 K_2^+ + B_2 G_s L_2 K_2^- + B_2 G_s L_2 E_2 H_2^+ \\ &\quad + B_2 G_s L_2 E_2 H_2^- + B_2 G_s^- F_2 \end{aligned}$$

则闭环系统矩阵为

$$M_1 = \begin{pmatrix} -4.6024 & 0.3969 & 0.2413 \\ 1.7722 & -2.3730 & 1.2596 \\ 0.5606 & 0.7230 & -2.4906 \end{pmatrix}, \ M_2 = \begin{pmatrix} -4.9012 & 2.4824 & 3.3370 \\ 2.2173 & -8.6453 & 1.9293 \\ 3.3362 & 1.9908 & -5.5830 \end{pmatrix}$$

图 4-14 给出了带有执行器故障系统 (4-41) 的状态仿真，图 4-15 是并集 $\Omega(v_1,1)\bigcup$ $\Omega(v_2,1)$ 的仿真结果。显然，在执行器会发生故障下，所考虑系统仍是正的且稳定的。

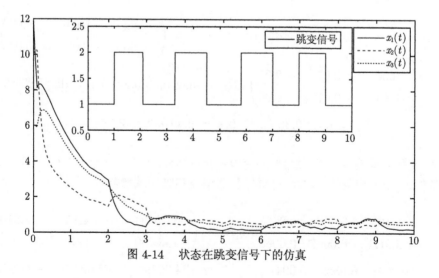

图 4-14   状态在跳变信号下的仿真

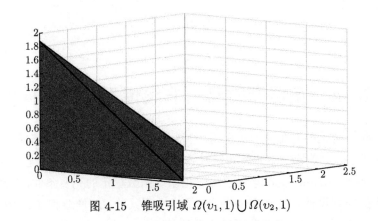

图 4-15　锥吸引域 $\Omega(v_1, 1) \bigcup \Omega(v_2, 1)$

4.5　本 章 小 结

本章考虑两类正混杂系统的非脆弱可靠控制问题。针对正马尔可夫跳变系统，构造随机 LCLF，借助第 3 章提出的矩阵分解方法，利用 LP 方法，分别提出了系统的非脆弱控制和非脆弱可靠控制设计方法。同时，也考虑了系统包含扰动和执行器饱和的控制问题。针对正切换系统，借助 MLCLFs 和切换 LCLF，解决了系统的非脆弱控制和非脆弱可靠控制。本章在第 3 章基础上，提出了正混杂系统非脆弱可靠控制的一致性控制标架。

第 5 章 正混杂时滞、非线性系统的鲁棒控制

时滞和扰动是控制系统的两个重要特征，几乎所有实际系统都受到时滞和扰动输入的影响，这些影响会导致系统性能下降甚至破坏系统的稳定性。文献 [162] 利用 Perron-Frobenius 定理建立了时滞正系统指数稳定的充要条件，文献 [163] 提出了相应的控制设计。文献 [164] 引入了线性形式的 L_1 增益和 L_∞ 增益性能概念。文献 [165] 利用 L_1 增益分析了正系统的稳定性。关于正系统时滞和扰动的结论还可参考文献 [33]、文献 [50] 和文献 [51]。

上述结论主要与线性正系统相关，正混杂系统的非线性分析与综合仍有许多开放性问题。究其缘由主要有三个：① 非线性一直是控制领域研究的难点；② 如何定义非线性系统的正性具有挑战性；③ 非线性正系统的控制方法仍有保守性 [166,167]。研究者逐渐关注一类特殊的切换非线性系统 [71,131,168,169]，这类系统的系统矩阵是 Metzler 矩阵，非线性函数满足角域条件。这类系统在 Hopfield 神经网络 [170]、Lotka-Voltera 生态系统 [171] 和变结构控制 [172] 等方面都有广泛应用。文献 [168] 和文献 [169] 分别提出了两种改进的共同 Lyapunov 函数以确保切换非线性系统的绝对稳定性。文献 [173] 基于共同 Lyapunov 函数构造了可保证系统终极一致有界的控制律。这些文献所考虑的系统与正系统有着密切的联系。本章在这些文献基础上，进一步探讨正混杂时滞和非线性系统的控制问题，找到这些文献涉及的系统与正系统的关系。

5.1 时滞正马尔可夫跳变系统的增益性能分析与综合

本小节考虑时滞正马尔可夫跳变系统的 L_1/ℓ_1 增益综合问题。

考虑马尔可夫系统：

$$
\begin{aligned}
\dot{x}(t) &= A_{1g(t)}x(t) + A_{2g(t)}x(t-\tau) + B_{1g(t)}u(t) + B_{2g(t)}\omega(t) \\
y(t) &= C_{1g(t)}x(t) + C_{2g(t)}x(t-\tau) + D_{g(t)}\omega(t)
\end{aligned}
\tag{5-1}
$$

和

$$
\begin{aligned}
x(k+1) &= A_{1g(k)}x(k) + A_{2g(k)}x(k-\tau) + B_{1g(k)}u(k) + B_{2g(k)}\omega(k) \\
y(k) &= C_{1g(k)}x(k) + C_{2g(k)}x(k-\tau) + D_{g(k)}\omega(k)
\end{aligned}
\tag{5-2}
$$

其中，$x(t) \in \Re^n, u(t) \in \Re^m, \omega(t) \in \Re^r, y(t) \in \Re^s$ $(x(k) \in \Re^n, u(k) \in \Re^m, \omega(k) \in \Re^r, y(k) \in \Re^s)$ 分别是系统状态、控制输入、外部扰动输入和控制输出，τ 表示系统状态时滞。当 $t \in [-\tau, 0]$ 时，有 $x(t) = \psi(t) \geqslant 0$ （当 $k \in [-\tau, 0]$ 时，有 $x(k) = \psi(k) \geqslant 0$）。系统 (5-1) 中的函数 $g(t)$（系统 (5-2) 中的函数 $g(k)$）为马尔可夫过程，其取值集合为 $S = \{1, 2, \cdots, N\}$，$N \in \mathbb{N}^+$。记 $\mathrm{Prob}\{g(t + \Delta) = j | g(t) = i\}$ 为马尔可夫过程的转移率。对系统 (5-1) 有

$$\mathrm{Prob}\{g(t + \Delta) = j | g(t) = i\} = \begin{cases} \pi_{ij}\Delta + o(\Delta), i \neq j \\ 1 + \pi_{ii}\Delta + o(\Delta), i = j \end{cases}$$

其中，$\Delta > 0, \pi_{ij} \geqslant 0, i \neq 0, \pi_{ii} = -\displaystyle\sum_{j=1, j \neq i}^{N} \pi_{ij}$。当 $\Delta \to 0$ 时，有 $\dfrac{o(\Delta)}{\Delta} \to 0$。对于系统 (5-2)，跳变过程为离散时间齐次马尔可夫链且转移概率为 $\mathrm{Prob}(g(k+1) = j | g(k) = i) = \pi_{ij}$，$\pi_{ij} \geqslant 0, i, j \in S, \displaystyle\sum_{j=1}^{N} \pi_{ij} = 1$。对于 $g(t) = i \in S$ $(g(k) = i \in S)$，记系统矩阵为 $A_{1i}, A_{2i}, B_{1i}, B_{2i}, C_{1i}, C_{2i}, D_i$。对系统 (5-1)，假定 A_{1i} 为 Metzler 矩阵，$A_{2i} \succeq 0, B_{1i} \succeq 0, B_{2i} \succeq 0, C_{1i} \succeq 0, C_{2i} \succeq 0, D_i \succeq 0, i \in S$。对系统 (5-2)，假定 $A_{1i} \succeq 0, A_{2i} \succeq 0, B_{1i} \succeq 0, B_{2i} \succeq 0, C_{1i} \succeq 0, C_{2i} \succeq 0, D_i \succeq 0, i \in S$。此外，假定对于任意 $\theta \in [-\tau, 0]$，存在实数 $\varepsilon > 0$ 使得对系统 (5-1) 和系统 (5-2) 分别有

$$\|x(t + \theta)\|_1 \leqslant \varepsilon \|x(t)\|_1 \tag{5-3}$$

和

$$\|x(k + \theta)\|_1 \leqslant \varepsilon \|x(k)\|_1 \tag{5-4}$$

这里沿用了文献 [174] 和文献 [175] 中的假设。考虑到参数 ε 可任意选择，因此条件 (5-3) 和条件 (5-4) 不增加系统状态的受限。

5.1.1　连续时间系统

本节考虑连续时间系统 (5-1) 的随机稳定性和控制综合问题。

5.1.1.1　随机稳定性分析

考虑开环系统 (5-1) 的随机稳定性，提出下面定理。

定理 5-1　如果存在实数 $\gamma > 0$ 和 $\Re^n$ 向量 $v^{(i)} \succ 0, \mu \succ 0, \eta^{(i)} \succ 0, \lambda^{(i)} \succ 0$ 使得

$$A_{1i}^{\top} v^{(i)} + \sum_{j=1}^{N} \pi_{ij} v^{(j)} + C_{1i}^{\top} \mathbf{1}_s + \mu + \eta^{(i)} \prec 0 \tag{5-5a}$$

$$A_{2i}^{\top} v^{(i)} + C_{2i}^{\top} \mathbf{1}_s - \mu + \lambda^{(i)} \prec 0 \tag{5-5b}$$

$$B_{2i}^{\top} v^{(i)} + D_i^{\top} \mathbf{1}_s - \gamma \mathbf{1}_r \prec 0 \tag{5-5c}$$

对任意 $i \in S$ 成立,那么,系统 (5-1) 是具有 L_1 增益性能随机稳定的。

证明　首先,考虑 $\omega(t) = 0$ 时系统 (5-1) 的随机稳定性。由于系统 (5-1) 是正系统,则始终有 $x(t) \succeq 0$。选取随机余正 Lyapunov 泛函为

$$V(x(t), g(t) = i) = V(x, i) = x^{\top}(t) v^{(i)} + \int_{-\tau}^{0} x^{\top}(t + \delta) \mu \mathrm{d}\delta$$

那么

$$\mathcal{A}V(x(t), g(t) = i) = x^{\top}(t) \left(A_{1i}^{\top} v^{(i)} + \sum_{j=1}^{N} \pi_{ij} v^{(j)} + \mu \right) + x^{\top}(t - \tau) \left(A_{2i}^{\top} v^{(i)} - \mu \right)$$

由 $C_{1i} \geqslant 0, C_{2i} \geqslant 0$,结合条件 (5-5a) 和条件 (5-5b),则有 $\mathcal{A}V(x(t), g(t) = i) < -\overline{x}^{\top}(t) \xi^{(i)}$,其中,$\overline{x}^{\top}(t) = (x^{\top}(t) \ x^{\top}(t - \tau))$,$\xi^{(i)} = (\eta^{(i)\top} \ \lambda^{(i)\top})^{\top}$。又由 $\|x(t)\|_1 \leqslant \|\overline{x}(t)\|_1$ 和条件 (5-5a),故

$$\frac{\mathcal{A}V(x(t), i)}{V(x(t), i)} < -\frac{\overline{x}^{\top}(t) \xi^{(i)}}{x^{\top}(t) v^{(i)} + \displaystyle\int_{-\tau}^{0} x^{\top}(t + \delta) \mu \mathrm{d}\delta}$$

$$\leqslant -\frac{\rho_1 \|\overline{x}\|_1}{(\rho_2 + \rho_3 \tau \varepsilon) \|x\|_1} \leqslant -\frac{\rho_1}{\rho_2 + \rho_3 \tau \varepsilon}$$

其中,$\rho_1 = \min\limits_{i \in S} \underline{\rho}(\xi^{(i)}), \rho_2 = \max\limits_{i \in S} \overline{\rho}(v^{(i)}), \rho_3 = \overline{\rho}(\mu)$。从而,$\mathcal{A}V(x(t), i) < -\dfrac{\rho_1}{\rho_2 + \rho_3 \tau \varepsilon} V(x(t))$。根据 Dynkin 公式和 Gronwell-Bellman 引理可得 $\mathbf{E}\{V(x(t), g(t))\} \leqslant \mathrm{e}^{-\frac{\rho_1}{\rho_2 + \rho_3 \tau \varepsilon} t} V(x_0, g(t))$。又 $\mathbf{E}\left\{ \displaystyle\int_{-\tau}^{0} x^{\top}(t + \delta) \mu \mathrm{d}\delta \right\} > 0$,那么 $\mathbf{E}\{x^{\top}(t) v^{(i)} | \psi, g(0)\} \leqslant \mathrm{e}^{-\frac{\rho_1}{\rho_2 + \rho_3 \tau \varepsilon} t} V(x_0, i)$。此外

$$\mathbf{E}\left\{ \int_0^T x^{\top}(\delta) v^{(i)} \mathrm{d}\delta \Big| x_0, g(0) = i \right\} \leqslant -\frac{\rho_2 + \rho_3 \tau \varepsilon}{\rho_1} \left(\mathrm{e}^{-\frac{\rho_1}{\rho_2 + \rho_3 \tau \varepsilon} t} - 1 \right) V(x_0, i)$$

由于 $T \to \infty$,则 $\lim\limits_{T \to \infty} \mathbf{E}\left\{ \displaystyle\int_0^T x^{\top}(\delta) v^{(i)} \mathrm{d}\delta \Big| \psi, g(0) \right\} \leqslant \dfrac{(\rho_2 + \rho_3 \tau \varepsilon)^2}{\rho_1} x_0^{\top} \mathbf{1}_n$。进而有

$$\lim_{T \to \infty} \mathbf{E}\left\{ \int_0^T \|x(\delta)\|_1 \mathrm{d}\delta \Big| \psi, g(0) \right\} \leqslant \frac{(\rho_2 + \rho_3 \tau \varepsilon)^2}{\rho_1 \rho_4} x_0^{\top} \mathbf{1}_n$$

其中,$\rho_4 = \min\limits_{i \in S} \underline{\rho}(v^{(i)})$。由定义 1-15 有,系统 (5-1) 是随机稳定的。

由于 $\mathbf{E}\{V(x(T),g(T))\} = \mathbf{E}\left\{ \int_0^T \mathcal{A}V(x(\delta),g(s))\mathrm{d}\delta \right\} \geqslant 0$，那么

$$\mathbf{E}\left\{ \int_0^T (\|y(t)\|_1 - \gamma\|\omega(t)\|_1)\mathrm{d}t \right\}$$

$$\leqslant \mathbf{E}\left\{ \int_0^T (\|y(t)\|_1 - \gamma\|\omega(t)\|_1 + \mathcal{A}V(x(t),r(t)))\mathrm{d}t \right\}$$

$$= \mathbf{E}\left\{ \int_0^T \left(x^\top(t)\big(A_{1i}^\top v^{(i)} + \sum_{j=1}^N \pi_{ij}v^{(j)} + C_{1i}^\top \mathbf{1}_s + \mu\big) + x^\top(t-\tau)\big(A_{2i}^\top v^{(i)} + \right.\right.$$

$$\left.\left. + C_{2i}^\top \mathbf{1}_s - \mu\big) + \omega^\top(t)\big(B_{2i}^\top v^{(i)} + D_i^\top \mathbf{1}_s - \gamma\mathbf{1}_r\big)\right)\mathrm{d}t \right\}$$

$$= -\mathbf{E}\left\{ \int_0^T \widehat{x}^\top(t)\zeta^{(i)}\mathrm{d}t \right\}$$

其中，$\widehat{x}^\top(t) = (x^\top(t)x^\top(t-\tau)\omega^\top(t))$，$\zeta^{(i)} = (\eta^{(i)\top}\lambda^{(i)\top}0_n^\top)^\top$，$0_n = (0,0,\cdots,0)^\top \in \Re^n$。根据正系统的定义，$\widehat{x}(t) \succeq 0$，结合条件 (5-5b) 和条件 (5-5c) 可得 $\mathbf{E}\left\{ \int_0^T (\|y(t)\|_1 - \gamma\|\omega(t)\|_1)\mathrm{d}t \right\} < 0$。由定义 1-16 可得，系统 (5-1) 是 L_1 增益随机稳定的。　　□

注 5-1　文献 [131] 利用随机 LCLF 方法解决了正马尔可夫跳变系统的随机稳定性和镇定问题。定理 5-1 进一步利用随机线性余正 Lyapunov 泛函研究了带有时滞和外部扰动输入正马尔可夫跳变系统的随机稳定性问题，并将传统的 L_2 增益性能扩展为 L_1 增益性能。

5.1.1.2　随机镇定设计

本节将考虑系统 (5-1) 的随机镇定问题。

定理 5-2　如果存在实数 $\gamma > 0, \varsigma_i > 0$ 和 $\Re^n$ 向量 $v^{(i)} > 0, z^{(i)}, \mu > 0, \eta^{(i)} > 0$，$\lambda^{(i)} > 0$ 使得

$$A_{1i}^\top v^{(i)} + z^{(i)} + \sum_{j=1}^N \pi_{ij}v^{(j)} + C_{1i}^\top \mathbf{1}_s + \mu + \eta^{(i)} \prec 0 \tag{5-6a}$$

$$\widetilde{v}^{(i)\top}B_{1i}^\top v^{(i)}A_{1i} + B_{1i}\widetilde{v}^{(i)}z^{(i)\top} + \varsigma_i I_n \succeq 0 \tag{5-6b}$$

$$A_{2i}^\top v^{(i)} + C_{2i}^\top \mathbf{1}_s - \mu + \lambda^{(i)} \prec 0 \tag{5-6c}$$

$$B_{2i}^\top v^{(i)} + D_i^\top \mathbf{1}_s - \gamma\mathbf{1}_r \prec 0 \tag{5-6d}$$

对任意 $i \in S$ 成立，其中，$\widetilde{v}^{(i)} \succ 0$ 是给定的向量，那么，在状态反馈控制律

$$u(t) = K_i x(t) = \frac{1}{\widetilde{v}^{(i)\top}B_i^\top v^{(i)}}\widetilde{v}^{(i)}z^{(i)\top}x(t) \tag{5-7}$$

下，闭环系统 (5-1) 是随机 L_1 增益稳定的。

证明　由条件 (5-6b) 和条件 (5-7) 得 $A_{1i} + B_{1i}\dfrac{\widetilde{v}^{(i)}z^{(i)\top}}{\widetilde{v}^{(i)\top}B_{1i}^\top v^{(i)}} + \varsigma_i I_n = A_{1i} + B_{1i}K_i + \varsigma_i I_n \succeq 0$。这意味着 $A_{1i} + B_{1i}K_i$ 是 Metzler 矩阵。根据引理 1-6 可知，闭环系统 (5-1) 是正系统。再次利用条件 (5-7) 可得，$K_i^\top B_{1i}^\top v^{(i)} = z^{(i)}$。由条件 (5-6a) 得

$$(A_{1i} + B_{1i}K_i)^\top v^{(i)} + \sum_{j=1}^{N} \pi_{ij} v^{(j)} + C_{1i}^\top \mathbf{1}_s + \mu + \eta^{(i)} \prec 0$$

根据定理 5-1 可知，闭环系统 (5-1) 是 L_1 增益随机稳定的。　□

5.1.2　离散时间系统

本节首先考虑系统 (5-2) 的 ℓ_1 增益随机稳定性。然后，讨论其相应的 ℓ_1 增益随机镇定问题。

5.1.2.1　随机稳定分析

首先，利用线性方法，提出开环系统 (5-2) 的随机稳定性。

定理 5-3　如果存在实数 $\gamma > 0$ 和 $\Re^n$ 向量 $v^{(i)} \succ 0, \mu \succ 0, \eta^{(i)} \succ 0, \lambda^{(i)} \succ 0$ 使得

$$A_{1i}^\top \sum_{j=1}^{N} \pi_{ij} v^{(j)} - v^{(i)} + C_{1i}^\top \mathbf{1}_s + \mu + \eta^{(i)} \prec 0 \tag{5-8a}$$

$$A_{2i}^\top \sum_{j=1}^{N} \pi_{ij} v^{(j)} + C_{2i}^\top \mathbf{1}_s - \mu + \lambda^{(i)} \prec 0 \tag{5-8b}$$

$$B_{2i}^\top \sum_{j=1}^{N} \pi_{ij} v^{(j)} + D_i^\top \mathbf{1}_s - \gamma \mathbf{1}_r \prec 0 \tag{5-8c}$$

对任意 $i \in S$ 成立，那么，系统 (5-2) 是随机 ℓ_1 增益稳定的。

证明　首先，证明 $\omega(k) = 0$ 时，系统 (5-2) 是随机稳定的。因为系统 (5-2) 是正系统，从而有 $x(k) \succeq 0$。选取随机余正 Lyapunov 泛函为

$$V(x(k), k) = x^\top(k) v^{(r(k))} + \sum_{\delta=-\tau}^{-1} x^\top(k+\delta)\mu$$

那么

$$\begin{aligned}\Delta V &= \mathbf{E}\{V(x(k+1), k+1)|x(k), r(k)\} - V(x(k), k)\\&= x^\top(k)\left(A_{1r(k)}^\top \sum_{j=1}^{N} \pi_{r(k)j} v^{(j)} - v^{(r(k))} + \mu\right)\end{aligned}$$

$$+x^\top(k-\tau)\left(A_{2r(k)}^\top\sum_{j=1}^N\pi_{r(k)j}v^{(j)}-\mu\right)$$

由于 $C_{1i}\succeq 0, C_{2i}\succeq 0$，结合条件 (5-8a) 和条件 (5-8b)，$\Delta V<-\overline{x}^\top(k)\xi^{(i)}$，其中，$\overline{x}^\top(k)=(x^\top(k)\ x^\top(k-\tau))$，$\xi^{(i)}=(\eta^{(i)\top}\ \lambda^{(i)\top})^\top$。又 $\|x(k)\|_1\leqslant\|\overline{x}(k)\|_1$，则 $\Delta V<-\rho_1 x^\top(k)\mathbf{1}_n$，其中，$\rho_1=\min_{i\in S}\underline{\rho}(\xi^{(i)})$。对上式从 0 到 K 求累加和得

$\mathbf{E}\{V(x(K+1),K+1)\}-\mathbf{E}\{V(x(0),0)\}<-\rho_1\sum_{k=0}^K\mathbf{E}\{x^\top(k)\mathbf{1}_n\}$。又由于 $\mathbf{E}\{V(x(K+$

$1),K+1)\}\geqslant 0$，则有 $\sum_{k=0}^K\mathbf{E}\{x^\top(k)\mathbf{1}_n\}<\dfrac{1}{\rho_1}\mathbf{E}\{V(x(0),0)\}$。因此，$\sum_{k=0}^\infty\mathbf{E}\{x^\top(k)\mathbf{1}_n\}$

$<\dfrac{1}{\rho_1}\mathbf{E}\{V(x(0),0)\}$。结合条件 (5-4) 有

$$\sum_{k=0}^\infty\mathbf{E}\{x^\top(k)\mathbf{1}_n\}<\frac{\rho_2+\rho_3\varepsilon(\tau-1)}{\rho_1}x^\top(0)\mathbf{1}_n$$

其中，$\rho_2=\max_{i\in S}\overline{\rho}(v^{(i)})$，$\rho_3=\overline{\rho}(\mu)$。从而，根据定义 1-15 得系统 (5-2) 是随机稳定的。

证明系统 (5-2) 在零初始条件下的增益稳定，即，$x(k)=0, k\in[-\tau,0]$。由上述证明可得 $\mathbf{E}\{V(x(K+1),K+1)\}=\mathbf{E}\left\{\sum_{k=0}^{K+1}\Delta V(x(k),k)\right\}\geqslant 0$。结合条件 (5-8a)~条件 (5-8c) 可得

$$\mathbf{E}\left\{\sum_{k=0}^{K+1}(\|y(k)\|_1-\gamma\|\omega(k)\|_1)\right\}$$

$$\leqslant\mathbf{E}\left\{\sum_{k=0}^{K+1}(\|y(k)\|_1-\gamma\|\omega(k)\|_1+\Delta V(x(k),k))\right\}$$

$$=\mathbf{E}\left\{\sum_{k=0}^{K+1}\left(x^\top(k)\left(A_{1r(k)}^\top\sum_{j=1}^N\pi_{r(k)j}v^{(j)}-v^{(r(k))}+C_{1r(k)}^\top\mathbf{1}_s+\mu\right)\right.\right.$$

$$+x^\top(k-\tau)\left(A_{2r(k)}^\top\sum_{j=1}^N\pi_{r(k)j}v^{(j)}+C_{2r(k)}^\top\mathbf{1}_s-\mu\right)$$

$$\left.\left.+\omega^\top(k)\left(B_{2r(k)}^\top\sum_{j=1}^N\pi_{r(k)j}v^{(j)}+D_{r(k)}^\top\mathbf{1}_s-\gamma\mathbf{1}_r\right)\right)\right\}$$

$$=-\mathbf{E}\left\{\sum_{k=0}^{K+1}\widehat{x}^\top(k)\zeta^{(i)}\right\}$$

其中，$\widehat{x}(k)=(x^\top(k)\ x^\top(k-\tau)\ \omega^\top(k))^\top$，$\zeta^{(i)}=(\eta^{(i)\top}\ \lambda^{(i)\top}\ 0_n^\top)^\top$，$0_n=(0,0,\cdots,0)^\top\in$

$\Re^n$。由正系统定义知，$\hat{x}(t) \succeq 0$，从而有 $\mathbf{E}\left\{ \sum_{k=0}^{K+1} (\|y(k)\|_1 - \gamma\|\omega(k)\|_1) \right\} < 0$。根据定义 1-16 得，系统 (5-2) 是随机 ℓ_1 增益稳定的。 □

5.1.2.2 随机镇定

下面提出系统 (5-2) 的随机镇定。

定理 5-4 如果存在实数 $\gamma > 0$ 和 $\Re^n$ 向量 $v^{(i)} \succ 0, \hat{v} \succ 0, z^{(i)} \prec 0, \mu \succ 0,$ $\eta^{(i)} \succ 0, \lambda^{(i)} \succ 0$ 使得

$$A_{1i}^\top \sum_{j=1}^N \pi_{ij} v^{(j)} + z^{(i)} - v^{(i)} + C_{1i}^\top \mathbf{1}_s + \mu + \eta^{(i)} \prec 0 \qquad (5\text{-}9\text{a})$$

$$\tilde{v}^{(i)\top} B_{1i}^\top \hat{v} A_{1i} + B_{1i} \tilde{v}^{(i)} z^{(i)\top} \succeq 0 \qquad (5\text{-}9\text{b})$$

$$A_{2i}^\top \sum_{j=1}^N \pi_{ij} v^{(j)} + C_{2i}^\top \mathbf{1}_s - \mu + \lambda^{(i)} \prec 0 \qquad (5\text{-}9\text{c})$$

$$B_{2i}^\top \sum_{j=1}^N \pi_{ij} v^{(j)} + D_i^\top \mathbf{1}_s - \gamma \mathbf{1}_r \prec 0 \qquad (5\text{-}9\text{d})$$

$$v^{(j)} \succeq \hat{v} \qquad (5\text{-}9\text{e})$$

对于任意 $i \in S$ 成立，其中，$\tilde{v}^{(i)} \succeq 0$ 是给定向量，那么，在状态反馈控制律

$$u(k) = K_i x(k) = \frac{1}{\tilde{v}^{(i)\top} B_i^\top \hat{v}} \tilde{v}^{(i)} z^{(i)\top} x(k) \qquad (5\text{-}10)$$

下，闭环系统 (5-2) 是 ℓ_1 增益随机稳定的。

证明 根据条件 (5-9b) 和条件 (5-10) 有 $A_{1i} + B_{1i} \dfrac{\tilde{v}^{(i)} z^{(i)\top}}{\tilde{v}^{(i)\top} B_{1i}^\top \hat{v}} = A_{1i} + B_{1i} K_i \succeq 0$。根据引理 1-7 可知，闭环系统 (5-2) 是正系统。再次利用条件 (5-10) 可得 $K_i^\top B_{1i}^\top \hat{v} = z^{(i)}$。由条件 (5-9a) 得 $A_{1i}^\top \sum_{j=1}^N \pi_{ij} v^{(j)} + K_i^\top B_{1i}^\top \hat{v} - v^{(i)} + C_{1i}^\top \mathbf{1}_p +$ $\mu + \eta^{(i)} \prec 0$。又由于 $\sum_{j=1}^N \pi_{ij} = 1, \pi_{ij} \geqslant 0$，那么，$\sum_{j=1}^N \pi_{ij} v^{(j)} \succeq \sum_{j=1}^N \pi_{ij} \hat{v} = \hat{v}$，故，$B_{1i}^\top \sum_{j=1}^N \pi_{ij} v^{(j)} \succeq B_{1i}^\top \hat{v}$。由 $z^{(i)} \prec 0$ 和条件 (5-10) 得 $K_i \prec 0$，从而，$K_i^\top B_{1i}^\top \sum_{j=1}^N \pi_{ij} v^{(j)} \prec K_i^\top B_{1i}^\top \hat{v}$。进而有

$$A_{1i}^\top \sum_{j=1}^N \pi_{ij} v^{(j)} + K_i^\top B_{1i}^\top \sum_{j=1}^N \pi_{ij} v^{(j)} - v^{(i)} + C_{1i}^\top \mathbf{1}_p + \mu + \eta^{(i)} \prec 0$$

这意味着在状态反馈律 (5-10) 下，闭环系统 (5-2) 是随机 ℓ_1 增益稳定的。　　□

注 5-2　本小节沿用第 2 章提出的控制方法进一步研究了随机时滞正系统的随机 L_1/ℓ_1 增益稳定和镇定问题，从提出的控制器形式看，和第 2 章一样，控制器增益矩阵包含秩受限。自然地，可以借助第 3 章提出的改进的控制方法来研究系统 (5-1) 和系统 (5-2) 的镇定问题，进而，本节结论的受限可以被移除。这种推广是直接的，不再赘述。

5.1.3　仿真例子

文献 [5]、文献 [6]、文献 [38] 和文献 [176] 已经提出了正系统的一些具体的应用，参考第 1 章图 1-5，其中，$x(t) = (x_1(t)\ x_2(t)\ x_3(t))^\top$ 为通信网络节点的传输数据量。网络繁忙时，第一个子系统工作；网络空闲时，第二个子系统工作。本质上，该网络为标准的切换系统。然而，由于网络繁忙和空闲状态切换具有突变和随机特点，用正马尔可夫跳变系统建模网络动态过程更合理。考虑具有 3 个节点的网络，其中，$u(t)$ 为控制输入，网络传输延迟由时滞 τ 给出。网络运行中很容易受到未知网络产生的扰动信号的影响，因此，引入扰动输入信号 $\omega(t)$。具体地，基于离散时间情形的 Box-Jenkins 模型可以通过图 5-1 描述。连续时间情形的 Box-Jenkins 模型与图 5-1 类似。此外，Leslie 生物模型也可以用正系统 (5-2) 刻画 [1,58]，该模型用于表示基于年龄结构的人群数量变化，状态量 $x_1(k), x_2(k), \cdots, x_n(k)$ 代表第 k 年时不同年龄段人群的数量。由于各种突变因素，人口演化可能依赖于随机过程 [150,177,178]。这意味着用随机正系统来描述生物模型更为合理。

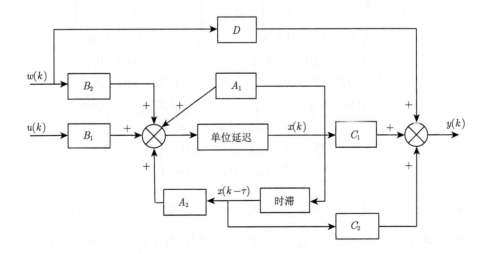

图 5-1　Box-Jenkins 模型

例 5-1　考虑系统 (5-1)，其中

$$
A_{11} = \begin{pmatrix} -1.5 & 1.2 & 0.8 \\ 1.1 & -1.9 & 0.7 \\ 0.6 & 3.5 & -3.4 \end{pmatrix}, \ A_{21} = \begin{pmatrix} 0.04 & 0.01 & 0.03 \\ 0.02 & 0.05 & 0.08 \\ 0.05 & 0.01 & 0.02 \end{pmatrix}
$$

$$
B_{11} = \begin{pmatrix} 0.4 & 0.1 & 0.3 \\ 0.2 & 0.5 & 0.8 \\ 0.5 & 0.1 & 0.2 \end{pmatrix}, \ B_{21} = \begin{pmatrix} 0.03 & 0.03 & 0.01 \\ 0.06 & 0.02 & 0.05 \\ 0.01 & 0.08 & 0.04 \end{pmatrix}
$$

$$
C_{11} = \begin{pmatrix} 0.03 & 0.06 & 0.01 \\ 0.21 & 0.07 & 0.09 \\ 0.05 & 0.08 & 0.03 \end{pmatrix}, \ C_{21} = \begin{pmatrix} 0.11 & 0.13 & 0.04 \\ 0.01 & 0.02 & 0.06 \\ 0.04 & 0.06 & 0.05 \end{pmatrix}
$$

$$
D_{1} = \begin{pmatrix} 0.05 & 0.02 & 0.06 \\ 0.04 & 0.05 & 0.08 \\ 0.07 & 0.07 & 0.09 \end{pmatrix}
$$

和

$$
A_{12} = \begin{pmatrix} -2.1 & 1.2 & 2.8 \\ 0.7 & -0.5 & 0.7 \\ 1.2 & 1.5 & -1.3 \end{pmatrix}, A_{22} = \begin{pmatrix} 0.06 & 0.04 & 0.02 \\ 0.02 & 0.04 & 0.02 \\ 0.03 & 0.07 & 0.01 \end{pmatrix}
$$

$$
B_{12} = \begin{pmatrix} 0.5 & 0.1 & 0.7 \\ 0.1 & 0.9 & 0.2 \\ 0.3 & 0.7 & 0.2 \end{pmatrix}, \ B_{22} = \begin{pmatrix} 0.02 & 0.02 & 0.01 \\ 0.01 & 0.01 & 0.03 \\ 0.04 & 0.06 & 0.04 \end{pmatrix}
$$

$$
C_{12} = \begin{pmatrix} 0.09 & 0.01 & 0.03 \\ 0.07 & 0.02 & 0.06 \\ 0.01 & 0.02 & 0.03 \end{pmatrix}, \ C_{22} = \begin{pmatrix} 0.04 & 0.03 & 0.01 \\ 0.01 & 0.01 & 0.07 \\ 0.02 & 0.06 & 0.06 \end{pmatrix}
$$

$$
D_{2} = \begin{pmatrix} 0.08 & 0.04 & 0.09 \\ 0.03 & 0.07 & 0.01 \\ 0.01 & 0.02 & 0.05 \end{pmatrix}
$$

其中，$\omega(t) = (\omega_1(t) \ \omega_2(t) \ \omega_3(t))^\top \succeq 0$，$\omega_1(t) = \omega_2(t) = \omega_3(t)$，$\tau = 0.5$，转移率矩阵为 $P = \begin{pmatrix} -0.5 & 0.5 \\ 0.3 & -0.3 \end{pmatrix}$。选取 $\widetilde{v}^{(1)} = \widetilde{v}^{(2)} = (1\ 1\ 1)^\top$。根据定理 5-1 可得控制器增益矩阵为

$$K_1 = \begin{pmatrix} -0.7322 & -1.4978 & -0.4655 \\ -0.7322 & -1.4978 & -0.4655 \\ -0.7322 & -1.4978 & -0.4655 \end{pmatrix}, \; K_2 = \begin{pmatrix} -0.5825 & -0.9223 & -0.5825 \\ -0.5825 & -0.9223 & -0.5825 \\ -0.5825 & -0.9223 & -0.5825 \end{pmatrix}$$

图 5-2 为系统状态的仿真结果，图 5-3 为外部干扰信号的仿真。图 5-4、图 5-5 和图 5-6 为系统输出的仿真。

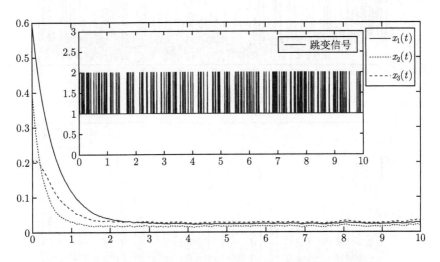

图 5-2　系统状态在跳变信号下的仿真

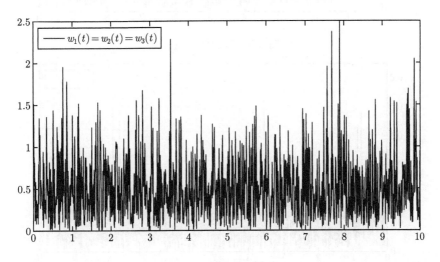

图 5-3　外扰输入信号

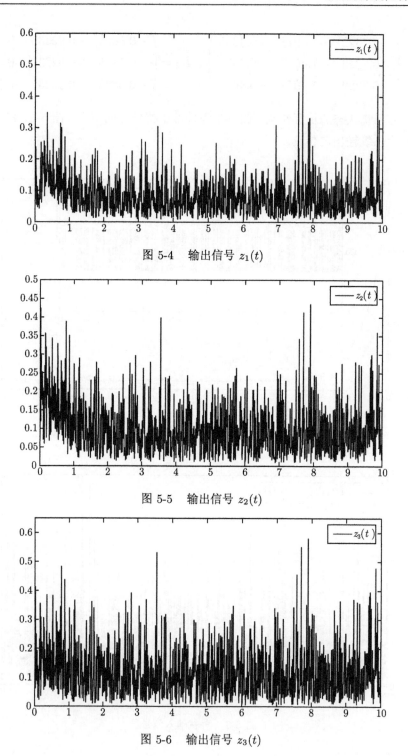

图 5-4　输出信号 $z_1(t)$

图 5-5　输出信号 $z_2(t)$

图 5-6　输出信号 $z_3(t)$

例 5-2　考虑系统 (5-2)，其中

$$A_{11} = \begin{pmatrix} 0.6 & 0.9 \\ 0.7 & 0.5 \end{pmatrix}, A_{21} = \begin{pmatrix} 0.04 & 0.01 \\ 0.01 & 0.03 \end{pmatrix}, B_{11} = \begin{pmatrix} 0.1 & 0.5 \\ 0.6 & 0.3 \end{pmatrix}$$

$$B_{21} = \begin{pmatrix} 0.02 & 0.02 \\ 0.01 & 0.03 \end{pmatrix}, C_{11} = \begin{pmatrix} 0.07 & 0.01 \\ 0.02 & 0.04 \end{pmatrix}, C_{21} = \begin{pmatrix} 0.08 & 0.03 \\ 0.04 & 0.06 \end{pmatrix}$$

$$D_1 = \begin{pmatrix} 0.09 & 0.01 \\ 0.01 & 0.01 \end{pmatrix}, A_{12} = \begin{pmatrix} 0.8 & 0.6 \\ 0.5 & 0.7 \end{pmatrix}, A_{22} = \begin{pmatrix} 0.05 & 0.06 \\ 0.04 & 0.01 \end{pmatrix}$$

$$B_{12} = \begin{pmatrix} 0.3 & 0.4 \\ 0.3 & 0.6 \end{pmatrix}, B_{22} = \begin{pmatrix} 0.03 & 0.01 \\ 0.05 & 0.02 \end{pmatrix}, C_{12} = \begin{pmatrix} 0.08 & 0.06 \\ 0.02 & 0.04 \end{pmatrix}$$

$$C_{22} = \begin{pmatrix} 0.05 & 0.04 \\ 0.04 & 0.05 \end{pmatrix}, D_2 = \begin{pmatrix} 0.06 & 0.06 \\ 0.01 & 0.04 \end{pmatrix}$$

$$\omega(k) = (\omega_1(k)\ \omega_2(k))^{\top} \succeq 0, \tau = 0.5$$

且转移概率矩阵为 $P = \begin{pmatrix} 0.5 & 0.5 \\ 0.3 & 0.7 \end{pmatrix}$。选取 $\widetilde{v}^{(1)} = \widetilde{v}^{(2)} = (1\ 1)^{\top}$。根据定理 5-2 得控制器增益矩阵为

$$K_1 = \begin{pmatrix} -0.7756 & -0.5534 \\ -0.7756 & -0.5534 \end{pmatrix}, K_2 = \begin{pmatrix} -0.5535 & -0.7432 \\ -0.5535 & -0.7432 \end{pmatrix}$$

图 5-7 和 图 5-8 分别为系统状态 x_1 和 x_2 的仿真结果，图 5-9 为外部干扰信号的仿真，图 5-10 和 图 5-11 为系统输出的仿真。

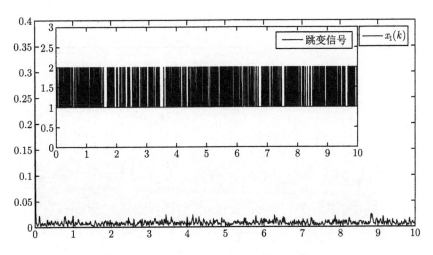

图 5-7　系统状态 $x_1(k)$ 在跳变信号下的仿真

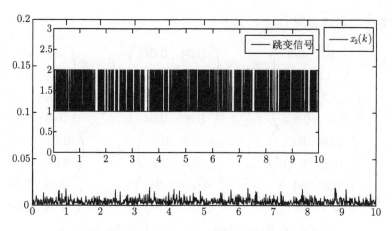

图 5-8　系统状态 $x_2(k)$ 在跳变信号下的仿真

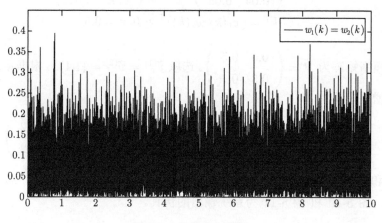

图 5-9　外扰输入信号

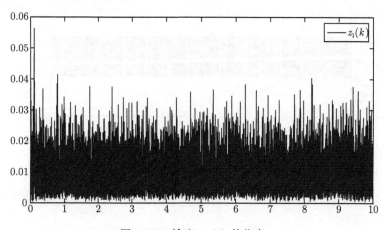

图 5-10　输出 $z_1(k)$ 的仿真

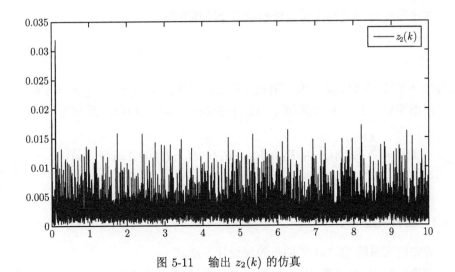

图 5-11　输出 $z_2(k)$ 的仿真

5.2　含有执行器饱和的时滞正马尔可夫跳变系统的鲁棒随机镇定

由于元器件有限的执行力，执行器饱和现象在所难免。正系统的非负特性使得饱和正系统的研究更加困难 [131,149,161]。本小节将考虑具有执行器饱和和时滞的正马尔可夫跳变系统的控制综合问题。

考虑系统：

$$\dot{x}(t) = A_{g(t)}x(t) + A_{dg(t)}x(t-\tau) + B_{g(t)}\mathrm{sat}(u(t))$$
$$x(\theta) = \varphi(\theta),\ \theta \in [-\tau, 0],\ x(0) = x_0,\ g(0) = g_0 \tag{5-11}$$

其中，$x(t) \in \Re^n$ 和 $u(t) \in \Re^m$ 分别是系统的状态和控制输入；$\varphi(\theta)$ 是定义在 $[-\tau, 0]$ 上的初始条件，时滞 τ 为已知的正常数；$\{g(t), t \geqslant 0\}$ 为马尔可夫过程且其在集合 S 中取值。系统 (5-11) 的转移率矩阵为

$$\mathrm{Prob}\{g(t+\Delta) = j | g(t) = i\} = \begin{cases} \lambda_{ij}\Delta + o(\Delta), i \neq j \\ 1 + \lambda_{ii}\Delta + o(\Delta), i = j \end{cases}$$

其中，$\Delta > 0$，$\lambda_{ij} \geqslant 0$，$i \neq j$，$\lambda_{ii} = -\sum\limits_{i=1, i \neq j}^{N} \lambda_{ij}$，$\lim\limits_{\Delta \to 0}(o(\Delta)/\Delta) = 0$。为了简化符号，对 $g(t) = i \in S$，子系统的系统矩阵记为 A_i, B_i, A_{di}。假定 A_i 是 Metzler 矩阵，$B_i \succeq 0, A_{di} \succeq 0$。

本小节的目的是设计模型依赖状态反馈控制器:

$$u(t) = K_{g(t)}x(t) \tag{5-12}$$

使得闭环系统 (5-11) 是正的、随机稳定的,其中,$K_{g(t)} = K_i, g(t) = i \in S$。

根据引理 1-11,结合系统 (5-11) 和控制器 (5-12) 得闭环系统为

$$\dot{x}(t) = \sum_{\ell=1}^{2^m} h_{i\ell}((A_i + B_i D_\ell K_i + B_i D_\ell^- H_i)x(t) + A_{di}x(t-\tau)) \tag{5-13}$$
$$x(\theta) = \varphi(\theta),\ \theta \in [-\tau, 0],\ x(0) = x_0,\ g(0) = g_0$$

5.2.1 随机镇定

首先研究系统 (5-11) 的随机控制设计方法。

定理 5-5   给定矩阵 $H_i \preceq 0, H_i \in \Re^{m \times n}$。如果存在实数 $\gamma > 0, \kappa > 1$ 和 $\Re^n$ 向量 $\eta^{(i)} \succ 0, \varsigma^{(i)} \succ 0, \nu^{(i)} \succ 0, \mu \succ 0, z_{ii}^+ \succ 0, z_{ii}^- \prec 0, z_i^+ \succ 0, z_i^- \prec 0$ 使得

$$(A_i + B_i D_\ell^- H_i)\mathbf{1}_m^\top B_i^\top \nu^{(i)} + \kappa B_i D_\ell \sum_{i=1}^m \mathbf{1}_m^{(i)} z_{ii}^{-\top} + B_i D_\ell \sum_{i=1}^m \mathbf{1}_m^{(i)} z_{ii}^{+\top} + \gamma I \succeq 0 \tag{5-14a}$$

$$(A_i + B_i D_\ell^- H_i)^\top \nu^{(i)} + z_i^- + z_i^+ + \sum_{j=1}^N \lambda_{ij}\nu^{(j)} + \eta^{(i)} + \mu \prec 0,\quad D_\ell \neq 0 \tag{5-14b}$$

$$(A_i + B_i H_i)^\top \nu^{(i)} + \sum_{j=1}^N \lambda_{ij}\nu^{(j)} + \eta^{(i)} + \mu \prec 0,\quad D_\ell = 0 \tag{5-14c}$$

$$A_{di}^\top \nu^{(i)} + \varsigma^{(i)} - \mu \prec 0 \tag{5-14d}$$

$$z_{ii}^- \preceq z_i^-,\ z_{ii}^+ \preceq z_i^+,\ \imath = 1, 2, \cdots, m \tag{5-14e}$$

$$\mathbf{1}_m^\top B_i^\top \nu^{(i)} \leqslant \kappa \mathbf{1}_m^\top D_\ell B_i^\top \nu^{(i)},\ D_\ell \neq 0 \tag{5-14f}$$

$$-H_{ip}^\top \preceq \nu^{(i)},\ p = 1, 2, \cdots m \tag{5-14g}$$

对任意 $i \in S$ 和 $\ell = 1, 2, \cdots, 2^m$ 成立,那么,在状态反馈控制律 $u(t) = (K_i^- + K_i^+)x(t)$ 下,闭环系统 (5-13) 是正的、随机稳定的,其中

$$K_i^- = \frac{\kappa \sum_{i=1}^m \mathbf{1}_m^{(i)} z_{ii}^{-\top}}{\mathbf{1}_m^\top B_i^\top \nu^{(i)}},\ K_i^+ = \frac{\sum_{i=1}^m \mathbf{1}_m^{(i)} z_{ii}^{+\top}}{\mathbf{1}_m^\top B_i^\top \nu^{(i)}} \tag{5-15}$$

进一步，如果初始条件满足

$$\sup_{\theta\in[-\tau,0]}\varphi(\theta)\Big(\max_{i\in S,k\in\{1,2,\cdots,n\}}\nu_k^{(i)}+\tau\max_{k\in\{1,2,\cdots,n\}}\mu_k\Big)\leqslant 1 \tag{5-16}$$

系统状态将保持在 $\bigcup\limits_{i=1}^{N}\varepsilon(\nu^{(i)},1)$ 内，其中，$\nu_k^{(i)}$ 和 μ_k 分别是 $\nu^{(i)}$ 和 μ 的第 k 个元素。

证明　根据条件 (5-14a) 有 $A_i+B_iD_\ell^-H_i+B_iD_\ell\dfrac{\kappa\sum\limits_{i=1}^{m}\mathbf{1}_m^{(i)}z_{ii}^{-\top}}{\mathbf{1}_m^\top B_i^\top\nu^{(i)}}+B_iD_\ell\cdot$

$\sum\limits_{i=1}^{m}\dfrac{\mathbf{1}_m^{(i)}z_{ii}^{+\top}}{\mathbf{1}_m^\top B_i^\top\nu^{(i)}}+\dfrac{\gamma I}{\mathbf{1}_m^\top B_i^\top\nu^{(i)}}\succeq 0$。由 (5-15) 得 $A_i+B_iD_\ell^-H_i+B_iD_\ell K_i+\dfrac{\gamma I}{\mathbf{1}_m^\top B_i^\top\nu^{(i)}}\succeq 0$。

再根据引理 1-5 可得，$A_i+B_iD_\ell K_i+B_iD_\ell^-H_i$ 是 Metzler 矩阵。因此，$\sum\limits_{\ell=1}^{2^m}h_{i\ell}(A_i+B_iD_\ell K_i+B_iD_\ell^-H_i)$ 是 Metzler 矩阵。又 $A_{di}\succeq 0$，根据引理 1-6 可知，闭环系统 (5-13) 是正系统。

选取随机 Lyapunov 泛函为 $V(x(t),g(t)=i)=x^\top(t)\nu^{(i)}+\displaystyle\int_{-\tau}^{0}x^\top(t+\theta)\mu\mathrm{d}\theta$，其中，$\nu^{(i)}\succ 0,\nu^{(i)}\in\Re^n,\mu\succ 0,\mu\in\Re^n$。那么

$$\mathcal{A}V(x(t),i)=\sum_{\ell=1}^{2^m}h_{i\ell}\big(x^\top(t)((A_i+B_iD_\ell K_i+B_iD_\ell^-H_i)^\top\nu^{(i)}$$
$$+\sum_{j=1}^{N}\lambda_{ij}\nu^{(j)}+\mu)+x^\top(t-\tau)(A_{di}^\top\nu^{(i)}-\mu)\big)$$

由条件 (5-14e) 和条件 (5-15) 得

$$K_i^-=\frac{\kappa\sum\limits_{i=1}^{m}\mathbf{1}_m^{(i)}z_{ii}^{-\top}}{\mathbf{1}_m^\top B_i^\top\nu^{(i)}}\preceq\frac{\kappa\sum\limits_{i=1}^{m}\mathbf{1}_m^{(i)}z_i^{-\top}}{\mathbf{1}_m^\top B_i^\top\nu^{(i)}}=\frac{\kappa\mathbf{1}_m z_i^{-\top}}{\mathbf{1}_m^\top B_i^\top\nu^{(i)}}$$

$$K_i^+=\frac{\sum\limits_{i=1}^{m}\mathbf{1}_m^{(i)}z_{ii}^{+\top}}{\mathbf{1}_m^\top B_i^\top\nu^{(i)}}\preceq\frac{\sum\limits_{i=1}^{m}\mathbf{1}_m^{(i)}z_i^{+\top}}{\mathbf{1}_m^\top B_i^\top\nu^{(i)}}=\frac{\mathbf{1}_m z_i^{+\top}}{\mathbf{1}_m^\top B_i^\top\nu^{(i)}}$$

考虑到 $z_i^-\prec 0,z_i^+\succ 0$，结合条件 (5-14f) 和条件 (5-15) 可得，对于 $D_\ell\neq 0$ 有 $(B_iD_\ell K_i^-)^\top\nu^{(i)}\preceq z_i^-$ 和 $(B_iD_\ell F_i^+)^\top\nu^{(i)}\preceq z_i^+$。对于 $D_\ell=0$ 有 $(B_iD_\ell K_i^-)^\top\nu^{(i)}=$

0 和 $(B_i D_\ell K_i^+)^\top \nu^{(i)} = 0$。利用条件 (5-14b)~条件 (5-14d) 推出

$$\mathcal{A}V(x(t), i) < -x^\top(t)\eta^{(i)} - x^\top(t-\tau)\varsigma^{(i)} < -\tilde{x}^\top(t)\varrho^{(i)}$$

其中，$\tilde{x}^\top(t) = (x^\top(t) \ x^\top(t-\tau))$，$\varrho^{(i)} = (\eta^{(i)\top} \ \varsigma^{(i)\top})^\top$。考虑到 $\|x(t)\|_1 \leqslant \|\tilde{x}(t)\|_1$，从而

$$\frac{\mathcal{A}V(x(t), i)}{V(x(t), i)} < -\frac{\tilde{x}^\top(t)\varrho^{(i)}}{x^\top(t)\nu^{(i)} + \displaystyle\int_{-\tau}^0 x^\top(t+\theta)\mu\mathrm{d}\theta} \leqslant -\frac{\rho_1\|\tilde{x}(t)\|_1}{(\rho_2 + \rho_3\tau)\|x(t)\|_1} \leqslant -\alpha$$

其中，$\rho_1 = \min\limits_{i \in S} \rho(\varrho^{(i)})$，$\rho_2 = \max\limits_{i \in S} \overline{\rho}(\nu^{(i)})$，$\rho_3 = \overline{\rho}(\mu)$，$\alpha = \rho_1/(\rho_2 + \rho_3\tau) > 0$。那么，$\mathcal{A}V(x(t), i) < -\alpha V(x(t), i)$。对上式应用 Dynkin 公式得 $\mathbf{E}\{V(x(t), i)\} \leqslant \mathrm{e}^{-\alpha t} V(x_0, r(t))$。又由于 $\mathbf{E}\left\{\displaystyle\int_{-\tau}^0 x^\top(t+\theta)\mu\mathrm{d}\theta\right\} > 0$，从而有 $\mathbf{E}\{x^\top(t)\nu^{(i)}\} \leqslant \mathbf{E}\{V(x(t), i)\} \leqslant \mathrm{e}^{-\alpha t} V(x_0, i)$，那么

$$\mathbf{E}\left\{\int_0^{t_f} x^\top(s)\nu^{(i)}\mathrm{d}s | x_0, r_0\right\} \leqslant \int_0^{t_f} \mathrm{e}^{-\alpha s}\mathrm{d}s V(x_0, i) = -\frac{1}{\alpha}(\mathrm{e}^{-\alpha t_f} - 1)V(x_0, i)$$

当 $t_f \to \infty$ 时，可得

$$\lim_{t_f \to \infty} E\left\{\int_0^{t_f} x^\top(s)\nu^{(i)}\mathrm{d}s | x_0, r_0\right\} \leqslant \frac{1}{\alpha}\lim_{t_f \to \infty}(1 - \mathrm{e}^{-\alpha t_f})V(x_0, i) \leqslant \frac{\rho_2 + \rho_3\tau}{\alpha}\|x_0\|_1$$

易得，$\lim\limits_{t_f \to \infty} \mathbf{E}\left\{\displaystyle\int_0^{t_f} \|x(t)\|_1 \mathrm{d}t | x_0, r_0\right\} \leqslant \dfrac{\rho_2 + \rho_3\tau}{\alpha\rho_4} x_0^\top \mathbf{1}_n$，其中，$\rho_4 = \min\limits_{i \in S} \rho(\nu^{(i)})$。进而，闭环系统 (5-13) 是随机稳定的。

下面证明在满足条件 (5-16) 的初始状态下，系统状态将保持在 $\bigcup\limits_{i=1}^N \varepsilon(\nu^{(i)}, 1)$ 中。对于 $x(t) \in \varepsilon(\nu^{(i)}, 1)$，由条件 (5-14g) 可得，$-H_{ip}x(t) \leqslant x^\top(t)\nu^{(i)} \leqslant 1, p = 1, 2, \cdots, m$。因此，$x(t) \in \varepsilon(\nu^{(i)}, 1) \subseteq L(H_i)$。从而，$x_0^\top \nu^{(i)} \leqslant V(x_0, i)$，这意味着

$$\begin{aligned}
x_0^\top \nu^{(i)} &\leqslant x_0^\top \nu^{(i)} + \int_{-\tau}^0 x^\top(\theta)\mu\mathrm{d}\theta \leqslant x_0^\top \nu^{(i)} + \tau \sup_{\theta \in [-\tau, 0]} \varphi^\top(\theta)\mu \\
&\leqslant \sup_{\theta \in [-\tau, 0]} \varphi(\theta)\left(\max_{i \in S, k \in \{1, 2, \cdots, n\}} \nu_k^{(i)} + \tau \max_{k \in \{1, 2, \cdots, n\}} \mu_k\right) \\
&\leqslant 1
\end{aligned}$$

即，对任意 $x_0 \in \bigcup\limits_{i=1}^N \varepsilon(\nu^{(i)}, 1)$ 有 $x(t) \in \bigcup\limits_{i=1}^N \varepsilon(\nu^{(i)}, 1)$。   □

注 5-3　文献 [113]、文献 [147]、文献 [148] 和文献 [179] 中利用二次 Lyapunov 函数和 LMIs 解决了一般系统的饱和控制问题，其中，凸优化技术被用来估计吸引域。文献 [131]、文献 [149] 和文献 [161] 尝试解决正系统的饱和问题。文献 [131]、文献 [161] 使用了传统的二次 Lyapunov 函数结合 LMIs 方法并选取椭球来估计系统的吸引域。前面结论已经证实，LCLF 结合 LP 方法来解决正系统问题更加有效。正系统的状态始终在非负象限中，如果用椭球体作为正系统的吸引域，会过大估计吸引域。定理 5-5 对于正马尔可夫跳变系统构造了随机余正 Lyapunov 泛函，利用矩阵分解方法，将控制器增益矩阵分成非负部分和非正部分，进而完成控制器设计。同时，提出了一个更适合正系统的锥吸引域。所有条件均可由 LP 求解，相比 LMIs 更易计算。

注 5-4　文献 [135] 讨论了正马尔可夫跳变系统的随机镇定问题，所设计的控制器的秩为 1。3.2 节针对正系统提出了一种改进的控制器设计方法，本小节将 3.2 节中所提出的方法推广到正马尔可夫跳变系统中，这种方法巧妙地将控制器增益矩阵分解成两部分，进而解决了相关控制问题，得到了新的镇定方法，并提高了控制器的通用性。本小节中提出的方法可以应用到文献 [132]、文献 [135] 中，并降低结论的保守性。

下面提供一个求解条件 (5-14) 的算法。

算法 5-1

第 1 步：设 $\kappa_i = 1 + \epsilon i$，其中，$i \in \mathrm{N}^+$，$\epsilon > 0$ 为步长。

第 2 步：令 $\kappa = \kappa_1$，求解条件 (5-14)。如果有解，则停止；否则，取 $\kappa = \kappa_2$ 再次求解条件 (5-14)，并执行第 3 步。

第 3 步：重复第 2 步，直到条件 (5-14) 有解。记使得条件 (5-14) 有解的 κ 值为 $\underline{\kappa}$。

第 4 步：令 $\check{\kappa}_j = \underline{\kappa} + \epsilon j$，其中，$j \in \mathrm{N}^+$，$\epsilon > 0$ 为步长。

第 5 步：再令 $\kappa = \check{\kappa}_1$，求解条件 (5-14)。若有解，则停止，否则，取 $\kappa = \check{\kappa}_2$ 再次求解条件 (5-14)，并执行第 6 步。

第 6 步：重复第 5 步，直到条件 (5-14) 无解。记使得条件 (5-14) 无解的 κ 值为 $\overline{\kappa}$。那么，得到使条件 (5-14) 有解的 κ 值满足 $\kappa = \underline{\kappa} + \epsilon j$，$j = \dfrac{\overline{\kappa} - \underline{\kappa} - \epsilon}{\epsilon}$。

5.2.2　鲁棒随机镇定

本小节将所提出的设计应用到区间不确定和多胞体不确定系统 (5-13)。

定理 5-6（区间不确定）假定 $A_i \in [\underline{A}_i, \overline{A}_i]$，$B_i \in [\underline{B}_i, \overline{B}_i]$，$A_{di} \in [\underline{A}_{di}, \overline{A}_{di}]$，其中，$\underline{A}_i$ 是 Metzler 矩阵，$\underline{B}_i \succeq 0$，$\underline{A}_{di} \succeq 0$。给定 $H_i \preceq 0$，$H_i \in \Re^{m \times n}$。如

果存在实数 $\kappa > 1, \gamma > 0, 0 < \beta < 1, \pi_{iij}^+ > 0, \pi_{iij}^- < 0, z_i^+ > 0, z_i^- < 0$ 和 $\Re^n$ 向量 $\nu^{(i)} \succ 0, \mu \succ 0, \eta^{(i)} \succ 0, \varsigma^{(i)} \succ 0$ 使得

$$(\overline{A}_i + \underline{B}_i D_\ell^- H_i)^\top \nu^{(i)} + \xi_i^+ + \xi_i^- + \sum_{j=1}^N \lambda_{ij} \nu^{(j)} + \eta^{(i)} + \mu \prec 0, \ D_\ell \neq 0 \quad (5\text{-}17\text{a})$$

$$(\overline{A}_i + \underline{B}_i H_i)^\top \nu^{(i)} + \sum_{j=1}^N \lambda_{ij} \nu^{(j)} + \eta^{(i)} + \mu \prec 0, \ D_\ell = 0 \quad (5\text{-}17\text{b})$$

$$(\underline{A}_i + \overline{B}_i D_\ell^- H_i) \mathbf{1}_m^\top \underline{B}_i^\top \nu^{(i)} + \beta \underline{B}_i D_\ell \sum_{i=1}^m \sum_{j=1}^n \mathbf{1}_m^{(i)} \zeta_{iij}^{+\top}$$
$$+ \kappa \overline{B}_i D_\ell \sum_{i=1}^m \sum_{j=1}^n \mathbf{1}_m^{(i)} \zeta_{iij}^{-\top} + \gamma I \succeq 0 \quad (5\text{-}17\text{c})$$

$$\overline{A}_{di}^\top \nu^{(i)} + \varsigma^{(i)} - \mu \prec 0 \quad (5\text{-}17\text{d})$$

$$\pi_{iij}^+ \leqslant z_i^+, \ \pi_{iij}^- \leqslant z_i^-, \ i = 1, 2, \cdots, m, \ j = 1, 2, \cdots, n \quad (5\text{-}17\text{e})$$

$$\mathbf{1}_m^\top \underline{B}_i^\top \nu^{(i)} \leqslant \kappa \mathbf{1}_m^\top D_\ell \underline{B}_i^\top \nu^{(i)}, \ D_\ell \neq 0 \quad (5\text{-}17\text{f})$$

$$-H_{ip}^\top \preceq \nu^{(i)}, \ p = 1, 2, \cdots, m \quad (5\text{-}17\text{g})$$

对任意 $i \in S$, $\ell = 1, 2, \cdots, 2^m$ 成立, 其中, $\xi_i^\pm = (z_i^\pm, \cdots, z_i^\pm)^\top$, $\xi_i^\pm \in \Re^n$, $\zeta_{iij}^\pm \in \Re^n$, $\zeta_{iij}^\pm = (\underbrace{0, 0, \cdots, 0}_{j-1}, \pi_{iij}^\pm, \underbrace{0, 0, \cdots, 0}_{n-j})^\top$, β 满足 $\beta \overline{B}_i \preceq \underline{B}_i$, 那么, 在状态反馈控制律 $u(t) = K_i x(t) = (K_i^+ + K_i^-) x(t)$ 下, 其中

$$K_i^+ = \frac{\beta \sum_{i=1}^m \sum_{j=1}^n \mathbf{1}_m^{(i)} \zeta_{iij}^{+\top}}{\mathbf{1}_m^\top \underline{B}_i^\top \nu^{(i)}}, \ K_i^- = \frac{\kappa \sum_{i=1}^m \sum_{j=1}^n \mathbf{1}_m^{(i)} \zeta_{iij}^{-\top}}{\mathbf{1}_m^\top \underline{B}_i^\top \nu^{(i)}} \quad (5\text{-}18)$$

闭环区间不确定系统 (5-13) 是正的、随机稳定的。进一步, 对任意满足条件 (5-16) 的初始值, 锥集 $\bigcup_{i=1}^N \varepsilon(\nu^{(i)}, 1)$ 是系统的吸引域。

证明 由条件 (5-17c) 得 $\underline{A}_i + \overline{B}_i D_\ell^- H_i + \underline{B}_i D_\ell \dfrac{\beta \sum_{i=1}^m \sum_{j=1}^n \mathbf{1}_m^{(i)} \zeta_{iij}^{+\top}}{\mathbf{1}_m^\top \underline{B}_i^\top \nu^{(i)}} +$

$\overline{B}_i D_\ell \dfrac{\kappa \sum_{i=1}^m \sum_{j=1}^n \mathbf{1}_m^{(i)} \zeta_{iij}^{-\top}}{\mathbf{1}_m^\top \underline{B}_i^\top \nu^{(i)}} + \dfrac{\gamma I}{\mathbf{1}_m^\top \underline{B}_i^\top \nu^{(i)}} \succeq 0$。又由条件 (5-18) 得 $\underline{A}_i + \overline{B}_i D_\ell^- H_i +$

$\underline{B}_i D_\ell K_i^+ + \overline{B}_i D_\ell K_i^- + \dfrac{\gamma I}{\mathbf{1}_m^\top \underline{B}_i^\top \nu^{(i)}} \succeq 0$。那么，利用引理 1-5 可知，$\underline{A}_i + \overline{B}_i D_\ell^- H_i + \underline{B}_i D_\ell K_i^+ + \overline{B}_i D_\ell K_i^-$ 是 Metzler 矩阵。考虑到 $K_i^+ \succ 0$ 和 $K_i^- \prec 0$，那么

$$
\begin{aligned}
\underline{A}_i + \overline{B}_i D_\ell^- H_i + \underline{B}_i D_\ell K_i^+ + \overline{B}_i D_\ell K_i^- &\preceq A_i + B_i D_\ell^- H_i + B_i D_\ell K_i^+ + B_i D_\ell K_i^- \\
= A_i + B_i D_\ell^- H_i + B_i D_\ell K_i &\preceq \overline{A}_i + \underline{B}_i D_\ell^- H_i + \overline{B}_i D_\ell K_i^+ + \underline{B}_i D_\ell K_i^-
\end{aligned}
$$

这意味着，对任意 $i \in S$，$A_i + B_i D_\ell^- K_i + B_i D_\ell K_i$ 是 Metzler 矩阵。又 $A_{di} \succeq \underline{A}_{di} \succeq 0$，根据引理 1-6 可知，系统 (5-13) 是正系统。选取与定理 5-5 相同的 Lyapunov 函数，那么

$$
\begin{aligned}
\mathcal{A}V(x(t),i) &\leqslant \sum_{\ell=1}^{2^m} h_{i\ell}\big(x^\top(t)\big((\overline{A}_i + \overline{B}_i D_\ell K_i^+ + \underline{B}_i D_\ell K_i^- + \underline{B}_i D_\ell^- H_i)^\top \nu^{(i)} \\
&\quad + \sum_{j=1}^{N} \lambda_{ij} \nu^{(j)} + \mu\big) + x^\top(t-\tau)\big(\overline{A}_{di}^\top \nu^{(i)} - \mu\big)\big)
\end{aligned}
$$

利用条件 (5-17e) 和条件 (5-17f)，那么，当 $D_\ell \neq 0$ 时，$(\overline{B}_i D_\ell K_i^+)^\top \nu^{(i)} \preceq \xi_i^+$ 和 $(\underline{B}_i D_\ell K_i^-)^\top \nu^{(i)} \preceq \xi_i^-$ 成立。当 $D_\ell = 0$ 时，$(\overline{B}_i D_\ell K_i^+)^\top \nu^{(i)} = 0$ 和 $(\underline{B}_i D_\ell K_i^-)^\top \nu^{(i)} = 0$ 成立。因此，根据条件 (5-17a)、条件 (5-17b) 和条件 (5-17d) 得

$$
\begin{aligned}
\mathcal{A}V(x(t),i) &\leqslant \sum_{\ell=1}^{2^m} h_{i\ell}\big(x^\top(t)\big((\overline{A}_i + \underline{B}_i D_\ell^- H_i)^\top \nu^{(i)} + \xi_i^+ + \xi_i^- + \sum_{j=1}^{N} \lambda_{ij} \nu^{(j)} \\
&\quad + \mu\big) + x^\top(t-\tau)\big(\overline{A}_{di}^\top \nu^{(i)} - \mu\big)\big) \\
&\leqslant -x^\top(t)\eta^{(i)} - x^\top(t-\tau)\varsigma^{(i)}
\end{aligned}
$$

剩余的证明过程可参考定理 5-5 的证明，不再赘述。　　　□

　　由条件 (5-17c) 和条件 (5-17f)，当 β 和 κ 给定时，条件 (5-17) 可通过 LP 求解。首先容易找到 β 的值，即，$\beta \in (0, \min\limits_{\substack{i=1,2,\cdots,n \\ j=1,2,\cdots,m}} \{\underline{b}_{ij}/\overline{b}_{ij}\}]$，其中，$\underline{b}_{ij}$ 和 $\overline{b}_{ij}$ 分别是 $\underline{B}_i$ 和 $\overline{B}_i$ 的第 i 行第 j 列元素。设 $\beta = \epsilon i$，其中，$i \in \mathbb{N}^+$，ϵ 是步长。给定 $\beta = \epsilon$ 利用算法 5-1 求解条件 (5-17)，若有解，则停止，否则取 $\beta = 2\epsilon$ 再次求解条件 (5-17)。重复上述步骤直到条件 (5-17) 有解。

　　定理 5-7（多胞体不确定）　假定 $[A_i | B_i] = \mathrm{co}\{[A_i^{(1)} | B_i^{(1)}], \cdots, [A_i^{(q)} | B_i^{(q)}]\}$，$A_{di} = \mathrm{co}\{A_{di}^{(1)}, \cdots, A_{di}^{(q)}\}$，$A_i^{(q)}$ 是 Metzler 矩阵，$A_{di}^{(q)} \succeq 0$，$B_i^{(q)} \succeq 0$。给定 $H_i \preceq 0$，$H_i \in \mathfrak{R}^{m \times n}$。如果存在实数 $\kappa > 1, \gamma > 0, 0 < \beta < 1, \pi_{iij}^+ > 0, \pi_{iij}^- < 0, z_i^+ > 0$，$z_i^- < 0$ 和 $\mathfrak{R}^n$ 向量 $\nu^{(i)} \succ 0, \mu \succ 0, \eta^{(i)} \succ 0, \varsigma^{(i)} \succ 0$ 使得

$$(A_i^{(q)} + B_i^{(q)} D_\ell^- H_i)^\top \nu^{(i)} + \xi_i^+ + \xi_i^- + \sum_{j=1}^N \lambda_{ij} \nu^{(j)} + \eta^{(i)} + \mu \prec 0, \ D_\ell \neq 0$$
$$(5\text{-}19\text{a})$$

$$(A_i^{(q)} + B_i^{(q)} H_i)^\top \nu^{(i)} + \sum_{j=1}^N \lambda_{ij} \nu^{(j)} + \eta^{(i)} + \mu \prec 0, \ D_\ell = 0 \qquad (5\text{-}19\text{b})$$

$$(A_i^{(q)} + B_i^{(q)} D_\ell^- H_i) \mathbf{1}_m^\top \widehat{B}_i^\top \nu^{(i)} + \beta B_i^{(q)} D_\ell \sum_{i=1}^m \sum_{j=1}^n \mathbf{1}_m^{(i)} \zeta_{iij}^{+\top}$$
$$+ \kappa B_i^{(q)} D_\ell \sum_{i=1}^m \sum_{j=1}^n \mathbf{1}_m^{(i)} \zeta_{iij}^{-\top} + \gamma I \succeq 0 \qquad (5\text{-}19\text{c})$$

$$A_{di}^{(q)} \nu^{(i)} + \varsigma^{(i)} - \mu \prec 0 \qquad (5\text{-}19\text{d})$$

$$\pi_{iij}^+ \leqslant z_i^+, \ \pi_{iij}^- \leqslant z_i^-, \ i = 1, 2, \cdots, m, \ j = 1, 2, \cdots, n \qquad (5\text{-}19\text{e})$$

$$\mathbf{1}_m^\top \widehat{B}_i^\top \nu^{(i)} \leqslant \kappa \mathbf{1}_m^\top D_\ell^\top \widehat{B}_i^\top \nu^{(i)}, \ \ D_\ell \neq 0 \qquad (5\text{-}19\text{f})$$

$$-H_{ip}^\top \preceq \nu^{(i)}, \ p = 1, 2, \cdots, m \qquad (5\text{-}19\text{g})$$

对于任意 $i \in S, \ell = 1, 2, \cdots, 2^m, q \in \{1, 2, \cdots, \aleph\}, \aleph \in \mathbb{N}^+$ 成立, 其中, $\xi_i^\pm = (z_i^\pm, \cdots, z_i^\pm)^\top$, $\xi_i^\pm \in \Re^n, \zeta_{iij}^\pm = (\underbrace{0, 0, \cdots, 0}_{j-1}, \pi_{iij}^\pm, \underbrace{0, 0, \cdots, 0}_{n-j})^\top, \zeta_{iij}^\pm \in \Re^n, \widehat{B}_i \preceq \{[B_i^{(1)}|\cdots|B_i^{(q)}]\}$, β 满足 $\beta B_i^{(q)} \preceq \widehat{B}_i$, 那么, 在状态反馈控制律 $u(t) = K_i x(t) = (K_i^+ + K_i^-)x(t)$ 下, 其中

$$K_i^+ = \frac{\beta \sum_{i=1}^m \sum_{j=1}^n \mathbf{1}_m^{(i)} \zeta_{iij}^{+\top}}{\mathbf{1}_m^\top \widehat{B}_i^\top \nu^{(i)}}, \ K_i^- = \frac{\kappa \sum_{i=1}^m \sum_{j=1}^n \mathbf{1}_m^{(i)} \zeta_{iij}^{-\top}}{\mathbf{1}_m^\top \widehat{B}_i^\top \nu^{(i)}} \qquad (5\text{-}20)$$

闭环多胞体系统 (5-13) 是正的、鲁棒随机稳定的。进一步, 对于任意满足条件 (5-16) 的初始值, 锥集 $\bigcup_{i=1}^N \varepsilon(\nu^{(i)}, 1)$ 是系统的吸引域。

证明 首先

$$A_i^{(q)} + B_i^{(q)} D_\ell^- H_i + B_i^{(q)} D_\ell \frac{\beta \sum_{i=1}^m \sum_{j=1}^n \mathbf{1}_m^{(i)} \zeta_{iij}^{+\top}}{\mathbf{1}_m^\top \widehat{B}_i^\top \nu^{(i)}} + B_i^{(q)} D_\ell \frac{\kappa \sum_{i=1}^m \sum_{j=1}^n \mathbf{1}_m^{(i)} \zeta_{iij}^{-\top}}{\mathbf{1}_m^\top \widehat{B}_i^\top \nu^{(i)}}$$
$$+ \frac{\gamma I}{\mathbf{1}_m^\top \widehat{B}_i^\top \nu^{(i)}} \succeq 0$$

由条件 (5-20) 得

$$A_i^{(q)} + B_i^{(q)} D_\ell^- H_i + B_i^{(q)} D_\ell K_i^+ + B_i^{(q)} D_\ell K_i^- + \frac{\gamma I}{\mathbf{1}_m^\top \widehat{B}_i^\top \nu^{(i)}} \succeq 0$$

根据引理 1-5 得，$A_i^{(q)} + B_i^{(q)} D_\ell^- H_i + B_i^{(q)} D_\ell K_i$ 是 Metzler 矩阵。又 $[A_i|B_i] = \mathrm{co}\{[A_i^{(1)}|B_i^{(1)}], \cdots, [A_i^{(q)}|B_i^{(q)}]\}$，那么

$$A_i + B_i D_\ell^- H_i + B_i D_\ell K_i = \sum_{q=1}^{\aleph} \hbar_q (A_i^{(q)} + B_i^{(q)} D_\ell K_i^+ + B_i^{(q)} D_\ell K_i^- + B_i^{(q)} D_\ell^- H_i)$$

因此，$A_i + B_i D_\ell^- H_i + B_i D_\ell K_i$ 是 Metzler 矩阵，其中，$\sum_{q=1}^{\aleph} \hbar_q = 1$，$0 \leqslant \hbar_q \leqslant 1$。

考虑到 $A_{di}^{(q)} \succeq 0$，则 $A_{di} = \sum_{q=1}^{\aleph} \varpi_q A_{di}^{(q)} \succeq 0$，其中，$\sum_{q=1}^{\aleph} \varpi_q = 1, 0 \leqslant \varpi_q \leqslant 1$。根据引理 1-6 可知，闭环系统 (5-13) 是正系统。

选取与定理 5-5 相同的 Lyapunov 函数，那么

$$\begin{aligned}
\mathcal{A}V(x(t),i) = \sum_{\ell=1}^{2^m} h_{i\ell} \Big(& x^\top(t) \Big(\sum_{q=1}^{\aleph} \hbar_q \{ A_i^{(q)} + B_i^{(q)} D_\ell (K_i^+ + K_i^-) \\
& + B_i^{(q)} D_\ell^- H_i \}^\top \nu^{(i)} + \sum_{j=1}^N \lambda_{ij} \nu^{(j)} + \mu \Big) \\
& + x^\top(t-\tau) \Big(\sum_{q=1}^{\aleph} \varpi_q (A_{di}^{(q)\top} \nu^{(i)} - \mu) \Big) \Big)
\end{aligned}$$

对于 $D_\ell \neq 0$，根据条件 (5-19e)、(5-19f) 和 $\beta B_i^{(q)} \preceq \widehat{B}_i$ 有 $(B_i^{(q)} D_\ell K_i^+)^\top \nu^{(i)} \preceq \xi_i^+$ 和 $(B_i^{(q)} D_\ell K_i^-)^\top \nu^{(i)} \preceq \xi_i^-$。对于 $D_\ell = 0$，可得 $(B_i^{(q)} D_\ell K_i^+)^\top \nu^{(i)} = 0$ 和 $(B_i^{(q)} D_\ell K_i^-)^\top \nu^{(i)} = 0$。根据条件 (5-19a)、条件 (5-19b) 和条件 (5-19d)，有

$$\begin{aligned}
\mathcal{A}V(x(t),i) \leqslant \sum_{\ell=1}^{2^m} h_{i\ell} \Big(& x^\top(t) \sum_{q=1}^{\aleph} \hbar_q \Big((A_i^{(q)} + B_i^{(q)} D_\ell^- H_i)^\top \nu^{(i)} + \xi_i^+ + \xi_i^- \\
& + \sum_{j=1}^N \lambda_{ij} \nu^{(j)} + \mu \Big) + x^\top(t-\tau) \Big(\sum_{q=1}^{\aleph} \varpi_q (A_{di}^{(q)\top} \nu^{(i)} - \mu) \Big) \Big) \\
\leqslant & -x^\top(t) \eta^{(i)} - x^\top(t-\tau) \varsigma^{(i)}
\end{aligned}$$

剩余证明与定理 5-6 类似，不再赘述。　　　　　　　　　　　　　□

注 5-5   文献 [131] 利用二次 Lyapunov 函数结合 LMIs 方法考虑了带有执行器饱和的区间不确定正系统的鲁棒镇定问题。定理 5-5 和定理 5-6 提出了 LP 方法解决了正切换系统的鲁棒镇定问题。结论进一步证实，线性方法是处理正系统相关问题更有效的方法。

5.2.3　吸引域估计

本节选取 $\nu^{(i)}$ 估计系统 (5-13) 的最大吸引域。首先，建立锥集 $\varepsilon(\vartheta^{(i)}, 1) = \{x(t) \in \Re_+^n : x^\top(t)\vartheta^{(i)} \leqslant 1, i \in S\}$，其中，$\vartheta^{(i)} \succ 0$，$\vartheta^{(i)} \in \Re^n$。对于集合 $M \subset \Re^n$，定义 $\Upsilon(M) = \sup\{\Upsilon > 0 : \Upsilon\varepsilon(\vartheta^{(i)}, 1) \subseteq M\}$，其中，$\Upsilon \in \Re$。设计目标是得到满足定理 5-6 的最大可能吸引域 $\varepsilon(\nu^{(i)}, 1)$。显然，$\Upsilon\varepsilon(\vartheta^{(i)}, 1) \subseteq \varepsilon(\nu^{(i)}, 1)$ 与 $\nu^{(i)} \preceq \dfrac{1}{\Upsilon}\vartheta^{(i)}$ 等价。令 $\Upsilon^* = \dfrac{1}{\Upsilon}$。从而，优化问题可描述为

$$\min_{i \in S} \Upsilon^* \quad \text{约束于条件} \quad \nu^{(i)} \preceq \Upsilon^*\vartheta^{(i)} \text{ 和条件 (5-17)}$$

5.2.4　仿真例子

本节将给出两个例子证实提出结论的有效性。

例 5-3   考虑系统 (5-1) 包含两个子系统：

$$A_1 = \begin{pmatrix} -0.9 & 0.5 & 0.8 \\ 0.7 & -1.0 & 0.7 \\ 0.3 & 0.2 & -1.0 \end{pmatrix}, A_{d1} = \begin{pmatrix} 0.06 & 0.02 & 0.01 \\ 0.02 & 0.01 & 0.03 \\ 0.02 & 0.01 & 0.04 \end{pmatrix}$$

$$B_1 = \begin{pmatrix} 0.3 & 0.2 & 0.5 \\ 0.1 & 0.6 & 0.2 \\ 0.6 & 0.1 & 0.4 \end{pmatrix}, H_1 = \begin{pmatrix} -0.37 & -0.06 & -0.05 \\ -0.22 & -0.03 & -0.37 \\ -0.04 & -0.05 & -0.38 \end{pmatrix}$$

和

$$A_2 = \begin{pmatrix} -1.5 & 1.2 & 0.3 \\ 0.3 & -1.9 & 0.3 \\ 0.3 & 0.2 & -1.4 \end{pmatrix}, A_{d2} = \begin{pmatrix} 0.04 & 0.01 & 0.03 \\ 0.02 & 0.05 & 0.08 \\ 0.05 & 0.01 & 0.02 \end{pmatrix}$$

$$B_2 = \begin{pmatrix} 0.3 & 0.2 & 0.5 \\ 0.1 & 0.6 & 0.2 \\ 0.6 & 0.1 & 0.4 \end{pmatrix}, H_2 = \begin{pmatrix} -0.14 & -0.05 & -0.15 \\ -0.18 & -0.05 & -0.04 \\ -0.03 & -0.04 & -0.15 \end{pmatrix}$$

选取 $\kappa = 10$ 和 $\tau = 0.5$。给定转移率矩阵 $P = \begin{pmatrix} -0.5 & 0.5 \\ 0.3 & -0.3 \end{pmatrix}$。根据定理 5-5 可得状态反馈增益矩阵为

$$K_1 = \begin{pmatrix} -0.1297 & -0.1314 & -0.0944 \\ -0.1436 & -0.1461 & -0.1087 \\ -0.0635 & -0.0653 & -0.0180 \end{pmatrix}, \quad K_2 = \begin{pmatrix} -0.2332 & -0.2361 & -0.1698 \\ -0.2580 & -0.2626 & -0.1953 \\ -0.1142 & -0.1173 & -0.0324 \end{pmatrix}$$

不难得出，对任意 $i \in S$, $\ell \in \{1, 2, \cdots, 2^m\}$, $A_i + B_i D_\ell K_i + B_i D_\ell^- H_i$ 为 Metzler 矩阵。给定初始条件 $x(0) = (0.6\ 0.55\ 0.5)^\top$，图 5-12 为系统在跳变信号下的状态仿真。

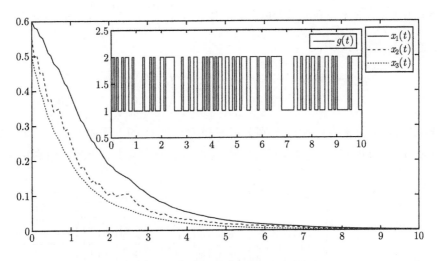

图 5-12　系统状态在跳变信号下的仿真

例 5-4　考虑区间不确定系统 (5-2) 包含两个子系统：

$$\underline{A}_1 = \begin{pmatrix} -1.3 & 1.1 \\ 0.75 & -1.1 \end{pmatrix}, \overline{A}_1 = \begin{pmatrix} -1.2 & 1.4 \\ 0.9 & -1.0 \end{pmatrix}, \underline{B}_1 = \begin{pmatrix} 0.2 & 0.1 \\ 0.2 & 0.3 \end{pmatrix}$$

$$\overline{B}_1 = \begin{pmatrix} 0.3 & 0.2 \\ 0.3 & 0.4 \end{pmatrix}, \underline{A}_{d1} = \begin{pmatrix} 0.03 & 0.05 \\ 0.03 & 0.04 \end{pmatrix}$$

$$\overline{A}_{d1} = \begin{pmatrix} 0.04 & 0.06 \\ 0.04 & 0.05 \end{pmatrix}, H_1 = \begin{pmatrix} -0.3 & -0.4 \\ -0.2 & -0.4 \end{pmatrix}$$

和

$$\underline{A}_2 = \begin{pmatrix} -1.2 & 0.8 \\ 0.7 & -1.5 \end{pmatrix}, \overline{A}_2 = \begin{pmatrix} -1.1 & 1.1 \\ 1.0 & -1.0 \end{pmatrix}$$

$$\underline{B}_2 = \begin{pmatrix} 0.1 & 0.2 \\ 0.3 & 0.2 \end{pmatrix}, \overline{B}_2 = \begin{pmatrix} 0.2 & 0.3 \\ 0.4 & 0.3 \end{pmatrix}$$

$$\underline{A}_{d2} = \begin{pmatrix} 0.04 & 0.05 \\ 0.04 & 0.05 \end{pmatrix}, \overline{A}_{d2} = \begin{pmatrix} 0.05 & 0.06 \\ 0.05 & 0.06 \end{pmatrix}$$

$$H_2 = \begin{pmatrix} -0.3 & -0.3 \\ -0.1 & -0.3 \end{pmatrix}$$

取 $\beta = 0.4, \kappa = 3, \tau = 0.3$, 转移率矩阵为 $P = \begin{pmatrix} -0.2 & 0.2 \\ 0.3 & -0.3 \end{pmatrix}$。由定理 5-6 可得控制器增益矩阵为

$$K_1 = \begin{pmatrix} -1.6402 & -2.0959 \\ -1.0078 & -1.4911 \end{pmatrix}, K_2 = \begin{pmatrix} -0.9942 & -1.2704 \\ -0.6109 & -0.9038 \end{pmatrix}$$

记 $\hat{x}_1(t), \hat{x}_2(t)$ 和 $\check{x}_1(t), \check{x}_2(t)$ 分别为状态 $x_1(t), x_2(t)$ 的下界和上界。给定初始条件为 $x(0) = (0.6\ 0.5)^{\mathsf{T}}$, 图 5-13 和 图 5-14 为状态和其上、下界的仿真结果。

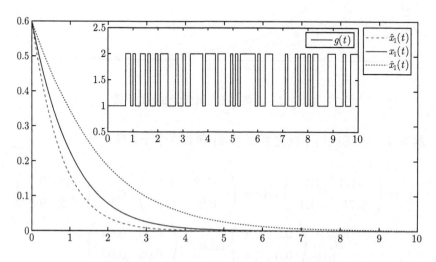

图 5-13　系统状态 $x_1(t)$ 和其上、下界仿真

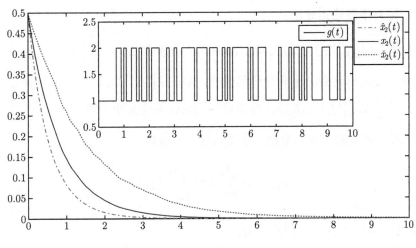

图 5-14　系统状态 $x_2(t)$ 和其上、下界仿真

5.3　正切换非线性系统的绝对指数稳定分析与镇定

众所周知，多 Lyapunov 函数方法比共同 Lyapunov 函数方法具有少的保守性。多 Lyapunov 函数的基本思想是：对系统的每个子系统或特定时间段或特定状态空间的子系统构造其 Lyapunov 函数，将这些 Lyapunov 函数组合起来构成多 Lyapunov 函数。传统的 Lyapunov 函数要求系统总能量沿着系统轨迹衰减到 0，而多 Lyapunov 函数只需沿着子系统的状态轨迹衰减到 0 即可。本小节将考虑具有角域条件的切换非线性系统的绝对指数稳定。

考虑切换非线性系统：

$$\dot{x}(t) = A_{\sigma(t)} f(x(t)) \tag{5-21}$$

其中，$x = (x_1, \cdots, x_n)^\top \in \Re^n$ 是系统状态；$f(x) = (f_1(x_1), \cdots, f_n(x_n))^\top \in \Re^n$；$\sigma(t)$ 是切换信号，$\sigma(t) \in S$；$A_p \in \Re^{n \times n}, p \in S$ 为系统矩阵；假定 A_p 是 Metzler 矩阵。非线性函数 $f(x)$ 满足角域条件：

$$\gamma \varsigma^2 \leqslant f_i(\varsigma) \varsigma \leqslant \delta \varsigma^2 \tag{5-22}$$

其中，$\forall \varsigma \in \Re, f_i(0) = 0, i = 1, 2, \cdots, n, 0 < \gamma \leqslant 1 \leqslant \delta$。文献 [168]、文献 [169] 和文献 [173] 中也已经用到了角域条件。

定义 5-1　如果系统 (5-21) 在满足角域条件 (5-22) 时是全局指数稳定的，则称系统 (5-21) 是绝对指数稳定的。

5.3.1 绝对指数稳定分析

文献 [168] 构造了一种共同 Lyapunov 函数 $V(x) = \sum_{i=1}^{n} \lambda_i \int_0^{x_i} f_i^\iota(\varsigma)\mathrm{d}\varsigma$，其中，$\iota > 0$ 是具有奇数分子和分母的分数，$\lambda = (\lambda_1, \cdots, \lambda_n) \succ 0$。对于任意 $p \in S$，$\dot{V}(x) = \sum_{i,j=1}^{n} \lambda_i a_{ij}^{(p)} f_i^\iota(x_i) f_j(x_j)$ 是负定的，那么，系统是稳定的，其中，$a_{ij}^{(p)}$ 是 A_p 的第 i 行第 j 列元素。本小节提出多 Lyapunov 函数：

$$V_p(x) = \sum_{i=1}^{n} \lambda_i^{(p)} \int_0^{x_i} f_i(\varsigma)\mathrm{d}\varsigma \tag{5-23}$$

其中，$\lambda^{(p)} = (\lambda_1^{(p)}, \cdots, \lambda_n^{(p)})^\top \succ 0$。

定理 5-8 如果存在实数 $\mu > 0$ 和向量 $v^{(p)} = (v_1^{(p)}, \cdots, v_n^{(p)})^\top \succ 0$ 使得

$$A_p v^{(p)} + \mu v^{(p)} \prec 0 \tag{5-24}$$

对任意 $p \in S$ 成立，那么，当 ADT 满足

$$\tau_a \geqslant \frac{\ln \eta}{\alpha} \tag{5-25}$$

时，系统 (5-21) 是绝对指数稳定的，其中，$\alpha = \dfrac{2\mu\underline{v} \cdot \underline{\omega}\gamma^2}{\overline{v}^2 \delta\overline{\lambda}}$，$\eta = \dfrac{\delta\overline{\lambda}}{\gamma\underline{\lambda}}$，$\underline{v} = \min\limits_{p \in S}\{v_i^{(p)}, i = 1, 2, \cdots, n\}$，$\overline{v} = \max\limits_{p \in S}\{v_i^{(p)}, i = 1, 2, \cdots, n\}$，$\underline{\omega} = \min\limits_{p \in S}\{\omega_i^{(p)}, i = 1, 2, \cdots, n\}$，$\underline{\lambda} = \min\limits_{p \in S}\{\lambda_i^{(p)}, i = 1, 2, \cdots, n\}$，$\overline{\lambda} = \max\limits_{p \in S}\{\lambda_i^{(p)}, i = 1, 2, \cdots, n\}$，$\omega_i^{(p)}$ 和 $\lambda_i^{(p)}$ 在证明中给出。

证明 由引理 1-1 和条件 (5-24) 可知，存在向量 $\omega^{(p)} = (\omega_1^{(p)}, \cdots, \omega_n^{(p)})^\top \succ 0$ 使得

$$A_p^\top \omega^{(p)} + \mu \omega^{(p)} \prec 0 \tag{5-26}$$

成立。选取多 Lyapunov 函数 (5-23)，其中，$\lambda^{(p)} = (\lambda_1^{(p)}, \cdots, \lambda_n^{(p)})^\top = \left(\dfrac{\omega_1^{(p)}}{v_1^{(p)}}, \cdots, \dfrac{\omega_n^{(p)}}{v_n^{(p)}}\right)^\top$，那么，$\dot{V}_p(x) = \sum_{i,j=1}^{n} \lambda_i^{(p)} a_{ij}^{(p)} f_i(x_i) f_j(x_j)$。记 $z_i^{(p)} = \dfrac{f_i(x_i)}{v_i^{(p)}}$，则

$$\dot{V}_p(x) = \sum_{i,j=1}^{n} \lambda_i^{(p)} a_{ij}^{(p)} z_i^{(p)} v_i^{(p)} z_j^{(p)} v_j^{(p)} \tag{5-27}$$

从而，$\dot{V}_p(x) = \sum\limits_{i,j=1}^{n} v_j^{(p)} \omega_i^{(p)} a_{ij}^{(p)} z_i^{(p)} z_j^{(p)}$。借助条件 (5-24)，$A_p$ 是 Hurwitz 矩阵。考虑到 A_p 是 Metzler 矩阵，可得 $a_{ij} \geqslant 0, i \neq j$，$a_{ii} < 0$，$i,j = 1,2,\cdots,n$。考虑到 $z_i^{(p)} z_j^{(p)} \leqslant \frac{1}{2}(z_i^{(p)})^2 + \frac{1}{2}(z_j^{(p)})^2$，则有

$$
\begin{aligned}
\dot{V}_p(x) &\leqslant \frac{1}{2}\sum_{i=1}^{n}\omega_i^{(p)}(z_i^{(p)})^2 \sum_{j=1,j\neq i}^{n} a_{ij}^{(p)} v_j^{(p)} + \frac{1}{2}\sum_{i=1}^{n} v_i^{(p)}\omega_i^{(p)} a_{ii}^{(p)}(z_i^{(p)})^2 \\
&\quad + \frac{1}{2}\sum_{j=1}^{n} v_j^{(p)}(z_j^{(p)})^2 \sum_{i=1,i\neq j}^{n} a_{ij}^{(p)}\omega_i^{(p)} + \frac{1}{2}\sum_{j=1}^{n} v_j^{(p)}\omega_j^{(p)} a_{jj}^{(p)}(z_j^{(p)})^2 \\
&= \frac{1}{2}\sum_{i=1}^{n}\omega_i^{(p)}(z_i^{(p)})^2 \left(\sum_{j=1}^{n} a_{ij}^{(p)} v_j^{(p)}\right) + \frac{1}{2}\sum_{j=1}^{n} v_j^{(p)}(z_j^{(p)})^2 \left(\sum_{i=1}^{n} a_{ij}^{(p)}\omega_i^{(p)}\right)
\end{aligned}
$$

结合条件 (5-24) 和条件 (5-26) 可得

$$
\dot{V}_p(x) \leqslant -\frac{1}{2}\mu \underline{v}\omega \sum_{i=1}^{n}(z_i^{(p)})^2 - \frac{1}{2}\mu \underline{v}\omega \sum_{j=1}^{n}(z_j^{(p)})^2 \leqslant -\frac{\mu \underline{v} \cdot \omega}{\overline{v}^2}\sum_{i=1}^{n} f_i^2(x_i)
$$

又由条件 (5-22) 得 $\gamma^2 x_i^2 \leqslant f_i^2(x_i) \leqslant \delta^2 x_i^2$。此外，有如下结论：

① 当 $x_i > 0$ 时，有

$$
\frac{1}{2}\gamma \underline{\lambda}^{(p)} \sum_{i=1}^{n} x_i^2 \leqslant V_p(x) = \sum_{i=1}^{n} \lambda_i^{(p)} \int_0^{x_i} f_i(\varsigma)\mathrm{d}\varsigma \leqslant \frac{1}{2}\delta \overline{\lambda}^{(p)} \sum_{i=1}^{n} x_i^2
$$

② 当 $x_i < 0$ 时，有

$$
\frac{1}{2}\gamma \underline{\lambda}^{(p)} \sum_{i=1}^{n} x_i^2 \leqslant V_p(x) = -\sum_{i=1}^{n} \lambda_i^{(p)} \int_{x_i}^0 f_i(\varsigma)\mathrm{d}\varsigma \leqslant \frac{1}{2}\delta \overline{\lambda}^{(p)} \sum_{i=1}^{n} x_i^2
$$

其中，$\underline{\lambda}^{(p)} = \min\{\lambda_i^{(p)}, i = 1,2,\cdots,n\}$，$\overline{\lambda}^{(p)} = \max\{\lambda_i^{(p)}, i = 1,2,\cdots,n\}$。由 ① 和 ② 不难得到 $\frac{1}{2}\gamma \underline{\lambda}^{(p)} \sum\limits_{i=1}^{n} x_i^2 \leqslant V_p(x) \leqslant \frac{1}{2}\delta \overline{\lambda}^{(p)} \sum\limits_{i=1}^{n} x_i^2$。进而，$\dot{V}_p(x) \leqslant -\alpha V_p(x)$。那么，$V_p(x(t)) \leqslant \mathrm{e}^{-\alpha(t-t_0)} V_p(x(t_0))$，$\forall\, t \geqslant t_0$。从而，对于任意 $(p,q) \in S \times S$，$V_p(x(t)) \leqslant \eta V_q(x(t))$ 成立。

下面证明系统 (5-21) 在 ADT 切换下是绝对指数稳定的。给定一切换序列：$0 \leqslant t_0 < t_1 < t_2 < \cdots$，有 $V_{\sigma(t_k)}(x(t)) \leqslant \mathrm{e}^{-\alpha(t-t_k)} V_{\sigma(t_k)}(x(t_k))$，$\forall\, t \in [t_k, t_{k+1})$。从而，$V_{\sigma(t_k)}(x(t)) \leqslant \mathrm{e}^{-\alpha(t-t_k)}\eta V_{\sigma(t_{k-1})}(x(t_k))$。利用递归迭代有

$$
V_{\sigma(t_k)}(x(t)) \leqslant \eta^2 \mathrm{e}^{-\alpha(t-t_{k-1})} V_{\sigma(t_{k-2})}(x(t_{k-1})) \leqslant \cdots \leqslant \eta^{N_\sigma(t,t_0)} \mathrm{e}^{-\alpha(t-t_0)} V_{\sigma(t_0)}(x(t_0))
$$

又 $\eta > 1$，故

$$V_{\sigma(t_k)}(x(t)) \leqslant \eta^{N_0 + \frac{t-t_0}{\tau_a}} e^{-\alpha(t-t_0)} V_{\sigma(t_0)}(x(t_0)) \leqslant e^{N_0 \ln \eta} e^{-(\alpha - \frac{\ln \eta}{\tau_a})(t-t_0)} V_{\sigma(t_0)}(x(t_0))$$

即有 $\|x(t)\| \leqslant e^{\frac{1}{2}(N_0+1)\ln \eta} e^{-\frac{1}{2}(\alpha - \frac{\ln \eta}{\tau_a})(t-t_0)} \|x(t_0)\|$，$\forall t \geqslant t_0$。再由条件 (5-25) 可得，$\alpha - \dfrac{\ln \eta}{\tau_a} > 0$。根据定义 5-1，系统 (5-21) 是绝对指数稳定的。　　□

注 5-6　如果 $A_p = [a_{ij}]$ 不是 Metzler 矩阵，那么，选取 $\widetilde{A}_p = [\tilde{a}_{ij}]$，其中，$\tilde{a}_{ii} = a_{ii}$，$\tilde{a}_{ij} = |a_{ij}|$，$i \neq j$，可知 $\widetilde{A}_p$ 是 Metzler 矩阵，其中，$p \in S$。对于系统矩阵为 $\widetilde{A}_p$ 的系统 (5-21) 应用定理 5-8。如果此时系统 (5-21) 存在多 Lyapunov 函数，那么，系统矩阵为 A_p 的系统 (5-21) 也存在多 Lyapunov 函数。文献 [71] 和文献 [168] 中也详细说明了该问题。

定理 5-8 将文献 [71] 和文献 [168] 中的共同 Lyapunov 函数方法推广到多 Lyapunov 函数方法。此外，系统 (5-21) 的绝对稳定结论也推广到相应的绝对指数稳定。下面通过两个例子加以说明，其中，第一个例子表明系统 (5-21) 的各子系统是 Hurwitz 稳定，但系统 (5-21) 不存在共同 Lyapunov 函数；第二个例子表明系统 (5-21) 存在共同 Lyapunov 函数，但对偶系统却不存在共同 Lyapunov 函数。

例 5-5　考虑系统 (5-21)，其中，$A_1 = \begin{pmatrix} -2 & 3 \\ 2 & -4 \end{pmatrix}$，$A_2 = \begin{pmatrix} -3 & 2 \\ 3 & -2.5 \end{pmatrix}$，$f(x)$ 为满足条件 (5-22) 的非线性函数。显然，A_1 和 A_2 是 Hurwitz 矩阵。如果存在向量 $\lambda = (\lambda_1 \ \lambda_2)^\top$ 使得 $A_1\lambda \prec 0$ 和 $A_2\lambda \prec 0$，那么，$1.5\lambda_2 < \lambda_1 < 2\lambda_2$，$\dfrac{2}{3}\lambda_2 < \lambda_1 < \dfrac{5}{6}\lambda_2$。此时系统 (5-21) 不存在共同 Lyapunov 函数。但是，根据定理 5-8，不难得到多 Lyapunov 函数，其中，$\lambda^{(1)} = (2 \ 3)^\top$ 和 $\lambda^{(2)} = (3 \ 2.2)^\top$。

例 5-6　考虑系统 (5-21)，其中，$A_1 = \begin{pmatrix} -1 & 1 \\ 2 & -3 \end{pmatrix}$，$A_2 = \begin{pmatrix} -1 & 2 \\ 0.4 & -1 \end{pmatrix}$，$f(x)$ 为满足条件 (5-22) 的非线性函数。存在向量 $\lambda = (2.8 \ 1)^\top$ 使得 $A_1\lambda \prec 0$ 和 $A_2\lambda \prec 0$。如果存在向量 $\lambda' = (\lambda_1' \ \lambda_2')^\top$ 使得 $A_1^\top \lambda' \prec 0$ 和 $A_2^\top \lambda' \prec 0$，那么，$2\lambda_2' < \lambda_1' < 3\lambda_2'$，$0.4\lambda_2' < \lambda_1' < 0.5\lambda_2'$。文献 [168] 中的方法不能解决系统 (5-21) 的绝对稳定问题。根据定理 5-8，系统 (5-21) 的绝对指数稳定问题可以得到解决。

5.3.2　结论扩展

本节将上面获得的结论推广到满足更一般角域条件的系统中。考虑切换系统：

$$\dot{x}(t) = A_{\sigma(t)}f(x(t)) + B_{\sigma(t)}g(x(t)) \tag{5-28}$$

其中，$\sigma(t), A_{\sigma(t)}$ 和 $f(x(t))$ 满足系统 (5-21) 中定义；$B_p = [b_{ii}^{(p)}] \in \Re^{n \times n}, p \in S$ 为元素非正的对角矩阵；$g(x) = (g_1(x_1), \cdots, g_n(x_n))^\top \in \Re^n$ 满足

$$\gamma\varsigma^2 \leqslant g_i(\varsigma)\varsigma \leqslant \delta\varsigma^2 \tag{5-29}$$

其中，$\forall \varsigma \in \Re, g_i(0) = 0, i = 1, 2, \cdots, n, \gamma$ 和 δ 满足条件 (5-22)。

借助系统 (5-28)，在文献 [170] 和文献 [180] 刻画了一类 Hopfield–Tank 神经网络，文献 [168] 描述了一类生物种群动态过程。本节将利用多 Lyapunov 函数方法研究系统 (5-28) 的绝对稳定性。

定理 5-9　如果存在实数 $\mu > 0$ 和向量 $v^{(p)} = (v_1^{(p)}, \cdots, v_n^{(p)})^\top \succ 0, \omega^{(p)} = (\omega_1^{(p)}, \cdots, \omega_n^{(p)})^\top \succ 0$ 使得条件 (5-24) 和条件 (5-25) 对任意 $p \in S$ 成立，那么，当 ADT 满足

$$\tau_a \geqslant \frac{\ln\eta}{\alpha'} \tag{5-30}$$

时，系统 (5-28) 是绝对指数稳定的，其中，$\alpha' = \dfrac{2\gamma^2}{\delta}\left(\dfrac{\mu \cdot \underline{v}\omega}{\overline{\lambda}\overline{v}^2} + \dfrac{\underline{\lambda}b}{\overline{\lambda}}\right), b = \min_{p \in S}\left\{|b_{ii}^{(p)}|,\right.$ $\left. i = 1, 2, \cdots, n\right\}$；$\eta, \underline{v}, \overline{v}, \underline{\omega}, \overline{\lambda}, \underline{\lambda}$ 在定理 5-8 中给出。

证明　选取形如定理 5-8 中的 Lyapunov 函数，那么

$$\dot{V}_p(x) = \sum_{i,j=1}^n \lambda_i^{(p)} f_i(x_i) a_{ij}^{(p)} f_j(x_j) + \sum_{i,j=1}^n \lambda_i^{(p)} b_{ij}^{(p)} f_i(x_i) g_j(x_j)$$

首先，利用定理 5-8 中的方法得

$$\dot{V}_p(x) \leqslant -\frac{\mu\underline{v} \cdot \underline{\omega}}{\overline{v}^2} \sum_{i=1}^n f_i^2(x_i) + \sum_{i,j=1}^n \lambda_i^{(p)} b_{ij}^{(p)} f_i(x_i) g_j(x_j)$$

因为 B_p 是元素非正的对角矩阵，那么

$$\dot{V}_p(x) \leqslant -\frac{\mu\underline{v} \cdot \underline{\omega}}{\overline{v}^2} \sum_{i=1}^n f_i^2(x_i) + \sum_{i=1}^n \lambda_i^{(p)} b_{ii}^{(p)} f_i(x_i) g_i(x_i)$$

又由条件 (5-22) 和条件 (5-29) 得 $\gamma^2 x_i^2 \leqslant g_i(x_i)^2 \leqslant \delta^2 x_i^2$ 和 $\gamma^2 x_i^4 \leqslant g_i(x_i) f_i(x_i) x_i^2 \leqslant \delta^2 x_i^4$。因此，$\gamma^2 x_i^2 \leqslant g_i(x_i) f_i(x_i) \leqslant \delta^2 x_i^2$，则有 $\dot{V}_p(x) \leqslant -\dfrac{\mu\underline{v} \cdot \underline{\omega}}{\overline{v}^2} \sum_{i=1}^n f_i^2(x_i) - \gamma^2 \underline{\lambda}b \sum_{i=1}^n x_i^2$。进而，$\dot{V}_p(x) \leqslant -\dfrac{\mu\underline{v} \cdot \underline{\omega}}{\overline{v}^2} \sum_{i=1}^n f_i^2(x_i) - \gamma^2 \underline{\lambda}b \sum_{i=1}^n x_i^2 \leqslant -\alpha' V_p(x)$。剩余证明可参考定理 5-8。　　□

下面放松条件 (5-29) 为

$$\gamma'\varsigma^2 \leqslant g_i(\varsigma)\varsigma \leqslant \delta'\varsigma^2, \quad \forall \varsigma \in \Re, \quad g_i(0) = 0, \quad i = 1, 2, \cdots, n \tag{5-31}$$

其中, $0 < \gamma' \leqslant 1 \leqslant \delta'$.

推论 5-1 如果存在实数 $\mu > 0$ 和向量 $v^{(p)} = (v_1^{(p)}, \cdots, v_n^{(p)})^\top \succ 0$, $\omega^{(p)} = (\omega_1^{(p)}, \cdots, \omega_n^{(p)})^\top \succ 0$ 使得条件 (5-24) 和条件 (5-25) 对任意 $p \in S$ 成立, 那么, 当 ADT 满足 $\tau_a \geqslant \tau^* = \dfrac{\ln \eta}{\alpha''}$ 时, 系统 (5-28) 是绝对指数稳定的, 其中, $\alpha'' = \dfrac{2\gamma\gamma'}{\delta}\left(\dfrac{\mu \cdot \underline{v}\omega}{\overline{\lambda}\overline{v}^2} + \dfrac{\underline{\lambda}b}{\overline{\lambda}}\right)$; $\eta, \underline{v}, \overline{v}, \underline{\omega}, \underline{\lambda}, \overline{\lambda}, b$ 与定理 5-9 中的定义相同.

5.3.3 镇定设计

考虑系统:

$$\dot{x}(t) = A_{\sigma(t)}f(x(t)) + B_{\sigma(t)}u(t) \tag{5-32}$$

其中, $u(t) \in \Re^m, B_p \in \Re^{n \times m}, p \in S, x(t), \sigma(t), A_{\sigma(t)}, f(x(t))$ 均满足系统 (5-21) 的定义. 本部分的目标是设计状态反馈律使闭环系统绝对指数稳定.

定理 5-10 如果存在实数 $\mu > 0, \varsigma > 0$ 和向量 $0 \prec v^{(p)} \in \Re^n, z^{(p)} \in \Re^m$ 使得

$$v^{(p)} \succ 0 \tag{5-33a}$$

$$(A_p + \mu I_n)v^{(p)} + B_p z^{(p)} \prec 0 \tag{5-33b}$$

$$\overline{v}^{(p)\top} v^{(p)} (\overline{v}^{(p)\top} v^{(p)} A_p + B_p z^{(p)} \overline{v}^{(p)\top} + \varsigma \overline{v}^{(p)\top} v^{(p)} I_n) \succeq 0 \tag{5-33c}$$

对任意 $p \in S$ 成立, 其中, $\overline{v}^{(p)} \in \Re^n$ 是给定的非零向量, 那么, 在反馈控制律

$$u(t) = K_p f(x(t)) = \frac{z^{(p)}\overline{v}^{(p)\top}}{\overline{v}^{(p)\top} v^{(p)}} f(x(t)) \tag{5-34}$$

下, 系统 (5-32) 是绝对指数稳定的. 此外, 存在向量 $\omega^{(p)} \in \Re^n$ 使得

$$\omega^{(p)} \succ 0 \tag{5-35a}$$

$$\overline{A}_p^\top \omega^{(p)} + \mu\omega^{(p)} \prec 0 \tag{5-35b}$$

对任意 $p \in S$ 成立, 当 ADT 满足条件 (5-25) 时, 系统 (5-32) 是绝对指数稳定的, 其中, $\overline{A}_p = A_p + B_p K_p, p \in S$.

证明　当 $\overline{v}^{(p)\top}v^{(p)} > 0$ 时，根据条件 (5-33c) 不难得出，$\overline{v}^{(p)\top}v^{(p)}A_p +$
$B_p z^{(p)}\overline{v}^{(p)\top} + \varsigma\overline{v}^{(p)\top}v^{(p)}I_n \succeq 0$。因此，$A_p + B_p\dfrac{z^{(p)}\overline{v}^{(p)\top}}{\overline{v}^{(p)\top}v^{(p)}} + \varsigma I_n \succeq 0$。故，$A_p +$
$B_p\dfrac{z^{(p)}\overline{v}^{(p)\top}}{\overline{v}^{(p)\top}v^{(p)}}$ 是 Metzler 矩阵。由条件 (5-34) 可得，$\overline{A}_p = A_p + B_pK_p$ 是 Metzler 矩
阵。根据条件 (5-33b) 有

$$\overline{A}_p v^{(p)} = A_p v^{(p)} + B_p K_p v^{(p)} = A_p v^{(p)} + B_p z^{(p)} \prec -\mu v^{(p)}$$

根据定理 5-9，系统 (5-32) 是绝对指数稳定的。　　　　　　　　　　　　□

定理 5-10 中，假定 A_p 是 Metzler 矩阵。实际上，如果不对系统矩阵施加
任何条件，定理 5-10 仍然成立。因为，在反馈控制律作用下所得到的闭环系统
矩阵是 Metzler 矩阵。另一方面，状态反馈控制律设计为 $u(t) = K_p f(x(t))$ 而不
是 $u(t) = K_p x(t)$，这也一定程度上降低了设计负担。

注 5-7　条件 (5-33) 可以转换为下列 LP 问题：

$$\begin{aligned}
v^{(p)} &\succ 0 \\
(A_p + \mu I_n)v^{(p)} + B_p z^{(p)} &\prec 0 \\
\overline{v}^{(p)\top}v^{(p)} &> 0 \\
\overline{v}^{(p)\top}v^{(p)}A_p + B_p z^{(p)}\overline{v}^{(p)\top} + \varsigma\overline{v}^{(p)\top}v^{(p)}I_n &\succeq 0
\end{aligned} \tag{5-36}$$

或

$$\begin{aligned}
v^{(p)} &\succ 0 \\
(A_p + \mu I_n)v^{(p)} + B_p z^{(p)} &\prec 0 \\
\overline{v}^{(p)\top}v^{(p)} &< 0 \\
\overline{v}^{(p)\top}v^{(p)}A_p + B_p z^{(p)}\overline{v}^{(p)\top} + \varsigma\overline{v}^{(p)\top}v^{(p)}I_n &\preceq 0
\end{aligned} \tag{5-37}$$

为了简便，一般选取 $\overline{v}^{(p)} \succ 0$ 或 $\overline{v}^{(p)} \prec 0$。此时，条件 (5-36) 和条件 (5-37) 中的
一个可以移除。

注 5-8　文献 [169] 和文献 [173] 中设计了控制律保证系统的终极一致有界。
本小节所设计的控制律能够保证系统的绝对指数稳定，这改进了系统的性能。所
提出的方法还可应用到离散时间切换非线性系统的相应问题上。

5.3.4　仿真例子

本节将给出两个例子证实得到结论的有效性，第一个例子关于系统 (5-21)，第
二个例子关于系统 (5-32)。

例 5-7　考虑系统 (5-21) 包含两个子系统：

$$\dot{x}_1 = -4x_1 \mathrm{e}^{\frac{1}{x_1^2+1}} + 4x_2 + \frac{2x_2}{x_2^2+1}, \quad \dot{x}_2 = x_1 \mathrm{e}^{\frac{1}{x_1^2+1}} - 6x_2 - \frac{3x_2}{x_2^2+1}$$

和

$$\dot{x}_1 = -6x_1 \mathrm{e}^{\frac{1}{x_1^2+1}} + 3x_2 + \frac{1.5x_2}{x_2^2+1}, \quad \dot{x}_2 = 2x_1 \mathrm{e}^{\frac{1}{x_1^2+1}} - 2x_2 - \frac{x_2}{x_2^2+1}$$

其中，$A_1 = \begin{pmatrix} -2 & 2 \\ 0.5 & -3 \end{pmatrix}$，$A_2 = \begin{pmatrix} -3 & 1.5 \\ 1 & -1 \end{pmatrix}$，$f_1(x_1) = 2x_1 \mathrm{e}^{\frac{1}{x_1^2+1}}$，$f_2(x_2) = 2x_2 + \frac{x_2}{x_2^2+1}$。不难得到 $\gamma = 2$ 和 $\delta = 3$。选取 $\mu = 0.4$，根据定理 5-8 可得

$$v^{(1)} = \begin{pmatrix} 136.0531 \\ 91.1206 \end{pmatrix}, v^{(2)} = \begin{pmatrix} 84.5294 \\ 141.9090 \end{pmatrix}, \omega^{(1)} = \begin{pmatrix} 106.6716 \\ 119.7266 \end{pmatrix}$$

$$\omega^{(2)} = \begin{pmatrix} 61.2912 \\ 154.2636 \end{pmatrix}, \lambda^{(1)} = \begin{pmatrix} 0.7840 \\ 1.3139 \end{pmatrix}, \lambda^{(2)} = \begin{pmatrix} 0.7251 \\ 1.0871 \end{pmatrix}$$

$$\alpha = 0.2089, \eta = 2.7180, \tau_a \geqslant 4.7865$$

图 5-15 为系统在切换信号下的状态仿真。

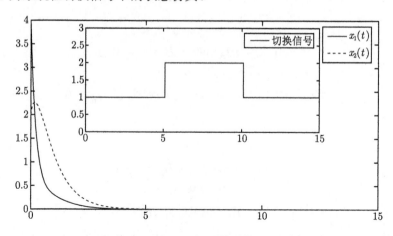

图 5-15   系统状态在切换信号下的仿真

例 5-8   考虑系统 (5-32) 包含子系统：

$$\dot{x}_1 = -x_1 \mathrm{e}^{\frac{1}{x_1^2+1}} + 6x_2 + \frac{3x_2}{x_2^2+1} + u_{11} + 2u_{12}$$
$$\dot{x}_2 = 2x_1 \mathrm{e}^{\frac{1}{x_1^2+1}} - 2x_2 - \frac{x_2}{x_2^2+1} + 2u_{11} + u_{12} \tag{5-38}$$

和

$$\dot{x}_1 = -2x_1 \mathrm{e}^{\frac{1}{x_1^2+1}} + 3x_2 + \frac{1.5x_2}{x_2^2+1} + 0.3u_{21} + 0.2u_{22}$$
$$\dot{x}_2 = 3x_1 \mathrm{e}^{\frac{1}{x_1^2+1}} - 2x_2 - \frac{x_2}{x_2^2+1} + 0.4u_{21} + 0.2u_{22} \tag{5-39}$$

其中，$A_1 = \begin{pmatrix} -1 & 3 \\ 2 & -1 \end{pmatrix}$，$A_2 = \begin{pmatrix} -2 & 1.5 \\ 3 & -1 \end{pmatrix}$，$B_1 = \begin{pmatrix} 1 & 2 \\ 2 & 1 \end{pmatrix}$，$B_2 = \begin{pmatrix} 0.3 & 0.2 \\ 0.4 & 0.2 \end{pmatrix}$，$f_1(x_1) = x_1 \mathrm{e}^{\frac{1}{x_1^2+1}}$，$f_2(x_2) = 2x_2 + \dfrac{x_2}{x_2^2+1}$。不难得出 $\gamma = 1$，$\delta = 3$。选取 $\overline{v}^{(1)} = \overline{v}^{(1)} = (1\ 1)$，$\mu = 0.5$。由定理 5-10 有

$$K_1 = \begin{pmatrix} 0.5458 & 0.5458 \\ -1.3827 & -1.3827 \end{pmatrix},\ K_2 = \begin{pmatrix} -11.2266 & -11.2266 \\ 16.0839 & 16.0839 \end{pmatrix}$$

$$\overline{A}_1 = \begin{pmatrix} -3.2196 & 0.7804 \\ 1.7089 & -2.2911 \end{pmatrix},\ \overline{A}_2 = \begin{pmatrix} -2.1512 & 1.3488 \\ 1.7261 & -2.2739 \end{pmatrix}$$

$$\omega^{(1)} = \begin{pmatrix} 1.9998 \\ 1.6892 \end{pmatrix},\ \omega^{(2)} = \begin{pmatrix} 1.6820 \\ 1.4815 \end{pmatrix},\ \lambda^{(1)} = \begin{pmatrix} 1.7582 \\ 0.9200 \end{pmatrix},\ \lambda^{(2)} = \begin{pmatrix} 1.0294 \\ 0.8764 \end{pmatrix}$$

最后，$u_{11} = 0.5458 f_1(x_1) + 0.5458 f_2(x_2)$，$u_{12} = -1.3827 f_1(x_1) - 1.3827 f_2(x_2)$，$u_{21} = -11.2266 f_1(x_1) - 11.2266 f_2(x_2)$，$u_{22} = 16.0839 f_1(x_1) + 16.0839 f_2(x_2)$，$\alpha = 0.2469$，$\eta = 2.0062$，$\tau_a \geqslant 2.8199$。图 5-16 为系统在切换信号下的状态仿真。

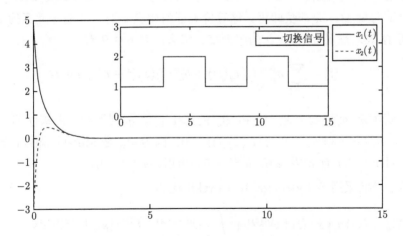

图 5-16　系统状态在切换信号下的仿真

5.4　切换非线性时滞系统的绝对指数稳定分析

本节研究了几种切换非线性时滞系统的绝对指数稳定。利用正系统的性质，为切换非线性系统构造了一类改进的多 Lyapunov-Krasovskii 泛函，以确保所考虑系统的绝对指数稳定性。

5.4.1 连续时间系统

本节考虑两类时滞系统：第一类是单时滞系统，第二类是多时滞系统。

5.4.1.1 单时滞系统

考虑切换非线性时滞系统：

$$\dot{x}(t) = A_{\sigma(t)} f(x(t)) + B_{\sigma(t)} f(x(t-h))$$
$$x(t) = \varphi(t), t \in [-h, 0] \tag{5-40}$$

其中，$x(t) \in \Re^n, f(\cdot) \in \Re^n$；$A_p$ 是 Metzler 矩阵，$B_p \succeq 0$，$p \in S$；$\varphi(t)$ 为向量值初始条件，非线性函数 $f(x)$ 满足

$$\gamma\varsigma^2 \leqslant f_i(\varsigma)\varsigma \leqslant \delta\varsigma^2 \tag{5-41}$$

其中，$\forall \varsigma \in \Re, f_i(0) = 0$，$i = 1, 2, \cdots, n, 0 < \gamma \leqslant \delta$，其他参数和变量定义可参考系统 (5-21) 和系统 (5-32)。记 x_t 为系统 (5-40) 的解。

引理 5-1 系统 (5-40) 是正的。

证明 给定初始条件 $\varphi(t) \succeq 0$。为了证明对于所有 $t \geqslant 0$ 满足 $x(t) \succeq 0$，只需要验证向量 $\dot{x}(t)$ 是非负即可。这等价于证明相应 $x(t) \succeq 0$ 的零元素的 $\dot{x}(t)$ 非负。用 Ω 表示满足 $x_i(t) = 0$ 的序列集。那么，对 $p \in S$ 有

$$\dot{x}_i(t) = \sum_{j \notin \Omega} a_p^{(ij)} f_j(x_j(t)) + b_p^{(ij)} f_j(x_j(t-h)), \ i \in \Omega$$

其中，$a_p^{(ij)}$ 和 $b_p^{(ij)}$ 分别是 A_p 和 B_p 的第 i 行第 j 列元素。由条件 (5-41) 得，对 $t \in [-h, +\infty)$ 和 $x_t \succeq 0$ 有 $f_j(x_j(t)) \geqslant 0$。因为 A_p 是 Metzler 矩阵，$B_p \succeq 0$，从而，对于 $i \neq j$ 有 $a^{(ij)} \geqslant 0$，$b^{(ij)} \geqslant 0$。所以，$\dot{x}_i(t) \geqslant 0$。 □

本小节将采用多 Lyapunov-Krasovskii 泛函：

$$V_{(\sigma(t))}(x_t) = |x^\top(t)| v^{(\sigma(t))} + \int_{t-h}^{t} e^{\mu(-t+s)} |f^\top(x(s))| \eta^{(\sigma(t))} ds \tag{5-42}$$

其中，$\mu > 0, v^{(\sigma(t))} \succ 0, \eta^{(\sigma(t))} \succ 0, |x^\top(t)| = (|x_1(t)|, \cdots, |x_n(t)|)^\top, |f^\top(x(s))| = (|f_1(x_1(s))|, \cdots, |f_n(x_n(s))|)^\top$。

定理 5-11 如果存在实数 $\mu > 0, \lambda > 1$ 和 $\Re^n$ 向量 $v^{(p)} \succ 0, \eta^{(p)} \succ 0$ 使得

$$A_p^\top v^{(p)} + \frac{1}{\gamma}\mu v^{(p)} + \eta^{(p)} \preceq 0 \tag{5-43a}$$

$$B_p^\top v^{(p)} - e^{-\mu h} \eta^{(p)} \preceq 0 \tag{5-43b}$$

$$v^{(p)} - \lambda v^{(q)} \preceq 0 \tag{5-43c}$$

$$\eta^{(p)} - \lambda \eta^{(q)} \preceq 0 \tag{5-43d}$$

对任意 $(p,q) \in S \times S$ 成立，当 ADT 满足

$$\tau_a \geqslant \frac{\ln \lambda}{\mu} \tag{5-44}$$

时，系统 (5-40) 是绝对指数稳定的。

　　证明　假定时间区间 $[t_0, T]$ 上的切换时刻为 $t_1 < t_2 < \cdots < t_m < T, m \in \mathbb{N}^+$，相应的第 $\sigma(t_i)$ 个子系统在时间段 $[t_i, t_{i+1})$ 内被激活。给定 $\varphi(t) \succeq 0$。根据引理 5-1 得，$x_t \succeq 0, t \in [-h, +\infty)$。选择 $V_{(\sigma(t))}(x_t) = x^\top(t) v^{(\sigma(t))} + \int_{t-h}^{t} \mathrm{e}^{\mu(-t+s)} f^\top \cdot (x(s)) \eta^{(\sigma(t))} \mathrm{d}s$。进而

$$
\begin{aligned}
\dot{V}_{(\sigma(t))}(x_t) = & -\mu V_{(\sigma(t))}(x_t) + \mu x^\top(t) v^{(\sigma(t))} + f^\top(x(t)) \big(A_{\sigma(t)}^\top v^{(\sigma(t))} + \eta^{(\sigma(t))} \big) \\
& + f^\top(x(t-h)) \big(B_{\sigma(t)}^\top v^{(\sigma(t))} - \mathrm{e}^{-\mu h} \eta^{(\sigma(t))} \big)
\end{aligned}
$$

其中，$t \in [t_m, T]$。又 $x(t) \succeq 0$，从而，$\frac{1}{\delta} f_i(x_i(t)) \leqslant x_i(t) \leqslant \frac{1}{\gamma} f_i(x_i(t))$，那么，$\frac{1}{\delta} f^\top(x(t)) \preceq x^\top(t) \preceq \frac{1}{\gamma} f^\top(x(t))$。因此

$$
\begin{aligned}
\dot{V}_{(\sigma(t))}(x_t) \leqslant & -\mu V_{(\sigma(t))}(x_t) + f^\top(x(t)) \Big(A_{\sigma(t)}^\top v^{(\sigma(t))} + \frac{1}{\gamma} \mu v^{(\sigma(t))} + \eta^{(\sigma(t))} \Big) \\
& + f^\top(x(t-h)) \big(B_{\sigma(t)}^\top v^{(\sigma(t))} - \mathrm{e}^{-\mu h} \eta^{(\sigma(t))} \big)
\end{aligned}
$$

由条件 (5-43a) 和条件 (5-43b) 得 $\dot{V}_{(\sigma(t))}(x_t) \leqslant -\mu V_{(\sigma(t))}(x_t)$, $t \in [t_m, T]$。由比较原则可得，$V_{(\sigma(t))}(x_t) \leqslant \mathrm{e}^{-\mu(t-t_m)} V_{(\sigma(t_m))}(x_{t_m})$, $t \in [t_m, T]$。利用条件 (5-43c) 和条件 (5-43d) 得 $V_{(\sigma(t_m))}(x_{t_m}) \leqslant \lambda V_{(\sigma(t_m^-))}(x_{t_m^-})$。进而有

$$V_{(\sigma(t))}(x_T) \leqslant \lambda \mathrm{e}^{-\mu(T-t_m)} V_{(\sigma(t_m^-))}(x_{t_m^-}) \leqslant \cdots \leqslant \mathrm{e}^{N_\sigma(t_0, T) \ln \lambda} \mathrm{e}^{-\mu(T-t_0)} V_{(\sigma(t_0))}(x_{t_0})$$

根据定义 1-8 可知，$V_{(\sigma(t))}(x_T) \leqslant \mathrm{e}^{N_0 \ln \lambda} \mathrm{e}^{(\frac{\ln \lambda}{\tau_a} - \mu)(T-t_0)} V_{(\sigma(t_0))}(x_{t_0})$。

　　令 $\kappa_1 = \min\limits_{p \in S}\{v_i^{(p)}, i = 1, 2, \cdots, n\}$, $\kappa_2 = \max\limits_{p \in S}\{v_i^{(p)}, i = 1, 2, \cdots, n\}$, $\kappa_3 = \max\limits_{p \in S}\{\eta_i^{(p)}, i = 1, 2, \cdots, n\}$，那么

$$V_{(\sigma(t))}(x_T) \geqslant \kappa_1 \sum_{i=1}^{n} \mid x_i(T) \mid$$

$$V_{(\sigma(t_0))}(x_{t_0}) \leqslant \kappa_2 \sum_{i=1}^{n} \mid x_i(t_0) \mid + \kappa_3 \delta \int_{t_0-h}^{t_0} \sum_{i=1}^{n} \mid x_i(s) \mid \mathrm{d}s$$

容易推出

$$\sum_{i=1}^{n} \mid x_i(T) \mid \leqslant \frac{1}{\kappa_1} \mathrm{e}^{N_0 \ln \lambda} \mathrm{e}^{(\frac{\ln \lambda}{\tau_a}-\mu)(T-t_0)} \left(\kappa_2 \sum_{i=1}^{n} \mid x_i(t_0) \mid + \kappa_3 \delta \int_{t_0-h}^{t_0} \sum_{i=1}^{n} \mid x_i(s) \mid \mathrm{d}s \right)$$

利用 $\|x(t)\|_2 \leqslant \sum_{i=1}^{n} \mid x_i(T) \mid \leqslant \sqrt{n}\|x(t)\|_2$，有

$$\|x(t)\|_2 \leqslant \frac{1}{\kappa_1} \mathrm{e}^{N_0 \ln \lambda} \mathrm{e}^{(\frac{\ln \lambda}{\tau_a}-\mu)(T-t_0)} \left(\kappa_2 \sqrt{n}\|x(t_0)\|_2 + \kappa_3 \delta \int_{t_0-h}^{t_0} \sqrt{n}\|x(s)\|_2 \mathrm{d}s \right)$$

记 $\alpha = \frac{1}{\kappa_1} \mathrm{e}^{N_0 \ln \lambda}(\kappa_2 + (\kappa_3 + \kappa_4 h)\delta h)\sqrt{n}\|\varphi(t_0)\|_{\sup}$，$\beta = \frac{\ln \lambda}{\tau_a} - \mu$，其中，$\|\varphi(t_0)\|_{\sup} = \sup_{-h \leqslant s \leqslant 0} \|x(s)\|_2$。那么，$\|x(t)\|_2 \leqslant \alpha \mathrm{e}^{\beta(T-t_0)}\|\varphi(t_0)\|_{\sup}$。由条件 (5-44) 可得，$\beta < 0$。结合 $\alpha > 0$ 可知，系统 (5-40) 是绝对指数稳定的。　　　　　　　　　□

注5-9　给定 μ 和 λ，条件 (5-43) 可通过 LP 工具求解。对于任意的 $v^{(p)}$ 和 $v^{(q)}$，$(p,q) \in S \times S$，存在正常数 λ_1 使得 $v^{(p)} \preceq \lambda_1 v^{(q)}$，同理，对应于 $\eta^{(p)}$，$\eta^{(q)}$ 也成立，即，存在正常数 λ_2 使得 $\eta^{(p)} \preceq \lambda_2 \eta^{(q)}$ 成立。这意味着，条件 (5-43a) 和条件 (5-43b) 成立，则条件 (5-43) 均成立。可以通过两步计算条件 (5-43)。首先，给定 μ 使得条件 (5-43a) 和条件 (5-43b) 有解，然后，在此基础上给定 λ 使得条件 (5-43) 有解。

文献 [181] 借助共同 Lyapunov-Krasovskii 泛函方法，获得条件

$$(A_p + B_q)^{\top} v \prec 0, \ (p,q) \in S \times S \tag{5-45}$$

保证系统 (5-40) 的绝对稳定性。

注 5-10　首先，共同 Lyapunov-Krasovskii 泛函方法比多 Lyapunov-Krasovskii 泛函方法保守。如果一个切换系统存在共同 Lyapunov-Krasovskii 泛函，则它也存在多 Lyapunov–Krasovskii 泛函。反之则不一定成立。基于这点，定理 5-11 降低了文献 [181] 中结论的保守性。在下面的例子中进一步说明此点。其次，定理 5-11 中所提出的绝对指数稳定性比文献 [181] 中的稳定性效果更好。最后，条件 (5-43) 可替换为 $(A_p + B_p)^{\top} v \prec 0$，$p \in S$，进而降低了条件 (5-43) 的保守性。

注 5-11　值得注意的是，定理 5-11 要求初始条件非负。事实上，如果初始条件非正，定理 5-11 也成立。这里默认初始条件非负，是为了保证系统的正性。

任意切换下系统 (5-40) 的绝对指数稳定也可利用共同 Lyapunov-Krasovskii 泛函：

$$V_{(\sigma(t))}(x_t) = \! x^{\top}(t) \! v + \int_{t-h}^{t} \mathrm{e}^{\mu(-t+s)} \! f^{\top}(x(s)) \! \eta \mathrm{d}s \tag{5-46}$$

得到, 其中, $\mu > 0, v \succ 0, \eta \succ 0$。进而给出如下推论。

推论 5-2 如果存在实数 $\mu > 0$ 和 $\Re^n$ 向量 $v \succ 0, \eta \succ 0$ 使得

$$A_p^\top v + \frac{1}{\gamma}\mu v + \eta \preceq 0 \tag{5-47}$$
$$B_p^\top v - \mathrm{e}^{-\mu h}\eta \preceq 0$$

对任意 $p \in S$ 成立, 那么, 在任意切换下系统 (5-40) 是绝对指数稳定的。

定理 5-11 对 A_p 和 B_p 分别限制为 Metzler 矩阵和非负矩阵, 在定理 5-12 中进一步讨论一般系统的稳定性。

考虑系统 (5-40), 其中, $A_p \in \Re^{n\times n}$, $B_p \in \Re^{n\times n}$ 无其他任何限制约束。记 $A_p = [a_{ij}^{(p)}]$, $B_p = [b_{ij}^{(p)}]$, 定义 $\overline{A}_p = [\bar{a}_{ij}^{(p)}]$, $\overline{B}_p = [\bar{b}_{ij}^{(p)}]$, 其中, $i = j$ 时 $\bar{a}_{ij}^{(p)} = a_{ij}^{(p)}$, $i \neq j$ 时 $\bar{a}_{ij}^{(p)} = |a_{ij}^{(p)}|$; $\bar{b}_{ij}^{(p)} = |b_{ij}^{(p)}|$, $i,j = 1,2,\cdots,n$。改进 Lyapunov-Krasovskii 泛函 (5-42) 为

$$V_{(\sigma(t))}(x_t) = \sum_{i=1}^n \left\{ |x_i(t)|v_i^{(\sigma(t))} + \int_{t-h}^t \mathrm{e}^{\mu(-t+s)}|f_i(x_i(s))|\eta_i^{(\sigma(t))}\mathrm{d}s \right\}$$

其中,$\mu > 0$, $v^{(\sigma(t))} = (v_1^{(\sigma(t))},\cdots,v_n^{(\sigma(t))})^\top \succ 0$, $\eta^{(\sigma(t))} = (\eta_1^{(\sigma(t))},\cdots,\eta_n^{(\sigma(t))})^\top \succ 0$。

定理 5-12 如果存在实数 $\mu > 0, \lambda > 1$ 和 $\Re^n$ 向量 $v^{(p)} \succ 0, \eta^{(p)} \succ 0$ 使得

$$\overline{A}_p^\top v^{(p)} + \frac{1}{\gamma}\mu v^{(p)} + \eta^{(p)} \preceq 0 \tag{5-48a}$$

$$\overline{B}_p^\top v^{(p)} - \mathrm{e}^{-\mu h}\eta^{(p)} \preceq 0 \tag{5-48b}$$

$$v^{(p)} - \lambda v^{(q)} \preceq 0 \tag{5-48c}$$

$$\eta^{(p)} - \lambda \eta^{(q)} \preceq 0 \tag{5-48d}$$

对任意 $(p,q) \in S \times S$ 成立, 当 ADT 满足条件 (5-44) 时, 系统 (5-40) 是绝对指数稳定的。

证明 首先

$$D^+V_{(\sigma(t))}(x_t)$$
$$= \sum_{i=1}^n \left(\sum_{j=1}^n a_{ij}^{(p)} f_j(x_j(t))v_i^{(\sigma(t))}\mathrm{sgn}(x_i(t)) + \sum_{j=1}^n b_{ij}^{(p)} f_j(x_j(t))v_i^{(\sigma(t))}\mathrm{sgn}(x_i(t)) \right)$$
$$+ \sum_{i=1}^n \left(-\mu \int_{t-h}^t \mathrm{e}^{\mu(-t+s)}|f_i(x_i(s))|\eta_i^{(\sigma(t))}\mathrm{d}s + |f_i(x_i(t))|\eta_i^{(\sigma(t))} \right.$$

$$-\mathrm{e}^{-\mu h}|f_i(x_i(t-h))|\eta_i^{(\sigma(t))}\Big)$$

$$\leqslant -\mu V_{(\sigma(t))}(x_t) + \sum_{i=1}^{n}\left(\mu|x_i(t)|v_i^{(\sigma(t))} + \sum_{j=1}^{n}\bar{a}_{ij}^{p}|f_j(x_j(t))|v_i^{(\sigma(t))}\right.$$

$$\left.+ \sum_{j=1}^{n}\bar{b}_{ij}^{p}|f_j(x_j(t-h))|v_i^{(\sigma(t))} + |f_i(x_i(t))|\eta_i^{(\sigma(t))} - \mathrm{e}^{-\mu h}|f_i(x_i(t-h))|\eta_i^{(\sigma(t))}\right)$$

其中，$t \in [t_m, T]$。由条件 (5-41) 得 $\gamma|x_i(t)| \leqslant |f_i(x_i(t))| \leqslant \delta|x_i(t)|$，那么

$$D^{+}V_{(\sigma(t))}(x_t) \leqslant -\mu V_{(\sigma(t))}(x_t) + \dagger f^{\top}(x(t))\dagger \left(\overline{A}_p^{\top}v^{(p)} + \frac{1}{\gamma}\mu v^{(p)} + \eta^{(p)}\right)$$
$$+ \dagger f^{\top}(x(t-h))\dagger \left(\overline{B}_p^{\top}v^{(p)} - \mathrm{e}^{-\mu h}\eta^{(p)}\right)$$

根据条件 (5-48a) 和条件 (5-48b) 可得 $D^{+}V_{(\sigma(t))}(x_t) \leqslant -\mu V_{(\sigma(t))}(x_t)$。由引理 5-1 可知

$$V_{(\sigma(t))}(x_T) \leqslant \mathrm{e}^{-\mu(T-t_m)}V_{(\sigma(t_m))}(x_{t_m})$$

剩余证明可参考定理 5-11。   □

近年来，研究者致力于神经网络稳定性问题的研究 [182,183]。对于神经网络，绝对稳定和绝对指数稳定尤为重要。本小节的结论与神经网络的相关研究存在一定的关系。

考虑神经网络：

$$\dot{x}(t) = -Dx(t) + Af(x(t)) + Bf(x(t-h)) \tag{5-49}$$

其中，$x(t) \in \Re^n$ 是状态，$D \in \Re^{n \times n}$ 为对角矩阵且对角元满足 $d_i \geqslant 0$，$i = 1, 2, \cdots, n$，$A \in \Re^{n \times n}$ 和 $B \in \Re^{n \times n}$ 为加权矩阵，$f(x) = (f_1(x_1), \cdots, f_1(x_n))^{\top}$ 是非线性神经元函数并满足 $f_i(0) = 0$ 和

$$\gamma_i \leqslant \frac{f_i(s_1) - f_i(s_2)}{s_1 - s_2} \leqslant \delta_i, s_1 \neq s_2 \tag{5-50}$$

其中，$\forall s_1, s_2 \in \Re, \gamma_i, \delta_i, i = 1, 2, \cdots, n$ 为正常数。

推论 5-3　如果存在实数 $\mu > 0$ 和 $\Re^n$ 向量 $v \succ 0, \eta \succ 0$ 使得

$$\overline{A}^{\top}v + \frac{1}{\gamma}\mu v + \eta + \frac{\hat{d}}{\gamma}\mathbf{1}_n \preceq 0 \tag{5-51a}$$

$$\overline{B}^{\top}v - \mathrm{e}^{-\mu h}\eta \preceq 0 \tag{5-51b}$$

成立，其中，$\overline{A}, \overline{B}$ 的定义与定理 5-12 相同，$\hat{d} = \max\limits_{i=1,2,\cdots,n}\{d_i,\}, \gamma = \min\limits_{i=1,2,\cdots,n}\{\gamma_i\}, \delta = \max\limits_{i=1,2,\cdots,n}\{\delta_i\}$，那么，系统 (5-49) 是绝对指数稳定的。

由条件 (5-50) 可得，$x_i f(x_i) > 0$ 和 $\gamma_i |x_i| \leqslant |f_i(x_i)| \leqslant \delta_i |x_i|$。因此，$\gamma |x_i| \leqslant |f_i(x_i| \leqslant \delta |x_i|$。选取形如定理 5-12 中的 Lyapunov-Krasovskii 泛函，其中，$v^{(\sigma(t))} = v, \eta^{(\sigma(t))} = \eta$。那么，推论 5-3 的证明可类似于定理 5-12 给出。

5.4.1.2　多时滞系统

本节将定理 5-11 和定理 5-12 推广到多时滞系统：

$$\dot{x}(t) = A_{\sigma(t)} f(x(t)) + \sum_{\iota=1}^{l} B_{\iota\sigma(t)} f(x(t - h_\iota)), t \geqslant 0 \tag{5-52}$$
$$x(t) = \varphi(t), t \in [-h, 0]$$

其中，$\iota \in L = \{1, 2, \cdots, l\}, l \in \mathbb{N}_+$，$A_p$ 是 Metzler 矩阵，$B_{\iota p} \succeq 0, p \in S$；对于任意 $\iota \in L$，h_ι 是多时滞量，$h = \max\{h_\iota, \iota \in L\}$，其他的参数可参考系统 (5-21)。

定理 5-13　如果存在实数 $\mu > 0, \lambda > 1$ 和 $\mathfrak{R}^n$ 向量 $v^{(p)} \succ 0, \eta^{(\iota p)} \succ 0$ 使得

$$A_p^\top v^{(p)} + \frac{\mu}{\gamma} v^{(p)} + \sum_{\iota=1}^{l} \eta^{(\iota p)} \preceq 0 \tag{5-53a}$$

$$\sum_{\iota=1}^{l} (B_{\iota p}^\top v^{(p)} - e^{-\mu h_\iota} \eta^{(\iota p)}) \preceq 0 \tag{5-53b}$$

$$v^{(p)} - \lambda v^{(q)} \preceq 0 \tag{5-53c}$$

$$\eta^{(\iota p)} - \lambda \eta^{(\iota q)} \preceq 0 \tag{5-53d}$$

对任意 $(p, q) \in S \times S$ 和 $\iota \in L$ 成立，那么，当 ADT 满足条件 (5-44) 时，系统 (5-52) 是绝对指数稳定的。

证明　选取多 Lyapunov-Krasovskii 泛函为

$$V_{(\sigma(t))}(x_t) = \mid x^\top(t) v^{(\sigma(t))} \mid + \sum_{\iota=1}^{l} \int_{t-h_\iota}^{t} e^{\mu(-t+s)} \mid f^\top(x(s)) \eta^{(\iota\sigma(t))} \mid ds \tag{5-54}$$

其中，$\mu > 0, v^{(\sigma(t))} \succ 0, \eta^{(\iota\sigma(t))} \succ 0$。

考虑 $\varphi(t) \succeq 0$ 的情形，可得 $x_t \succeq 0$。又根据条件 (5-50) 不难得出，$\frac{1}{\delta} f(x(t)) \preceq x(t) \preceq \frac{1}{\gamma} f(x(t))$ 和 $f(x(t)) \succeq 0$。从而有

$$\dot{V}_{(\sigma(t))}(x_t) \leqslant -\mu V_{(\sigma(t))}(x_t) + f^\top(x(t)) \left(A_{\sigma(t)}^\top v^{(\sigma(t))} + \frac{\mu}{\gamma} v^{(\sigma(t))} + \sum_{\iota=1}^{l} \eta^{(\iota\sigma(t))} \right)$$

$$+ f^\top(x(t - h_\iota)) \sum_{\iota=1}^{l} \left(B_{\iota\sigma(t)}^\top v^{(\sigma(t))} - e^{-\mu h_\iota} \eta^{(\iota\sigma(t))} \right)$$

其中, $t \in [t_m, T]$。又根据条件 (5-53a) 和条件 (5-53b) 可知,$\dot{V}_{(\sigma(t))}(x_t) \leqslant -\mu V_{(\sigma(t))}(x_t)$。剩余证明可参定理 5-11,不再赘述。 □

下面讨论系统 (5-52) 的绝对指数稳定性,其系统矩阵没有任何限制。为方便,记 $\overline{B}_{\iota p} = [\bar{b}_{ij}^{(\iota p)}]$, $\bar{b}_{ij}^{(\iota p)} = |b_{ij}^{(\iota p)}|$,其中,$\iota \in L, p \in S$, $i,j = 1,2,\cdots,n$。$\overline{A}_p$ 的定义沿用上文中的定义。

定理 5-14 如果存在实数 $\mu > 0, \lambda > 1$ 和 $\Re^n$ 向量 $v^{(p)} \succ 0, \eta^{(\iota p)} \succ 0$ 使得

$$\overline{A}_p^\top v^{(p)} + \frac{\mu}{\gamma} v^{(p)} + \sum_{\iota=1}^l \left(\eta^{(\iota p)}\right) \preceq 0,$$
$$\sum_{\iota=1}^l (\overline{B}_{\iota p}^\top v^{(p)} - e^{-\mu h_\iota} \eta^{(\iota p)}) \preceq 0, \tag{5-55}$$
$$v^{(p)} - \lambda v^{(q)} \preceq 0,$$
$$\eta^{(\iota p)} - \lambda \eta^{(\iota q)} \preceq 0$$

对任意 $(p,q) \in S \times S, \iota \in L$ 成立,当 ADT 满足条件 (5-44) 时,系统 (5-52) 是绝对指数稳定的。

5.4.2 离散时间系统

本节分别考虑单时滞和多时滞离散时间切换非线性系统的稳定问题。

5.4.2.1 单时滞系统

考虑切换非线性时滞系统:

$$x(k+1) = A_{\sigma(k)} f(x(k)) + B_{\sigma(k)} f(x(k-d))$$
$$x(k) = \varphi(k), k = -d, -d+1, \cdots, 0 \tag{5-56}$$

其中,$A_{\sigma(k)} \in \Re^{n \times n}, B_{\sigma(k)} \in \Re^{n \times n}, k \in \mathbb{N}$, $\sigma(k)$ 可参考系统 (5-21) 中定义; $A_p \succeq 0, B_p \succeq 0, p \in S$;$d \in \mathbb{N}^+$ 是时滞,$\varphi(k)$ 是初始条件,x_k 为系统 (5-21) 的解,非线性函数 $f(x)$ 满足条件 (5-22)。

选取多 Lyapunov 泛函为

$$V_{\sigma(k)}(x_k) = \dagger x^\top(k) \dagger v^{(\sigma(k))} + \sum_{s=k-d}^{k-1} \mu^{k-s} \dagger f^\top(x(s)) \dagger \eta^{(\sigma(k))} \tag{5-57}$$

其中,$0 < \mu < 1, v^{(\sigma(t))} \succ 0, \eta^{(\sigma(t))} \succ 0$, $\dagger x^\top(k) \dagger = (|x_1(k)|, \cdots, |x_n(k)|)^\top$, $\dagger f^\top(x(s)) \dagger = (|f_1(x_1(s))|, \cdots, |f_n(x_n(s))|)^\top$。

定理 5-15 如果存在实数 $0 < \mu < 1, \lambda > 1$ 和 $\mathfrak{R}^n$ 向量 $v^{(p)} \succ 0, \eta^{(p)} \succ 0$ 使得

$$A_p^\top v^{(p)} - \frac{\mu}{\delta} v^{(p)} + \mu \eta^{(p)} \preceq 0 \tag{5-58a}$$

$$B_p^\top v^{(p)} - \mu^{1+d} \eta^{(p)} \preceq 0 \tag{5-58b}$$

$$v^{(p)} - \lambda v^{(q)} \preceq 0 \tag{5-58c}$$

$$\eta^{(p)} - \lambda \eta^{(q)} \preceq 0 \tag{5-58d}$$

对任意 $(p,q) \in S \times S$ 成立，那么，当 ADT 满足

$$\tau_a \geqslant -\frac{\ln \lambda}{\ln \mu} \tag{5-59}$$

时，系统 (5-56) 是绝对指数稳定的。

证明 给定 $\varphi(k) \succeq 0$，由 $A_p \succeq 0, B_p \succeq 0$ 和条件 (5-22)，不难得出，系统 (5-56) 是正系统。进而有

$$\begin{aligned} V_p(k+1) - \mu V_p(k) = &-\mu x^\top(k) v^{(p)} + f^\top(x(k)) A_p^\top v^{(p)} + f^\top(x(k-d)) B_p^\top v^{(p)} \\ &+ \mu f^\top(x(k)) \eta^{(p)} - \mu^{1+d} f^\top(x(k-d)) \eta^{(p)} \end{aligned}$$

结合条件 (5-22) 和 $x_k \succeq 0$ 有 $-x_k \preceq -\frac{1}{\delta} f(x_k)$。因此

$$\begin{aligned} V_p(k+1) - \mu V_p(k) \leqslant &f^\top(x(k)) \left(A_p^\top v^{(p)} - \frac{\mu}{\delta} v^{(p)} \right) \\ &+ f^\top(x(k-d)) \left(B_p^\top v^{(p)} - \mu^{1+d} \eta^{(p)} \right) \end{aligned}$$

由条件 (5-58a) 和条件 (5-58b) 得 $V_p(x(k+1)) \leqslant \mu V_p(x(k))$。假定时间区间 $[k_0, K]$，$K \in \mathbb{N}^+$ 上的切换时间点为 $0 < k_1 < \cdots < k_m < K$。那么

$$V_{\sigma(k_m)}(x(K)) \leqslant \mu V_{\sigma(k_m)}(x(K-1)) \leqslant \cdots \leqslant \mu^{K-k_m} V_{\sigma(k_m)}(x(k_m))$$

根据条件 (5-58c) 和条件 (5-58d) 得 $V_{\sigma(k_m)}(x(K)) \leqslant \lambda \mu^{K-k_m} V_{\sigma(k_{m-1})}(x(k_m))$。进而有

$$V_{\sigma(k_m)}(x(K)) \leqslant \lambda \mu^{K-k_{m-1}} V_{\sigma(k_{m-1})}(x(k_{m-1})) \leqslant \cdots \leqslant \lambda^{N_\sigma(0,K)} \mu^{K-k_0} V_{\sigma(k_0)}(x(k_0))$$

考虑到 $\lambda > 1$ 和定义 1-8，从而，$V_{\sigma(k_m)}(x(K)) \leqslant e^{N_0 \ln \lambda} e^{\left(\frac{\ln \lambda}{\tau_a} + \ln \mu \right)(K-k_0)} V_{\sigma(k_0)}(x(k_0))$。又根据条件 (5-59) 得 $\frac{\ln \lambda}{\tau_a} + \ln \mu < 0$。 $\square$

下面考虑系统 (5-56) 的绝对指数稳定，其系统矩阵没有任何约束限制。记 $\widehat{A}_p = [\hat{a}_{ij}^{(p)}]$，$\widehat{B}_p = [\hat{b}_{ij}^{(p)}]$，其中，$\hat{a}_{ij}^{(p)} = |a_{ij}^{(p)}|$，$\hat{b}_{ij}^{(p)} = |b_{ij}^{(p)}|$。

定理 5-16 如果存在实数 $0 < \mu < 1, \lambda > 1$ 和 $\Re^n$ 向量 $v^{(p)} \succ 0, \eta^{(p)} \succ 0$ 使得

$$\widehat{A}_p^\top v^{(p)} - \frac{\mu}{\delta} v^{(p)} + \mu \eta^{(p)} \preceq 0 \tag{5-60a}$$

$$\widehat{B}_p^\top v^{(p)} - \mu^{1+d} \eta^{(p)} \preceq 0 \tag{5-60b}$$

$$v^{(p)} - \lambda v^{(q)} \preceq 0 \tag{5-60c}$$

$$\eta^{(p)} - \lambda \eta^{(q)} \preceq 0 \tag{5-60d}$$

对任意 $(p,q) \in S \times S$ 成立，那么，当 ADT 满足条件 (5-59) 时，系统 (5-56) 是绝对指数稳定的。

证明 考虑形如式 (5-57) 的 Lyapunov 泛函，则有

$$V_p(x(k+1)) - \mu V_p(x(k))$$
$$\leqslant -(1-\mu)V_p(x(k)) - \mu \dagger x^\top(k) \dagger v^{(p)} + \dagger f^\top(x(k)) \dagger \widehat{A}_p^\top v^{(p)}$$
$$+ \dagger f^\top(x(k-d)) \dagger \widehat{B}_p^\top v^{(p)} + \mu \dagger f^\top(x(k)) \dagger \eta^{(p)} - \mu^{1+d} \dagger f^\top(x(k-d)) \dagger \eta^{(p)}$$

由条件 (5-22) 得 $-\dagger x_k \dagger \preceq -\frac{1}{\delta} \dagger f(x_k) \dagger$。从而有

$$V_p(x(k+1)) - \mu V_p(x(k))$$
$$\leqslant f^\top(x(k))\left(A_p^\top v^{(p)} - \frac{\mu}{\delta} v^{(p)} + \mu \eta^{(p)}\right) + f^\top(x(k-d))\left(B_p^\top v^{(p)} - \mu^{1+d} \eta^{(p)}\right)$$

剩余证明可参考定理 5-11。   □

5.4.2.2 多时滞系统

考虑切换非线性时滞系统：

$$x(k+1) = A_{\sigma(k)} f(x(k)) + \sum_{i=1}^{l} B_{i\sigma(k)} f(x(k-i))$$
$$x(k) = \varphi(k), k = -l, -l+1, \cdots, 0 \tag{5-61}$$

其中，$A_p \succeq 0, B_{ip} \succeq 0, p \in S, i \in L = \{1, 2, \cdots, l\}, l \in \mathbb{N}^+$，其他参数的定义可参考系统 (5-56)。

选取多 Lyapunov 泛函：

$$V_{\sigma(k)}(x_k) = \dagger x^\top(k) \dagger v^{(\sigma(k))} + \sum_{i=1}^{l} \sum_{s=k-i}^{k-1} \mu^{k-s} \dagger f^\top(x(s)) \dagger \eta^{(i\sigma(k))} \tag{5-62}$$

其中，$0 < \mu < 1, v^{(i\sigma(t))} \succ 0, \eta^{(i\sigma(t))} \succ 0, \ i \in L, \sigma(t) \in S$。

定理 5-17　如果存在实数 $0 < \mu < 1, \lambda > 1$ 和 $\Re^n$ 向量 $v^{(p)} \succ 0, \eta^{(ip)} \succ 0$
使得

$$A_p^\top v^{(p)} - \frac{\mu}{\delta} v^{(p)} + \mu \sum_{i=1}^{l} \eta^{(ip)} \preceq 0 \tag{5-63a}$$

$$B_p^\top v^{(p)} - \mu^{1+d} \sum_{i=1}^{l} \eta^{(ip)} \preceq 0 \tag{5-63b}$$

$$v^{(p)} - \lambda v^{(q)} \preceq 0 \tag{5-63c}$$

$$\eta^{(ip)} - \lambda \eta^{(iq)} \preceq 0 \tag{5-63d}$$

对任意 $(p,q) \in S \times S, i \in L$ 成立，那么，当 ADT 满足条件 (5-59) 时，系统 (5-61) 是绝对指数稳定的。

下面将给出系统 (5-61) 的绝对指数稳定条件，其系统矩阵没有任何限制。

定理 5-18　如果存在实数 $0 < \mu < 1, \lambda > 1$ 和 $\Re^n$ 向量 $v^{(p)} \succ 0, \eta^{(ip)} \succ 0$
使得

$$\widehat{A_p}^\top v^{(p)} - \frac{\mu}{\delta} v^{(p)} + \mu \sum_{i=1}^{l} \eta^{(ip)} \preceq 0 \tag{5-64a}$$

$$\sum_{i=1}^{l} (\widehat{B}_{ip}^\top v^{(p)} - \mu^{1+d} \eta^{(ip)}) \preceq 0 \tag{5-64b}$$

$$v^{(p)} - \lambda v^{(q)} \preceq 0 \tag{5-64c}$$

$$\eta^{(ip)} - \lambda \eta^{(iq)} \preceq 0 \tag{5-64d}$$

对任意 $(p,q) \in S \times S, i \in L$ 成立，那么，当 ADT 满足条件 (5-44) 时，系统 (5-61) 是绝对指数稳定的，其中，矩阵 $\widehat{A}_p$ 和 $\widehat{B}_{ip}$ 的定义与定理 5-16 类似。

5.4.3　仿真例子

本节将给出两个例子以证实所得结论的有效性，第一个例子关于系统 (5-40)，第二个例子关于系统 (5-56)。

例 5-9　考虑系统 (5-40) 包含两个子系统：

$$A_1 = \begin{pmatrix} -5.6 & 1.2 & 1.3 \\ 3.8 & -3.6 & 2.5 \\ 3.2 & 1.2 & -6 \end{pmatrix}, B_1 = \begin{pmatrix} 0.2 & 0.1 & 0.3 \\ 0.4 & 0 & 0.2 \\ 0.2 & 0.2 & 0.1 \end{pmatrix}$$

$$A_2 = \begin{pmatrix} -7.7 & 0.7 & 4.0 \\ 3.1 & -5.9 & 2.1 \\ 3.6 & 3.6 & -5.8 \end{pmatrix}, B_2 = \begin{pmatrix} 0.3 & 0.1 & 0 \\ 0.4 & 0.6 & 0.1 \\ 0.03 & 0.2 & 0.3 \end{pmatrix}$$

其中, $h = 0.5$, $f_i(x_i) = 3x_i + \dfrac{x_i}{x_i^2 + 1}$。则有 $\gamma = 2$, $\delta = 3$。通过简单计算可知, 系统 (5-40) 不存在共同 Lyapunov 泛函。那么, 文献 [184] 和文献 [185] 中的结论是无效的。选取 $\mu = 0.3$ 和 $\lambda = 1.3$, 根据定理 5-11 可得

$$v^{(1)} = \begin{pmatrix} 208.1436 \\ 139.2202 \\ 143.1272 \end{pmatrix}, \eta^{(1)} = \begin{pmatrix} 146.8990 \\ 58.2047 \\ 121.5429 \end{pmatrix},$$

$$v^{(2)} = \begin{pmatrix} 160.5353 \\ 149.0463 \\ 185.8772 \end{pmatrix}, \eta^{(2)} = \begin{pmatrix} 159.4443 \\ 72.9992 \\ 94.2792 \end{pmatrix}$$

通过计算可得 $\tau_a \geqslant 0.8745$。分别选取两组系统初始状态 $(x_1(0)\ x_2(0)\ x_3(0))^\top = (4\ 3\ 1)^\top$ 和 $(x_1'(0)\ x_2'(0)\ x_3'(0))^\top = (-5\ -4\ -2)^\top$。图 5-17 为不同初始条件下的系统状态仿真。

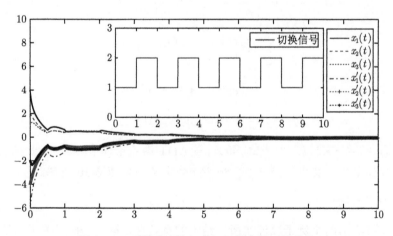

图 5-17 系统状态在 ADT 切换信号下的仿真

例 5-10 考虑系统 (5-56), 其中

$$A_1 = \begin{pmatrix} 0.2 & 0.3 & 0.4 \\ 0.1 & 0.1 & 0.1 \\ 0.8 & 0.9 & 0.1 \end{pmatrix}, B_1 = \begin{pmatrix} 0.6 & 0.2 & 0.3 \\ 0.2 & 0.1 & 0.5 \\ 0.4 & 0.3 & 0.1 \end{pmatrix}$$

和

$$A_2 = \begin{pmatrix} 0.2 & 0.7 & 0.1 \\ 0.5 & 0.2 & 0.6 \\ 0.1 & 0.1 & 0.1 \end{pmatrix}, B_2 = \begin{pmatrix} 0.8 & 0.3 & 0.1 \\ 0.2 & 0.2 & 0.4 \\ 0.3 & 0.7 & 0.9 \end{pmatrix}$$

其中，$d=1, f_i(x_i) = 0.3x_i + \dfrac{0.1x_i}{x_i^2+1}$，则有 $\gamma=0.2$ 和 $\delta=0.3$。通过简单计算，系统不存在共同 Lyapunov 泛函。选取 $\mu=0.9$ 和 $\lambda=1.1$。由定理 5-15 可得

$$v^{(1)} = \begin{pmatrix} 102.5826 \\ 99.9611 \\ 103.8621 \end{pmatrix}, \eta^{(1)} = \begin{pmatrix} 177.1157 \\ 145.1331 \\ 226.1932 \end{pmatrix}$$

$$v^{(2)} = \begin{pmatrix} 98.8315 \\ 94.4350 \\ 104.6605 \end{pmatrix}, \eta^{(2)} = \begin{pmatrix} 178.8000 \\ 145.7323 \\ 236.4256 \end{pmatrix}$$

通过计算可得 ADT 满足 $\tau_a \geqslant 0.9046$。给定两组系统初始状态 $(x_1(0)\ x_2(0)\ x_3(0))^\top = (8\ 6\ 4)^\top$ 和 $(x_1'(0)\ x_2'(0)\ x_3'(0))^\top = (-6\ -4\ -2)^\top$。图 5-18 为不同初始条件下的系统状态仿真。

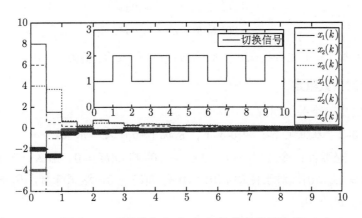

图 5-18　系统状态在 ADT 切换信号下的仿真

5.5　切换非线性时滞系统的增益性能分析与综合

本小节进一步研究具有时变时滞的切换非线性正系统的绝对指数 L_1 稳定性和控制综合问题，主要贡献在于：① 给出一类非线性正系统的定义；② 构造新

的 Lyapunov-Krasovskii 泛函；③ 解决具有时变时滞的切换非线性正系统的绝对指数 L_1 稳定和镇定问题。

考虑切换非线性系统：

$$
\begin{aligned}
\dot{x}(t) &= A_{0\sigma(t)}f(x(t)) + A_{1\sigma(t)}f(x(t-\tau(t))) + B_{\sigma(t)}u(t) + E_{\sigma(t)}\omega(t) \\
y(t) &= C_{\sigma(t)}g(x(t)) + F_{\sigma(t)}\omega(t)
\end{aligned}
\tag{5-65}
$$

其中，$x(t) \in \Re^n, y(t) \in \Re^n, u(t) \in \Re^m, \omega(t) \in \Re^r_+$ 分别是系统状态、系统输出、控制输入和外部扰动输入；可微函数 $\tau(t)$ 为时滞量，$f(x) = (f_1(x_1), \cdots, f_n(x_n))^\top \in \Re^n, g(x) = (g_1(x_1), \cdots, g_n(x_n))^\top \in \Re^n$；$\varphi(\theta)$ 是定义在 $\theta \in [-\tau, 0]$ 上的向量值初始条件；记 $x_t = x(t+\theta)$ 为系统 (5-65) 的解。切换信号 $\sigma(t) \in S$，切换时间序列：$0 \leqslant t_0 < t_1 < \cdots$。

下面给出一些假定和定义。

假定 5-1   对任意 $p \in S$, A_{0p} 是 Metzler 矩阵，$A_{1p} \succeq 0, B_p \succeq 0, E_p \succeq 0,$ $C_p \succeq 0, F_p \succeq 0$。

假定 5-2   时滞函数 $\tau(t)$ 满足 $0 \leqslant \tau(t) \leqslant \tau$ 和 $\dot{\tau}(t) \leqslant d \leqslant 1$，其中，$\tau > 0$ 是已知的，$d > 0$ 是未知的。

假定 5-3   非线性函数 $f(x)$ 和 $g(x)$ 满足

$$
\begin{aligned}
\hbar_1 x_i^2 &\leqslant f_i(x_i)x_i \leqslant \hbar_2 x_i^2 \\
\hbar_3 x_i^2 &\leqslant g_i(x_i)x_i \leqslant \hbar_4 x_i^2
\end{aligned}
\tag{5-66}
$$

其中，$x_i \in \Re, i = 1, 2, \cdots, n, 0 < \hbar_1 \leqslant \hbar_2, 0 < \hbar_3 \leqslant \hbar_4, f_i(0) = 0$。

5.5.1　绝对指数稳定

首先给出一个关键引理。

引理 5-2   在假定 5-1 和 5-3 下，系统 (5-65) 是正系统。

证明   必要性：令 $\varphi(\theta) = 0$, $\theta \in [-\tau, 0]$ 和 $\omega(t) = 0$。那么，对于任意 $p \in S$ 有 $\dot{x}(0) = B_p u(0)$。对于任意 $u(0) \succeq 0$ 有 $\dot{x}(0) \succeq 0$，这意味着，$B_p \succeq 0, p \in S$。类似可得到 $E_p \succeq 0$。

通过反证法证明 A_{0p} 是 Metzler 矩阵。令 $u(t) = 0$ 和 $\omega(t) = 0$，假设存在一个元素 $a_{0p}^{(ik)} < 0, i \neq k$。由系统 (5-65) 得

$$
\begin{aligned}
\dot{x}_i(t) = &\sum_{j=1, j\neq i, j\neq k}^{n} a_{0p}^{(ij)} f_j(x_j(t)) + a_{0p}^{(ii)} f_i(x_i(t)) + a_{0p}^{(ik)} f_k(x_k(t)) \\
&+ \sum_{j=1}^{n} a_{1p}^{(ij)} f_j(x_j(t-\tau(t)))
\end{aligned}
$$

其中, $p \in S$。当 $f_i(x_i(t)) = 0$ 且 $f_k(x_k(t)) \neq 0$ 和 a_{0p}^{ik} 取足够小的值时, $\dot{x}_i(t) < 0$。因此, $x_i(t^+) < 0$, 这与系统 (5-65) 的正性相矛盾。故, A_{0p} 是 Metzler 矩阵。

下面证明 $A_{1p} \succeq 0$。同样采用反证法证明。假设存在一个元素 $a_{1p}^{(ik)} < 0$, 那么

$$\dot{x}_i(t) = \sum_{j=1}^{n} a_{0p}^{(ij)} f_j(x_j(t)) + \sum_{j=1, j \neq k}^{n} \left(a_{1p}^{(ij)} f_j(x_j(t - \tau(t))) + a_{1p}^{(ik)} f_k(x_k(t - \tau(t)))\right)$$

如果 a_{1p}^{ik} 取足够小的值, 则 $\dot{x}_i(t) < 0$ 且 $x_i(t^+) < 0$, 这与系统 (5-65) 的正性相矛盾。故, $A_{1p} \succeq 0$。基于上述三点, 必要性得证。

充分性: 给定 $\varphi(t) \succeq 0$。为证明对于任意 $t \geqslant 0$ 有 $x(t) \succeq 0$, 需要证明 $x(t)$ 在 $\Re_+^n$ 边界上时, $\dot{x}(t)$ 是非负的。用 Ω 表示状态分量的索引集, 即, Ω 是由使得 $x_i(t) = 0$ 的 i 组成。那么, 对于 $p \in S$ 有

$$\begin{aligned}\dot{x}_i(t) = &\sum_{j \notin \Omega} a_{0p}^{(ij)} f_j(x_j(t)) + \sum_{j=1}^{n} (a_{1p}^{(ij)} f_j(x_j(t - \tau(t))) + b_p^{(ij)} u_j(t) \\ &+ e_p^{(ij)} \omega_j(t)), \ i \in \Omega\end{aligned}$$

其中, $a_{0p}^{(ij)}, a_{1p}^{(ij)}, b_p^{(ij)}, e_p^{(ij)}$ 分别是 A_{0p}, A_{1p}, B_p, E_p 的第 i 行第 j 列元素。由条件 (5-66) 和 $\varphi(\theta) \succeq 0$ 可得 $f_j(x_j(t)) \geqslant 0, t \in [-\tau, +\infty)$。根据假定 5-1 有, $a_{0p}^{(ij)} \geqslant 0, i \neq j, a_{1p}^{(ij)} \geqslant 0, b_p^{(ij)} \geqslant 0, e_p^{(ij)} \geqslant 0$。因此, 对于 $u(t) \in \Re_+^m$ 和 $\omega(t) \in \Re_+^l$ 有, $\dot{x}_i(t) \geqslant 0$。这表明对于 $\varphi(t) \succeq 0$ 有 $x(t) \succeq 0$。又由条件 (5-66) 可知, 对于 $x(t) \succeq 0$ 有 $g(x(t)) \succeq 0$。结合 $C_p \succeq 0$ 和 $F_p \succeq 0$ 可得, 对于 $\omega(t) \succeq 0$ 有 $y(t) \succeq 0$。　　$\square$

注 5-12　在假定 5-3 的前提下, 引理 5-2 定义了一类新的非线性正系统。如果改变假定 5-3 为: 对于 $x \succeq 0$ 有 $f(x) \succeq 0$ 和 $g(x) \succeq 0$, 引理 5-2 也成立。根据引理 5-2, 文献 [71]、文献 [131]、文献 [168] 和文献 [169] 所考虑的系统实际上也是正系统。

在文献 [131]、文献 [168] 和文献 [169] 中, 形如 $V(x) = \sum_{i=1}^{n} \lambda_i \int_0^{x_i} f_i^t(\varsigma) \mathrm{d}\varsigma$ 的

Persidskii 型共同 Lyapunov 函数或形如 $V_{\sigma(t)}(x) = \sum_{i=1}^{n} \lambda_i^{(\sigma(t))} \int_0^{x_i} f_i(\varsigma) \mathrm{d}\varsigma$ 的

Persidskii 型多 Lyapunov 函数被采用, 其中, $\lambda = (\lambda_1, \cdots, \lambda_n)^\top \succ 0$, $\lambda^{(\sigma(t))} = (\lambda_1^{(\sigma(t))}, \cdots, \lambda_n^{(\sigma(t))})^\top \succ 0$。而本小节中将使用下列非线性 Lyapunov 泛函:

$$\begin{aligned}V(t, x_t) = &x^\top(t) v^{(\sigma(t))} + \int_{t-\tau(t)}^{t} e^{\mu(-t+s)} f^\top(x(s)) \rho^{(\sigma(t))} \mathrm{d}s \\ &+ \int_{-\tau}^{0} \int_{t+\theta}^{t} e^{\mu(-t+s)} f^\top(x(s)) \varrho^{(\sigma(t))} \mathrm{d}s \mathrm{d}\theta\end{aligned} \tag{5-67}$$

其中，$v^{(\sigma(t))} \succ 0, v^{(\sigma(t))} \in \Re^n, \rho^{(\sigma(t))} \succ 0, \rho^{(\sigma(t))} \in \Re^n, \varrho^{(\sigma(t))} \succ 0, \varrho^{(\sigma(t))} \in \Re^n$。

考虑系统 (5-65) $(u(t) = 0)$ 的绝对指数 L_1 稳定性。

定理 5-19 在假定 5-1、假定 5-2 和假定 5-3 下，如果存在实数 $\mu > 0, \lambda > 1$，$\gamma > 0$ 和 $\Re^n$ 向量 $v^{(p)} \succ 0, \rho^{(p)} \succ 0, \varrho^{(p)} \succ 0$ 使得

$$A_{0p}^\top v^{(p)} + \hbar_4 C_p^\top \mathbf{1}_n + \frac{1}{\hbar_1}\mu v^{(p)} + \rho^{(p)} + \tau\varrho^{(p)} \prec 0 \tag{5-68a}$$

$$A_{1p}^\top v^{(p)} - (1-d)\mathrm{e}^{\mu\tau}\rho^{(p)} \prec 0 \tag{5-68b}$$

$$E_p^\top v^{(p)} + F_p^\top \mathbf{1}_n - \gamma\mathbf{1}_n \prec 0 \tag{5-68c}$$

$$v^{(p)} \preceq \lambda v^{(q)} \tag{5-68d}$$

$$\rho^{(p)} \preceq \lambda\rho^{(q)} \tag{5-68e}$$

$$\varrho^{(p)} \preceq \lambda\varrho^{(q)} \tag{5-68f}$$

对任意 $(p,q) \in S \times S$ 成立，那么，当 ADT 满足

$$\tau_a \geqslant \frac{\ln\lambda}{\mu_0}, \quad \mu_0 \in (0,\mu) \tag{5-69}$$

时，系统 (5-65) 是正的、绝对指数 L_1 稳定的。

证明 由引理 5-18 不难得出系统 (5-65) 是正系统。因此，对于 $t \in [-\tau, +\infty)$ 有 $x_t \succeq 0$。假定切换序列为 $0 \leqslant t_0 \leqslant t_1 \leqslant \cdots, \ t \in [t_k, t_{k+1}), k \in \mathbb{N}$，第 $\sigma(t_m)$ 个子系统在区间 $[t_m, t_{m+1})$ 内运行。

首先，考虑 $\omega(t) = 0$ 的情形，由所构造的 Lyapunov 泛函 (5-67) 可得

$$\begin{aligned}
\dot{V}(t, x_t) = &f^\top(x(t))A_{0\sigma(t_k)}^\top v^{(\sigma(t_k))} + f^\top(x(t-\tau(t)))A_{1\sigma(t_k)}^\top v^{(\sigma(t_k))} \\
&-\mu\int_{t-\tau(t)}^t \mathrm{e}^{\mu(-t+s)}f^\top(x(s))\rho^{(\sigma(t_k))}\mathrm{d}s + f^\top(x(t))\rho^{(\sigma(t_k))} \\
&-(1-\dot{\tau}(t))\mathrm{e}^{-\mu\tau(t)}f^\top(x(t-\tau(t)))A_{1\sigma(t_k)}^\top\rho^{(\sigma(t_k))} \\
&-\mu\int_{-\tau}^0\int_{t+\theta}^t \mathrm{e}^{\mu(-t+s)}f^\top(x(s))\varrho^{(\sigma(t))}\mathrm{d}s\mathrm{d}\theta \\
&+\tau f^\top(x(t))\varrho^{(\sigma(t_k))} - \int_{-\tau}^0 \mathrm{e}^{\mu\theta}f^\top(x(s))\varrho^{(\sigma(t_k))}\mathrm{d}\theta
\end{aligned}$$

其中，$t \in [t_k, t_{k+1})$。结合 $x_t \succeq 0$ 和假定 5-3 可得 $\hbar_1 x_t \preceq f(x_t) \preceq \hbar_2 x_t$。从而有

$$\begin{aligned}
\dot{V}(t, x_t) \leqslant &-\mu V(t, x_t) + f^\top(x(t))\Big(A_{0\sigma(t_k)}v^{(\sigma(t_k))} + \frac{1}{\hbar_1}\mu v^{(\sigma(t_k))} + \rho^{(\sigma(t_k))} \\
&+\tau\varrho^{(\sigma(t))}\Big) + f^\top(x(t-\tau(t)))\Big(A_{1\sigma(t_k)}v^{(\sigma(t_k))} - (1-d)\mathrm{e}^{\mu\tau}\rho^{(\sigma(t_k))}\Big)
\end{aligned}$$

由条件 (5-68a)、条件 (5-68b) 和 $\hbar_4 C_p^\top \mathbf{1}_n \succ 0$ 可得 $\dot{V}(t, x_t) \leqslant -\mu V(t, x_t)$, $t \in [t_k, t_{k+1})$。因此，$V(t, x_t) \leqslant \mathrm{e}^{-\mu(t-t_k)} V_{\sigma(t_k)}(t_k, x_{t_k})$。根据条件 (5-68d)~条件 (5-68f) 有

$$V(t, x_t) \leqslant \mathrm{e}^{-\mu(t-t_k)} \lambda V_{\sigma(t_k^-)}(t_k^-, x_{t_k^-})$$

迭代化简后可得

$$V(t, x_t) \leqslant \mathrm{e}^{-\mu(t-t_{k-2})} \lambda^2 V_{\sigma(t_{k-2})}(t_{k-2}, x_{t_{k-2}}) \leqslant \cdots \leqslant \mathrm{e}^{-\mu(t-t_0)} \lambda^{N_{\sigma(t_0, t)}} V_{\sigma(t_0)}(t_0, x_{t_0})$$

又根据定义 1-8 和 $\lambda > 1$ 可知 $V(t, x_t) \leqslant \mathrm{e}^{N_0 \ln \lambda} \mathrm{e}^{(\frac{\ln \lambda}{\tau_a} - \mu_0)(t-t_0)} V_{\sigma(t_0)}(t_0, x_{t_0})$。注意 Lyapunov 泛函 (5-67)，得到

$$\varepsilon_1 \|x(t)\|_1 \leqslant V(t, x_t) \leqslant \varepsilon_2 \|x\|_1 + (\varepsilon_3 + \tau \varepsilon_4) \int_{t-\tau}^t \|x(s)\|_1 \mathrm{d}s$$

其中，$\varepsilon_1 = \min_{p \in S}\{v_i^{(p)}, i = 1, \cdots, n\}, \varepsilon_2 = \max_{p \in S}\{v_i^{(p)}, i = 1, \cdots, n\}, \varepsilon_3 = \max_{p \in S}\{\rho_i^{(p)}, i = 1, \cdots, n\}, \varepsilon_4 = \max_{p \in S}\{\varrho_i^{(p)}, i = 1, \cdots, n\}$；$v_i^{(p)}, \rho_i^{(p)}$ 和 $\varrho_i^{(p)}$ 分别是 $v^{(p)}, \rho^{(p)}$ 和 $\varrho^{(p)}$ 的第 i 个元素。因此

$$\|x(t)\|_1 \leqslant \mathrm{e}^{N_0 \ln \lambda} \mathrm{e}^{(\frac{\ln \lambda}{\tau_a} - \mu_0)(t-t_0)} \frac{\varepsilon_2 + \tau \varepsilon_3 + \tau^2 \varepsilon_4}{\varepsilon_1} \sup_{-\tau \leqslant s \leqslant 0} \|x(s)\|_1$$

又根据范数的等价性可知 $\|x(t)\|_2 \leqslant \|x(t)\|_1 \leqslant \sqrt{n}\|x(t)\|_2$，其中，$x(t) \succeq 0, n$ 为向量维数。那么，$\|x(t)\|_2 \leqslant \alpha \mathrm{e}^{-\beta(t-t_0)} \sup_{-\tau \leqslant s \leqslant 0} \|x(s)\|_2$，其中，$\alpha = \mathrm{e}^{N_0 \ln \lambda} \dfrac{\varepsilon_2 + \tau \varepsilon_3 + \tau^2 \varepsilon_4}{\varepsilon_1}$. $\sqrt{n} > 0$, $\beta = \dfrac{\ln \lambda}{\tau_a} - \mu_0$。由条件 (5-69) 可得 $\beta > 0$。从而，系统 (5-65) 是绝对指数稳定的。

考虑 $\omega(t) \neq 0$ 的情形。考虑到条件 (5-68b) 和假定 5-1，则

$$\begin{aligned}
\dot{V}(t, x_t) \leqslant {}& -\mu V(t, x_t) + f^\top(x(t))\Big(A_{0\sigma(t_k)} v^{(\sigma(t_k))} + \hbar_4 C_{\sigma(t)}^\top \mathbf{1}_n \\
& + \frac{1}{\hbar_1} \mu v^{(\sigma(t_k))} + \rho^{(\sigma(t_k))} + \tau \varrho^{(\sigma(t_k))}\Big) \\
& + f^\top(x(t-\tau(t)))\big(A_{1\sigma(t_k)} v^{(\sigma(t_k))} - (1-d)\mathrm{e}^{\mu \tau} \rho^{(\sigma(t_k))}\big) \\
& + \omega^\top(t)\big(E_{\sigma(t_k)}^\top v^{(\sigma(t_k))} + F_{\sigma(t_k)}^\top \mathbf{1}_n - \gamma \mathbf{1}_n\big) + \Gamma(t)
\end{aligned}$$

其中，$\Gamma(t) = \gamma \|\omega(t)\|_1 - \|y(t)\|_1$。利用条件 (5-68a)~条件 (5-68c) 可得

$$V(t, x_t) \leqslant \lambda V_{\sigma(t_k^-)}(t_k^-, x_{t_k^-}) e^{-\mu(t-t_k)} + \int_{t_k}^t e^{-\mu(t-s)} \Gamma(s) \mathrm{d}s$$

$$\leqslant \cdots \leqslant \lambda^{N_\sigma(t_0,t)} e^{-\mu(t-t_0)} V_{\sigma(t_0)}(t_0, x_{t_0}) + \lambda^{N_\sigma(t_0,t)} \int_{t_0}^{t_1} e^{-\mu(t-s)} \Gamma(s) \mathrm{d}s$$

$$+ \lambda^{N_\sigma(t_0,t)-1} \int_{t_1}^{t_2} e^{-\mu(t-s)} \Gamma(s) \mathrm{d}s - \cdots + \int_{t_m}^t e^{-\mu(t-s)} \Gamma(s) \mathrm{d}s$$

$$= e^{-\mu(t-t_0)+N_\sigma(t_0,t)\ln\lambda} V_{\sigma(t_0)}(t_0, x_{t_0}) + \int_{t_0}^t e^{-\mu(t-s)+N_\sigma(s,t)\ln\lambda} \Gamma(s) \mathrm{d}s$$

上式两边同乘 $e^{-N_\sigma(t_0,t)\ln\lambda}$ 得

$$e^{-N_\sigma(t_0,t)\ln\lambda} V_{\sigma(t_m)}(x(t)) \leqslant e^{-\mu(t-t_0)} V_{\sigma(t_0)}(t_0, x_{t_0}) - \int_{t_0}^t e^{-\mu(t-s)-N_\sigma(t_0,s)\ln\lambda} \Gamma(s) \mathrm{d}s$$

由定义 1-8 得, $N_\sigma(t_0, s) \leqslant N_0 + \dfrac{\mu_0(s-t_0)}{\ln\lambda}$。注意 $e^{-N_\sigma(t_0,t)\ln\lambda} V_{\sigma(t_m)}(t, x_t) > 0$, 故

$$\int_{t_0}^t e^{-\mu(t-s)-\mu_0(s-t_0)-N_0\ln\lambda} \|y(s)\|_1 \mathrm{d}s \leqslant e^{-\mu(t-t_0)} V_{\sigma(t_0)}(t_0, x_{t_0})$$
$$+ \gamma \int_{t_0}^t e^{-\mu(t-s)} \|\omega(s)\|_1 \mathrm{d}s$$

对上式取 0 到 ∞ 积分运算推出

$$\int_0^\infty e^{-\mu_0 s - N_0 \ln\lambda} \|y(s)\|_1 \mathrm{d}s \leqslant V_{\sigma(t_0)}(x_0) + \gamma \int_0^\infty \|\omega(s)\|_1 \mathrm{d}s$$

即, $\delta \displaystyle\int_0^\infty e^{-\eta t} \|y(t)\|_1 \mathrm{d}t \leqslant V_{\sigma(t_0)}(x_0) + \gamma \int_0^\infty \|\omega(t)\|_1 \mathrm{d}t$, 其中, $\delta = e^{-N_0 \ln\lambda}$, $\eta = \mu_0$。
系统 (5-65) 在 ADT 切换条件 (5-69) 下是绝对指数 L_1 稳定的。　　　□

注 5-13　文献 [186] 利用 Persidskii 型 Lyapunov 函数讨论了角域有界切换非线性系统的鲁棒 H_∞ 控制问题。假定对文献 [186] 中考虑的系统添加一个时滞项, 那么, Persidskii 型 Lyapunov 泛函很难解决相应的稳定性问题。可是, 只要将 Lyapunov 泛函 (5-67) 改为

$$V(t, x_t) = x^\top(t) P_{\sigma(t)} x(t) + \int_{t-\tau(t)}^t e^{\mu(-t+s)} f^\top(x(s)) R_{\sigma(t)} f(x(s)) \mathrm{d}s$$
$$+ \int_{-\tau}^0 \int_{t+\theta}^t e^{\mu(-t+s)} f^\top(x(s)) Q_{\sigma(t)} f(x(s)) \mathrm{d}s \mathrm{d}\theta \tag{5-70}$$

其中, $P_{\sigma(t)}, Q_{\sigma(t)}$ 和 $R_{\sigma(t)}$ 是相应维数的正定矩阵。相关问题便可被解决。

5.5.2　绝对指数镇定

本节将考虑系统 (5-65) 的绝对指数镇定问题。

定理 5-20　在假定 5-1、假定 5-2 和假定 5-3 下，如果存在实数 $\mu > 0, \lambda > 1,$ $\varsigma_p > 0, \gamma > 0$ 和 $\Re^n$ 向量 $v^{(p)} \succ 0, \rho^{(p)} \succ 0, \varrho^{(p)} \succ 0$ 使得

$$A_{0p}^\top v^{(p)} + z^{(p)} + \hbar_4 C_p^\top \mathbf{1}_n + \frac{1}{\hbar_1} \mu v^{(p)} + \rho^{(p)} + \tau \varrho^{(p)} \prec 0 \tag{5-71a}$$

$$A_{0p} \widehat{v}^{(p)\top} B_p^\top v^{(p)} + B_p \widehat{v}^{(p)} z^{(p)\top} + \varsigma_p I_n \succeq 0 \tag{5-71b}$$

$$A_{1p}^\top v^{(p)} - (1-d)e^{\mu\tau} \rho^{(p)} \prec 0 \tag{5-71c}$$

$$E_p^\top v^{(p)} + F_p^\top \mathbf{1}_n - \gamma \mathbf{1}_r \prec 0 \tag{5-71d}$$

$$v^{(p)} \preceq \lambda v^{(q)} \tag{5-71e}$$

$$\rho^{(p)} \preceq \lambda \rho^{(q)} \tag{5-71f}$$

$$\varrho^{(p)} \preceq \lambda \varrho^{(q)} \tag{5-71g}$$

对任意 $(p,q) \in S \times S$ 成立，其中，$\widehat{v}^{(p)} \succ 0, \widehat{v}^{(p)} \in \Re^m$ 为给定向量，那么，在状态反馈控制律

$$u(t) = K_p f(x(t)) = \frac{1}{\widehat{v}^{(p)\top} B_p^\top v^{(p)}} \widehat{v}^{(p)} z^{(p)\top} f(x(t)) \tag{5-72}$$

下，当 ADT 满足条件 (5-69) 时，闭环系统 (5-65) 是正的、绝对指数 L_1 稳定的。

证明　由条件 (5-71b) 和条件 (5-72) 可得，$A_{0p} + B_p K_p + \frac{\varsigma_p}{\widehat{v}^{(p)\top} B_p^\top v^{(p)}} I_n \succeq 0$，这意味着，对任意 $p \in S$，$A_{0p} + B_p K_p$ 是 Metzler 矩阵。结合假定 5-1，闭环系统 (5-65) 是正系统。

由于 $K_p^\top B_p^\top v^{(p)} = z^{(p)}$，则 $(A_{0p} + B_p K_p)^\top v^{(p)} + \hbar_4 C_p^\top \mathbf{1}_n + \frac{1}{\hbar_1} \mu v^{(p)} + \rho^{(p)} + \tau \varrho^{(p)} \prec 0$。进而，在反馈控制律 (5-72) 下，闭环系统 (5-65) 是绝对指数 L_1 稳定的。　□

定理 5-19 中，一些额外的条件施加在系统矩阵 A_{0p} 和 B_p。为了放松定理 5-19 的假定条件，给出下面假定。

假定 5-4　对任意 $p \in S$，$A_{1p} \succeq 0, E_p \succeq 0, C_p \succeq 0, F_p \succeq 0$。

推论 5-4　在假定 5-2～假定 5-4 下，如果存在实数 $\mu > 0, \lambda > 1, \varsigma_p > 0, \gamma > 0$ 和 $\mathfrak{R}^n$ 向量 $v^{(p)} \succ 0, \rho^{(p)} \succ 0, \varrho^{(p)} \succ 0, z^{(p)}$ 使得

$$A_{0p}^\top v^{(p)} + z^{(p)} + \hbar_4 C_p^\top \mathbf{1}_n + \frac{1}{\hbar_1}\mu v^{(p)} + \rho^{(p)} + \tau \varrho^{(p)} \prec 0$$
$$A_{0p}\widehat{v}^{(p)\top} B_p^\top v^{(p)} + B_p \widehat{v}^{(p)} z^{(p)\top} + \varsigma_p I_n \succeq 0$$
$$A_{1p}^\top v^{(p)} - (1-d)\mathrm{e}^{\mu\tau}\rho^{(p)} \prec 0$$
$$E_p^\top v^{(p)} + F_p^\top \mathbf{1}_n - \gamma \mathbf{1}_r \prec 0 \qquad (5\text{-}73)$$
$$\widehat{v}^{(p)\top} B_p^\top v^{(p)} > 0$$
$$v^{(p)} \preceq \lambda v^{(q)}$$
$$\rho^{(p)} \preceq \lambda \rho^{(q)}$$
$$\varrho^{(p)} \preceq \lambda \varrho^{(q)}$$

或

$$A_{0p}^\top v^{(p)} + z^{(p)} + \hbar_4 C_p^\top \mathbf{1}_n + \frac{1}{\hbar_1}\mu v^{(p)} + \rho^{(p)} + \tau \varrho^{(p)} \prec 0$$
$$A_{0p}\widehat{v}^{(p)\top} B_p^\top v^{(p)} + B_p \widehat{v}^{(p)} z^{(p)\top} + \varsigma_p I_n \preceq 0$$
$$A_{1p}^\top v^{(p)} - (1-d)\mathrm{e}^{\mu\tau}\rho^{(p)} \prec 0$$
$$E_p^\top v^{(p)} + F_p^\top \mathbf{1}_n - \gamma \mathbf{1}_r \prec 0 \qquad (5\text{-}74)$$
$$\widehat{v}^{(p)\top} B_p^\top v^{(p)} < 0$$
$$v^{(p)} \preceq \lambda v^{(q)}$$
$$\rho^{(p)} \preceq \lambda \rho^{(q)}$$
$$\varrho^{(p)} \preceq \lambda \varrho^{(q)}$$

对任意 $(p,q) \in S \times S$ 成立，其中，$\widehat{v}^{(p)} \succ 0$，$\widehat{v}^{(p)} \in \mathfrak{R}^m$ 是给定向量，那么，在状态反馈控制律 (5-72) 下，当 ADT 满足条件 (5-68) 时，闭环系统 (5-65) 是正的、绝对指数 L_1 稳定的。

在推论 5-4 中，假定 5-4 移除了 A_{0p} 是 Metzler 矩阵和 $B_p \succeq 0$ 的限制，所获结论适用于一般系统。

5.5.3　结论扩展

状态反馈控制律 (5-72) 是在非线性函数可测的前提下得到，而大多数实际系统中，很难获得非线性函数的全部信息，这可能会导致设计的保守性。为改进结论，提出下面结论。

首先，给出一些必要的引理。

引理 5-3　假定系统 $\dot{x}(t) = (M + Q)f(x(t))$ 是正系统，其中，$f(x(t))$ 满足假定 5-3，$Q \preceq 0$。那么，系统 $\dot{x}(t) = Mf(x(t)) + \hbar_1 Q x(t)$ 是正系统。

证明　首先,由引理 5-2 得,$M+Q$ 是 Metzler 矩阵。由于 $Q \preceq 0$,则 M 是 Metzler 矩阵。考虑系统 $\dot{x}(t) = M f(x(t)) + \hbar_1 Q x(t)$,那么,$\dot{x}(t) = \sum\limits_{j \notin \Omega} M_{ij} f_j(x_j(t)) +$ $\hbar_1 \sum\limits_{j=1}^{n} Q_{ij} x_j(t)$,其中,$\Omega$ 满足引理 5-2 的证明中的定义,M_{ij} 和 Q_{ij} 分别是 M 和 Q 的第 i 行第 j 列元素。由假定 5-3 有 $f(x(t)) \succeq \hbar_1 x(t)$,而且,$Q f(x(t)) \preceq$ $\hbar_1 Q x(t)$。因此,$\dot{x}(t) = \sum\limits_{j \notin \Omega} M_{ij} f_j(x_j(t)) + \hbar_1 \sum\limits_{j=1}^{n} Q_{ij} x_j(t) \geqslant \sum\limits_{j \notin \Omega} M_{ij} f_j(x_j(t)) +$ $\sum\limits_{j=1}^{n} Q_{ij} f_j(x_j(t)) \geqslant 0$。进而,$\dot{x}(t) = M f(x(t)) + \hbar_1 Q x(t)$ 是正系统。　　□

引理 5-4　假定 $\dot{x}(t) = (M + Q) f(x(t)) + G f(x(t - \tau(t))) + H \omega(t)$ 是正系统,其中,$f(x)$ 满足假定 5-3,$Q \preceq 0, G \succeq 0, H \succeq 0, \omega(t) \in \Re_+^r$,那么,系统 $\dot{x}(t) = M f(x(t)) + \hbar_1 Q x(t) + G f(x(t - \tau(t))) + H \omega(t)$ 是正系统。

引理 5-4 的证明可由引理 5-2 和引理 5-3 得到。

定理 5-21　在假定 5-1～假定 5-3 下,如果存在实数 $\mu > 0, \lambda > 1, \varsigma_p > 0$, $\gamma > 0$ 和 $\Re^n$ 向量 $v^{(p)} \succ 0, \rho^{(p)} \succ 0, \varrho^{(p)} \succ 0, z^{(p)} \prec 0$ 使得

$$A_{0p}^{\top} v^{(p)} + \frac{1}{\hbar_2} z^{(p)} + \hbar_4 C_p^{\top} \mathbf{1}_n + \frac{1}{\hbar_1} \mu v^{(p)} + \rho^{(p)} + \tau \varrho^{(p)} \prec 0 \tag{5-75a}$$

$$A_{0p} \widehat{v}^{(p)\top} B_p^{\top} v^{(p)} + \frac{1}{\hbar_1} B_p \widehat{v}^{(p)} z^{(p)\top} + \varsigma_p I_n \succeq 0 \tag{5-75b}$$

$$A_{1p}^{\top} v^{(p)} - (1 - d) \mathrm{e}^{\mu \tau} \rho^{(p)} \prec 0 \tag{5-75c}$$

$$E_p^{\top} v^{(p)} + F_p^{\top} \mathbf{1}_n - \gamma \mathbf{1}_r \prec 0 \tag{5-75d}$$

$$v^{(p)} \preceq \lambda v^{(q)} \tag{5-75e}$$

$$\rho^{(p)} \preceq \lambda \rho^{(q)} \tag{5-75f}$$

$$\varrho^{(p)} \preceq \lambda \varrho^{(q)} \tag{5-75g}$$

对任意 $(p, q) \in S \times S$ 成立,其中,$\widehat{v}^{(p)} \succ 0$,$\widehat{v}^{(p)} \in \Re^m$ 是给定向量,那么,在反馈控制律

$$u(t) = K_p x(t) = \frac{1}{\widehat{v}^{(p)\top} B_p^{\top} v^{(p)}} \widehat{v}^{(p)} z^{(p)\top} x(t) \tag{5-76}$$

下,当 ADT 满足条件 (5-69) 时,闭环系统 (5-65) 是正的、绝对指数 L_1 稳定的。

证明　首先,可知 $\dot{x}(t) = A_{0p}f(x(t)) + A_{1p}f(x(t-\tau(t))) + B_pK_px(t) + E_p\omega(t)$。考虑辅助系统:

$$\dot{x}(t) = A_{0p}f(x(t)) + A_{1p}f(x(t-\tau(t))) + \frac{1}{\hbar_1}B_pK_pf(x(t)) + E_p\omega(t)$$

由条件 (5-75b), $A_{0p} + \dfrac{1}{\hbar_1}B_pK_p + \dfrac{\varsigma_p}{\widehat{v}^{(p)\top}B_p^\top v^{(p)}}I_n \succeq 0$, 这意味着, 对任意 $p \in S$, $A_{0p} + \dfrac{1}{\hbar_1}B_pK_p$ 是 Metzler 矩阵。结合假定 5-1 和引理 5-3 得, 系统 (5-65) 是正系统。又由引理 5-3, 系统 (5-65) 是正系统。

由于 $K_p \prec 0$, 则

$$
\begin{aligned}
\dot{V}(t,x_t) \leqslant & -\mu V(t,x_t) + f^\top(x(t))\Big(A_{0\sigma(t)}v^{(\sigma(t))} + \frac{1}{\hbar_2}z^{(\sigma(t))} + \hbar_4 C_{\sigma(t)}^\top \mathbf{1}_n \\
& + \frac{1}{\hbar_1}\mu v^{(\sigma(t))} + \rho^{(\sigma(t))} + \tau\varrho^{(\sigma(t))}\Big) + f^\top(x(t-\tau(t)))\big(A_{1\sigma(t)}v^{(\sigma(t))} \\
& -(1-d)\mathrm{e}^{\mu\tau}\rho^{(\sigma(t))}\big) + \omega^\top(t)\big(E_{\sigma(t)}^\top v^{(\sigma(t))} + F_{\sigma(t)}^\top\mathbf{1}_n - \gamma\mathbf{1}_r\big) + \Gamma(t)
\end{aligned}
$$

其中, $\Gamma(t) = \gamma\|\omega(t)\|_1 - \|y(t)\|_1$。又 $x(t) \succeq 0$, $\omega(t) \succeq 0$ 和 $f(x) \succeq 0$, 根据条件 (5-75a)、条件 (5-75c) 和条件 (5-75d) 有 $\dot{V}(t,x_t) \leqslant -\mu V(t,x_t) + \Gamma(t)$。剩余证明可参考定理 5-20。　□

5.5.4　仿真例子

例 5-11　考虑系统 (5-65), 其中

$$A_{01} = \begin{pmatrix} -1.6 & 1.2 & 1.3 \\ 1.8 & -1.6 & 1.5 \\ 3.2 & 1.2 & -1.2 \end{pmatrix}, \quad A_{11} = \begin{pmatrix} 0.06 & 0.02 & 0.03 \\ 0.08 & 0.06 & 0.05 \\ 0.02 & 0.02 & 0.06 \end{pmatrix}$$

$$B_1 = \begin{pmatrix} 0.4 & 0.2 & 0.5 \\ 0.6 & 0.2 & 0.4 \\ 0.1 & 0.3 & 0.1 \end{pmatrix}, \quad E_1 = \begin{pmatrix} 0.01 & 0.04 & 0.07 \\ 0.03 & 0.06 & 0.01 \\ 0.04 & 0.05 & 0.05 \end{pmatrix}$$

$$C_1 = \begin{pmatrix} 0.04 & 0.01 & 0.08 \\ 0.05 & 0.07 & 0.08 \\ 0.03 & 0.09 & 0.04 \end{pmatrix}, \quad F_1 = \begin{pmatrix} 0.01 & 0.01 & 0.09 \\ 0.07 & 0.01 & 0.05 \\ 0.03 & 0.02 & 0.05 \end{pmatrix}$$

和

$$A_{02} = \begin{pmatrix} -1.1 & 0.9 & 0.7 \\ 1.3 & -0.8 & 1.1 \\ 1.1 & 0.9 & -0.8 \end{pmatrix}, \; A_{12} = \begin{pmatrix} 0.01 & 0.05 & 0.07 \\ 0.03 & 0.04 & 0.03 \\ 0.05 & 0.02 & 0.05 \end{pmatrix}$$

$$B_2 = \begin{pmatrix} 0.2 & 0.4 & 0.6 \\ 0.3 & 0.1 & 0.1 \\ 0.1 & 0.5 & 0.1 \end{pmatrix}, \; E_2 = \begin{pmatrix} 0.02 & 0.05 & 0.06 \\ 0.05 & 0.02 & 0.02 \\ 0.03 & 0.04 & 0.02 \end{pmatrix}$$

$$C_2 = \begin{pmatrix} 0.03 & 0.04 & 0.05 \\ 0.07 & 0.01 & 0.03 \\ 0.09 & 0.02 & 0.02 \end{pmatrix}, \; F_2 = \begin{pmatrix} 0.05 & 0.03 & 0.01 \\ 0.05 & 0.03 & 0.03 \\ 0.06 & 0.08 & 0.01 \end{pmatrix}$$

其中，$f_i(x_i(t)) = x_i(t) + \dfrac{x_i(t)}{x_i^2(t)+1}, g_i(x_i(t)) = x_i(t), \tau(t) = 0.1\sin t + 0.2$。那么，$\hbar_1 = 1, \hbar_2 = 2, \hbar_3 = \hbar_4 = 1, \tau = d = 0.1$。选取 $\mu = 0.5, \lambda = 1.5, \widehat{v}^{(1)} = \widehat{v}^{(2)} = (1\ 1\ 1)^\top$。由定理 5-20 得

$$K_1 = \begin{pmatrix} -1.4998 & -1.0110 & -1.0562 \\ -1.4998 & -1.0110 & -1.0562 \\ -1.4998 & -1.0110 & -1.0562 \end{pmatrix}$$

$$K_2 = \begin{pmatrix} -1.4505 & -0.7498 & -0.5832 \\ -1.4505 & -0.7498 & -0.5832 \\ -1.4505 & -0.7498 & -0.5832 \end{pmatrix}$$

和 $\tau_a \geqslant 0.8109$。进而有

$$\overline{A}_{01} = \begin{pmatrix} -3.2498 & 0.0879 & 0.1382 \\ 0.0002 & -2.8132 & 0.2326 \\ 2.4501 & 0.6945 & -1.7281 \end{pmatrix}$$

$$\overline{A}_{02} = \begin{pmatrix} -2.8406 & 0.0002 & 0.0002 \\ 0.5748 & -1.1749 & 0.8084 \\ 0.0847 & 0.3751 & -1.2082 \end{pmatrix}$$

其中，$\overline{A}_{01} = A_{01} + B_1 K_1, \overline{A}_{02} = A_{02} + B_2 K_2$。图 5-19 为系统状态的仿真结果，图 5-20 为外部扰动输入信号，图 5-21~图 5-23 分别为系统输出的仿真结果。

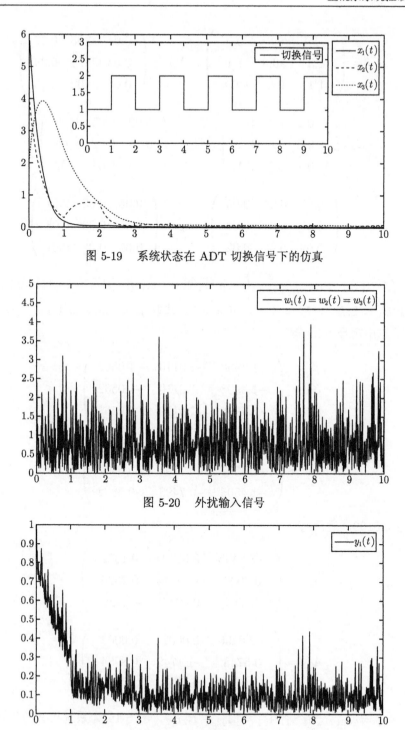

图 5-19 系统状态在 ADT 切换信号下的仿真

图 5-20 外扰输入信号

图 5-21 输出 $y_1(t)$

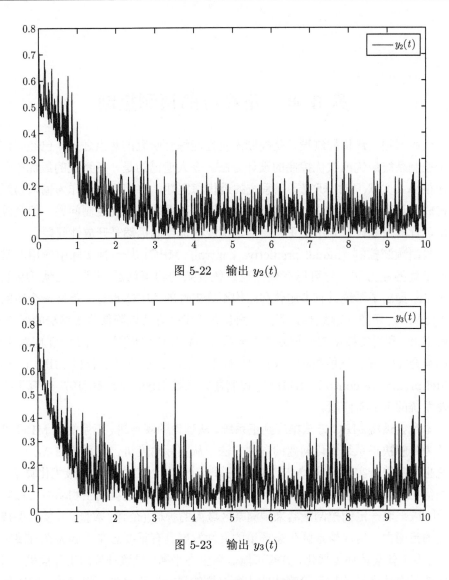

图 5-22　输出 $y_2(t)$

图 5-23　输出 $y_3(t)$

5.6　本章小结

本章主要研究了时滞和非线性混杂系统的稳定和镇定问题。首先，考虑时滞马尔可夫跳变系统，构造了非线性 Lyapunov-Krasovskii 泛函，借助 LP 方法，分别研究了单时滞和多时滞马尔可夫跳变系统的随机稳定和镇定问题。接着，考虑非线性切换系统，在角域非线性条件下，定义了系统的正性，构造了两类非线性 Lyapunov 函数，在线性控制框架下，设计了非线性时滞切换系统的绝对指数镇定控制器。最后，解决了非线性切换系统的绝对 L_1 增益稳定和镇定问题。

第 6 章　正系统的预测控制

众所周知，最优控制设计是控制系统性能综合研究的热点之一。已经有许多关于控制系统最优或次优控制的设计方法。令人遗憾的是，正系统的最优控制成果还很少。文献 [187] 研究了正系统的最优稳定性，将切换信号作为输入与原系统构成闭环系统。文献 [188] 利用 LMIs 解决正系统的最优控制问题，但是没有提出可行的控制设计方法。正系统的最优或次优控制仍然是开放性问题。

模型预测控制 (model predictive control，MPC) 是一种实际中应用非常广泛的最优控制方法，它可以有效处理系统复杂的约束问题 [189]。文献 [190] 利用 LMIs 提出了系统具有多胞体和结构不确定性的 MPC 设计。借助一个新的参数 Lyapunov 函数，文献 [191] 引入一种新的 MPC 方法以降低传统算法的保守性。文献 [192] 利用鲁棒动态规划方法求解系统多目标优化框架下的 MPC 问题 [193]。借助混合 H_2/H_∞ 性能指标，文献 [194] 和文献 [195] 设计了鲁棒 MPC (robust model predictive control，RMPC) 控制器。文献 [196] 和文献 [197] 研究了线性参变系统的 MPC 问题。

本章尝试将 MPC 方法推广到正系统。从理论的观点讲，正系统的 MPC 可以被认为是解决正系统优化问题的一种方法。从实际角度讲，正系统的 MPC 控制研究也非常符合实际需求。MPC 算法在每一个采样时刻执行一次最优化算法，求出最优控制输入，达到预期性能指标。例如，利用正系统建模的生物动态 Leslie 模型 [1]，应采取一定的控制策略来预测某区域内的种群 (个体) 数量，并使其保持在一定的范围内。这对该地区生态环境的良性发展具有重要意义。因为在有限空间内，过多个体会使环境恶化，并有可能破坏生态平衡，导致种群的生存危机。问题是应该采取什么样的控制策略才能达到这样的目标？正系统可以建模 TCP 拥塞控制算法 [5]，那么，如何根据网络现状预测并避免网络将来的拥堵、保证网络的正常运行？这些对网络运行起着非常重要的作用。考虑到 MPC 的特点，MPC 在这些实际问题中都具有潜在的应用前景。

本章针对正系统构建一个新的 MPC 标架。本书以正混杂系统为研究主题，这些研究建立在正系统 (单一模态) 的理论基础上。因此，本章的结论将为正混杂系统的 MPC 研究提供理论基础。

6.1　基于 LP 的 RMPC

考虑线性时变系统:

$$x(k+1) = A(k)x(k) + B(k)u(k) \tag{6-1}$$

其中, $x(k) \in \Re^n$ 是系统状态, $u(k) \in \Re^m$ 是控制输入, 系统矩阵 $A(k) \in \Re^{n \times n}$, $B(k) \in \Re^{n \times m}$ 是不确定的。本节考虑两类不确定, 第一类是区间不确定:

$$\Omega_1 = \{[A(k)\ B(k)] : \underline{A} \preceq A(k) \preceq \overline{A}, \underline{B} \preceq B(k) \preceq \overline{B}\} \tag{6-2}$$

其中, $k \in \mathbb{N}, \underline{A} \succeq 0$ 和 $\underline{B} \succeq 0$; 第二类是多胞体不确定:

$$\Omega_2 = \text{co}\{[A_1\ B_1], [A_2\ B_2], \cdots, [A_l\ B_l]\} \tag{6-3}$$

其中, $l \in \mathbb{N}, A_i \succeq 0$ 和 $B_i \succeq 0$。这意味着存在 l 个非负实数 $\lambda_i, i \in \{1, 2, \cdots, l\}$ 使得

$$[A(k)\ B(k)] = \sum_{i=1}^{l} \lambda_i [A_i\ B_i], \forall k \in \mathbb{N}$$

其中, $\sum_{i=1}^{l} \lambda_i = 1, \lambda_i \geqslant 0$。控制器增益矩阵的约束条件为

$$\|K^\top \mathbf{1}_m\|_1 \leqslant \delta \tag{6-4}$$

其中, K 是待设计控制器的增益矩阵, $\delta \geqslant 0$。具有条件 (6-2) 和条件 (6-3) 的系统 (6-1) 分别称为区间系统和多胞体系统。多胞体系统在不同时间、不同状态或不同工况下的系统选为顶点系统。这类系统适合描述时变系统和非线性系统 [190,191,193,196,198]。从建模角度讲, 区间系统比多胞体系统更易描述不确定系统, 因为区间系统只需要给出不确定系统的上、下界即可。对于一般系统 (非正系统), 区间系统的控制设计比多胞体系统的控制设计要困难。对于正系统, 区间不确定系统有一个非常好的特性: 系统下界的正性和上界的稳定性即可保证区间系统的正性和稳定性。这个特性可降低区间正系统控制设计的难度。因此, 我们对正系统引入区间不确定。

正系统通常表现为人口数量、物质数量等, 1 范数适合描述这些量, 因此, 本节用条件 (6-4) 中的 1 范数不等式来描述约束条件。特别地, 条件 (6-4) 仅对增益矩阵施加约束, 而对状态和输出没有任何约束, 下面部分会针对此给出进一步解释。

注 6-1　对于正系统 $x(k+1) = Ax(k) + Bu(k)$，假设 A 不是 Schur 矩阵。根据引理 1-2，开环系统是不稳定的。那么，不存在控制律 $u(k) = Kx(k)$ 使系统是稳定的，其中，控制器增益矩阵 $K \succeq 0$。通过简单推导来证实这个结果。假设存在一个增益矩阵 $K \succeq 0$ 使得闭环系统是稳定的，则存在一个向量 $v \succ 0$ 使得 $(A + BK - I)v \prec 0$。结合 $B \succeq 0$ 和 $K \succeq 0$ 给出 $(A - I)v \prec 0$，这意味着，A 是一个 Schur 矩阵。这与前提条件矛盾。因此，正系统的镇定问题是要设计一个非正控制律，使得闭环系统是正的、稳定的。

基于注 6-1，本节将设计负 MPC 控制律。需要说明的是，注 6-1 证实不存在非正控制律使得一个离散系统是稳定的，这并不暗示所要设计的控制律一定是负的。也可能存在一个控制律，该控制律部分分量为负、部分分量为正。实际上，在第 3 章中所提出的方法即可得到这样的控制律。但是对于 MPC 控制器设计，会涉及性能指标问题。而性能指标与控制输入有直接关系。对于一个符号不定的控制输入，难于提出合适的性能指标。因此，本节仅仅考虑负 MPC 控制律。在后面部分，将逐渐移除这样的受限。

6.1.1　主要结论

6.1.1.1 节引入一个新的线性性能指标函数，6.1.1.2 节提出 RMPC 控制器设计。

6.1.1.1　性能指标函数

MPC 是一种滚动优化控制方法，在每个采样时刻，求出一个最优控制输入，达到最优的性能指标。对正系统引入以下性能指标：

$$\min_{u(k+i|k),i\in\mathbb{N}} \quad \max_{[A(k+i)\ B(k+i)]\in\varOmega,i\in\mathbb{N}} \quad J_\infty(k) \tag{6-5}$$

其中

$$J_\infty(k) = \sum_{i=0}^{\infty}(x^\top(k+i|k)\varsigma + u^\top(k+i|k)\varrho) \tag{6-6}$$

$x(k+i|k)$ 和 $u(k+i|k)$ 是在采样点 k 处得到的预测状态和控制输入，$\varsigma \succ 0, \varsigma \in \mathfrak{R}^n, \varrho \prec 0, \varrho \in \mathfrak{R}^m$。

性能指标 (6-6) 是线性的，而一般系统的性能指标函数多为二次型：

$$J_\infty(k) = \sum_{i=0}^{\infty}(x^\top(k+i|k)Qx(k+i|k) + u^\top(k+i|k)Ru(k+i|k)) \tag{6-7}$$

其中，Q 和 R 是正定矩阵。选择线性性能指标函数 (6-6) 有两个原因。首先，它是基于正系统的本质性质提出的。正系统的状态是非负的，不需要再利用二次型性能指标。结合 $u(k) \preceq 0$，线性性能指标 (6-5) 和 (6-6) 被引入，比二次型性能指标 (6-7) 更适合正系统。此外，正系统的状态往往用来表示与数量有关的量。用线性形式 (6-6) 描述这些量比二次形式 (6-7) 更合适。本节将利用 LCLF 和 LP 方法来研究正系统的 MPC 问题。这也意味着线性性能指标函数的选择是合理的。最终，性能指标 (6-5) 是 (6-7) 的合理扩展。正系统有许多独特的性质，需要引入新的方法研究正系统。例如，将二次型 Lyapunov 函数扩展到 LCLF，将 LMIs 扩展到 LP，将经典的 L_2 增益性能扩展到 L_1 增益性能。自然地，扩展性能指标 (6-7) 到性能指标 (6-5)。

本节是要设计一种基于 LP 的 MPC 控制律：$u(k+i|k) = Kx(k+i|k), i = 0, 1, \cdots, N$ 获得性能指标 (6-5) 的最优值，其中，N 是预测步数。为此，构造一个 LCLF：

$$V(i, k) = x^\top(k+i|k)v \tag{6-8}$$

其中，$v \succ 0, v \in \Re^n$。引入以下形式的鲁棒稳定性条件：

$$V(i+1, k) - V(i, k) \leqslant -(x^\top(k+i|k)\varsigma + u^\top(k+i|k)\varrho) \tag{6-9}$$

其中，$[A(k+i)\ B(k+i)] \in \Omega$。对条件 (6-9) 两边从 0 到 ∞ 求累加和得

$$\max_{[A(k+i)\ B(k+i)]\in\Omega, i\in\mathbb{N}} J_\infty(k) \leqslant V(0, k) - V(\infty, k)$$

注意 $J_\infty(k)$ 的有界性，可知：当 $k \to \infty$ 时 $x(k) \to 0$。因此，$\max\limits_{[A(k+i)\ B(k+i)]\in\Omega, i\in\mathbb{N}} J_\infty(k) \leqslant V(0, k)$。进而可以通过下面条件：

$$V(0, k) = x^\top(k|k)v \leqslant \gamma \tag{6-10}$$

来求性能指标 (6-5) 的最优值，其中，$\gamma \geqslant 0$。

注 6-2　注意 $u(k) \preceq 0$，结合 $\varrho \prec 0$ 得到 $J_\infty(k) \geqslant 0$。因此，性能指标 (6-5) 和 (6-6) 是合理的。如果 $J_\infty(k) < 0$，那么性能指标 (6-5) 是无意义的。这将导致 γ 的优化问题无效。另外，假设 $u^\top(k+i|k)\varrho < 0$，那么，可以推出 $x^\top(k+i|k)\varsigma + u^\top(k+i|k)\varrho < 0$，所以 $V(i+1, k) > V(i, k)$。这将破坏系统的稳定性。

6.1.1.2　RMPC 设计

本小节将分别针对区间系统和多胞体系统提出 RMPC 设计。然后，引入 RMPC 的锥不变集。首先，给出一个引理来设计无约束系统 (6-1) 的控制器。

引理 6-1 (控制律) 考虑无约束系统 (6-1)。令 $x(k|k)$ 为可测状态。

(1) 如果存在实数 $\gamma > 0$ 和向量 $\upsilon \succ 0, \upsilon \in \Re^n, z^{(\imath)} \in \Re^n, z \prec 0, z \in \Re^n, \lambda \succ 0$, $\lambda \in \Re^m$ 使得

$$\overline{A}^\top \upsilon + z - \upsilon + \varsigma \prec 0 \tag{6-11a}$$

$$\underline{A}\mathbf{1}_m^\top \lambda + \overline{B} \sum_{\imath=1}^m \mathbf{1}_m^{(\imath)} z^{(\imath)\top} \succeq 0 \tag{6-11b}$$

$$\underline{B}^\top \upsilon + \varrho \succeq \lambda \tag{6-11c}$$

$$z^{(\imath)} \prec z, \imath = 1, 2, \cdots, m \tag{6-11d}$$

和

$$x^\top(k|k)\upsilon \leqslant \gamma \tag{6-12}$$

成立，或存在实数 $\gamma > 0$ 和向量 $\upsilon \succ 0, \upsilon \in \Re^n, z^{(\imath)} \succ 0, z^{(\imath)} \in \Re^n, z \in \Re^n, \lambda \prec 0$, $\lambda \in \Re^m$ 使得

$$\overline{A}^\top \upsilon + z - \upsilon + \varsigma \prec 0 \tag{6-13a}$$

$$\underline{A}\mathbf{1}_m^\top \lambda + \overline{B} \sum_{\imath=1}^m \mathbf{1}_m^{(\imath)} z^{(\imath)\top} \preceq 0 \tag{6-13b}$$

$$\underline{B}^\top \upsilon + \varrho \succeq \lambda \tag{6-13c}$$

$$\underline{B}^\top \upsilon + \varrho \preceq 0 \tag{6-13d}$$

$$z^{(\imath)} \prec z, \imath = 1, 2, \cdots, m \tag{6-13e}$$

和条件 (6-12) 成立，那么，在 MPC 控制律

$$u(k+i|k) = Kx(k+i|k) = \frac{\displaystyle\sum_{\imath=1}^m \mathbf{1}_m^{(\imath)} z^{(\imath)\top}}{\mathbf{1}_r^\top \lambda} x(k+i|k) \tag{6-14}$$

下，区间系统 (6-1) 是正的，并且条件 (6-9) 和条件 (6-10) 都成立。

(2) 如果存在实数 $\gamma > 0$ 和向量 $\upsilon \succ 0, \upsilon \in \Re^n, z^{(\imath)} \in \Re^n, z \prec 0, z \in \Re^n, \lambda \succ 0$, $\lambda \in \Re^m$ 使得

$$A_j^\top \upsilon + z - \upsilon + \varsigma \prec 0 \tag{6-15a}$$

$$A_j \mathbf{1}_r^\top \lambda + B_j \sum_{i=1}^r \mathbf{1}_r^{(\imath)} z^{(\imath)\top} \succeq 0 \tag{6-15b}$$

$$B_j^\top v + \varrho \succeq \lambda \tag{6-15c}$$

$$z^{(\imath)} \prec z, \imath = 1, 2, \cdots, m \tag{6-15d}$$

和条件 (6-12) 对任意 $j = 1, 2, \cdots, l$ 成立，或存在实数 $\gamma > 0$ 和向量 $v \succ 0, v \in \Re^n$，$z^{(\imath)} \succ 0, z^{(\imath)} \in \Re^n, z \in \Re^n, \lambda \prec 0, \lambda \in \Re^m$ 使得

$$A_j^\top v + z - v + \varsigma \prec 0 \tag{6-16a}$$

$$A_j \mathbf{1}_r^\top \lambda + B_j \sum_{i=1}^r \mathbf{1}_r^{(\imath)} z^{(\imath)\top} \preceq 0 \tag{6-16b}$$

$$B_j^\top v + \varrho \succeq \lambda \tag{6-16c}$$

$$B_j^\top v + \varrho \preceq 0 \tag{6-16d}$$

$$z^{(\imath)} \prec z, \imath = 1, 2, \cdots, m \tag{6-16e}$$

和条件 (6-12) 对任意 $j = 1, 2, \cdots, l$ 成立，那么，在 MPC 控制律

$$u(k+i|k) = Kx(k+i|k) = \frac{\sum\limits_{\imath=1}^m \mathbf{1}_m^{(\imath)} z^{(\imath)\top}}{\mathbf{1}_m^\top \lambda} x(k+i|k) \tag{6-17}$$

下，多胞体系统 (6-1) 是正的，且条件 (6-9) 和条件 (6-10) 都成立。

证明　仅给出条件 (6-11) 和条件 (6-15) 的证明。条件 (6-13) 和条件 (6-16) 的证明可类似得到，略。

(1) 证明分为两步。第一步证明闭环系统的正性。第二步证明条件 (6-9) 和条件 (6-10) 成立。

根据 $\lambda \succ 0$ 和条件 (6-11b) 可得 $\underline{A} + \overline{B} \dfrac{\sum\limits_{\imath=1}^m \mathbf{1}_m^{(\imath)} z^{(\imath)\top}}{\mathbf{1}_m^\top \lambda} \succeq 0$。借助控制律 (6-14) 推出 $\underline{A} + \overline{B}K \succeq 0$。利用 $\lambda \succ 0$、$z \prec 0$ 和条件 (6-11d)，那么，$K \prec 0$。考虑到区间不确定条件 (6-2)，可推出 $A + BK \succeq \underline{A} + \overline{B}K \succeq 0$。据引理 1-7，闭环系统 (6-1) 是正的，即 $x(k) \succeq 0, \forall k \in \mathbb{N}$。

选择 LCLF (6-8)。由于 $x(k) \succeq 0$，如果条件 $A^\top v + K^\top B^\top v - v + \varsigma \prec 0$ 成立，则条件 (6-9) 成立。从条件 (6-11c) 和 $\lambda \succ 0$ 可推出 $\underline{B}^\top v + \varrho \succ 0$。再结合条件 (6-11d) 得到

$$K^\top(\underline{B}^\top v + \varrho) \preceq \frac{\sum\limits_{\imath=1}^m z \mathbf{1}_m^{(\imath)\top}(\underline{B}^\top v + \varrho)}{\mathbf{1}_m^\top \lambda} = \frac{z \mathbf{1}_m^\top(\underline{B}^\top v + \varrho)}{\mathbf{1}_m^\top \lambda}$$

由条件 (6-11c) 可得 $\mathbf{1}_m^\top(\underline{B}^\top v + \varrho) \succeq \mathbf{1}_m^\top \lambda$。因此，$K^\top(\underline{B}^\top v + \varrho) \preceq z$。据条件 (6-11a) 有

$$0 \succ \overline{A}^\top v + z - v + \varsigma \succeq \overline{A}^\top v + K^\top(\underline{B}^\top v + \varrho) - v + \varsigma$$
$$= \overline{A}^\top v + K^\top \underline{B}^\top v + K^\top \varrho - v + \varsigma$$

利用 $F \prec 0$ 可得 $0 \succ \overline{A}^\top v + K^\top \underline{B}^\top v + K^\top \varrho - v + \varsigma \succ A^\top v + K^\top B^\top v + K^\top \varrho - v + \varsigma$。这意味着条件 (6-9) 成立。此外，条件 (6-12) 保证条件 (6-10) 成立。

(2) 考虑多胞体系统 (6-1) 的顶点系统：

$$x(k+1) = A_j x(k) + B_j u(k), \ j = 1, 2, \cdots, l \tag{6-18}$$

在控制律 (6-17) 下，相应的闭环系统为

$$x(k+1) = (A_j + B_j K)x(k) = \left(A_j + B_j \frac{\displaystyle\sum_{i=1}^m \mathbf{1}_m^{(i)} z^{(i)\top}}{\mathbf{1}_m^\top \lambda} \right) x(k), \ j = 1, 2, \cdots, l$$

利用 $\lambda \succ 0$ 和条件 (6-15b) 得出 $A_j + B_j \dfrac{\displaystyle\sum_{i=1}^m \mathbf{1}_m^{(i)} z^{(i)\top}}{\mathbf{1}_m^\top \lambda} \succeq 0$，这意味着闭环系统 (6-18) 是正的。因此，多胞体闭环系统 (6-1) 是正的，即 $x(k) \succeq 0 \ \forall k \in \mathbb{N}$。

若条件 $x^\top(k+i|k)\left(A_j^\top v + K^\top B_j^\top v - v + \varsigma + K^\top \varrho\right) < 0$ 成立，则条件 (6-9) 成立。根据 $x(k+i|k) \succeq 0$，要求的不等式等价于 $A_j^\top v + K^\top B_j^\top v - v + \varsigma + K^\top \varrho \prec 0$。根据 $z \prec 0$ 和条件 (6-15d)，可得 $z^{(i)} \prec 0$。进一步，有

$$K^\top(B_j^\top v + \varrho) \preceq \frac{\displaystyle\sum_{i=1}^m z \mathbf{1}_m^{(i)\top}(B_j^\top v + \varrho)}{\mathbf{1}_m^\top \lambda} = \frac{z\mathbf{1}_m^\top(B_j^\top v + \varrho)}{\mathbf{1}_m^\top \lambda}$$

利用条件 (6-15c) 推出 $\mathbf{1}_m^\top(B_j^\top v + \varrho) \succeq \mathbf{1}_m^\top \lambda$。因此，$K^\top B_j^\top v + K^\top \varrho \prec z$。注意条件 (6-15a)，可得

$$0 \succ A_j^\top v + z - v + \varsigma \succ A_j^\top v + K^\top B_j^\top v - v + \varsigma + K^\top \varrho$$

注意多胞体不确定条件，可有 $[A(k+i) \ B(k+i)] = \displaystyle\sum_{j=1}^l \lambda_j(k+i)[A_j \ B_j]$。将条件 (6-15) 两边同乘以 $\lambda_j(k+i)$，并对其两边从 $j=1$ 到 l 求和得到

$$A^\top(k+i)v + z - v + \varsigma \prec 0$$

$$A(k+i)\mathbf{1}_m^\top\lambda + B(k+i)\sum_{i=1}^{m}\mathbf{1}_m^{(\imath)}z^{(\imath)\top} \succeq 0$$

$$B^\top(k+i)v + \varrho \succeq \lambda$$

进而，得多胞体系统 (6-1) 也满足条件 (6-9) 和条件 (6-10)。　　　　　□

注 6-3　引理 6-1 采用单步控制策略，借助文献 [190] 中的方法解决了不确定正系统的 RMPC 问题。应该指出，单步控制方法存在保守性。对于非正系统，已经有一些改进的 RMPC 方法，如参数相关 Lyapunov 函数方法[191,198] 和多步控制方法[196]。这些改进的方法比单步控制方法更有效。自然地，这些改进的方法应该可以扩展到正系统的 RMPC。扩展的难点主要在于，如何保证现有条件的凸性？如何针对正系统的特性提出更有效的 RMPC 方法？这些是将来研究工作中非常有意义的主题。

注 6-4　引理 6-1 提出了正系统的 MPC 控制律设计。从引理 6-1 的证明，可以看出所提出的设计也适用于非正系统，即，移除系统的正性假定。对一个系统，如果存在一个非负状态反馈控制律使得闭环系统是正的、稳定的，那么，可利用引理 6-1 设计该系统的 MPC 控制律。值得注意的是，并非所有系统都满足上述条件。同时，在非负状态反馈控制律下，哪类系统满足其闭环系统的正性仍然是一个有待解决的问题。

以下算法用于获得 γ 的最优值。

算法 6-1　$\min\limits_{v,z,\mu}\gamma$ 约束于条件 (6-11) (或条件 (6-13)) 和条件 (6-12) (或条件 (6-15) (或条件 (6-16)) 和条件 (6-12))。

下面引理将构造正系统的不变集。

引理 6-2 (不变集)　在控制律 (6-17) (或 (6-20)) 下，如果条件 (6-11) (或条件 (6-13)) 和条件 (6-12) (或条件 (6-15) (或条件 (6-16)) 和条件 (6-12)) 成立，那么，在条件 $x^\top(k|k)v \leqslant \gamma$ 下

$$\max_{[A(k+j)\ \ B(k+j)]\in\Omega, j\in\mathbb{N}} x^\top(k+i|k)v \leqslant \gamma$$

成立，其中，$i \in \mathbb{N}^+$。

证明　从引理 6-1 的证明知条件 (6-9) 成立，即，$V(i+1,k) - V(i,k) \leqslant 0$，则 $x^\top(k+i+1|k)v \leqslant x^\top(k+i|k)v \leqslant \gamma$。这意味着，若 $x^\top(k|k)v \leqslant \gamma$，则 $x^\top(k+1|k)v \leqslant \gamma$。通过归纳法，$x^\top(k+i|k)v \leqslant \gamma, \forall i \in \mathbb{N}^+$。　　　□

若引理 6-2 成立，集合 $\Im = \{x|x^\top v \leqslant \gamma\}$ 被称为正系统的 RMPC 锥不变集。

椭球经常被选做一般系统 RMPC 的不变集。本节采用 LP 和 LCLF 方法，相应地，引入了一个锥来描述 RMPC 的不变集。

为了处理系统约束，我们提出引理 6-3。

引理 6-3 (约束) 考虑系统 (6-1) 包含有约束条件 (6-4)。

(1) 如果条件 (6-11) (或条件 (6-13)) 和

$$\delta \mathbf{1}_m^\top \lambda + \mathbf{1}_n^\top \sum_{i=1}^m z^{(i)} \geqslant 0 \text{ (或 } \leqslant 0) \tag{6-19}$$

成立，那么，在 MPC 控制律 (6-14) 下，区间系统的约束条件 (6-4) 满足。

(2) 如果条件 (6-15) (或条件 (6-16)) 和

$$\delta \mathbf{1}_m^\top \lambda + \mathbf{1}_n^\top \sum_{i=1}^m z^{(i)} \geqslant 0 \text{ (或 } \leqslant 0) \tag{6-20}$$

对任意 $j = 1, 2, \cdots, l$ 成立，那么，在 MPC 控制律 (6-17) 下，多胞体系统的约束条件 (6-4) 满足。

证明   (1) 根据条件 (6-11c) 可得 $\delta + \dfrac{\mathbf{1}_n^\top \sum\limits_{i=1}^m z^{(i)}}{\mathbf{1}_m^\top (B_j^\top v + \varrho)} \geqslant 0$。利用 $\mathbf{1}_m^\top \mathbf{1}_m^{(i)} = 1$ 和 $K \prec 0$，可得

$$0 \leqslant \delta + \frac{\mathbf{1}_n^\top \sum\limits_{i=1}^m z^{(i)}}{\mathbf{1}_m^\top \lambda} = \delta + \frac{\mathbf{1}_m^\top \sum\limits_{i=1}^m \mathbf{1}_m^{(i)} z^{(i)\top} \mathbf{1}_n}{\mathbf{1}_m^\top \lambda} = \delta + \mathbf{1}_m^\top K \mathbf{1}_n = \delta - \parallel K^\top \mathbf{1}_m \parallel_1$$

这表明约束条件 (6-4) 成立。考虑条件 (6-13)，据条件 (6-13c) 和条件 (6-13d) 可得 $\delta + \dfrac{\mathbf{1}_n^\top \sum\limits_{i=1}^m z^{(i)}}{\mathbf{1}_m^\top (B_j^\top v + \varrho)} \geqslant 0$。进而，约束条件 (6-4) 成立。

(2) 利用与 (1) 中类似的方法可证，略。   □

在传统的 RMPC 设计中，约束条件通常施加在状态 $x(k)$、输出 $y(k)$ 和控制输入 $u(k)$ 上。条件 (6-4) 仅对控制输入的增益矩阵施加约束。下面将详细讨论这样做的原因。由 $K \prec 0$ 和 $\varrho \prec 0$ 知 $K^\top \varrho \succ 0$。由引理 6-1 可得，存在一个向量 $v \succ 0$ 使得 $(A + BK - I)^\top v \prec 0$ 成立。给定一个矩阵 $A \succeq 0$，若存在向量 $v \succ 0$ 使得 $(A - I)v \prec 0$，则一定存在向量 $v' \succ 0$ 使得 $(A - I)^\top v' \prec 0$ 成立，反之亦然。结合这个事实和引理 6-1，对于一个正系统 $x(k + 1) = Ax(k)$，

若存在向量 $\varpi \succ 0$ 使得 $(A-I)^\top \varpi \prec 0$ 成立，则对满足 $0 \preceq x(k_0) \preceq \varpi$ 的任意初始条件，$0 \preceq x(k) \preceq \varpi$ 对任意 $k \in \mathbb{N}$ 成立。考虑不确定系统 (6-1)。由于 $(A+BK-I)^\top v \prec 0$，则对满足 $0 \preceq x(k_0) \preceq v$ 的任意初始条件，状态满足 $0 \preceq x(k) \preceq v, \forall k \in \mathbb{N}$。任意给定初始条件 $x(k_0)$，则必存在常数 $\hbar > 0$ 使得 $0 \preceq x(k_0) \preceq \hbar v$ 成立。因此，可得不确定系统 (6-1) 的状态对任意初始条件有 $0 \preceq x(k) \preceq \hbar v, \forall k \in \mathbb{N}$。根据上述讨论知，状态 $x(k)$ 的界依赖于初始条件 $x(k_0)$ 的界。因此，当系统输出的加权矩阵已知时，系统输出也依赖于初始条件 $x(k_0)$。这些是本节引入约束条件 (6-4) 的原因。

定理 6-1　(1) 在 MPC 控制律 (6-14) 下，区间系统 (6-1) 的鲁棒性能目标函数的上界 $V(i,k)$ 最小，约束条件 (6-4) 满足。MPC 控制器增益矩阵可通过下面优化问题求得：

$$\min_{v,z,\gamma}\gamma \text{ 约束于条件 (6-11) (或条件 (6-13)、条件(6-12) 和条件 (6-19))}$$

(2) 在 MPC 控制律 (6-17) 下，多胞体系统 (6-1) 的鲁棒性能目标函数的上界 $V(i,k)$ 最小，约束条件 (6-4) 满足。MPC 控制器增益矩阵可通过下面优化问题求得：

$$\min_{v,z,\gamma}\gamma \text{ 约束于条件 (6-15) (或条件 (6-16) 条件(6-12) 和条件 (6-20))}$$

定理 6-1 是引理 6-1、引理 6-2 和引理 6-3 的直接结果，证明略。

下面考虑不确定系统 (6-1) 的鲁棒稳定性。首先，给出定理 6-1 中优化设计可行性的一个引理。

引理 6-4 (可行性)　如果定理 6-1 的条件在时刻 k 处是可行的，那么，定理 6-1 在任何 $k' > k$ 处都是可行的。

证明　假设在时刻 k 时，优化问题是可行的，最优解为 $\pi_k = \{\gamma_k^*, v_k^*, z_k^*\}$。令 $\pi_{k+1} = \{\gamma_{k+1} = x^\top(k+1|k)v, v_{k+1} = v_k^*, z_{k+1} = z_k^*\}$。对于 $[A(k+1)\ B(k+1)] \in \Omega_1$ 和 $[A(k+1)\ B(k+1)] \in \Omega_2$，易得条件 (6-11) (或条件 (6-13)) 和 (6-15) (或条件 (6-16)) 在 π_{k+1} 下分别可行。

接下来，证明条件 (6-12) 在 π_{k+1} 下是可行的。根据引理 6-2 的证明，可得 $x^\top(k+1|k)v \leqslant x^\top(k|k)v \leqslant \gamma$，即，条件 (6-12) 也是可行的。进而，所有条件在时刻 $k+1$ 处是可行的。通过归纳，优化问题在任何 $k' > k$ 处都是可行的。　□

定理 6-2　区间系统和多胞体系统 (6-1) 均是正的、鲁棒渐近稳定的。

证明　假设定理 6-1 中的优化问题在 k_0 时刻是可行的。根据引理 6-4，优化问题在任何 $k > 0$ 处都是可行的。分别定义 k 和 $k+1$ 时刻的最优解为 v_k 和 v_{k+1}。

从引理 6-4 的证明，时刻 k 处的最优解也是时刻 $k+1$ 处最优问题的可行解。进而，$x^\top(k+1|k)v_{k+1} \leqslant x^\top(k+1|k)v_k$。从引理 6-1 和引理 6-2 的证明，可得对于 $x(k|k) \neq 0$ 有 $V(i+1,k)-V(i,k)<0$。这意味着在控制律 (6-14) 或 (6-17) 下，对任意 $[A(k)\ B(k)] \in \Omega_1$ ($[A(k)\ B(k)] \in \Omega_2$)，$x^\top(k+1|k)v_k < x^\top(k|k)v_k$ 成立。将条件 (6-19) 和条件 (6-20) 结合可得 $x^\top(k+1|k)v_{k+1} < x^\top(k|k)v_k$。通过归纳可得 $x^\top(k+i+1|k)v_{i+1} < x^\top(k+i|k)v_i$。因此，$V(i,k)$ 是一个严格递减的 Lyapunov 函数。闭环系统 (6-1) 是鲁棒渐近稳定的。   □

6.1.2   仿真例子

提出合理的生产计划 [199,200] 对制造工厂来说非常重要。文献 [201] 借助离散时间正线性系统建立了一个产能规划模型，其目标是满足预先指定的市场需求，同时考虑雇用和解雇雇员数量、仓库库存量以及如何安排加班等决策。本节将利用 RMPC 解决文献 [201] 中的问题。考虑容量规划系统：

$$\begin{aligned}
Q(k+1) &= \alpha(k)Q(k) + \beta(k)W(k) + \varphi(k)S(k) + \chi(k)O(k) \\
W(k+1) &= \phi(k)W(k) + \psi(k)Q(k) + \zeta(k)H(k)
\end{aligned} \tag{6-21}$$

其中，$Q(k),W(k)$ 代表 k 月初存储在仓库中的货物量和 k 月的雇佣人数；$S(k)$, $O(k)$, $H(k)$ 代表 k 月计划的正常生产时间、k 月安排的加班生产时间和 k 月末或 $k+1$ 月初雇佣人数；$\alpha(k),\varphi(k),\chi(k)$ 分别表示 k 月初库存累计总时间系数、k 月计划的正常生产时间系数以及 k 月安排的加班生产时间；$\phi(k),\zeta(k)$ 是 k 月雇员的比例，即，在 $k+1$ 月留下来的人数加权系数；$\beta(k),\psi(k)$ 是与 $Q(k)$ 和 $W(k)$ 相关的加权系数。系统 (6-21) 可改写为

$$x(k+1) = A(k)x(k) + B(k)u(k) \tag{6-22}$$

其中，$x(k) = (Q(k)\ W(k))^\top$ 是状态，$u(k) = (S(k)\ O(k)\ H(k))^\top$ 是控制输入，系统矩阵为

$$A(k) = \begin{pmatrix} \alpha(k) & \beta(k) \\ \psi(k) & \phi(k) \end{pmatrix}, B(k) = \begin{pmatrix} \varphi(k) & \chi(k) & 0 \\ 0 & 0 & \zeta(k) \end{pmatrix}$$

系统 (6-22) 的平衡点意味着 k 月初库存量为 0 和 k 月末雇员工，$u(k) \prec 0$ 表示正常工作时间、加班时间以及当月雇佣的员工数量少于正常工作月平均值。$u(k) \prec 0$ 意味着当前是萧条时期或淡季，因此，制造厂应该缩短工作时间，减少员工数量。考虑到系统包含的不确定因素，系统 (6-22) 可以被描述为区间和多胞体系统 (6-1)。

例 6-1　考虑区间系统 (6-1)，其中

$$\underline{A} = \begin{pmatrix} 0.56 & 1.00 \\ 0.65 & 0.50 \end{pmatrix}, \overline{A} = \begin{pmatrix} 0.60 & 1.00 \\ 0.70 & 0.70 \end{pmatrix}$$

$$\underline{B} = \begin{pmatrix} 0.04 & 0.06 & 0.00 \\ 0.00 & 0.00 & 0.08 \end{pmatrix}, \overline{B} = \begin{pmatrix} 0.05 & 0.07 & 0.00 \\ 0.00 & 0.00 & 0.09 \end{pmatrix}$$

假定 $\delta = 30$。选择预测步骤 $N = 2$ 和初始条件 $x(k_0) = (0.5\ 0.5)^\top$。执行算法 6-1，得到 MPC 控制器为

$$u(k) = Kx(k) = \begin{pmatrix} -3.9909 & -6.0027 \\ -3.9909 & -5.8703 \\ -4.8166 & -4.6545 \end{pmatrix} x(k)$$

闭环系统矩阵的上、下界为

$$\underline{A} + \overline{B}K = \begin{pmatrix} 0.0811 & 0.2889 \\ 0.2165 & 0.0811 \end{pmatrix}, \overline{A} + \underline{B}K = \begin{pmatrix} 0.2009 & 0.4077 \\ 0.3147 & 0.3276 \end{pmatrix}$$

这里仅仅给出第一个预测步的相关参数。由于闭环系统矩阵 $A + BF$ 满足 $\underline{A} + \overline{B}K \preceq A + BK \preceq \overline{A} + \underline{B}K$，选择不同的初始条件，图 6-1 和图 6-2 给出了系统状态 $x_1(k)$ 和 $x_2(k)$ 的仿真结果。

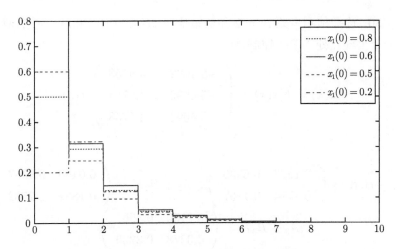

图 6-1　在不同初始条件下状态 $x_1(k)$ 的仿真结果

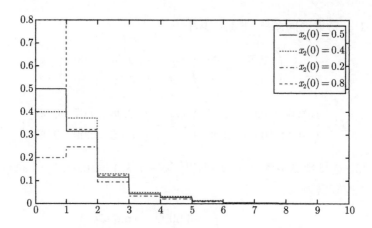

图 6-2   在不同初始条件下状态 $x_2(k)$ 的仿真结果

例 6-2   考虑多胞体系统 (6-1)，其中

$$A_1 = \begin{pmatrix} 0.56 & 1.00 \\ 0.65 & 0.50 \end{pmatrix}, A_2 = \begin{pmatrix} 0.64 & 1.00 \\ 0.67 & 0.67 \end{pmatrix}$$

$$A_3 = \begin{pmatrix} 0.71 & 1.00 \\ 0.77 & 0.69 \end{pmatrix}, B_1 = \begin{pmatrix} 0.03 & 0.05 & 0.00 \\ 0.00 & 0.00 & 0.07 \end{pmatrix}$$

$$B_2 = \begin{pmatrix} 0.04 & 0.07 & 0.00 \\ 0.00 & 0.00 & 0.09 \end{pmatrix}, B_3 = \begin{pmatrix} 0.06 & 0.05 & 0.00 \\ 0.00 & 0.00 & 0.08 \end{pmatrix}$$

假设 $\delta = 30$。选择预测步数 $N = 2$ 和初始条件 $x(k_0) = (0.5\ 0.5)^\top$。执行算法 6-1，得到第一个采样点处 MPC 控制器：

$$u(k) = Kx(k) = \begin{pmatrix} -5.4092 & -4.5758 \\ -5.4092 & -4.5758 \\ -5.4092 & -4.5758 \end{pmatrix} x(k)$$

进而有

$$A_1 + B_1 K = \begin{pmatrix} 0.1273 & 0.6339 \\ 0.2714 & 0.1797 \end{pmatrix}, A_2 + B_2 K = \begin{pmatrix} 0.0450 & 0.4967 \\ 0.1832 & 0.2582 \end{pmatrix}$$

$$A_3 + B_3 K = \begin{pmatrix} 0.1150 & 0.4967 \\ 0.3373 & 0.3239 \end{pmatrix}$$

选择不同的初始条件，图 6-3 和图 6-4 给出了系统状态 $x_1(k)$ 和 $x_2(k)$ 的仿真结果。

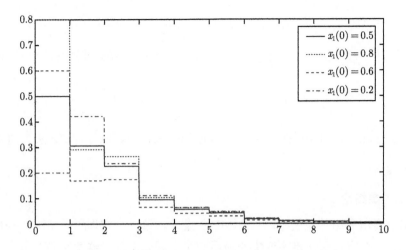

图 6-3　在不同初始条件下状态 $x_1(k)$ 的仿真结果

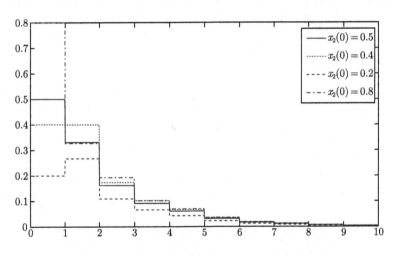

图 6-4　在不同初始条件下状态 $x_2(k)$ 的仿真结果

6.2　基于参数依赖 Lyapunov 函数的 MPC

在 6.1 节中，一个参数独立的 LCLF (6-8) 被选做系统 (6-1) 的 Lyapunov 函数，这样的构造形式存在一定的保守性。本节构造一个参数依赖 LCLF：

$$V(i,k) = x^\top(k+i|k)v(i,k) \tag{6-23}$$

其中，$\forall i, k \in \mathbb{N}, v(i,k) = \sum_{p=1}^{l} \lambda_p(k+i)v_p, v_p \succ 0$。系统的鲁棒稳定条件为

$$V(i+1,k) - V(i,k) \leqslant -(x^\top(k+i|k)\varsigma + u^\top(k+i|k)\varrho) \tag{6-24}$$

其中，$[A(k+i)\ B(k+i)] \in \Omega_2$。通过利用 6.1 节中的方法可将性能指标 (6-9) 转换为

$$x^\top(k|k)v_p \leqslant \gamma, \ p=1,2,\cdots,l \tag{6-25}$$

其中，$\gamma \geqslant 0$。由 $V(0,k) = x^\top(k|k)v(0,k) = x^\top(k|k)\sum_{p=1}^{l}\lambda_p(k)v_p$。进而可得 $V(0,k) \leqslant \gamma$。

6.2.1 主要结论

本节提出多胞体系统 (6-1) 的 MPC 设计。第一个定理用于 MPC 控制律的设计，第二个定理引入锥不变集，最后一个定理处理控制器增益的约束条件。

定理 6-3 (控制律) *如果存在实数 $\gamma > 0$ 和向量 $v_p \succ 0, v_p \in \Re^n, z^{(i)} \in \Re^n, z \prec 0, z \in \Re^n, \mu \succ 0, \mu \in \Re^m$ 使得*

$$A_p^\top v_q + z - v_p + \varsigma \prec 0 \tag{6-26a}$$

$$A_p \mathbf{1}_m^\top \mu + B_p \sum_{i=1}^{m} \mathbf{1}_m^{(i)} z^{(i)\top} \succeq 0 \tag{6-26b}$$

$$B_p^\top v_q + \varrho \succeq \mu \tag{6-26c}$$

$$z^{(i)} \prec z, i=1,2,\cdots,l \tag{6-26d}$$

和条件 (6-25) 对任意 $(p,q) \in \{1,2,\cdots,l\} \times \{1,2,\cdots,l\}$ 成立，或存在实数 $\gamma > 0$ 和向量 $v_p \succ 0, v_p \in \Re^n, z^{(i)} \succ 0, z^{(i)} \in \Re^n, z \succ 0, z \in \Re^n, \mu \prec 0, \mu \in \Re^m$ 使得

$$A_p^\top v_q + z - v_p + \varsigma \prec 0 \tag{6-27a}$$

$$A_p \mathbf{1}_m^\top \mu + B_p \sum_{i=1}^{m} \mathbf{1}_m^{(i)} z^{(i)\top} \preceq 0 \tag{6-27b}$$

$$B_p^\top v_q + \varrho \succeq \mu \tag{6-27c}$$

$$B_p^\top v_q + \varrho \preceq 0 \tag{6-27d}$$

$$z^{(i)} \prec z, i=1,2,\cdots,l \tag{6-27e}$$

和条件 (6-25) 对任意 $(p,q) \in \{1,2,\cdots,l\} \times \{1,2,\cdots,l\}$ 成立，那么，在 MPC 控制律

$$u(k+i|k) = K(k)x(k+i|k) = \frac{\sum_{i=1}^{m} \mathbf{1}_m^{(i)} z^{(i)\top}}{\mathbf{1}_m^\top \mu} x(k+i|k) \tag{6-28}$$

下，多胞体系统 (6-1) 是正的且条件 (6-24) 和条件 (6-25) 均满足。

证明　由 $z \prec 0$ 和条件 (6-26d) 推得 $z^{(\imath)} \prec 0$。基于 $\mu \succ 0$，并结合条件 (6-28) 得 $K(k) \prec 0$。为方便推导，下文用 K 代替 $K(k)$。利用条件 $1_m^\top \mu > 0$，将条件 (6-26b) 转化为 $A_p + B_p \dfrac{\sum\limits_{\imath=1}^{m} 1_m^{(\imath)} z^{(\imath)\top}}{1_m^\top \mu} \preceq 0$。再结合条件 (6-28) 得出 $A_p + B_p K \succeq 0$。这意味着系统 (6-1) 的每个顶点系统都是正的。因此，系统 (6-1) 在控制律 (6-28) 下是正的，即，$x(k) \succeq 0, \forall k \in \mathbb{N}$。条件 (6-27) 的证明与条件 (6-26) 类似，略。

选择 LCLF (6-23)，将条件 (6-24) 重写为

$$
\begin{aligned}
V(i+1,k) - V(i,k) &= x^\top(k+i|k)\big(A^\top(k+i)v(i+1,k) \\
&\quad + K^\top B^\top(k+i)v(i+1,k) - v(i,k)\big) \\
&\leqslant -(x^\top(k+i|k)\varsigma + u^\top(k+i|k)\varrho) \\
&\leqslant -x^\top(k+i|k)(\varsigma + K^\top \varrho)
\end{aligned}
$$

基于 $x(k) \succeq 0$ 得到

$$
A^\top(k+i)v(i+1,k) - v(i,k) + \varsigma + K^\top\big(B^\top(k+i)v(i+1,k) + \varrho\big) \prec 0
$$

利用 $K \prec 0$ 和条件 (6-26c) 推出 $K^\top(B_p^\top v_q + \varrho) \preceq K^\top \mu$。据 $z \prec 0$ 和条件 (6-26d) 可得 $K^\top \mu \preceq z$。结合条件 (6-26a) 得 $A_p^\top v_q + K^\top(B_p^\top v_q + \varrho) - v_p + \varsigma \prec A_p^\top v_q + z - v_p + \varsigma \prec 0$。条件 (6-27) 的证明类似。对于每一个 p，将上述不等式两边同乘以 $\lambda_p(k+i)$，其中，$\sum\limits_{p=1}^{l} \lambda_p(k+i) = 1, \lambda_p(k+i) \geqslant 0$，那么

$$
A^\top(k+i)v_q + K^\top\big(B^\top(k+i)v_q + \varrho\big) - v(i,k) + \varsigma \prec 0
$$

对于每个 q，将上述不等式两边同乘以 $\lambda_p'(k+i+1)$，其中，$\sum\limits_{p=1}^{L} \lambda_p'(k+i+1) = 1, \lambda_p'(k+i+1) \geqslant 0$，进而将得到的不等式求和得到

$$
A^\top(k+i)v(i+1,k) + \varrho) - v(i,k) + \varsigma + K^\top\big(B^\top(k+i)v(i+1,k) \prec 0
$$

这证实了条件 (6-24)。证毕。　　　　　　　　　　　　　　　　　　　　□

注 6-5　沿用文献 [191] 和文献 [202] 的方法，定理 6-3 借助参数依赖 LCLF 设计了正系统的 MPC 控制器。与 6.1 节的参数独立 LCLF 对比，本节的方法保守性小，提出的 MPC 条件更宽松。

γ 的最优值可通过以下优化问题得到:

$$\min_{v,z,z^{(i)},\mu} \gamma \text{ 约束于条件 (6-26) 和条件 (6-25) (或条件 (6-27) 和条件 (6-25))}$$

接下来, 引入一个正系统 MPC 的不变集。

定理 6-4 (不变集) 如果条件 (6-26) 和条件 (6-25) (或条件 (6-27) 和条件 (6-25)) 存在可行解, 那么

$$\max_{[A(k+j)|B(k+j)]\in\Omega,j\geqslant 0} x^\top(k+i|k)v_p \leqslant \gamma, p = 1,2,\cdots,l$$

证明方法与引理 6-2 类似, 略。

注 6-6 利用定理 6-4, 集合 $\Im \overset{\text{def}}{=} \{x(k+i)| \max\limits_{[A(k+j)|B(k+j)]\in\Omega,j\geqslant 0} x^\top(k+i|k)v_p \leqslant \gamma, \forall p \in \{1,2,\cdots,l\}\}$ 是正系统 MPC 的不变集。对于任何 $x(k+i|k) \in \Im$, 有 $x(k+i+1|k) \in \Im$。事实上, 不变集是一组集合 $\Im_p \overset{\text{def}}{=} \{x(k+i)| \max\limits_{[A(k+j)|B(k+j)]\in\Omega,j\geqslant 0} x^\top(k+i|k)v_p \leqslant \gamma\}, \forall p \in \{1,2,\cdots,l\}$ 的一个交集。

为了处理系统约束, 提出定理 6-5。

定理 6-5 (约束) 如果条件 (6-26)、条件 (6-25)(或条件 (6-27) 和条件 (6-25)) 和

$$\delta \mathbf{1}_m^\top \mu + \mathbf{1}_n^\top \sum_{i=1}^m z^{(i)} \geqslant 0 \ (\text{ 或 } \leqslant 0) \tag{6-29}$$

成立, 那么, 在控制律 (6-28) 下, 约束条件 (6-4) 满足。

证明 根据 $\mu \succ 0$ 和条件 (6-29) 得 $\delta + \dfrac{\mathbf{1}_n^\top \sum\limits_{i=1}^m z^{(i)}}{\mathbf{1}_m^\top \mu} \geqslant 0$。利用 $\mathbf{1}_m^\top \mathbf{1}_m^{(i)} = 1$ 和 $K \prec 0$ 可得

$$0 \leqslant \delta + \frac{\mathbf{1}_n^\top \sum\limits_{i=1}^m z^{(i)}}{\mathbf{1}_m^\top \lambda} = \delta + \frac{\mathbf{1}_m^\top \sum\limits_{i=1}^m \mathbf{1}_m^{(i)} z^{(i)\top} \mathbf{1}_n}{\mathbf{1}_m^\top \lambda} = \delta + \mathbf{1}_m^\top K \mathbf{1}_n = \delta - \|K^\top \mathbf{1}_m\|_1$$

这意味着约束条件 (6-4) 满足。条件 (6-27) 的证明类似, 略。 $\square$

定理 6-6 令 $x(k) = x(k|k)$ 为多胞体系统 (6-1) 在采样时刻 k 处的可测状态。在控制律 (6-28) 下, 鲁棒性能指标函数的上界 $V(i,k)$ 最小且约束条件 (6-4) 成立。MPC 增益矩阵可通过以下优化问题求解:

$$\min_{v_p,z^{(i)},z,\mu,\gamma} \gamma \text{ 约束于条件 (6-26)、条件 (6-25) 和条件 (6-29) (或条件 (6-27)、}$$

条件 (6-25) 和条件 (6-29))

定理 6-6 是引理 6-1、定理 6-4 和定理 6-5 结合的直接结果，证明略。

为保证系统 (6-1) 的鲁棒稳定性，引入以下定理。

定理 6-7 (可行性)　如果定理 6-3 的条件在时刻 k 处是可行的，那么，在所有时刻 $k' > k$ 都是可行的。

证明　假定在时间 k 处的优化是可行的，则存在最优解

$$\pi_k = \{\gamma_k^*, \mu_k^*, v_1^{(k)*}, \cdots, v_L^{(k)*}, z_k^{(1)*}, \cdots, z_k^{(m)*}, z\}$$

定义 $a = V(2, k)/\gamma_k^*$。由条件 (6-25) 知 $0 < a < 1$。令

$$\pi_{k+1} = \{\gamma_{k+1} = x^\top(k+1|k)v(1,k), v_1^{(k+1)} = av_1^{(k)*}, \cdots, v_L^{(k+1)} = av_L^{(k)*}$$
$$z_{k+1}^{(1)} = az_k^{(1)*}, \cdots, z_{k+1}^{(m)} = az_k^{(m)*}, z^{(k+1)} = az^{(k)*}\}$$

根据所有条件的线性性质可得 π_{k+1} 也是时刻 $k + 1$ 所有条件的可行解。通过归纳，优化在任何时间 $k' > k$ 都是可行的。　　　　　　　　　　　　　　　　　□

结合定理 6-6 和定理 6-7，易证多胞体系统 (6-1) 是正的、鲁棒渐近稳定的。

6.2.2　仿真例子

随着城市的快速发展，城市水资源管理越来越引起人们的重视。有效的节水方法、可持续性水资源管理政策以及消费者需求的复杂性等问题使得水务管理成为极具挑战性的问题 [40,41]。水务管网包含水箱、泵站、水源（地表和地下）和消费需求管理多个关键环节。文献 [40] 和文献 [41] 建立了面向饮用水网络控制的模型，并应用 MPC 技术解决了城市供水系统的相关问题。这里进一步考虑这些文献中建立的模型。

一个基于控制的离散时间状态空间模型可表示为 [40,41]

$$x(k+1) = Ax(k) + Bu(k) + B_p d(k) \tag{6-30}$$

其中，$x(k)$ 对应于 n 个水箱中的水量，$u(k)$ 代表通过第 m 个执行器（泵和阀门）的流量，$d(k)$ 是用户端水需求（影响系统的测量干扰），A, B 以及 B_p 是适当维数的系统矩阵。

注意到 $x(k)$ 代表水量，则 $x(k) \succeq 0$。因此系统 (6-30) 具有正性。假设系统不受外部扰动 $d(k)$ 的影响。在实际应用中，很难获得系统矩阵的详细信息，所以，用 $A(k)$ 和 $B(k)$ 替换 A 和 B，其中，$A(k)$ 和 $B(k)$ 是多胞体形式。因此，系统 (6-30) 可以被重写为系统 (6-1) 的形式。与文献 [40] 和文献 [41] 的结果不同，本节采用正系统的 MPC 方法来处理城市水务系统的控制问题。

例 6-3   考虑系统 (6-1) 有两个顶点子系统：

$$A_1 = \begin{pmatrix} 0.56 & 0.75 & 0.68 \\ 0.65 & 0.50 & 0.49 \\ 0.52 & 0.77 & 0.43 \end{pmatrix}, A_2 = \begin{pmatrix} 0.36 & 0.66 & 0.61 \\ 0.55 & 0.40 & 0.81 \\ 0.60 & 0.57 & 0.33 \end{pmatrix}$$

$$B_1 = \begin{pmatrix} 0.03 & 0.05 & 0.01 \\ 0.02 & 0.04 & 0.07 \\ 0.04 & 0.01 & 0.05 \end{pmatrix}, B_2 = \begin{pmatrix} 0.04 & 0.07 & 0.01 \\ 0.03 & 0.05 & 0.09 \\ 0.01 & 0.01 & 0.04 \end{pmatrix}$$

选取 $\delta = 2$。预测步数为 2。执行定理 6-3 中的算法，得到反馈增益矩阵为 $K =$
$\begin{pmatrix} -7.1991 & -7.1991 & -7.3272 \\ -0.1406 & -0.1406 & -0.5263 \\ -1.4350 & -1.4350 & -1.5275 \end{pmatrix}$，相应的闭环系统矩阵为

$$A_1 + B_1K = \begin{pmatrix} 0.3226 & 0.5126 & 0.4186 \\ 0.3999 & 0.2499 & 0.2155 \\ 0.1589 & 0.4089 & 0.0553 \end{pmatrix}$$

$$A_2 + B_2K = \begin{pmatrix} 0.0478 & 0.3478 & 0.2648 \\ 0.1978 & 0.0478 & 0.4264 \\ 0.4692 & 0.4392 & 0.1904 \end{pmatrix}$$

图 6-5 是系统状态仿真，图 6-6 是不变集。

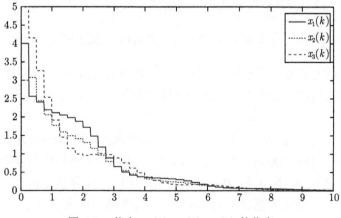

图 6-5   状态 $x_1(k), x_2(k), x_3(k)$ 的仿真

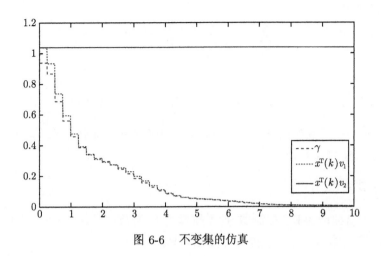

图 6-6　不变集的仿真

6.3　正系统的线性增益 MPC

6.1 节和 6.2 节已经构建了正系统的线性 MPC 标架，所考虑的系统是无扰动的。在前面结论的基础上，本节将考虑含有扰动的正系统的 MPC 问题。本节沿用前两节中的线性方法，提出系统具有线性增益性能的 MPC 设计方法。

考虑系统：

$$x(k+1) = Ax(k) + Bu(k) + D\omega(k)$$
$$z(k) = Cx(k) + E\omega(k) \tag{6-31}$$

其中，$x(k) \in \Re^n$ 是系统状态，$u(k) \in \Re^m$ 是控制输入，$\omega(k) \in \Re^r_+$ 是扰动输入，$z(k) \in \Re^s$ 是可测输出。系统矩阵满足 $A \in \Re^{n \times n}, B \in \Re^{n \times m}, D \in \Re^{n \times r}, C \in \Re^{s \times n}, E \in \Re^{s \times r}$。假定 $A \succeq 0, B \succeq 0, D \succeq 0, C \succeq 0, E \succeq 0$。扰动输入受限于约束条件：

$$\omega^\top(k)\mathbf{1}_r \leqslant \eta$$
$$\sum_{k=0}^{\infty} \omega^\top(k)\mathbf{1}_r \leqslant \hbar \tag{6-32}$$

状态约束为

$$x^\top(k)\mathbf{1}_n \leqslant \delta \tag{6-33}$$

其中，$k \in \mathbb{N}, \eta > 0, \hbar > 0, \delta > 0$。

本节的目的是利用多步控制策略，设计一个 MPC 控制律 $u(k) = K_i x(k)$，$i \in \mathbb{N}$ 使系统 (6-31) 是鲁棒 ℓ_1 增益稳定的 (具有 γ 抑制干扰水平)：

$$\sum_{k=0}^{\infty} z^\top(k)\mathbf{1}_s \leqslant \gamma \sum_{k=0}^{\infty} \omega^\top(k)\mathbf{1}_r \tag{6-34}$$

其中，$\gamma > 0$。

注 6-7　通常情况下，ℓ_2 增益性能：$\sum_{k=0}^{\infty} z^\top(k)z(k) \leqslant \gamma^2 \sum_{k=0}^{\infty} \omega^\top(k)\omega(k)$ 经常被用于分析一般离散时间系统的性能。考虑到正系统的正性特点，本节采用 ℓ_1 增益性能代替 ℓ_2 增益性能。

6.3.1　主要结论

6.3.1.1 节构造 MPC 控制器，使系统满足 ℓ_1 增益性能，6.3.1.2 节考虑 MPC 设计的可行性问题，6.3.1.3 节提出可实现的算法。

6.3.1.1　MPC 设计

MPC 控制器增益定义为 $K_0, K_1, \cdots, K_{J-1}, J \in \mathbb{N}^+$，其中，$K_i$ 是采样时刻 $k+i$ 时的预测状态反馈增益。

引理 6-5　如果存在实数 $\gamma > 0$ 和 $\Re^n$ 向量 $v^{(i)} \succ 0, v^{(i+1)} \succ 0, \varsigma^{(i)}$ 使得

$$A^\top v^{(i+1)} + \varsigma^{(i)} - v^{(i)} + C^\top \mathbf{1}_s \prec 0 \tag{6-35a}$$

$$D^\top v^{(i+1)} + E^\top \mathbf{1}_s - \gamma \mathbf{1}_r \prec 0 \tag{6-35b}$$

$$A\widetilde{v}^{(i)\top} B^\top v^{(i+1)} + B\widetilde{v}^{(i)}\varsigma^{(i)\top} \succeq 0 \tag{6-35c}$$

对 $i = 0, 1, \cdots, J-1$ 成立，其中，$\widetilde{v}^{(i)} \succ 0$ 是一个给定的 $\Re^m$ 向量，那么，在 MPC 控制律

$$u(k+i) = K_i x(k+i) = \frac{1}{\widetilde{v}^{(i)\top} B^\top v^{(i+1)}} \widetilde{v}^{(i)}\varsigma^{(i)\top} x(k+i) \tag{6-36}$$

下，系统 (6-31) 是正的、具有 ℓ_1 增益性能。

证明　由 $\widetilde{v}^{(i)} \succ 0, \widetilde{v}^{(i)} \in \Re^m, B \succeq 0, B \in \Re^{n\times m}$ 和 $v^{(i+1)} \succ 0, v^{(i+1)} \in \Re^n$ 推出 $\widetilde{v}^{(i)\top} B^\top v^{(i+1)} > 0$。据不等式 (6-35c)，$A + B\frac{1}{\widetilde{v}^{(i)\top} B^T v^{(i+1)}} \widetilde{v}^{(i)}\varsigma^{(i)\top} \succeq 0$。结合控制律 (6-36)，推出 $A + BK_i \succeq 0, i = 0, 1, \cdots, J-1$。根据引理 1-7，闭环系统 (6-31) 是正的，即对于所有 $k \in \mathbb{N}$，$x(k) \succeq 0$。

选择一个 LCLF：$V(x(k+i)) = x^\top(k+i)v^{(i)}$，其中，$v^{(i)} \succ 0, i = 0, 1, \cdots, J-1$；若 $i \geqslant J-1$，$v^{(i)} = v^{(J-1)}$。由控制律 (6-36) 推出 $K_i^\top B^\top v^{(i+1)} = \varsigma^{(i)}$，则

$$V(x(k+i+1)) - V(x(k+i))$$
$$= x^\top(k+i)\big(A^\top v^{(i+1)} + K_i^\top B^\top v^{(i+1)} - v^{(i)}\big) + \omega^\top(k+i)D^\top v^{(i+1)}$$
$$+ z^\top(k+i)\mathbf{1}_s - \gamma\omega^\top(k+i)\mathbf{1}_r - z^\top(k+i)\mathbf{1}_s + \gamma\omega^\top(k+i)\mathbf{1}_r$$
$$= x^\top(k+i)\big(A^\top v^{(i+1)} + \varsigma^{(i)} - v^{(i)} + C^\top\mathbf{1}_s\big)$$
$$+ \omega^\top(k+i)\big(D^\top v^{(i+1)} + E^\top\mathbf{1}_s - \gamma\mathbf{1}_r\big) + \gamma\omega^\top(k+i)\mathbf{1}_r - z^\top(k+i)\mathbf{1}_s$$

将条件 (6-35a) 和条件 (6-35b) 代入上式得

$$V(x(k+i+1)) - V(x(k+i)) \leqslant \gamma\omega^\top(k+i)\mathbf{1}_r - z^\top(k+i)\mathbf{1}_s$$

将上式从 0 到 ∞ 求和可得 $V_\infty - V(x(k)) \leqslant \gamma\displaystyle\sum_{i=0}^{\infty}\omega^\top(k+i)\mathbf{1}_r - \displaystyle\sum_{i=0}^{\infty}z^\top(k+i)\mathbf{1}_s$，

其中，V_∞ 是当 $i \to \infty$ 时 $V(x(k+i+1))$ 的极限值。显然，$V_\infty \geqslant 0$。进而有

$$\sum_{i=0}^{\infty} z^\top(k+i)\mathbf{1}_s \leqslant -V_\infty + V(x(k)) + \gamma\sum_{i=0}^{\infty}\omega^\top(k+i)\mathbf{1}_r$$
$$\leqslant V(x(k)) + \gamma\sum_{i=0}^{\infty}\omega^\top(k+i)\mathbf{1}_r$$

当 $x(k) = 0$ 时，$V(x(k)) = 0$。因此，$\displaystyle\sum_{i=0}^{\infty}z^\top(k+i)\mathbf{1}_s \leqslant \gamma\displaystyle\sum_{i=0}^{\infty}\omega^\top(k+i)\mathbf{1}_r$，系统满足 ℓ_1 增益性能。　　　　　　　　　　　　　　　　　　　　　　　　　　$\square$

注 6-8　为将提出的条件转化为 LP 形式，引理 6-5 引入常向量 $\widetilde{v}^{(i)}$。如何选择 $\widetilde{v}^{(i)}$ 以保证不等式 (6-35) 的可行性并非易事。这增加了设计的保守性。这种控制方法沿用了第 2 章的方法，正如第 2 章所述，这种方法存在保守性。这意味着，本节所提出的 MPC 控制律限制在控制器增益矩阵秩为 1 的范围内，即，设计的 MPC 控制是在增益矩阵秩为 1 的条件下是最优的。

通过求最优解，可以得到 γ 的最优解：$\displaystyle\min_{v^{(i)},v^{(i+1)},\varsigma^{(i)}}\gamma$ 约束于条件 (6-35)。

6.3.1.2　递归可行性

本小节将讨论 RMPC 条件的递归可行性。根据引理 6-5，不难得到，存在正常数 ζ 使得

$$\sum_{i=0}^{\infty} z^\top(k+i)\mathbf{1}_s \leqslant x^\top(k)v^{(0)} + \gamma\sum_{i=0}^{\infty}\omega^\top(k+i)\mathbf{1}_r \leqslant x^\top(k)v^{(0)} + \gamma\hbar \leqslant \zeta$$

成立，这意味着 $x(k) \in \{x|x^\top v^{(0)} \leqslant \zeta\}$。注意引理 6-5 不能保证 $\gamma\omega^\top(k+i)\mathbf{1}_r - z^\top(k+i)\mathbf{1}_s \leqslant 0$ 成立。因此 $V(x(k+i+1)) - V(x(k+i)) \leqslant 0$ 不一定正确。也

即，尽管 $x(k) \in \{x|x^\top v^{(0)} \leqslant \zeta\}$，但可能有 $x(k+i) \notin \{x|x^\top v^{(i)} \leqslant \zeta\}$。这破坏了 MPC 设计的递归可行性。为解决这个问题，引入以下引理。

引理 6-6 如果存在实数 $\gamma > 0, 0 < \mu < \zeta$ 和 $\Re^n$ 向量 $v^{(i)} \succ 0, v^{(i+1)} \succ 0, \varsigma^{(i)}$ 使得不等式 (6-35) 和

$$D^\top v^{(i+1)} - \frac{1}{\eta}\mu \mathbf{1}_r \preceq 0 \tag{6-37a}$$

$$A^\top v^{(i+1)} + \varsigma^{(i)} - v^{(i)} + \frac{1}{\zeta}\mu v^{(i)} \preceq 0 \tag{6-37b}$$

$$x^\top(k)v^{(0)} \leqslant \zeta \tag{6-37c}$$

对 $i = 0, 1, \cdots, J-1$，成立，其中，$\tilde{v}^{(i)} \succ 0$ 是一个给定的 $\Re^m$ 向量，那么，在 MPC 控制律 (6-36) 下，$x(k+i) \in \{x|x^\top v^{(i)} \leqslant \zeta\}$。

证明 从 (6-36)，有 $x(k+i+1) = (A + BK_i)x(k+i) + Dw(k+i)$，则

$$
\begin{aligned}
x^\top(k+i+1)v^{(i+1)} &= x^\top(k+i)\big(A^\top v^{(i+1)} + K_i^\top B^\top v^{(i+1)}\big) + \omega^\top(k+i)D^\top v^{(i+1)} \\
&= x^\top(k+i)\big(A^\top v^{(i+1)} + \varsigma^{(i)}\big) + \omega^\top(k+i)D^\top v^{(i+1)}
\end{aligned}
$$

结合条件 (6-37a) 和条件 (6-37b) 有

$$x^\top(k+i+1)v^{(i+1)} \leqslant \frac{\zeta-\mu}{\zeta}x^\top(k+i)v^{(i)} + \frac{\mu}{\eta}\omega^\top(k+i)\mathbf{1}_r$$

由于 $0 < \mu < \zeta, \frac{\zeta-\mu}{\zeta} > 0$。利用数学归纳法给出以下证明。第一步，据条件 (6-37c) 得 $x^\top(k)v^{(0)} \leqslant \zeta$。第二步，假设 $x(k+i) \in \{x|x^\top v^{(i)} \leqslant \zeta\}$。最终，推出 $x^\top(k+i+1)v^{(i+1)} \leqslant \zeta$。这暗示 $x(k+i+1) \in \{x|x^\top v^{(i+1)} \leqslant \zeta\}$。证毕。 □

注 6-9 MPC 设计的递归可行性是 MPC 控制方法的关键环节。失去递归可行性，会影响系统的性能甚至破坏系统的稳定性。在传统的 MPC 中，常选择椭球集作为不变集。在引理 6-6 中，基于正系统的特性，引入一个锥不变集 $\{x|x^\top v^{(i)} \leqslant \zeta\}$。在锥不变集下，MPC 设计的递归可行性被保证。

注 6-10 将条件 (6-32) 改为更一般的形式：$\omega^\top(k)\theta \leqslant \eta, \sum_{k=0}^{\infty}\omega^\top(k)\theta \leqslant \hbar$，其中，$\theta \succ 0, \theta \in \Re^r$。相应地，将条件 (6-37a) 改为 $D^\top v^{(i+1)} - \frac{1}{\eta}\mu\mathbf{1}_r \preceq 0$。从引理 6-6 的证明不难看出，引理 6-6 在更一般的扰动条件 (6-32) 下仍然成立。

6.3.1.3 鲁棒稳定性

为处理状态约束 (6-33)，提出引理 6-7。

引理 6-7　在引理 6-6 的条件下 (或引理 6-8), 如果存在实数 $\rho > 0$ 使得

$$v^{(i)} \succeq \rho \mathbf{1}_n \tag{6-38a}$$

$$\rho \delta \geqslant \zeta \tag{6-38b}$$

对 $i = 0, 1, \cdots, J$ 成立, 那么, 约束条件 (6-33) 成立。

证明　由 (6-38a), $x^\top(k+i)v^{(i)} \geqslant \rho_1 x^\top(k+i)\mathbf{1}_n$。据引理 6-6, $x^\top(k+i)v^{(i+1)} \leqslant \zeta$。因此, $x^\top(k+i)\mathbf{1}_n \leqslant \frac{1}{\rho}x^\top(k+i)v^{(i+1)} \leqslant \frac{\zeta}{\rho}$。基于条件 (6-38b) 推出 $x^\top(k+i)\mathbf{1}_n \leqslant \delta$。　□

注 6-11　将条件 (6-33) 改为更一般的形式: $x^\top(k)\vartheta \leqslant \delta$, 其中, $\vartheta \succ 0, \vartheta \in \mathfrak{R}^n$。相应地, 修改条件 (6-38b) 为 $\rho \delta \geqslant \varrho\zeta$, 引理 6-7 仍然成立, 其中, $\varrho = \max\limits_{i=1,\cdots,n} \vartheta_i$, ϑ_i 是 ϑ 的第 i 个元素。

现在, 提出约束正系统的鲁棒稳定性结论。

定理 6-8　如果存在实数 $\gamma > 0, \rho > 0, 0 < \mu < \zeta$ 和 $\mathfrak{R}^n$ 向量 $v^{(i)} \succ 0, v^{(i+1)} \succ 0, \varsigma^{(i)}$ 使得不等式 (6-35)、不等式 (6-37) 和不等式 (6-38) 对 $i = 0, 1, \cdots, J-1$ 成立, 则在 MPC 控制律 (6-36) 下, 闭环系统 (6-31) 是具有 ℓ_1 增益性能鲁棒稳定的。

证明　根据引理 6-5 和引理 6-7, ℓ_1 增益性能和约束 (6-32) 分别得到保证。由不等式 (6-33) 可推出 $\lim\limits_{k\to\infty}\omega(k) = 0$。当 $\omega(k)$ 消失时, $V(x(k+i+1)) - V(x(k+i)) < 0$, 即, 对于 $k \in \mathbb{N}$ 有 $V(x(k+1)) < V(x(k))$。这意味着 $\lim\limits_{k\to\infty}V(x(k)) = 0$, 即, $\lim\limits_{k\to\infty}x(k) = 0$。因此, 闭环系统 (6-31) 是鲁棒稳定的。　□

为了获得最优的 ℓ_1 增益性能, 提出以下算法。

算法 6-2　$\min\limits_{v^{(i)},v^{(i+1)},\varsigma^{(i)},\rho,\gamma} \gamma$ 约束于条件 (6-35)、条件 (6-37) 和条件 (6-38)。

定理 6-8 采用了多步控制策略。事实上, 定理 6-8 可以直接扩展到单步控制策略。以下推论是基于锥不变集 $\{x|x^\top v \leqslant \zeta\}$ 的单步控制策略, 其证明方法与定理 6-8 类似。

推论 6-1　如果存在实数 $\gamma > 0, \rho > 0, 0 < \mu < \zeta$ 和 $\mathfrak{R}^n$ 向量 $\nu \succ 0, \varsigma$ 使得

$$A^\top \nu + \varsigma - \nu + C^\top \mathbf{1}_s \prec 0$$
$$D^\top \nu + E^\top \mathbf{1}_s - \gamma \mathbf{1}_r \prec 0$$
$$A\tilde{v}^\top B^\top \nu + B\tilde{v}\varsigma^\top \succeq 0$$
$$D^\top \nu - \frac{1}{\eta}\mu \mathbf{1}_r \leqslant 0$$
$$A^\top \nu + \varsigma - \nu + \frac{1}{\varsigma}\mu\nu \preceq 0$$

$$x^\top(k)\nu \leqslant \varsigma$$
$$\nu \succeq \rho \mathbf{1}_n \tag{6-39}$$
$$\rho\delta \geqslant \varsigma$$

成立, 其中, $\tilde\nu \succ 0$ 是给定的 $\Re^m$ 向量, 那么, 在 MPC 控制律

$$u(k+i) = Kx(k+i) = \frac{1}{\tilde\nu B^\top \nu}\tilde\nu\varsigma^\top x(k+i) \tag{6-40}$$

下, 闭环系统 (6-31) 是具有 ℓ_1 增益性能鲁棒稳定的。

6.3.2　改进的 MPC

定理 6-8 考虑了正系统的 RMPC。利用算法 6-2 得到了控制律, 获得了最优的 ℓ_1 增益性能。定理 6-8 中为使得条件是 LP 形式, 要求 ς 和 μ 的值是已知的。这两个值的选取并非简单的工作, 同时, 这两个值的存在会使求出的 MPC 控制律不是最优的或局部最优的。

本节将改进上一节 MPC 设计的方法, 目标是: 得到比定理 6-8 更好的状态收敛效果; 给出一种平衡最优 ℓ_1 增益性能和状态收敛效果的设计。首先, 给出引理 6-8 代替引理 6-6。

引理 6-8　如果存在实数 $\gamma>0, \zeta>0$ 和 $\Re^n$ 向量 $v^{(i)}\succ 0, v^{(i+1)}\succ 0, \varsigma^{(i)}\in\Re^n$ 使得不等式 (6-35) 和

$$D^\top v^{(i+1)} - \frac{1-\sigma}{\eta}\zeta\mathbf{1}_r \preceq 0 \tag{6-41a}$$

$$A^\top v^{(i+1)} + \varsigma^{(i)} - \sigma v^{(i)} \preceq 0 \tag{6-41b}$$

$$x^\top(k)v^{(0)} \leqslant \zeta \tag{6-41c}$$

对 $i=0,1,\cdots,J-1$, 成立, 其中, $0<\sigma<1$, $\tilde v^{(i)}\succ 0$ 是给定的 $\Re^m$ 向量, 那么, 在 MPC 控制律 (6-36) 下 $x(k+i)\in\{x|x^\top v^{(i)}\leqslant\zeta\}$。

证明　注意引理 6-5, 利用条件 (6-41a) 和条件 (6-41b) 得出

$$x^\top(k+i+1)v^{(i+1)} \leqslant \sigma x^\top(k+i)v^{(i)} + \frac{1-\sigma}{\eta}\zeta\omega^\top(k+i)\mathbf{1}_r$$

根据 $0<\sigma<1, \eta>0$ 和 $\zeta>0$, $\frac{1-\sigma}{\eta}\zeta>0$。下面利用数学归纳法给出证明。在第一步, 利用条件 (6-41c) 得 $x^\top(k)v^{(0)}\leqslant\zeta$。第二步, 假设 $x(k+i)\in\{x|x^\top v^{(i)}\leqslant\zeta\}$, 则 $x^\top(k+i+1)v^{(i+1)}\leqslant\sigma\zeta+\frac{1-\sigma}{\eta}\zeta\cdot\eta=\zeta$, 这意味着 $x(k+i+1)\in\{x|x^\top v^{(i+1)}\leqslant\zeta\}$。　　　　$\square$

定理 6-9　如果存在实数 $\gamma>0,\rho>0,\zeta>0$ 和 $\Re^n$ 向量 $v^{(i)}\succ 0,v^{(i+1)}\succ 0$, $\varsigma^{(i)}$ 使得不等式 (6-35)、不等式 (6-38) 和不等式 (6-41) 对 $i=0,1,\cdots,J-1$, 成立，则在控制律 (6-36) 下，闭环系统是具有 ℓ_1 增益性能鲁棒稳定的。

定理 6-9 可以通过引理 6-5、引理 6-8 和引理 6-7 获得。提供如下算法。

算法 6-3　$\min\limits_{v^{(i)},v^{(i+1)},\varsigma^{(i)},\rho,\gamma,\zeta}\zeta$ 约束于条件 (6-35)、条件 (6-38) 和条件 (6-41)。

注 6-12　算法 6-3 可以通过简单的迭代过程实现：

① 给定初始值 $x(k_0)$，执行算法 6-3。然后，有 $u(k_0)=K_0 x(k_0)$；

② 选择值 $x(k_0+1)$ 并执行算法 6-3 得 $u(k_0+1)=K_0' x(k_0+1)$；

③ 重复 ① 和 ② 直到 $i=J-1$。

很明显，算法 6-3 中可能丧失 ℓ_1 增益 γ 的最优性。为了平衡 γ 的最优性和状态的收敛效果，参考下面算法。

算法 6-4　$\min\limits_{v^{(i)},v^{(i+1)},\varsigma^{(i)},\rho,\gamma,\zeta}f(\gamma,\zeta)=\alpha\gamma+\beta\zeta$ 约束于条件 (6-35)、条件 (6-38) 和条件 (6-41)，其中，$\alpha\geqslant 0,\beta\geqslant 0$。

6.3.3　仿真例子

本节提供一个关于金融投资的例子证实提出预测控制的有效性。

例 6-4　设 $x(k)\in\Re^3$ (单位：百万) 为投资收益，$\omega(t)\in\Re^3$ 为市场竞争、金融政策等外部因素变量。假设投资收益和外部因素变量总是非负的。MPC 的性能指标代表收入上限，如果投资收入超过上限，则投资可能是非法的。条件 (6-4) 表示外部因素变量的上限，如果外生效应超过给定的上限，则投资收益可能为负。这样一个投资方案可以由系统 (6-31) 描述，通过 MPC 方法预测方案的合理性，其中

$$A=\begin{pmatrix}0.6 & 0.4 & 1.0\\ 0.5 & 0.7 & 1.3\\ 0.8 & 0.6 & 0.9\end{pmatrix},B=\begin{pmatrix}1.3 & 1.5 & 0.4\\ 0.6 & 1.5 & 0.3\\ 0.1 & 0.7 & 1.2\end{pmatrix}$$

$$C=\begin{pmatrix}0.01 & 0.02 & 0.01\\ 0.02 & 0.05 & 0.01\\ 0.01 & 0.03 & 0.03\end{pmatrix},D=\begin{pmatrix}0.03 & 0.01 & 0.05\\ 0.02 & 0.07 & 0.01\\ 0.04 & 0.04 & 0.06\end{pmatrix}$$

$$E=\begin{pmatrix}0.01 & 0.08 & 0.02\\ 0.03 & 0.06 & 0.03\\ 0.02 & 0.05 & 0.01\end{pmatrix}$$

$\eta=0.2,\hbar\leqslant 5,\delta=1.5$。选择 $N=2,\sigma=0.8,\widetilde{v}^{(0)}=\widetilde{v}^{(1)}=(1\ 1\ 1)^\top$ 和 $x(0)=$

$(0.2\ 0.3\ 0.4)^{\top}$。由定理 6-9 和算法 6-3 可得初始采样时刻处 MPC 控制器：

$$u(0) = K_0^1 x(0) = \begin{pmatrix} -0.1153 & -0.0947 & -0.2932 \\ -0.1153 & -0.0947 & -0.2932 \\ -0.1153 & -0.0947 & -0.2932 \end{pmatrix}$$

重复上述过程可得第二个采样时刻 MPC 控制器：

$$u(1) = K_0^2 x(1) = \begin{pmatrix} -0.0423 & -0.1085 & -0.2970 \\ -0.0423 & -0.1085 & -0.2970 \\ -0.0423 & -0.1085 & -0.2970 \end{pmatrix}$$

图 6-7、图 6-8 和图 6-9 是状态、$x^{\top}(k)\mathbf{1}_3$ 以及输出仿真结果。为显示算法 6-3 对系统状态约束的鲁棒性，选择不同的 δ 值。图 6-10 是在不同 δ 值下 $x^{\top}(k)\mathbf{1}_3$ 的仿真。

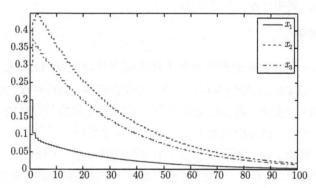

图 6-7   状态 $x_1(k), x_2(k)$ 和 $x_3(k)$ 的仿真结果

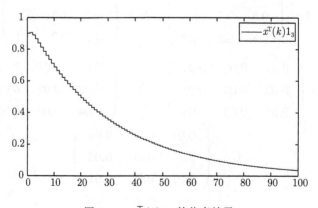

图 6-8 $x^{\top}(k)\mathbf{1}_3$ 的仿真结果

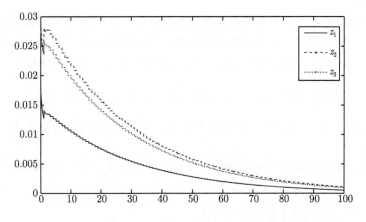

图 6-9　输出 $z_1(k), z_2(k)$ 和 $z_3(k)$ 的仿真结果

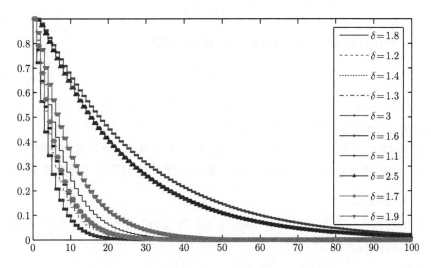

图 6-10　在不同约束状态下 $x^\top(k)\mathbf{1}_3$ 的响应

6.4　改进的正系统 MPC 标架

上面提出的 MPC 设计均假定 MPC 控制律是负的,设计的 MPC 控制律增益矩阵也包含秩受限。这样的设计不仅包含保守性,更重要的是,直接导致设计的 MPC 控制律是非最优的,大大降低了设计的实效性。考虑这些问题,本节将提出改进的 MPC 标架,以克服上述结论的保守性。

考虑系统:

$$x(k+1) = A(k)x(k) + B(k)u(k) \tag{6-42}$$

其中, $k \in \mathbb{N}$, $x(k) \in \Re^n$ 是系统状态, $u(k) \in \Re^m$ 是控制输入。系统矩阵 $A(k) \in \Re^{n \times n}$ 和 $B(k) \in \Re^{n \times r}$ 满足两类不确定性: 区间不确定和多胞体不确定。为方便读者阅读, 重新给出这两类不确定。对于区间不确定, 系统矩阵位于集合 Ω_1 中:

$$\Omega_1 \stackrel{\text{def}}{=} \left\{ [A(k)|B(k)] \big| A_1 \preceq A(k) \preceq A_2, B_1 \preceq B(k) \preceq B_2 \right\} \tag{6-43}$$

其中, $A_1 \succeq 0, B_1 \succeq 0$。对于多胞体不确定, 系统矩阵位于集合 Ω_2 中:

$$\Omega_2 \stackrel{\text{def}}{=} \left\{ [A(k)|B(k)] \big| [A(k)|B(k)] = \sum_{i=1}^{J} \gamma_i [A_i|B_i], \sum_{i=1}^{J} \gamma_i = 1, \gamma_i \geqslant 0, J \in \mathbb{N}^+ \right\} \tag{6-44}$$

其中, $A_i \succeq 0, B_i \succeq 0, i = 1, 2, \cdots, J$。

系统 (6-42) 状态约束于:

$$\Gamma x(k) \preceq \delta \tag{6-45}$$

其中, $\Gamma \succeq 0, \Gamma \in \Re^{n \times n}, \delta \succ 0, \delta \in \Re^n$。输入约束为

$$K_1 \ell_1 + K_2 \ell_2 \preceq \theta \tag{6-46}$$

其中, $\ell_1 \prec 0, \ell_2 \succ 0, \theta \succ 0, K_1 \prec 0, K_2 \succ 0$。$K_1$ 和 K_2 是控制器 $u(k+i|k) = K_1 x(k+i|k) + K_2 x(k+i|k)$ 的增益矩阵。

注 6-13 在 6.1 节~6.3 节中, 控制器被要求是非正。将约束控制律 (6-46) 中增益 K 分解为 K_1 和 K_2, 进而, 6.1 节~6.3 节中控制器符号的受限被移除。

6.4.1 主要结论

本节将提出区间和多胞体正系统 (6-42) 的 MPC 设计, 分别为线性性能指标和 MPC 控制设计。

6.4.1.1 线性性能指标

对于正系统的 MPC, 引入一个线性性能指标:

$$\min_{u(k+i|k), i \in \mathbb{N}} \quad \max_{[A(k+i)\ B(k+i)] \in \Omega_1(\Omega_2), i \in \mathbb{N}} J_\infty(k) \tag{6-47}$$

且

$$J_\infty(k) = \sum_{i=0}^{\infty} \left(x^\top(k+i|k)\varsigma + u_1^\top(k+i|k)\varrho_1 + u_2^\top(k+i|k)\varrho_2 \right) \tag{6-48}$$

其中, $x(k+i|k)$ 是采样时刻 k 处的预测状态, $\varsigma \succ 0, \varsigma \in \Re^n, \varrho_1 \prec 0, \varrho_1 \in \Re^m, \varrho_2 \succ 0$, $\varrho_2 \in \Re^m$; $u_1(k+i|k) \prec 0$ 和 $u_2(k+i|k) \succ 0$ 是第 k 个采样点处的预测控制输入 $u(k+i|k)$ 的分量, 即, $u(k+i|k) = u_1(k+i|k) + u_2(k+i|k)$。

对于线性框架 (6-47)，给出如下解释。

注 6-14 (1) 线性框架 (6-47) 是文献 [190] 中二次框架的扩展。二次型框架由两部分组成，一部分涉及系统状态，另一部分是控制输入。二次框架是用来描述系统能量的变化。正系统经常描述特定种群中动物的数量、在通信网络中传输的数据包的数量等。二次型框架不适合用来描述正系统的相关问题，线性框架比二次框架更合适描述关于数量的一些量。

(2) 考虑 $x^{\top}(k+i|k)\varsigma$，可推出 $\varepsilon_1||x(k+i|k)||_1 \leqslant x^{\top}(k+i|k)\varsigma \leqslant \varepsilon_2||x(k+i|k)||_1$，其中，$\varepsilon_1$ 和 ε_2 是向量 ς 的最小和最大元素。众所周知，1 范数 $||x(k+i|k)||_1$ 可以表述某些对象的数量，这符合正系统的特点。

(3) 考虑式 (6-48) 右边的第二和第三项，得到

$$
\begin{aligned}
u_1^{\top}(k+i|k)\varrho_1 + u_2^{\top}(k+i|k)\varrho_2 &\geqslant -\varepsilon_4||u_1(k+i|k)||_1 + \varepsilon_5||u_2(k+i|k)||_1 \\
&\geqslant \min\{-\varepsilon_4, \varepsilon_5\}(||u_1(k+i|k)||_1 + ||u_2(k+i|k)||_1) \\
&\geqslant \min\{-\varepsilon_4, \varepsilon_5\}||u(k+i|k)||_1
\end{aligned}
$$

其中，ε_3 和 ε_4 分别是 ϱ_1 的最小和最大元素，ε_5 和 ε_6 分别是 ϱ_2 的最小和最大元素。因此，性能指标 (6-47) 定义了一个优化问题：$\min\limits_{u(k+i|k),i\in\mathbb{N}} \max\limits_{[A(k+i)\ B(k+i)]\in\Omega_1\ (\Omega_2),i\in\mathbb{N}}$ $||x(k+i|k)||_1 + ||u(k+i|k)||_1$，这与正系统的本质属性是一致的。

为达到性能指标 (6-47)，选择一个 LCLF：

$$
V(x(k+i|k)) = x^{\top}(k+i|k)v \tag{6-49}
$$

其中，$v \succ 0, v \in \Re^n$。为保证系统的稳定性，引入稳定条件：

$$
\begin{aligned}
&V(x(k+i+1|k)) - V(x(k+i|k)) \\
&\leqslant -\big(x^{\top}(k+i|k)\varsigma + u_1^{\top}(k+i|k)\varrho_1 + u_2^{\top}(k+i|k)\varrho_2\big)
\end{aligned} \tag{6-50}
$$

其中，参数 $\varsigma, \varrho_1, \varrho_2$ 的定义与式 (6-48) 相同。

6.4.1.2　MPC 设计

本小节将分别提出区间正系统和多胞体正系统的 MPC 设计。首先，设计 MPC 控制器。然后，处理约束条件，并将相应条件融入到 MPC 控制设计中。最后，提出系统的鲁棒稳定性。

引理 6-9 (控制律) (1) 如果存在实数 $\hbar > 1, \gamma > 0$ 和向量 $v \succ 0, v \in \Re^n$，$\underline{z}^{(\imath)} \in \Re^n, \underline{z} \prec 0, \underline{z} \in \Re^n, \overline{z}^{(\imath)} \succ 0, \overline{z}^{(\imath)} \in \Re^n, \overline{z} \in \Re^n, \mu \succ 0, \mu \in \Re^m$ 使得

$$
A_2^{\top}v + \underline{z} + \overline{z} - v + \varsigma \prec 0 \tag{6-51a}
$$

$$\hbar A_1 \mathbf{1}_m^\top \mu + \hbar B_2 \sum_{\imath=1}^{m} \mathbf{1}_m^{(\imath)} \underline{z}^{(\imath)\top} + B_1 \sum_{\imath=1}^{m} \mathbf{1}_m^{(\imath)} \underline{z}^{(\imath)\top} \succeq 0 \tag{6-51b}$$

$$B_1^\top v + \varrho_1 \succ \mu \tag{6-51c}$$

$$B_2^\top v + \varrho_2 \prec \hbar\mu \tag{6-51d}$$

$$\underline{z}^{(\imath)} \prec \underline{z}, \imath = 1, 2, \cdots, m \tag{6-51e}$$

$$\overline{z}^{(\imath)} \prec \overline{z}, \imath = 1, 2, \cdots, m \tag{6-51f}$$

和

$$x^\top(k|k)v \leqslant \gamma \tag{6-52}$$

成立, 那么, 在 MPC 控制律 $u(k+i|k) = Kx(k+i|k) = u_1(k+i|k) + u_2(k+i|k)$ 下, 其中

$$\begin{aligned} u_1(k+i|k) &= K_1 x(k+i|k) = \dfrac{\displaystyle\sum_{\imath=1}^{m} \mathbf{1}_m^{(\imath)} \underline{z}^{(\imath)\top}}{\mathbf{1}_m^\top \mu} x(k+i|k) \\[2mm] u_2(k+i|k) &= K_2 x(k+i|k) = \dfrac{\displaystyle\sum_{\imath=1}^{m} \mathbf{1}_m^{(\imath)} \overline{z}^{(\imath)\top}}{\hbar \mathbf{1}_m^\top \mu} x(k+i|k) \end{aligned} \tag{6-53}$$

区间系统 (6-42) 是正的, 且条件 (6-50) 满足, 其中, $K = K_1 + K_2$。

(2) 如果存在实数 $\hbar > 1, \gamma > 0$ 和向量 $v \succ 0, v \in \Re^n, \underline{z}^{(\imath)} \in \Re^n, \underline{z} \prec 0, \underline{z} \in \Re^n$, $\overline{z}^{(\imath)} \succ 0, \overline{z}^{(\imath)} \in \Re^n, \overline{z} \in \Re^n, \mu \succ 0, \mu \in \Re^m$ 使得

$$A_p^\top v + \underline{z} + \overline{z} - v + \varsigma \prec 0 \tag{6-54a}$$

$$\hbar A_p \mathbf{1}_m^\top \mu + \hbar B_p \sum_{\imath=1}^{m} \mathbf{1}_m^{(\imath)} \underline{z}^{(\imath)\top} + B_p \sum_{\imath=1}^{m} \mathbf{1}_m^{(\imath)} \underline{z}^{(\imath)\top} \succeq 0 \tag{6-54b}$$

$$B_p^\top v + \varrho_1 \succ \mu \tag{6-54c}$$

$$B_p^\top v + \varrho_2 \prec \hbar\mu \tag{6-54d}$$

$$\underline{z}^{(\imath)} \prec \underline{z}, \imath = 1, 2, \cdots, m \tag{6-54e}$$

$$\overline{z}^{(\imath)} \prec \overline{z}, \imath = 1, 2, \cdots, m \tag{6-54f}$$

和条件 (6-52) 对任意 $p = 1, 2, \cdots, J$ 成立, 那么, 在 MPC 控制律 $u(k+i|k) = Kx(k+i|k) = u_1(k+i|k) + u_2(k+i|k)$ 及条件 (6-53) 下, 多胞体系统 (6-42) 是正的且条件 (6-50) 满足, 其中, $K = K_1 + K_2$。

证明　(1) 结合 $\underline{z} \prec 0, \overline{z}^{(\imath)} \succ 0$、条件 (6-51e) 和条件 (6-51f)，推出 $K_1 \prec 0$

和 $K_2 \succ 0$。由 $\mu \succ 0$ 和条件 (6-51b) 可得 $A_1 + B_2 \dfrac{\displaystyle\sum_{\imath=1}^{m} \mathbf{1}_m^{(\imath)} \underline{z}^{(\imath)\top}}{\mathbf{1}_m^\top \mu} + B_1 \dfrac{\displaystyle\sum_{\imath=1}^{m} \mathbf{1}_m^{(\imath)} \underline{z}^{(\imath)\top}}{\hbar \mathbf{1}_m^\top \mu}$

$\succeq 0$。结合式 (6-53) 推出 $A_1 + B_2 K_1 + B_1 K_2 \succeq 0$。再据区间不确定条件可得

$$A_1 + B_2 K_1 + B_1 K_2 \preceq A + BK = A + BK_1 + BK_2 \preceq A_2 + B_1 K_1 + B_2 K_2$$

这表明 $A + BK \succeq 0$，则据引理 1-7，区间系统 (6-42) 是正的，即，$x(k+i|k) \succeq 0$。

利用条件 (6-51c) 和条件 (6-51d) 得 $\mathbf{1}_m^\top (B_1^\top v + \varrho_1) > \mathbf{1}_m^\top \mu > 0$ 和 $0 <$ $\mathbf{1}_m^\top (B_2^\top v + \varrho_2) < \hbar \mathbf{1}_m^\top \mu$。因此，可得 $\dfrac{\mathbf{1}_m^\top (B_1^\top v + \varrho_1)}{\mathbf{1}_m^\top \mu} > 1$ 和 $0 < \dfrac{\mathbf{1}_m^\top (B_2^\top v + \varrho_2)}{\hbar \mathbf{1}_m^\top \mu} < 1$。

结合条件 (6-51e)、条件 (6-51f) 和条件 (6-53) 得

$$\begin{aligned} K_1^\top (B_1^\top v + \varrho_1) + K_2^\top (B_2^\top v + \varrho_2) &\prec \frac{\displaystyle\sum_{\imath=1}^{m} \underline{z} \mathbf{1}_m^{(\imath)\top} (B_1^\top v + \varrho_1)}{\mathbf{1}_m^\top \mu} + \frac{\displaystyle\sum_{\imath=1}^{m} \overline{z} \mathbf{1}_m^{(\imath)\top} (B_2^\top v + \varrho_2)}{\hbar \mathbf{1}_m^\top \mu} \\ &= \frac{\underline{z} \mathbf{1}_m^\top (B_1^\top v + \varrho_1)}{\mathbf{1}_m^\top \mu} + \frac{\overline{z} \mathbf{1}_m^\top (B_2^\top v + \varrho_2)}{\hbar \mathbf{1}_m^\top \mu} \\ &\prec \underline{z} + \overline{z} \end{aligned}$$

一方面，结合条件 (6-51a) 推出

$$A_2^\top v + K_1^\top (B_1^\top v + \varrho_1) + K_2^\top (B_2^\top v + \varrho_2) - v + \varsigma \prec A_2^\top v + \underline{z} + \overline{z} - v + \varsigma \prec 0$$

另一方面，利用区间不确定性和 $K_1 \prec 0, K_2 \succ 0$ 得

$$\begin{aligned} &A^\top (k+i) v + K_1^\top B^\top (k+i) v + K_1^\top \varrho_1 + K_2^\top B^\top (k+i) v + K_2^\top \varrho_2 - v + \varsigma \\ &\prec A_2^\top v + K_1^\top (B_1^\top v + \varrho_1) + K_2^\top (B_2^\top v + \varrho_2) - v + \varsigma \\ &\prec 0 \end{aligned}$$

上式两边乘以 $x(k+i|k) \succeq 0$ 得

$$\begin{aligned} x^\top (k+i|k) \big(&A^\top (k+i) v + K_1^\top B^\top (k+i) v + K_1^\top \varrho_1 \\ &+ K_2^\top B^\top (k+i) v + K_2^\top \varrho_2 - v + \varsigma \big) < 0 \end{aligned}$$

这表明条件 (6-50) 成立。将其两边从 $i = 0$ 到 ∞ 求和得

$$\max_{[A(k+i)\ B(k+i)] \in \Omega_1\ (\Omega_2), i \in \mathbb{N}} J_\infty(k) \leqslant V(x(k|k)) - \lim_{i \to \infty} V(x(k+i+1|k)) \leqslant V(x(k|k))$$

其中，最后一个不等式成立是由于 $\lim\limits_{i\to\infty} V(x(k+i+1|k)) = 0$。因此，性能指标 (6-47) 可以通过求解一个优化问题：$\min\limits_{v(0,k),\gamma}\gamma$ 约束于 $V(x(k|k)) \leqslant \gamma$ 得到，其中，$\gamma > 0$。

(2) 类似 (1) 中的证明方法可得

$$A_p + B_p\dfrac{\sum\limits_{i=1}^{m}\mathbf{1}_m^{(i)}\underline{z}^{(i)\top}}{\mathbf{1}_m^\top\mu} + B_p\dfrac{\sum\limits_{i=1}^{m}\mathbf{1}_m^{(i)}\bar{z}^{(i)\top}}{\hbar\mathbf{1}_m^\top\mu} \succeq 0$$

结合控制律 (6-53) 推出 $A_p + B_pK_1 + B_pK_2 = A_p + B_pK \succeq 0$。利用多胞体条件得 $A(k+i) + B(k+i)K = \sum\limits_{p=1}^{J}\gamma_p(A_p + B_pK) \succeq 0$。根据引理 1-7，多胞体系统 (6-42) 是正的。

首先易得

$$A_p^\top v + K_1^\top(B_p^\top v + \varrho_1) + K_2^\top(B_p^\top v + \varrho_2) - v + \varsigma \preceq A_p^\top v + \underline{z} + \bar{z} - v + \varsigma \prec 0$$

上式两边乘以 $0 \leqslant \gamma_p \leqslant 1$ 而后将结果的两边从 0 到 J 求和得

$$\begin{aligned}
&\sum_{p=1}^{J}\gamma_p\big(A_p^\top v + K_1^\top(B_p^\top v + \varrho_1) + K_2^\top(B_p^\top v + \varrho_2) - v + \varsigma\big) \\
&= \sum_{p=1}^{J}\gamma_p A_p^\top v + \sum_{p=1}^{J}\gamma_p(K_1^\top(B_p^\top v + \varrho_1)) \\
&\quad + \sum_{p=1}^{J}\gamma_p(K_2^\top(B_p^\top v + \varrho_2)) - \sum_{p=1}^{J}\gamma_p v + \sum_{p=1}^{J}\gamma_p\varsigma \\
&= A^\top(k+i)v + K_1^\top B^\top(k+i)v + K_1^\top\varrho_1 + K_2^\top B^\top(k+i)v + K_2^\top\varrho_2 - v + \varsigma \\
&\prec 0
\end{aligned}$$

其中，γ_p 满足 $\sum\limits_{p=1}^{J}\gamma_p = 1$。由 $x(k+i|k) \succeq 0$ 可得

$$\begin{aligned}
&x^\top(k+i|k)\big(A^\top(k+i)v + K_1^\top B^\top(k+i)v + K_1^\top\varrho_1 \\
&+ K_2^\top B^\top(k+i)v + K_2^\top\varrho_2 - v + \varsigma\big) < 0
\end{aligned}$$

剩余证明可类似 (1) 中证明获得，略。   □

增益性能值 γ 可通过下面最优化求得

$$\min_{v,\underline{z}^{(i)},\underline{z},\bar{z}^{(i)},\bar{z},\mu,\gamma}\gamma \text{ 约束于条件 (6-51) 和条件 (6-52) (或条件 (6-4) 和条件 (6-52))}$$

$$(6\text{-}55)$$

条件 (6-51) 和条件 (6-54) 中的参数 $\hbar$ 被要求是已知的。这意味着 γ 的值依赖于 $\hbar$。我们提供一个算法求解条件 (6-51)。

算法　6-5

第 1 步：令 $\hbar \in [\underline{\hbar}, \overline{\hbar}]$，其中，$\underline{\hbar} > 0, \overline{\hbar} > 0$。选择 $\hbar_k = 1 + s_0 k$，其中，$k = 1, 2, \cdots$，$s_0 > 0$ 代表步长。选定 $\hbar_1$，执行条件 (6-51)。若条件不可行，选择 $\hbar_2 = 1 + 2s_0$ 并执行条件 (6-51)。重复上面步骤直到第 p 步条件可行时停止，其中，$p \in \mathbb{N}^+$。

第 2 步：通过二分法在区间 $[\hbar_{p-1}, \hbar_p]$ 内找到 $\underline{\hbar}$。

第 3 步：选择 $\hbar_k = \hbar + s_1 k$，其中，$k = 1, 2, \cdots$，$s_1 > 0$。选定 $\hbar_1$，执行条件 (6-51)。若条件不可行，执行 $\hbar_2 = 1 + 2s_1$ 直到第 q 步时条件可行时停止，其中，$q \in \mathbb{N}^+$。

第 4 步：通过二分法，在区间 $[\hbar_{q-1}, \hbar_q]$ 内找到 $\overline{\hbar}$。

第 5 步：令 $\hbar_k = \hbar + s_2 k$，其中，$k = 0, 1, \cdots$，$s_2 > 0$ 代表步长。求解优化问题 (6-55) 并找到 γ 的最小值。

对于正系统，锥经常被选做系统的不变集。这里同样借助锥不变集来讨论 MPC 的递归可行性。

引理 6-10 (不变集)　假定优化问题 (6-55) 是可行的，那么，一个锥集 $\mathfrak{S} = \{x(k+i|k)|x^\top(k+i|k)v \leqslant \gamma, \forall k \in \mathbb{N}, \forall i \in \mathbb{N}\}$ 是系统的不变集。

引理 6-10 可以从引理 6-9 的证明直接得出。

下面引理用来处理系统的约束。

引理 6-11 (约束)　假设引理 6-9 中的条件成立。进一步，如果存在实数 $\rho > 0$ 使得

$$v \succeq \rho \mathbf{1}_n \tag{6-56a}$$

$$\gamma \Gamma \mathbf{1}_n \preceq \rho \delta \tag{6-56b}$$

$$\hbar \sum_{i=1}^m \mathbf{1}_m^{(i)} \underline{z}^{(i)\top} \ell_1 + \sum_{i=1}^m \mathbf{1}_m^{(i)} \overline{z}^{(i)\top} \ell_2 \preceq \hbar \mathbf{1}_m^\top \mu \theta \tag{6-56c}$$

成立，那么，约束条件 (6-45) 和条件 (6-46) 满足。

证明　据条件 (6-56a) 可得 $\gamma \geqslant x^\top(k)v \geqslant \rho x^\top(k)\mathbf{1}_n$。结合条件 (6-56b) 给出 $\Gamma x(k) \preceq \dfrac{\gamma}{\rho}\Gamma \mathbf{1}_n \preceq \delta$。基于条件 (6-56c)，条件 (6-46) 可直接获得。　□

增益性能 γ 的最优值可通过下面最优化求解：

min γ 约束于条件 (6-51)、条件 (6-52) 和条件 (6-56) (或条件 (6-54)、
条件(6-52) 和条件 (6-56))

$$(6\text{-}57)$$

注 6-15　条件 (6-46) 仅对增益矩阵施加约束而不是控制律，这与 MPC 已有的结论是不同的。在文献 [190] 和文献 [203]～ 文献 [205] 中，控制律 $u(k)$ 的约束是范数有界的。由引理 6-10，可知 $x^\top(k)v \leqslant \gamma$。再结合条件 (6-56a) 可得 $\|x(k)\|_1 \leqslant \dfrac{\gamma}{\rho}$。条件 (6-46) 意味着 $K_1\ell_1 \preceq \theta$。利用条件 $K_1 \prec 0$，可得 $-K_1\mathbf{1}_n \preceq \dfrac{1}{\xi_1}\theta$，其中 ξ_1 是 $-\ell_1$ 的最小元素。类似地，$K_2\mathbf{1}_n \preceq \dfrac{1}{\xi_2}\theta$，其中，$\xi_2$ 是 ℓ_2 的最小元素，则 $\|K_1\|_1 \leqslant \dfrac{r\xi_3}{\xi_1}$，$\|K_2\|_1 \leqslant \dfrac{r\xi_3}{\xi_2}$，其中，$\xi_3$ 是 θ 的最大元素。因此

$$\|u(k)\|_1 = \|K_1x(k) + K_2x(k)\|_1 \leqslant (\|K_1\|_1 + \|K_1\|_2)\|x(k)\|_1 \leqslant \frac{m\gamma\xi_3^2}{\rho\xi_1\xi_2}$$

这说明控制输入是范数有界的。

引理 6-12　如果在第 k 个采样点处优化问题 (6-57) 是可行的，那么，对于所有 $k' > k$ 处该优化问题也是可行的。

证明　注意到引理 6-9 和引理 6-10 中的条件，只有条件 (6-52) 依赖于可测状态 $x(k|k)$，其满足条件 $x^\top(k|k)v \leqslant \gamma$。从引理 6-9 和引理 6-10 可知 $x^\top(k+i|k)v \leqslant \gamma$。对于状态 $x(k+1|k+1)$，显然，$x(k+1|k+1) = (A(k) + B(k)K)x(k|k)$。在状态 $x(k|k)$ 可测的情况下，状态 $x(k+1|k+1)$ 也是可测的。因此，$x^\top(k+1|k+1)v \leqslant \gamma$。这表明优化问题在第 k 个采样点处的可行解也是第 $k + 1$ 个采样点处的可行解。　□

定理 6-10 (鲁棒稳定)　假设引理 6-9 和引理 6-11 中的条件成立，那么，从优化问题 (6-57) 获得的控制律鲁棒镇定系统 (6-41)。

证明　重写 LCLF 为：$V(x(k+i|k)) = x^\top(k+i|k)v_k$，其中，$v_k$ 是采样时刻 k 处求得的最优解。若优化问题 (6-57) 在采样时刻 k 是可行的，引理 6-12 确保在 $k \geqslant 0$ 的可行性。进而，$x^\top(k+1|k+1)v_{k+1} \leqslant x^\top(k+1|k+1)v_k$，其中，$v_{k+1}$ 是采样时刻 $k+1$ 时的可行解。利用引理 6-10，有 $x^\top(k+1|k)v_k \leqslant x^\top(k|k)v_k$。基于 $x(k+1|k+1) = (A(k) + B(k)K)x(k|k)$，$x^\top(k+1|k+1)v_k \leqslant x^\top(k|k)v_k$ 成立。因此，$x^\top(k+1|k+1)v_{k+1} \leqslant x^\top(k+1|k+1)v_k \leqslant x^\top(k|k)v_k$。这证明 LCLF 是严格递减的，即，所考虑的系统是鲁棒稳定的。　□

注 6-16　本节基于 LCLF 和 LP 方法提出了正系统的具有线性增益性能的 MPC 控制设计。所用的 LCLF 是参数独立型，正如第 6.2 节所述，这类 Lyapunov 函数方法具有一定的保守性。在 6.2 节已经借助参数依赖型 LCLF 和多步控制策略解决了无扰正系统的 MPC 问题，沿用这个方法进一步考虑含外扰正系统的 MPC 问题是非常有趣的研究主题。

6.4.2 基于 MPC 的 HIV 治疗方法

HIV 是一类非常严重的传染类疾病，它时刻威胁人类的生命健康。到目前，还没有彻底抑制 HIV 病毒传染的有效方法。文献 [6] 和文献 [206] 利用正切换系统刻画 HIV 病毒突变治疗过程 (可参考第 1 章 HIV 病毒演化过程例子)，其中，每个子系统描述一种可能的药物治疗，其状态表示几种病毒基因类型的总体。文献 [6] 设计了基于不同药物疗程的切换律以获得最佳治疗效果。特别地，MPC 控制策略被用于缓解 HIV 突变[206]。本节中将继续讨论文献 [6] 和文献 [206] 中的模型。这里仅仅考虑某个具体治疗过程。在每个药物治疗过程中，有两个关键的方面可以消除 HIV 病毒：病人应该用多少量的药？什么时候该用哪一类药？这两个方面都取决于病毒基因类型在人体内的种群数量。

我们尝试使用系统 (6-41) 来描述上述过程，状态 $x(k) = (x_1(k)\ x_2(k)\ x_3(k))^\top$ 表示某种病毒基因型的种群，即，$x_1(k)$ 表示遗传变异群体，$x_2(k)$ 表示不易受药物影响的遗传变异群体，$x_3(k)$ 表示遗传变异群体对某一种药物不敏感但对其他药物敏感群体。控制输入 $u(k)$ 代表需要增加或减少的病毒基因型的数量，需要提出设计方法为医生提供参考，医生可以提供相应的治疗策略，例如，增加或减少某些药物的用量、在治疗过程中添加其他药物等。

例 6-5　考虑区间系统 (6-41)，其中

$$A_1 = \begin{pmatrix} 0.36 & 0.42 & 0.37 \\ 0.42 & 0.29 & 0.35 \\ 0.35 & 0.45 & 0.50 \end{pmatrix}, A_2 = \begin{pmatrix} 0.39 & 0.44 & 0.40 \\ 0.43 & 0.35 & 0.39 \\ 0.40 & 0.50 & 0.56 \end{pmatrix}$$

$$B_1 = \begin{pmatrix} 0.04 & 0.06 & 0.01 \\ 0.02 & 0.01 & 0.05 \\ 0.00 & 0.04 & 0.03 \end{pmatrix}, B_2 = \begin{pmatrix} 0.05 & 0.07 & 0.03 \\ 0.04 & 0.02 & 0.06 \\ 0.01 & 0.05 & 0.05 \end{pmatrix}$$

相应的参数选为

$$\Gamma = \begin{pmatrix} 0.5 & 1.1 & 0.3 \\ 0.4 & 0.2 & 1.6 \\ 2.1 & 0.5 & 0.8 \end{pmatrix}, \delta = \begin{pmatrix} 150 \\ 140 \\ 120 \end{pmatrix}, \varrho_1 = \begin{pmatrix} -0.001 \\ -0.001 \\ -0.001 \end{pmatrix}, \varrho_2 = \begin{pmatrix} 15 \\ 30 \\ 8 \end{pmatrix}$$

$$\ell_1 = \begin{pmatrix} -0.3 \\ -0.1 \\ -0.5 \end{pmatrix}, \ell_2 = \begin{pmatrix} 0.05 \\ 0.03 \\ 0.09 \end{pmatrix}, \theta = \begin{pmatrix} 6 \\ 4 \\ 7 \end{pmatrix}$$

预测步 $N = 2$，初始条件 $x(k_0) = (4\ 3\ 2)^\top$（单位：$\times 10^4$）。执行算法 6-5，可得 $\hbar \in [1.69, 1.9 \times 10^5]$。然后，在第一个预测时刻计算优化问题 (6-57) 可得控制增益为

$$K_1 = \begin{pmatrix} -2.4000 & -1.9097 & -0.8795 \\ -2.4000 & -1.9097 & -0.8795 \\ -2.4000 & -1.9097 & -0.8795 \end{pmatrix}, K_2 = 10^{-4} \times \begin{pmatrix} 0.1220 & 0.1220 & 0.1220 \\ 0.1220 & 0.1220 & 0.1220 \\ 0.1220 & 0.1220 & 0.1220 \end{pmatrix}$$

在第二个预测时刻，控制器增益为

$$K_1 = \begin{pmatrix} -2.4000 & -1.9180 & -0.7637 \\ -2.4000 & -1.9180 & -0.7637 \\ -2.4000 & -1.9180 & -0.7637 \end{pmatrix}, K_2 = 10^{-4} \times \begin{pmatrix} 0.1347 & 0.1347 & 0.1347 \\ 0.1347 & 0.1347 & 0.1347 \\ 0.1347 & 0.1347 & 0.1347 \end{pmatrix}$$

最终得 $\gamma = 1.0338$ 和 $\rho = 0.0673$。任意选择两对 $[A|B] \in \Omega_1$，其相应的系统状态为 $x^0(k)$ 和 $x^1(k)$。分别定义状态的上、下界为 $x''(k)$ 和 $x'(k)$。图 6-11~图 6-13 给出了系统状态的仿真结果，图 6-14 是 MPC 控制律的仿真结果，图 6-15 是 $x^\top(k)v$ 和 γ 的仿真结果，其中，横坐标表示采样时间，采样周期为两周，纵坐标表示病毒基因的种群数。

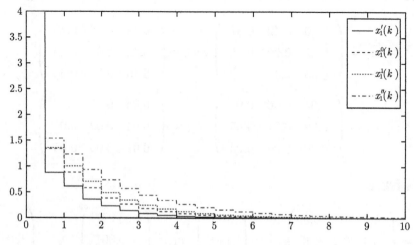

图 6-11　状态 $x_1'(k), x_1^0(k), x_1^1(k), x_1''(k)$ 的仿真

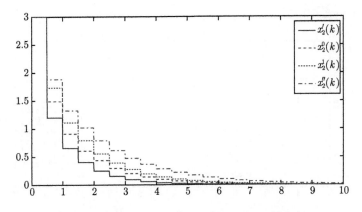

图 6-12 状态 $x_2'(k), x_2^0(k), x_2^1(k), x_2''(k)$ 的仿真

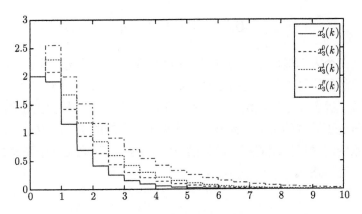

图 6-13 状态 $x_3'(k), x_3^0(k), x_3^1(k), x_3''(k)$ 的仿真

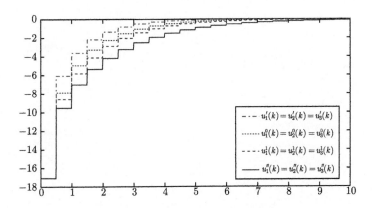

图 6-14 MPC 控制律的仿真结果

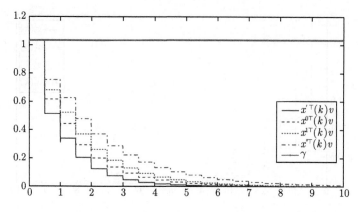

图 6-15　$x'^{\top}(k)v, x^{0\top}(k)v, x_3^{1\top}(k)v, x''^{\top}(k)v, \gamma$ 的仿真结果

6.5　本 章 小 结

　　本章从三个方面提出了正系统的 MPC 控制标架。首先，基于 LP 和 LCLF，建立了正系统的线性 MPC 控制标架。接着，在线性 MPC 框架下，考虑含外扰输入的正系统，提出基于线性增益性能的 MPC 设计方法。本章沿用前面章节的线性方法来研究正系统的 MPC 问题，首次提出正系统的 MPC 设计，从 MPC 角度解决正系统的最优控制问题。获得的方法为进一步研究正混杂系统的 MPC 设计提供了研究思路。

参 考 文 献

[1] Farina L, Rinaldi S. Positive Linear Systems: Theory and Applications. New York: Wiley, 2000.

[2] Kaczorek T. Positive 1-D and 2-D Systems. New York: Springer-Verlag, 2002.

[3] Cacace F, Farina L, Setola R, et al. Positive Systems: Theory and Applications. Berlin: Springer, 2017.

[4] Lam J, Chen Y, Liu X W, et al. Positive Systems: Theory and Applications. Berlin: Springer, 2019.

[5] Shorten R, Wirth F, Leith D. A positive systems model of TCP-like congestion control: asymptotic results. IEEE/ACM Transactions on Networking, 2006, 14(3): 616-629.

[6] Hernandez-Vargas E, Colaneri P, Middleton R, et al. Discrete-time control for switched positive systems with application to mitigating viral escape. International Journal of Robust and Nonlinear Control, 2011, 21(10): 1093-1111.

[7] Sun Y G, Tian Y E, Xie X J. Stabilization of positive switched linear systems and its application in consensus of multiagent systems. IEEE Transactions on Automatic Control, 2017, 62(12): 6608-6613.

[8] Arneson H, Dousse N, Langbort C. A linear programming approach to routing control in networks of constrained nonlinear positive systems with concave flow rates. Automatica, 2016, 68: 357-368.

[9] Benvenuti L, Farina L. The design of fiber-optic filters. Journal of Lightwave Technology, 2001, 19(9): 1366-1375.

[10] Raïssi T, Efimov D, Zolghadri A. Interval state estimation for a class of nonlinear systems. IEEE Transactions on Automatic Control, 2012, 57(1): 260-265.

[11] Feng S, Wu H N. Hybrid robust boundary and fuzzy control for disturbance attenuation of nonlinear coupled ODE-beam systems with application to a flexible spacecraft. IEEE Transactions on Fuzzy Systems, 2016, 25(5): 1293-1305.

[12] Dou C X, Liu B. Multi-agent based hierarchical hybrid control for smart microgrid. IEEE Transactions on Smart Grid, 2013, 4(2): 771-778.

[13] Emadi A, Lee Y J, Rajashekara K. Power electronics and motor drives in electric, hybrid electric, and plug-in hybrid electric vehicles. IEEE Transactions on Industrial Electronics, 2008, 55(6): 2237-2245.

[14] Hespanha J P. A model for stochastic hybrid systems with application to communication networks. Nonlinear Analysis: Theory, Methods & Applications, 2005, 62(8): 1353-1383.

[15] Peng C, Yang T C. Communication-delay-distribution-dependent networked control for a class of T-S fuzzy systems. IEEE Transactions on Fuzzy Systems, 2010, 18(2): 326-335.

[16] Branicky M S. Multiple Lyapunov functions and other analysis tools for switched and hybrid systems. IEEE Transactions on Automatic Control, 1998, 43(4): 475-482.

[17] Liberzon D, Morse A S. Basic problems in stability and design of switched systems. IEEE Control Systems Magazine, 1999, 19(5): 59-70.

[18] Liberzon D. Switching in Systems and Control. Boston: Birkhauser, 2003.

[19] Sun Z D, Ge S S. Switched Linear Systems-Control and Design. New York: Springer, 2004.

[20] Daafouz J, Riedinger P, Iung C. Stability analysis and control synthesis for switched systems: a switched Lyapunov function approach. IEEE Transactions on Automatic Control, 2002, 47(11): 1883-1887.

[21] Zhai G S, Hu B, Yasuda K, et al. Stability analysis of switched systems with stable and unstable subsystems: an average dwell time approach. International Journal of Systems Science, 2001, 32(8): 1055-1061.

[22] Xie D, Chen X. Observer-based switched control design for switched linear systems with time delay in detection of switching signal. IET Control Theory & Applications, 2008, 2(5): 437-445.

[23] Ji Z J, Wang L, Xie G M. Stabilizing discrete-time switched systems via observer-based static output feedback//Proceedings of IEEE International Conference on Systems, Man and Cybernetics, Washington D.C., 2003.

[24] 谢广明, 郑大钟. 线性切换系统基于范数的镇定条件及算法. 自动化学报, 2001, 21(2): 115-119.

[25] 张宵力, 赵军. 任意切换下不确定线性系统的鲁棒稳定. 自动化学报, 2002, 28(5): 859-861.

[26] 付主木, 费树岷, 龙飞. 一类线性切换系统 H_∞ 状态反馈控制: LMI 方法. 控制与决策, 2006, 21(2): 197-200.

[27] 张霄力, 刘玉忠, 赵军. 一类离散切换系统的渐近稳定性. 控制理论与应用, 2002, 19(5): 774-778.

[28] Xiong J L, Lam J, Gao H J, et al. On robust stabilization of Markovian jump systems with uncertain switching probabilities. Automatica, 2005, 41(5): 897-903.

[29] Lam J, Shu Z, Xu S, et al. Robust control of descriptor discrete-time Markovian jump systems. International Journal of Control, 2007, 80(3): 374-385.

[30] Zhang L X, Boukas E K. Stability and stabilization of Markovian jump linear systems with partly unknown transition probabilities. Automatica, 2009, 45(2): 463-468.

[31] Chen W H, Xu J X, Guan Z H. Guaranteed cost control for uncertain Markovian jump systems with mode-dependent time-delays. IEEE Transactions on Automatic Control, 2003, 48(12): 2270-2277.

[32] Leenheer P D, Aeyels D. Stabilization of positive linear systems. Systems & Control Letters, 2001, 44(4): 259-271.

[33] Haddad W M, Hayakawa T. Adaptive control for nonlinear nonnegative dynamical systems. Automatica, 2004, 40(9): 1637-1642.

[34] Gao H J, Lam J, Wang C H, et al. Control for stability and positivity: equivalent conditions and computation. IEEE Transactions on Circuits and Systems II: Express Briefs, 2005, 52(9): 540-544.

[35] Back J, Astolfi A. Positive linear observers for positive linear systems: a Sylvester equation approach//Proceedings of 2006 American Control Conference, Minneapolis, 2006.

[36] Shorten R N, Leith D J, Foy J, et al. Analysis and design of synchronized communication networks//Proceedings of the 12th Yale Workshop on Adaptive and Learning Systems, Connecticut, 2003.

[37] Jadbabaie A, Lin J, Morse A S. Coordination of groups of mobile autonomous agents using nearest neighbor rules. IEEE Transactions on Automatic Control, 2003, 48(6): 988-1001.

[38] Shorten R N, Leith D J, Foy J, et al. Analysis and design of AIMD congestion control algorithms in communication networks. Automatica, 2005, 41(4): 725-730.

[39] Haddad W M, Chellaboina V S. Stability and dissipativity theory for nonnegative dynamical systems: a unified analysis framework for biological and physiological systems. Nonlinear Analysis: Real World Applications, 2005, 6: 35-65.

[40] Ocampo-Martinez C, Puig V, Cembrano G, et al. Improving water management efficiency by using optimization-based control strategies: the Barcelona case study. Water Science & Technology: Water Supply, 2009, 9(5): 565-575.

[41] Ocampo-Martinez C, Puig V, Cembrano G, et al. Application of predictive control strategies to the management of complex networks in the urban water cycle. IEEE Control Systems Magazine, 2013, 33(1): 15-41.

[42] Blanchini F, Colaneri P, Valcher M E. Co-positive Lyapunov functions for the stabilization of positive switched systems. IEEE Transactions on Automatic Control, 2012, 57(12): 3038-3050.

[43] Chen G, Yang Y. Finite-time stability of switched positive linear systems. International Journal of Robust and Nonlinear Control, 2014, 24(1): 179-190.

[44] Anderson R M, May R M. Infectious Diseases of Humans, Dynamics and Control. Oxford: Oxford University Press, 1992.

[45] Nowak M A, Bangham C R M. Population dynamics of immune responses to persistent viruses. Science, 1996, 272(5258): 74-79.

[46] Yang Z F, Zeng Z Q, Wang K, et al. Modified SEIR and AI prediction of the epidemics trend of COVID-19 in China under public health interventions. Journal of Thoracic Disease, 2020, 12(3): 165-174.

[47] Mason O, Shorten R. On linear copositive Lyapunov functions and the stability of switched positive linear systems. IEEE Transactions on Automatic Control, 2007, 52(7): 1346-1349.

[48] Rami M A, Tadeo F. Controller synthesis for positive linear systems with bounded controls. IEEE Transactions on Circuits and Systems II: Express Briefs, 2007, 54(2): 151-155.

[49] Rami M A, Tadeo F, Benzaouia A. Control of constrained positive discrete systems// Proceedings of 2007 American Control Conference, New York, 2007.

[50] Busłowicz M, Kaczorek T. Robust stability of positive discrete-time interval systems with time-delays. Bulletin of the Polish Academy of Sciences Technical, 2004, 52(2): 99-102.

[51] Kaczorek T. Stability of positive continuous-time linear systems with delays//2009 European Control Conference, Budapest, 2009.

[52] Liu X W, Wang L, Yu W S, et al. Constrained control of positive discrete-time systems with delays. IEEE Transactions on Circuits and Systems II: Express Briefs, 2008, 55(2): 193-197.

[53] Liu X W. Constrained control of positive systems with delays. IEEE Transactions on Automatic Control, 2009, 54(7): 1956-1960.

[54] Liu X W, Yu W S, Wang L. Stability analysis of positive systems bounded time-varying delays. IEEE Transactions on Circuits and Systems II: Express Brief, 2009, 56(7): 600-604.

[55] Liu X W, Yu W S, Wang L. Stability analysis for continuous-time positive systems with time-varying delays. IEEE Transactions on Automatic Control, 2010, 55(4): 1024-1028.

[56] Liu X, Dang C Y. Stability analysis of positive switched linear systems with delays. IEEE Transactions on Automatic Control, 2011, 56(7): 1684-1690.

[57] Zhu S Q, Li Z B, Zhang C H. Exponential stability analysis for positive systems with delays. IET Control Theory & Applications, 2012, 6(6): 761-767.

[58] Chen X M, Lam J, Li P, et al. l_1-induced norm and controller synthesis of positive systems. Automatica, 2013, 49(5): 1377-1385.

[59] Zhang Y M, Zhang Q L, Tanaka T, et al. Positivity of continuous-time descriptor systems with time delays. IEEE Transactions on Automatic Control, 2014, 59(11): 3093-3097.

[60] Shen J. Model reduction for discrete-time positive systems with inhomogeneous initial conditions//Analysis and Synthesis of Dynamic Systems with Positive Characteristics. Singapore: Springer, 2017.

[61] Li X W, Yu C B, Gao H J. Frequency-limited H_∞ model reduction for positive systems. IEEE Transactions on Automatic Control, 2014, 60(4): 1093-1098.

[62] Luenberger D G. Introduction to Dynamic Systems. New York: Wiley, 1979.

[63] Shu Z, Lam J, Gao H J, et al. Positive observers and dynamic output-feedback controllers for interval positive linear systems. IEEE Transactions on Circuits and Systems I: Regular Papers, 2008, 55(10): 3209-3222.

[64] Gurvits L, Shorten R, Mason O. On the stability of switched positive linear systems. IEEE Transactions on Automatic Control, 2007, 52(6): 1099-1103.

[65] Fornasini E, Valcher M E. On the stability of continuous-time positive switched systems//Proceedings of 2010 American Control Conference, Baltimore, 2010.

[66] Fornasini E, Valcher M E. Stability and stabilizability criteria for discrete-time positive switched systems. IEEE Transactions on Automatic Control, 2012, 57(5): 1208-1221.

[67] Xue X P, Li Z C. Asymptotic stability analysis of a kind of switched positive linear discrete systems. IEEE Transactions on Automatic Control, 2010, 55(9): 2198-2203.

[68] Tong Y H, Zhang L X, Shi P, et al. A common linear copositive Lyapunov function for switched positive linear systems with commutable subsystems. International Journal of Systems Science, 2013, 44(11): 1994-2003.

[69] Alonso H, Rocha P. A general stability test for switched positive systems based on a multidimensional system analysis. IEEE Transactions on Automatic Control, 2010, 55(11): 2660-2664.

[70] Ding X Y, Shu L, Liu X. On linear copositive Lyapunov functions for switched positive systems. Journal of the Franklin Institute, 2011, 348(8): 2099-2107.

[71] Sun Y G, Wu Z R. On the existence of linear copositive Lyapunov functions for 3-dimensional switched positive linear systems. Journal of the Franklin Institute, 2013, 350(6): 1379-1387.

[72] Tong Y H, Wang C H, Zhang L X. Stabilisation of discrete-time switched positive linear systems via time-and state-dependent switching laws. IET Control Theory & Applications, 2012, 6(11): 1603-1609.

[73] Benzaouia A, Tadeo F. Output feedback stabilization of positive switching linear discrete-time systems//Proceedings of the 16th Mediterranean Conference on Control and Automation Congress Centre, Ajaccio, 2008.

[74] Benzaouia A, Tadeo F. Stabilization of positive switching linear discrete-time systems. International Journal of Innovative Computing, Information and Control, 2010, 6(4): 2427-2437.

[75] Benzaouia A, Hmamed A, Hajjaji A E. Stabilization of controlled positive discrete-time T-S fuzzy systems by state feedback control. International Journal of Adaptive Control and Signal Processing, 2010, 24(12): 1091-1106.

[76] Zhao X D, Zhang L X, Shi P, et al. Stability of switched positive linear systems with average dwell time switching. Automatica, 2012, 48(6): 1132-1137.

[77] Hespanha J P, Morse A S. Stability of switched systems with average dwell time//Proceedings of the 38th IEEE Conference on Decision & Control, Phoenix, 1999.

[78] Zhao X D, Zhang L X, Shi P, et al. Stabilization of a class of slowly switched positive linear systems: state-feedback control//Proceedings of 2012 American Control Conference, New York, 2012.

[79] Zhao X D, Zhang L X, Wang Z Y. State-feedback control of discrete-time switched positive linear systems. IET Control Theory & Applications, 2012, 6(18): 2829-2834.

[80] Xiang M, Xiang Z R. Stability, L_1-gain and control synthesis for positive switched systems with time-varying delay. Nonlinear Analysis: Hybrid Systems, 2013, 9: 9-17.

[81] Zhao X D, Zhang L X, Shi P. Stability of a class of switched positive linear time-delay systems. International Journal of Robust and Nonlinear Control, 2013, 23(5): 578-589.

[82] Liu J, Lian J, Zhuang Y. Output feedback L_1 finite-time control of switched positive delayed systems with MDADT. Nonlinear Analysis: Hybrid Systems, 2015, 15: 11-22.

[83] Liu T T, Wu B W, Liu L L, et al. Asynchronously finite-time control of discrete impulsive switched positive time-delay systems. Journal of the Franklin Institute, 2015, 352(10): 4503-4514.

[84] Meng Z Y, Xia W G, Johansson K H, et al. Stability of positive switched linear systems: weak excitation and robustness to time-varying delay. IEEE Transactions on Automatic Control, 2016, 62(1): 399-405.

[85] Li S, Lin H. On l_1 stability of switched positive singular systems with time-varying delay. International Journal of Robust and Nonlinear Control, 2017, 27(16): 2798-2812.

[86] Aleksandrov A, Mason O. Diagonal stability of a class of discrete-time positive switched systems with delay. IET Control Theory & Applications, 2018, 12(6): 812-818.

[87] Rami M A, Tadeo F. Positive observation problem for linear discrete positive systems//Proceedings of the 45th IEEE Conference on Decision & Control, San Diego, 2006.

[88] Rami M A, Helmke U, Tadeo F. Positive observation problem for linear time-delay positive systems//2007 Mediterranean Conference on Control and Automation, Athens, 2007.

[89] Rami M A, Tadeo F, Helmke U. Positive observers for linear positive systems, and their implications. International Journal of Control, 2011, 84(4): 716-725.

[90] Li P, Lam J, Shu Z. Positive observers for positive interval linear discrete-time delay systems//Joint 48th IEEE Conference on Decision and Control and 28th Chinese Control Conference, Shanghai, 2009.

[91] Li P, Lam J. Positive state-bounding observer for positive interval continuous-time systems with time delay. International Journal of Robust and Nonlinear Control, 2011, 22(11): 1244-1257.

[92] Zhao X D, Yu Z D, Yang X B, et al. Estimator design of discrete-time switched positive linear systems with average dwell time. Journal of the Franklin Institute, 2014, 351(1): 579-588.

[93] Xiang M, Xiang Z R. Observer design of switched positive systems with time-varying delays. Circuits, Systems, and Signal Processing, 2013, 32(5): 2171-2184.

[94] Guo Y F. Stabilization of positive Markov jump systems. Journal of the Franklin Institute, 2016, 353(14): 3428-3440.

[95] Park I S, Kwon N K, Park P G. A linear programming approach for stabilization of positive Markovian jump systems with a saturated single input. Nonlinear Analysis: Hybrid Systems, 2018, 29: 322-332.

[96] Li S, Xiang Z X. Stochastic stability analysis and L_∞-gain controller design for positive Markov jump systems with time-varying delays. Nonlinear Analysis: Hybrid Systems, 2016, 22: 31-42.

[97] Qi W H, Gao X W. L_1 control for positive Markovian jump systems with time-varying delays and partly known transition rates. Circuits, Systems, and Signal Processing, 2015, 34(8): 2711-2716.

[98] Zhu S Q, Han Q L, Zhang C H. L_1-stochastic stability and L_1-gain performance of positive Markov jump linear systems with time-delays: necessary and sufficient conditions. IEEE Transactions on Automatic Control, 2017, 62(7): 3634-3639.

[99] Lian J, Liu J, Zhuang Y. Mean stability of positive Markov jump linear systems with homogeneous and switching transition probabilities. IEEE Transactions on Circuits and Systems II: Express Briefs, 2015, 62(8): 801-805.

[100] Qi W H, Park J H, Cheng J, et al. Exponential stability and l_1-gain analysis for positive time-delay Markovian jump systems with switching transition rates subject to average dwell time. Information Sciences, 2018, 424: 224-234.

[101] Trinh H. Delay-dependent stability and stabilisation of two-dimensional positive Markov jump systems with delays. IET Control Theory & Applications, 2017, 11(10): 1603-1610.

[102] Li S, Xiang Z G, Lin H, et al. State estimation on positive Markovian jump systems with time-varying delay and uncertain transition probabilities. Information Sciences, 2016, 369: 251-266.

[103] Schioler H, Simonsen M, Leth J. Stochastic stability of systems with semi-Markovian switching. Automatica, 2014, 50(11): 2961-2964.

[104] 李繁飙. 半马尔科夫跳变系统的分析和综合. 哈尔滨: 哈尔滨工业大学, 2015.

[105] 王继民. 非线性广义半马尔科夫跳变系统的分析与综合. 济南: 山东大学, 2018.

[106] Campo L, Mookerjee P, Bar-Shalom Y. State estimation for systems with sojourn-timedependent Markov model switching. IEEE Transactions on Automatic Control, 1991, 36(2): 238-243.

[107] Li L, Qi W H, Chen X M, et al. Stability analysis and control synthesis for positive semi-Markov jump systems with time-varying delay. Applied Mathematics and Computation, 2018, 332: 363-375.

[108] Ogura M, Martin C F. Stability analysis of positive semi-Markovian jump linear systems with state resets. SIAM Journal on Control and Optimization, 2014, 52(3): 1809-1831.

[109] Horn R A, Johnson C R. Matrix Analysis. London: Cambridge University Press, 2012.

[110] Graham A. Kronecker Products and Matrix Calculus With Applications. New York: Courier Dover Publications, 2018.

[111] Zhao X D, Zhang L X, Shi P, et al. Stability and stabilization of switched linear systems with mode-dependent average dwell time. IEEE Transactions on Automatic Control, 2012, 57(7): 1809-1815.

[112] Bhat S P, Bernstein D S. Finite-time stability of continuous autonomous systems. SIAM Journal on Control and Optimization, 2000, 38(3): 751-766.

[113] Hu T S, Lin Z L, Chen B M. Analysis and design for discrete-time linear systems subject to actuator saturation. Systems & Control Letters, 2002, 45(2): 97-112.

[114] Klamka J. Controllability of Dynamical Systems. Dordrecht: Kluwer, 1991.

[115] Valcher M E. Controllability and reachability criteria for discrete-time positive system. International Journal of Control, 1996, 65(3): 511-536.

[116] Xie G M, Wang L. Controllability and stabilizability of switched linear-systems. Systems & Control Letters, 2003, 48(2): 135-155.

[117] Amato F, Ariola M, Dorato P. Finite-time control of linear systems subject to parametric uncertainties and disturbances. Automatica, 2001, 37(9): 1459-1463.

[118] Amato F, Ariola M. Finite-time control of discrete-time linear system. IEEE Transaction on Automatic Control, 2005, 50(5): 724-729.

[119] Amato F, Ariola M, Dorato P. Finite-time stabilization via dynamic output feedback. Automatica, 2006, 42(2): 337-342.

[120] Zhao S W, Sun J T, Liu L. Finite-time stability of linear time-varying singular systems with impulsive effects. International Journal of Control, 2008, 81(11): 1824-1829.

[121] Du H B, Lin X Z, Li S H. Finite-time stability and stabilization of switched linear systems//Joint 48th IEEE Conference on Decision and Control and 28th Chinese Control Conference, Shanghai, 2009.

[122] Lin X Z, Du H B, Li S H. Finite-time boundedness and l_2-gain analysis for switched delay systems with norm-bounded disturbance. Applied Mathematics and Computation, 2011, 217(12): 5982-5993.

[123] Zhang J F, Zhang W, Cai X S, et al. Stability and stabilization of positive switched systems under asynchronous switching//2014 International Conference on Mechatronics and Control, Jinzhou, 2014.

[124] Liu J, Wang D, Wang W, et al. Positive stabilization for switched linear systems under asynchronous switching. International Journal of Robust and Nonlinear Control, 2016, 26(11): 2338-2354.

[125] Xiang M, Xiang Z R, Karimi H R. Asynchronous L_1 control of delayed switched positive systems with mode-dependent average dwell time. Information Sciences, 2014, 278(10): 703-714.

[126] Rami M A. Solvability of static output-feedback stabilization for LTI positive systems. Systems & Control Letters, 2011, 60(9): 704-708.

[127] Shen J, Lam J. On static output-feedback stabilization for multi-input multi-output positive systems. International Journal of Robust and Nonlinear Control, 2015, 25(16): 3154-3162.

[128] Wang C H, Huang T M. Static output feedback control for positive linear continuous-time systems. International Journal of Robust and Nonlinear Control, 2013, 23(14): 1537-1544.

[129] Fornaini E, Valcher M E. Linear copositive Lyapunov functions for continuous-time positive switched systems. IEEE Transactions on Automatic Control, 2010, 55(8): 1933-1937.

[130] Zhang J F, Han Z Z, Zhu F B, et al. Feedback control for switched positive linear systems. IET Control Theory & Applications, 2013, 7(3): 464-469.

[131] Zhang J F, Han Z Z, Zhu F B, et al. Absolute exponential stability and stabilization of switched nonlinear systems. Systems & Control Letters, 2014, 66: 51-57.

[132] Qi W H, Gao X W. State feedback controller design for singular positive Markovian jump systems with partly known transition rates. Applied Mathematics Letters, 2015, 46: 111-116.

[133] Zhang J F, Han Z Z, Zhu F B, et al. Stability and stabilization of positive switched systems with mode-dependent average dwell time. Nonlinear Analysis: Hybrid Systems, 2013, 9: 42-55.

[134] Zhang J F, Han Z Z. Robust stabilization of switched positive linear systems with uncertainties. International Journal of Control, Automation and Systems, 2013, 11(1): 41-47.

[135] Zhang J F, Han Z Z, Zhu F B. Stochastic stability and stabilization of positive systems with Markovian jump parameters. Nonlinear Analysis: Hybrid Systems, 2014, 12: 147-155.

[136] Wang D, Wang W, Shi P. Robust fault detection for switched linear systems with state delays. IEEE Transactions on Systems, Man, and Cybernetics, Part B (Cybernetics), 2009, 39(3): 800-805.

[137] Du D S, Tan Y S, Zhang Y. Dynamic output feedback fault tolerant controller design for discrete-time switched systems with actuator fault. Nonlinear Analysis: Hybrid Systems, 2015, 16: 93-103.

[138] Li J, Yang G H. Simultaneous fault detection and control for switched systems with actuator faults. International Journal of Systems Science, 2016, 47(10): 2411-2427.

[139] Yang J Q, Zhu F L, Tan X G, et al. Robust full-order and reduced-order observers for a class of uncertain switched systems. Journal of Dynamic Systems, Measurement, and Control, 2016, 138(2): 021004.

[140] Yang H, Jiang B, Cocquempot V. A fault tolerant control framework for periodic switched non-linear systems. International Journal of Control, 2009, 82(1): 117-129.

[141] Lien C H. H_∞ non-fragile observer-based controls of dynamical systems via LMI optimization approach. Chaos, Solitons & Fractals, 2007, 34(2): 428-436.

[142] Shu Z, Lam J, Xiong J L. Non-fragile exponential stability assignment of discrete-time linear systems with missing data in actuators. IEEE Transactions on Automatic Control, 2009, 54(3): 625-630.

[143] Xu S Y, Lam J, Wang J L, et al. Non-fragile positive real control for uncertain linear neutral delay systems. Systems & Control Letters, 2004, 52(1): 59-74.

[144] Yang G H, Wang J L. Non-fragile H_∞ control for linear systems with multiplicative controller gain variations. Automatica, 2001, 37(5): 727-737.

[145] Dong H L, Wang Z D, Lam J, et al. Fuzzy-model-based robust fault detection with stochastic mixed time delays and successive packet dropouts. IEEE Transactions on Systems, Man, and Cybernetics, Part B (Cybernetics), 2012, 42(2): 365-376.

[146] Hu H, Jiang B, Yang H. Non-fragile H_2 reliable control for switched linear systems with actuator faults. Signal Processing, 2013, 93(7): 1804-1812.

[147] Liu H P, Boukas E K B, Sun F C, et al. Controller design for Markov jumping systems subject to actuator saturation. Automatica, 2006, 42(3): 459-465.

[148] Ma S D, Zhang C H. H_∞ control for discrete-time singular Markov jump systems subject to actuator saturation. Journal of the Franklin Institute, 2012, 349(3): 1011-1029.

[149] Wang J, Zhao J. Stabilisation of switched positive systems with actuator saturation. IET Control Theory and Applications, 2016, 10(6): 717-723.

[150] Zhang Y, He Y, Wu M, et al. Stabilization for Markovian jump systems with partial information on transition probability based on free-connection weighting matrices. Automatica, 2011, 47(1): 79-84.

[151] Liu L J, Shen Y, Dowell E H, et al. A general H_∞ fault tolerant control and management for a linear system with actuator faults. Automatica, 2012, 48(8): 1676-1682.

[152] Wang J, Zhao J, Georgi M D. Stabilization and L_1-gain analysis of switched positive system subject to actuator saturation by average dwell time approach//The 34th Chinese Control Conference, Hangzhou, 2015.

[153] Rami M A, Shamma J. Hybrid positive systems subject to Markovian switching. IFAC Proceedings Volumes, 2009, 42(17): 138-143.

[154] Zhu S Q, Han Q L, Zhang C H. l_1-gain performance analysis and positive filter design for positive discrete-time Markov jump linear systems: a linear programming approach. Automatica, 2014, 50(8): 2098-2107.

[155] Li S, Xiang Z R. Stochastic stability analysis and L_∞-gain controller design for positive Markov jump systems with time-varying delays. Nonlinear Analysis: Hybrid Systems, 2016, 22: 31-42.

[156] Qi W H, Gao X W. L_1 control for positive Markovian jump systems with time-varying delays and partly known transition rates. Circuits, Systems, and Signal Processing, 2015, 34(8): 2711-2726.

[157] Zhang Y Q, Shi Y, Shi P. Robust and non-fragile finite-time H_∞ control for uncertain Markovian jump nonlinear systems. Applied Mathematics and Computation, 2016, 279(10): 125-138.

[158] Chen X M, Lam J, Li P. Positive filtering for continuous-time positive systems under L_1 performance. Internationnal Journal of Control, 2014, 87(9): 1906-1913.

[159] Zhang J F, Han Z Z, Zhu F B. L_1-gain analysis and control synthesis of positive switched systems. International Journal of Systems Science, 2015, 46(12): 2111-2121.

[160] Zhang J F, Zhang R D, Cai X S, et al. A novel approach to control synthesis of positive switched systems. IET Control Theory & Applications, 2017, 11(18): 3396-3403.

[161] Qi W H, Gao X W, Kao Y G, et al. Stabilization for positive Markovian jump systems with actuator saturation. Circuits, Systems, and Signal Processing, 2017, 36(1): 374-388.

[162] Ngoc P H A. A Perron-Frobenius theorem for a class of positive quasi-polynomial matrices. Applied Mathematics Letters, 2006, 19(8): 747-751.

[163] Liu X W. Constrained control of positive systems with delays. IEEE Transactions on Automatic Control, 2009, 54(7): 1596-1600.

[164] Brait C. Robust stability analysis of uncertain linear positive systems via integral linear constraints: L_1- and L_∞-gain characterizations//Proceedings of the 50th IEEE Conference on Decision and Control and European Control Conference, Orlando, 2011.

[165] Ebihara Y, Peauclle D, Arzelier D. L_1 gain analysis of linear positive systems and itsapplication//Proceedings of the 50th IEEE Conference on Decision and Control and European Control Conference, Orlando, 2011.

[166] Feyzmahdavian H R, Charalambous T, Johansson M. Exponential stability of homogeneous positive systems of degree one with time-varying delays. IEEE Transactions on Automatic Control, 2014, 59(6): 1594-1599.

[167] Feyzmahdavian H R, Charalambous T, Johansson M. Asymptotic stability and decay rates of homogeneous positive systems with bounded and un-bounded delays. SIAM Journal of Control and Optimization, 2014, 52(4): 2623-2650.

[168] Aleksandrov A Y, Chen Y Z, Platonov A V, et al. Stability analysis for a class of switched nonlinear systems. Automatica, 2011, 47(10): 2286-2291.

[169] Aleksandrov A Y, Chen Y Z, Platonov A V, et al. Stability analysis and uniform ultimate boundedness control synthesis for a class of nonlinear switched difference systems. Journal of Difference Equations and Applications, 2012, 18(9): 1545-1561.

[170] Kaszkurewicz E, Bhaya A. On a class of globally stable neural circuits. IEEE Transactions on Circuits and Systems I: Fundamental Theory and Applications, 1994, 41(2): 171-174.

[171] Kaszkurewicz E, Bhaya A. Robust stability and diagonal Lyapunov functions. SIAM Journal of Matrix Analysis and Applications, 1993, 14(2): 508-520.

[172] Hsu L, Kaszkurewicz E, Bhaya A. Matrix theoretic conditions for the realizability of sliding manifolds. Systems & Control Letter, 2000, 40(3): 145-152.

[173] Aleksandrov A Y, Chen Y Z, Platonov A V, et al. Stability analysis and design of uniform ultimate boundedness control for a class of nonlinear switched systems//IEEE International Symposium on Intelligent Control, Part of 2009 IEEE Multi-Conference on Systems and Control, Saint Petersburg, 2009.

[174] Cao Y Y, Lam J. Robust H_∞ control of uncertainty Markovian jump systems with time-delays. IEEE Transactions on Automatic Control, 2000, 45(1): 77-83.

[175] Boukas E K, Liu Z K, Liu G X. Delay-dependent robust stability and H_∞ control of jump linear systems with time-delay. International Journal of Control, 2001, 74(4): 329-340.

[176] Leizarowitz A, Stanojevic R, Shorten R. Tools for analysis and design of communication networks with Markovian dynamics. IEE Proceedings-Control Theory and Applicationa, 2006, 153(5): 506-519.

[177] Anderson D R. Optimal exploitation strategies for an animal population in a Markovian environment: a theory and an example. Ecology, 1975, 56(6): 1281-1297.

[178] Li R H, Leung P K, Pang W K. Convergence of numerical solutions to stochastic age-dependent population equations with Matrkovian switching. Journal of Computational and Applied Mathematics, 2009, 233(4): 1046-1055.

[179] Tarbouriech S, da Silva J M G. Synthesis of controllers for continuous-time delay systems with saturating controls via LMIs. IEEE Transactions on Automatic Control, 2000, 45(1): 105-111.

[180] Kazkurewicz E, Bhaya A. Matrix Diagonal Stability in Systems and Computation. Berlin: Birkhäser, 1999.

[181] Aleksandrov A Y, Mason O. Absolute stability and Lyapunov-Krasovskii functionals for switched nonlinear systems with time-delay. Journal of the Franklin Institute, 2014, 351(8): 4381-4394.

[182] Cao J D, Wang J. Absolute exponential stability of recurrent neural networks with Lipschitz-continuous activation functions and time delays. Neural Networks, 2004, 17(3): 379-390.

[183] Hu S Q, Wang J. Absolute exponential stability of a class of continuous-time recurrent neural networks. IEEE Transactions on Neural Networks, 2003, 14(1): 35-45.

[184] Zhao X D, Shi P, Zheng X L. Adaptive tracking control for switched stochastic nonlinear systems with unknown actuator dead-zone. Automatica, 2015, 60: 193-200.

[185] Zhu L Y, Feng G. Necessary and sufficient conditions for stability of switched nonlinear systems. Journal of the Franklin Institute, 2015, 352(1): 117-137.

[186] Hajiahmadi M, Schutter B D, Hellendoorn H. Stabilization and robust H_∞ control for sector-bounded switched nonlinear systems. Automatica, 2014, 50(10): 2726-2731.

[187] Colaneri P, Middleton R H, Chen Z Y, et al. Convexity of the cost functional in an optimal control problem for a class of positive switched systems. Automatica, 2014, 50(4): 1227-1234.

[188] Beauthier C, Winkin J. LQ-optimal control of positive linear systems. Optional Control Applications & Methods, 2010, 31(6): 547-566.

[189] Garcia C E, Prett D M, Morari M. Model predictive control: theory and practice: a survey. Automatica, 1989, 25(3): 335-348.

[190] Kothare M V, Balakrishnan V, Morari M. Robust constrained model predictive control using linear matrix inequalities. Automatica, 1996, 32(10): 1361-1379.

[191] Cuzzola F A, Geromel J C, Morari M. An improved approach for constrained robust model predictive control. Automatica, 2002, 38(7): 1183-1189.

[192] Kerrigan E C, Maciejowsk J M. Feedback min-max model predictive control using a single linear program: robust stability and the explicit solution. International Journal of Robust and Nonlinear Control, 2004, 14(4): 395-413.

[193] Diehl M, Bjornberg J. Robust dynamic programming for min-max model predictive control of constrained uncertain systems. IEEE Transactions on Automatic Control, 2004, 49(12): 2253-2257.

[194] Orukpe P E, Jaimoukha I M, El-Zobaidi H M H. Model predictive control based on mixed H_2/H_∞ control approach//Proceedings of 2007 American Control Conference, New York, 2007.

[195] Orukpe P E. Towards a less conservative model predictive control based on mixed H_2/H_∞ control approach. International Journal of Control, 2011, 84(5): 998-1007.

[196] Li D W, Xi Y G. The feedback robust MPC for LPV systems with bounded rates of parameter changes. IEEE Transactions on Automatic Control, 2010, 55(2): 503-507.

[197] Yu S Y, Böhm C, Chen H, et al. Model predictive control of constrained LPV systems. International Journal of Control, 2012, 85(6): 671-983.

[198] Ding B C, Xi Y G, Li S Y. Asynthesis approach of on-line constrained robust model predictive control. Automatica, 2004, 40(1): 163-167.

[199] Zijm W H M. Towards intelligent manufacturing planning and control systems. OR-Spektrum, 2000, 22(3): 313-345.

[200] Berry W L, Whybark D C, Jacobs F R. Manufacturing Planning and Control for Supply Chain Management. New York: McGraw-Hill, 2005.

[201] Caccetta L, Foulds L R, Rumchev V G. A positive linear discrete-time model of capacity planning and its controllability properties. Mathematical and Computer Model, 2004, 40(1-2): 217-226.

[202] Mao W J. Robust stabilization of uncertain time-varying discrete systems and comments on "an improved approach for constrained robust model predictive control". Automatica, 2003, 39(6): 1109-1112.

[203] de Oliveira M C, Bernussou J, Geromel J C. A new discrete-time robust stability condition. Systems & Control Letters, 1999, 37(4): 261-265.

[204] Wan Z Y, Kothare M V. Efficient robust constrained model predictive control with a time varying terminal constraint. Systems & Control Letters, 2003, 48(5): 375-383.

[205] Kouvaritakis B, Rossiter J A, Schuurmans J. Efficient robust predictive control. IEEE Transactions on Automatic Control, 2000, 45(8): 1545-1549.

[206] Hernandez-Vargas E A, Colaneri P, Middleton R H. Switching strategies to mitigate HIV mutation. IEEE Transactions on Control Systems Technology, 2014, 22(4): 1623-1628.

主要符号对照表

$\Re$ ($\Re^+, \Re^n$)	实数集合 (非负实数集合, n 维向量)
$\mathbb{N}$ ($\mathbb{N}^+$)	自然数集合 (正整数集合)
$\|x\|_2$	向量 x 的欧氏范数
$\|x\|_1$	向量 x 的 1 范数
$x^\top$ ($x^{-\top}$)	向量 x 的转置 (向量 x^- 的转置)
$A^\top$ ($A^{-\top}$)	矩阵 A 的转置 (矩阵 A 的逆矩阵的转置)
$\mathrm{rank}(A)$	矩阵 A 的秩
$\mathrm{co}\{\cdot\}$	凸包
$\forall$	任取
a_{ij}	矩阵 A 的第 i 行第 j 列元素
$A \succ (\prec) 0$	矩阵 A 的所有元素 $a_{ij} > 0$ ($a_{ij} < 0$)
$A \succeq (\preceq) 0$	矩阵 A 的所有元素 $a_{ij} \geqslant 0$ ($a_{ij} \leqslant 0$)
$A \succ (\prec) B$	对任意 $1 \leqslant i, j \leqslant n$, $a_{ij} > (<) b_{ij}$
$A \succeq (\preceq) B$	对任意 $1 \leqslant i, j \leqslant n$, $a_{ij} \geqslant (\leqslant) b_{ij}$
$\rho(A)$	矩阵 A 的特征值
$\varrho(A)$	矩阵 A 的特征值的实部
$\Im(A)$	矩阵 A 的奇异特征值
$P > (<) 0$	正定 (负定) 矩阵
$P \geqslant (\leqslant) 0$	半正定 (半负定) 矩阵
$\min$	最小值
$\max$	最大值
$\mathrm{diag}(a_1, a_2, \cdots, a_n)$	以 $a_1, a_2, \cdots, a_n$ 为对角元素的对角矩阵
I	单位矩阵
$\mathrm{Prob}\{\cdot\}$	概率
$\mathbf{E}$	期望
$\mathbf{1}_n$	所有元素为 1 的 n 维向量
$\mathbf{1}_n^r$	第 r 个元素为 1 其余元素均为 0 的 n 维向量
$\mathcal{A}\{\cdot\}$	弱无穷小算子